高校经典教材同步辅导丛书

信号与线性系统分析（第四版）同步辅导及习题全解

主　编　刘东星　孟祥曦

编　委（排名不分先后）

程丽园　李国哲　陈有志　苏昭平

郑利伟　罗彦辉　邢艳伟　范家畅

孙立群　李云龙　刘　岩　崔永君

高泽全　于克夫　尹泉生　林国栋

黄　河　李思琦　刘　闯　侯朝阳

中国水利水电出版社
www.waterpub.com.cn

内 容 提 要

本书对各章的重点、难点做了较深刻的分析，对各章的课后习题做了全面解析解答。本书将是电气信息类本科生的重要参考书，可供广大教师作为参考书使用，并可作为各类工程技术人员和自学者的辅导书。

图书在版编目（CIP）数据

信号与线性系统分析（第四版）同步辅导及习题全解 / 刘东星，孟祥曦主编. —北京：中国水利水电出版社，2009（2021.8 重印）

（高校经典教材同步辅导丛书）

ISBN 978-7-5084-6331-5

I. 信… II.①刘…②孟… III.①信号理论－高等学校－教学参考资料②线性系统－系统分析－高等学校－教学参考资料 IV.TN911.6-44

中国版本图书馆 CIP 数据核字（2009）第 031532 号

策划编辑：杨庆川　　责任编辑：张玉玲　　封面设计：李　佳

书　　名	高校经典教材同步辅导丛书 信号与线性系统分析（第四版）同步辅导及习题全解
作　　者	主编　刘东星　孟祥曦
出版发行	中国水利水电出版社 （北京市海淀区玉渊潭南路 1 号 D 座　100038） 网址：www.waterpub.com.cn E-mail：mchannel@263.net（万水） sales@waterpub.com.cn 电话：（010）68367658（营销中心）、82562819（万水）
经　　售	全国各地新华书店和相关出版物销售网点
排　　版	北京万水电子信息有限公司
印　　刷	三河市祥宏印务有限公司
规　　格	170mm×227mm　16 开本　21.75 印张　580 千字
版　　次	2009 年 3 月第 1 版　2021 年 8 月第 11 次印刷
定　　价	38.80 元

前 言

吴大正主编的《信号与线性系统分析(第四版)》以体系完整、结构严谨、层次清晰、深入浅出的特点成为这门课程的经典教材,被全国许多院校采用。

为了帮助读者更好地学习这门课程,掌握更多的知识,我们根据多年的教学经验编写了这本辅助教材,旨在帮助读者理解基本概念,掌握基本知识,学会基本解题方法和解题技巧,进而提高应试能力。

本书除了有传统习题集的解题过程外,还有以下特点:

1. **知识点窍**:运用公式、定理及定义来点明知识点。

2. **逻辑推理**:阐述习题的解题过程。

3. **解题过程**:概念清晰、步骤完整、数据准确、附图齐全。

把**知识点窍——逻辑推理——解题过程**串起来,做到融会贯通,最后给出课后习题的答案,在解题思路和解题技巧上进行精练分析和引导,巩固所学,达到举一反三的效果。

"知识点窍"和"逻辑推理"是本书的精华所在,是由多位著名教授根据学生答题的弱点进行分析而研究出来的一种新型的拓展思路的训练方法。"知识点窍"提纲挈领地抓住了题目核心知识,让学生清楚地了解出题者的意图,而"逻辑推理"则注重引导学生思维,旨在培养学生科学的思维方法,及掌握答题的思维技巧。本书在此基础上,还提供了详细的"解题过程",使学生熟悉整个答题过程。

由于编写时间仓促及编者水平有限,书中不妥之处在所难免,恳请广大读者批评指正。

编 者

2008 年 12 月

目录

contents

目录

contents

第1章 信号与系统

考试要求

掌握信号与系统的基本概念以及它们的分类方法，了解线性时不变系统（LTI）的特性和分析方法，掌握在广义函数理论下阶跃函数中冲激函数的定义及其特性。

知识点归纳

1. 信号的分类

确定信号是一种理想化的模型，是研究随机信号的重要理论基础。确定信号有以下几种分类方法：

(1)根据信号定义域的特点可分为连续时间信号和离散时间信号。

(2)根据信号按时间自身的变化规律可分为周期信号和非周期信号。

(3)根据信号的物理可实现性可分为实信号和复信号。

(4)根据信号的能量性质可分为能量信号和功率信号。

某一确定信号可以同时属于上述4种分类方法中的某一类信号。例如 $f(t)=\sin t+1$ 同时属于连续时间信号、周期信号、实信号及功率信号。

2. 信号的基本运算

(1)加法。信号 $f_1(\cdot)$ 和 $f_2(\cdot)$ 之和(瞬时和)是指同一瞬时两信号的值对应相加所构成的"和信号"，即 $f(\cdot)=f_1(\cdot)+f_2(\cdot)$。

(2)乘法。信号 $f_1(\cdot)$与 $f_2(\cdot)$之积是指同一瞬时两信号的值对应相乘所构成的“积信号”，即 $f(\cdot)=f_1(\cdot)\cdot f_2(\cdot)$。

(3)反转。将信号从纵轴为对称轴反转，即将信号 $f(t)$或 $f(k)$中的变量 t 或 k 变换成 $-t$ 或 $-k$。

(4)平移。也即移位，对于连续信号 $f(t)$、延时信号 $f(t+t_0)$，若 $t_0>0$，则是将原信号沿 t 轴负方向平移 t_0 时间；若 $t_0<0$，则是将原信号沿 t 轴正方向平移$|t_0|$时间。对于离散信号 $f(k)$，情况类似，需要注意的是，离散信号平移的时间单位必须为整数。

(5)尺度变换（横坐标展缩）。对于变换后的信号 $f(at)$，若$a>1$，则 $f(at)$是将原信号 $f(t)$以原点$(t=0)$为基准，沿横轴压缩到原来的 $1/a$；若 $0<a<1$，则 $f(at)$表示将原信号 $f(t)$沿横轴展宽至$\frac{1}{a}$倍；若 $a<0$，则 $f(at)$表示将原信号 $f(t)$的波形反转，并压缩或展宽至原来的$\frac{1}{|a|}$倍。对于离散信号 $f(k)$，为防止原信号信息丢失，通常不作展缩运算。

已知信号 $f(t)$的波形，求变换后信号 $f(at+b)(a\neq 0)$的波形，通常采用对信号 $f(t)$的波形先平移，再反转，最后进行尺度变换的步骤。即，若 $a>0$，有 $f(t)\to f(t+b)\to f(at+b)$；若 $a<0$，有 $f(t)\to f(t+b)\to f(-t+b)\to f(-|a|t+b)$。

3. 阶跃函数和冲激函数

(1)定义。阶跃函数 $\varepsilon(t)=\begin{cases}0,t<0\\ \frac{1}{2},t=0\\ 1,t>0\end{cases}$和冲激函数$\begin{cases}\delta(t)=0,t\neq 0\\ \int_{-\infty}^{\infty}\delta(t)\mathrm{d}t=1\end{cases}$属于奇异函数，二者关系为$\delta(t)=\frac{\mathrm{d}}{\mathrm{d}t}\varepsilon(t)$，$\varepsilon(t)=\int_{-\infty}^{t}\delta(t)\mathrm{d}t$。按照广义函数理论，冲激函数 $\delta(t)$由式$\int_{-\infty}^{\infty}\delta(t)\varphi(t)\mathrm{d}t=\varphi(0)$定义，即冲激函数$\delta(t)$作用于检验函数$\varphi(t)$的效果是给它赋值$\varphi(0)$；单位阶跃函数$\varepsilon(t)$由式$\int_{-\infty}^{\infty}\varepsilon(t)\varphi(t)\mathrm{d}t=\int_0^{\infty}\varphi(t)\mathrm{d}t$定义，即单位阶跃函数 $\varepsilon(t)$作用于检验函数 $\varphi(t)$的效果是赋予它一个数值，该值等于 $\varphi(t)$在$(0,\infty)$区间的定积分。

(2)冲激函数的导数和积分。冲激函数 $\delta(t)$的一阶导数 $\delta'(t)$或 $\delta^{(1)}(t)$定义为$\int_{-\infty}^{\infty}\delta'(t)\varphi(t)\mathrm{d}t=-\varphi'(0)$，其 n 阶导数$\delta^{(n)}(t)$定义为$\int_{-\infty}^{\infty}\delta^{(n)}(t)\varphi(t)\mathrm{d}t=(-1)^n\varphi^{(n)}(0)$。单位阶跃函数$\varepsilon(t)$的导数可定义为$\int_{-\infty}^{\infty}\varepsilon'(t)\varphi(t)\mathrm{d}t=\varphi(0)$，即 $\delta(t)=\varepsilon'(t)=\frac{\mathrm{d}}{\mathrm{d}t}\varepsilon(t)$。单位阶跃函数 $\varepsilon(t)$的积分为斜升函数 $r(t)=\int_{-\infty}^{t}\varepsilon(x)\mathrm{d}x=t\varepsilon(t)$，$\delta(t)$的积分为$\varepsilon(t)=\int_{-\infty}^{t}\delta(x)\mathrm{d}x$，冲激偶函数 $\delta'(t)$的积分为$\delta(t)=\int_{-\infty}^{t}\delta'(x)\mathrm{d}x$。

(3)冲激函数的性质。根据广义函数相等的原理，普通函数与冲激函数相乘时有 $f(t)\delta(t)=f(0)\delta(t)$，$f(t)\delta'(t)=f(0)\delta'(t)-f'(0)\delta(t)$。冲激函数的移位性质为$\int_{-\infty}^{\infty}\delta(t-t_1)\varphi(t)\mathrm{d}t=\varphi(t_1)$，$\int_{-\infty}^{\infty}\delta'(t-t_1)\varphi(t)\mathrm{d}t=-\varphi'(t_1)$，尺度变换性质为$\delta^{(n)}(at)=\frac{1}{|a|}\frac{1}{a^n}\delta^{(n)}(t)$，式中 $n=0,1$ 时也成立，若取

$a=-1$ 即得冲激函数的奇偶特性。

4. 系统的描述

动态系统可分为连续系统和离散系统，描述两个系统的数学模型不同，前者采用微分方程，后者采用差分方程。除用数学方程描述外，还可用框图表示系统的激励与响应之间的数学运算关系。采用框图描述系统时常用的基本单元有：积分器(用于连续系统)或迟延单元(用于离散系统)以及加法器和数乘器(标量乘法器)，而对于连续系统有时还需要用延迟时间为 T 的延时单元即延时器。

如果已知描述系统的框图，列写其微分或差分方程的一般步骤是：

(1)选中间变量 $x(\cdot)$。对于连续系统，设其最右端积分器的输出为 $x(t)$；对于离散系统，设其最左端迟延单元的输入为 $x(k)$。

(2)写出各加法器输出信号的方程。

(3)消去中间变量 $x(\cdot)$。

5. 系统的性质

连续的或离散的动态系统，按其基本特性可分为线性的与非线性的、时变的与时不变的、因果的与非因果的、稳定的与不稳定的。

一个既具有分解特性，又具有零状态线性和零输入线性的系统称为线性系统，否则称为非线性系统。描述线性连续(离散)系统的数学模型是线性微分(差分)方程，而描述非线性连续(离散)系统的数学模型是非线性微分(差分)方程。

如果系统的参数都是常数，它们不随时间变化，则该系统为时不变系统或常参量系统，否则称为时变系统。描述线性时不变系统的数学模型为常系数线性微分(或差分)方程，而描述线性时变系统的数学模型是变系数线性微分(或差分)方程。

如果系统的响应(零状态响应)不出现于激励之前，则系统为因果系统。

如果系统对有界的激励 $f(\cdot)$，系统的零状态响应 $y_f(\cdot)$ 也是有界的，则称此系统为稳定系统；如果 $y_f(\cdot)$ 无界，则此系统不稳定。

重要公式

1. 典型的连续信号

实指数信号　$f(t)=Ae^{\alpha t}$

正弦信号　$f(t)=A\sin(\omega t+\theta)$

复指数信号　$f(t)=Ae^{st}=Ae^{(\sigma+j\omega)t}$

抽样信号　$s_a(t)=\frac{\sin}{t}$

高斯函数　$f(t)=Ee^{-(\frac{\tau}{\alpha})^2}$

单位斜升信号　$r(t)=\begin{cases}t, t\geqslant 0\\ 0, t<0\end{cases}=t\varepsilon(t)$

单位阶跃信号　$\varepsilon(t)=\begin{cases}1, t>0\\ 0, t<0\end{cases}, \frac{d}{dt}r(t)=\varepsilon(t), \int_0^t \varepsilon(\tau)d\tau=r(t)$

矩形脉冲信号　$G(t)=\varepsilon(t)-\varepsilon(t-t_0)$

符号函数　$\mathrm{sgn}(t)=\begin{cases}1, t>0\\ -1, t<0\end{cases}, \varepsilon(t)=\frac{1}{2}+\frac{1}{2}\mathrm{sgn}(t), \mathrm{sgn}(t)=2\varepsilon(t)-1$

2. 单位冲激信号

(1)定义。　$\delta(t)=\lim\limits_{\Delta\to 0}\frac{1}{\triangle}[\varepsilon(t+\frac{\Delta}{2})-\varepsilon(t-\frac{\Delta}{2})], \int_{-\infty}^{\infty}\delta(t)dt=1, \delta(t)=0(t\neq 0)$

(2)性质。　$\int_{-\infty}^{\infty}f(t)\delta(t-t_0)dt=f(t_0)\quad \delta(t)=\delta(-t)$

$f(t)\delta(t-t_0)=f(t_0)\delta(t-t_0)\quad \int_{-\infty}^{t}\delta(\tau)d\tau=\varepsilon(t)$

$\frac{d}{dt}\varepsilon(t)=\delta(t)$

3. 冲激偶信号

(1)定义。　$\frac{d}{dt}\delta(t)=\delta'(t), \int_{-\infty}^{t}\delta'(\tau)d\tau=\delta(t)$

(2)性质。　$\int_{-\infty}^{\infty}f(t)\delta'(t-t_0)dt=-f'(t_0), \int_{-\infty}^{\infty}\delta'(t)dt=0$

$\delta'[-(t-t_0)]=-\delta'(t-t_0)$

$f(t)\delta'(t)=f(0)\delta'(t)-f'(0)\delta(t)$

4. 系统的性质

(1)可加性与齐次性。$T[\alpha_1 f_1(\cdot)+\alpha_2 f_2(\cdot)]=\alpha_1 T[f_1(\cdot)]+\alpha_2 T[f_2(\cdot)]$

(2)时不变性。　$T[\{0\}, f(t-t_d)]=y_f(t-t_d), T[\{0\}, f(k-k_d)]=y_f(k-k_d)$

(3)微分特性。　$T[\{0\}, \frac{d}{dt}f(t)]=\frac{d}{dt}y_f(t)$

(4)积分特性。　$T[\{0\}, \int_{-\infty}^{t}f(\tau)d\tau]=\int_{-\infty}^{t}y_f(\tau)d\tau$

课后习题全解

1.1 知识点窍　本题主要考查阶跃函数和单位阶跃序列的性质，包括 $\varepsilon(t)$ 和 $\varepsilon(k)$ 的波形特性以及它们与普通函数结合时的波形变化特性。

逻辑推理 首先考虑各信号中普通函数的波形特点，再考虑与 $\varepsilon(t)$ 或 $\varepsilon(k)$ 结合时的变化情况，若 $f(t)$ 只是普通信号与阶跃信号相乘，则可利用 $\varepsilon(t)$ 或 $\varepsilon(k)$ 的性质直接画出 $t>0$ 或 $k\geqslant 0$ 部分的普通函数的波形；若 $f(t)$ 是普通函数与阶跃信号组合成的复合信号，则需要考虑普通函数值域及其对应的区间。

解题过程 各信号的波形为：

(1) $f(t)=(2-3e^{-t})\varepsilon(t)$

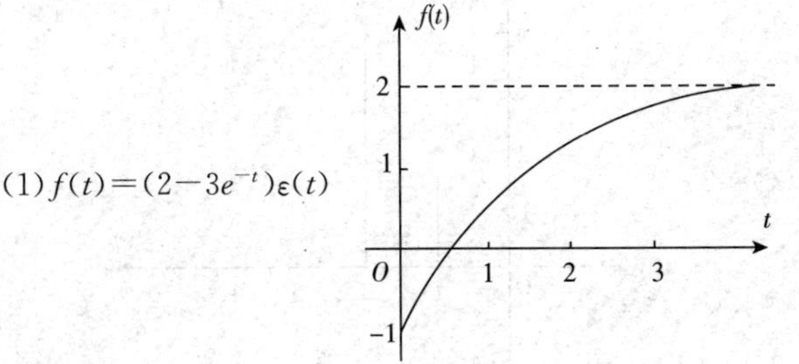

(2) $f(t)=\mathrm{e}^{-|t|}$，$-\infty<t<\infty$

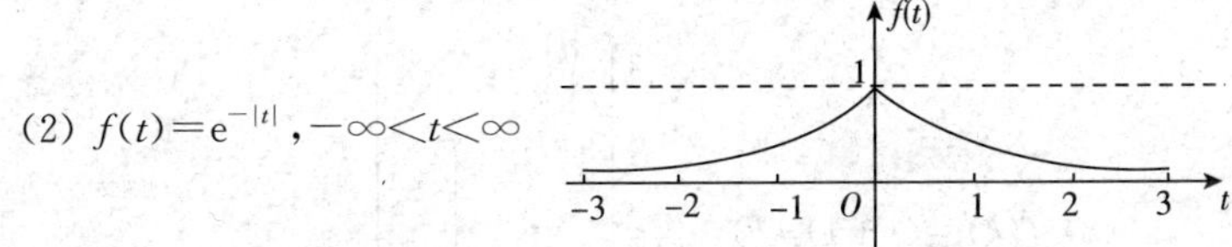

(3) $f(t)=\sin(\pi t)\varepsilon(t)$

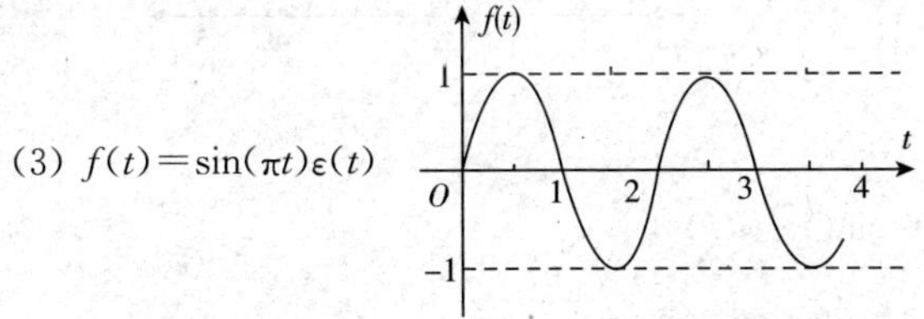

(4) $f(t)=\varepsilon(\sin t)$

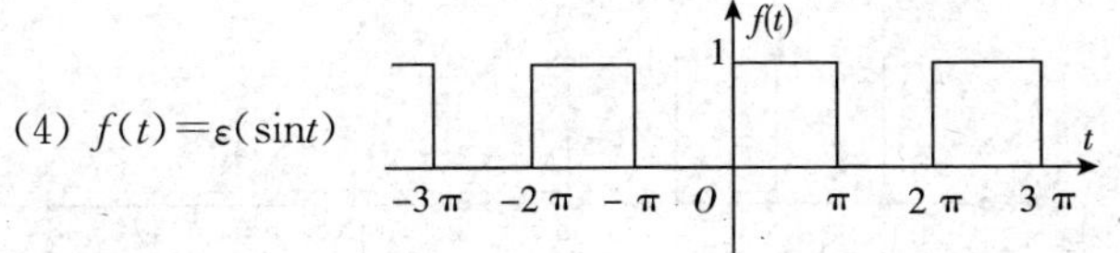

(5) $f(t)=r(\sin t)$

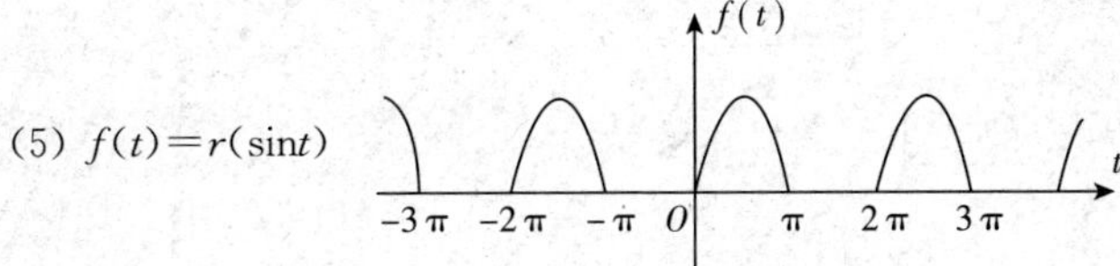

(6) $f(k)=\begin{cases}2^{k}, & k<0\\ (\frac{1}{2})^{k}, & k>0\end{cases}$

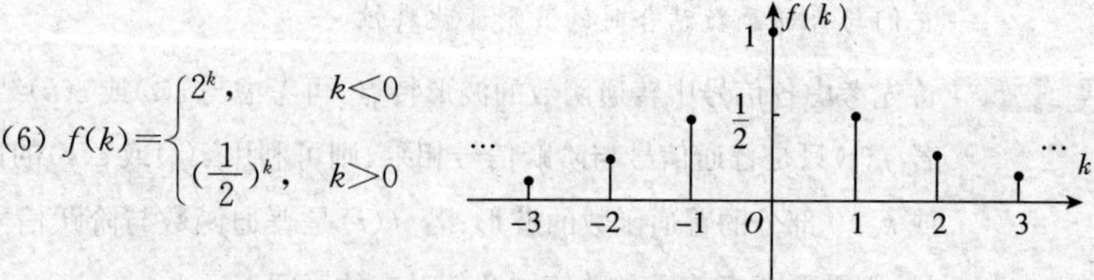

(7) $f(k)=2^{k}\varepsilon(k)$

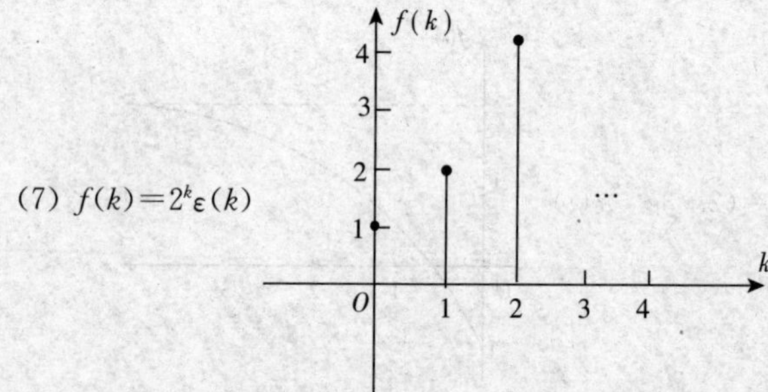

(8) $f(k)=(k+1)\varepsilon(k)$

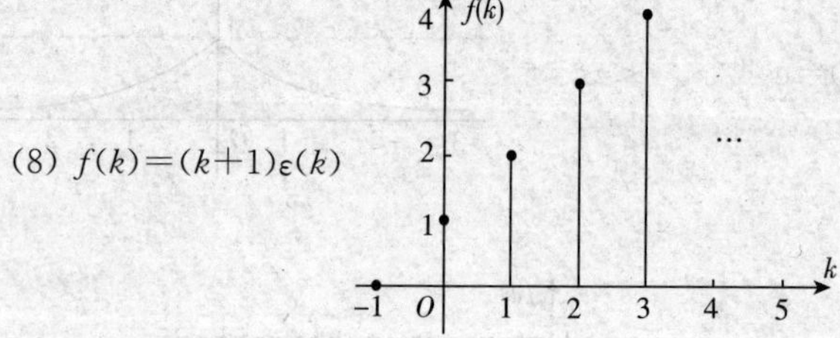

(9) $f(k)=\sin(\frac{k\pi}{4})\varepsilon(k)$

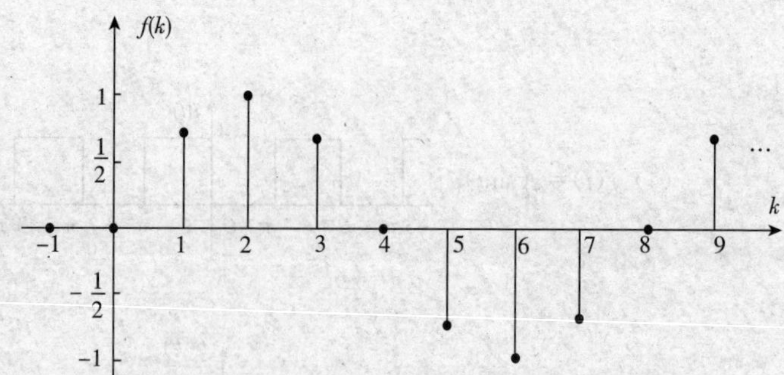

(10) $f(k)=[1+(-1)^{k}]\varepsilon(k)$

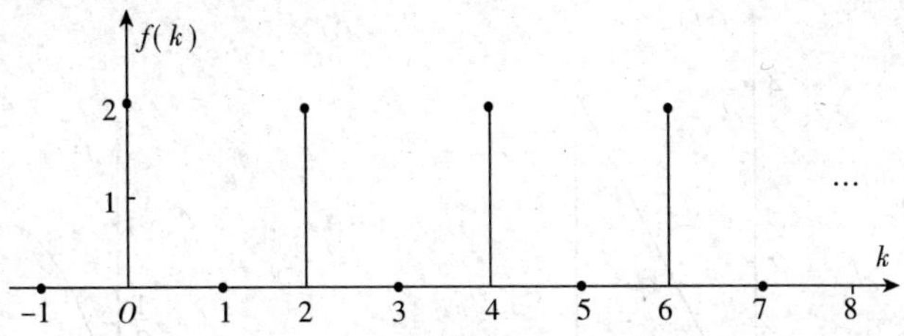

1.2 知识点窍 此题考查的是阶跃函数和阶跃序列的性质，包括阶跃信号的反转、平移，另外还考查了矩形脉冲信号的基本性质，包括矩形脉冲函数和矩形脉冲序列两种脉冲信号。同时作图过程中还用到了斜升函数的反转、平移等性质。

逻辑推理 作出 $\varepsilon(t)$ 或 $\varepsilon(k)$ 的图形以及对其进行平移、反转后的信号波形，找出 $f(t)$ 中含有 $\varepsilon(t)(\varepsilon(k))$ 及其变换后的项，利用矩形脉冲的性质作出其波形。最后再将 $f(t)$ 中含有的普通函数项的图形与其作用，最后得到 $f(t)$ 的波形。

解题过程 (1) $f(t)=2\varepsilon(t+1)-3\varepsilon(t-1)+\varepsilon(t-2)$ 的波形如图(a)所示。

(2) $f(t)=r(t)-2r(t-1)+r(t-2)$ 的波形如图(b)所示。

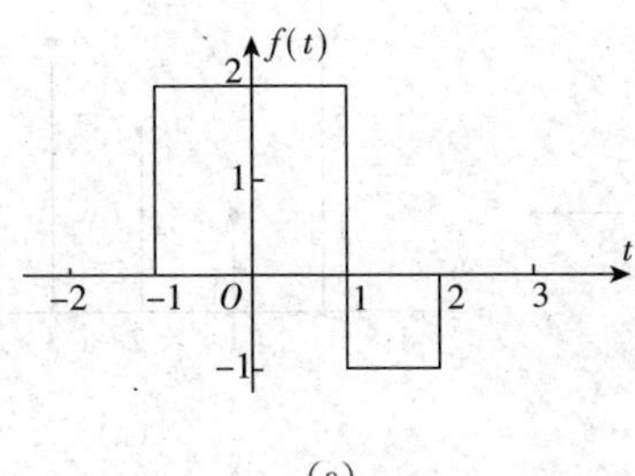

(a)

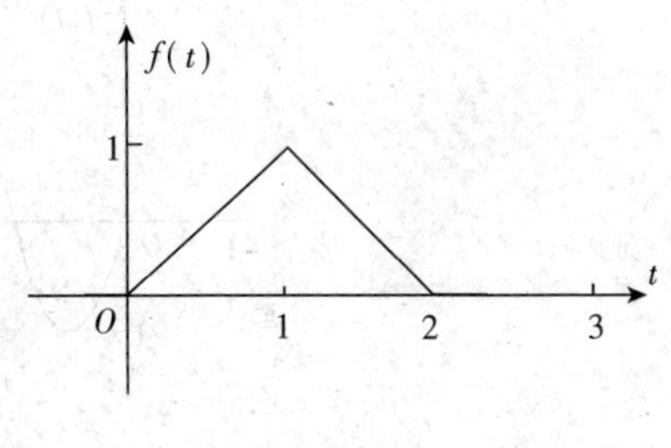

(b)

(3) $f(t)=\varepsilon(t)r(2-t)$ 的波形如图(c)所示。

(4) $f(t)=r(t)\varepsilon(2-t)$ 的波形如图(d)所示。

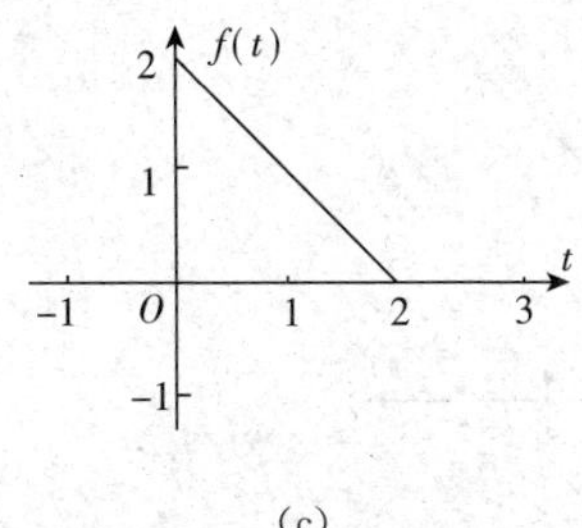

(c)

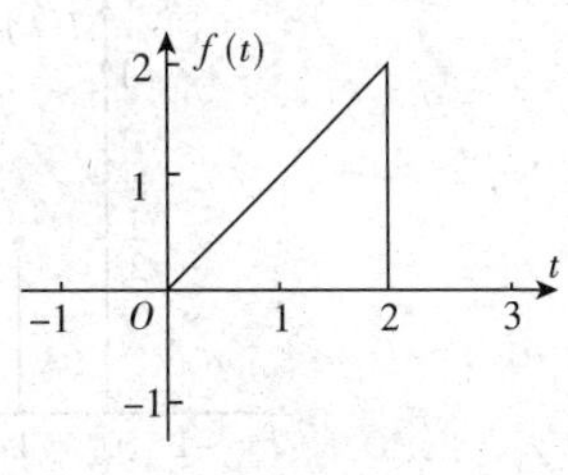

(d)

(5) $f(t)=r(2t)\varepsilon(2-t)$ 的波形如图(e)所示。

(6) $f(t)=\sin(\pi t)[\varepsilon(t)-\varepsilon(t-1)]$ 的波形如图(f)所示。

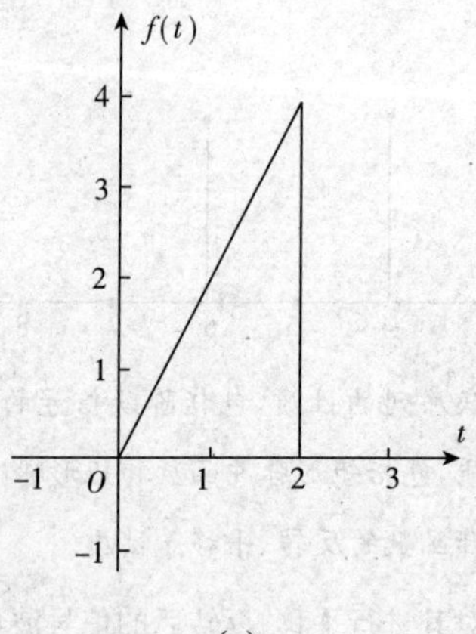

(e)

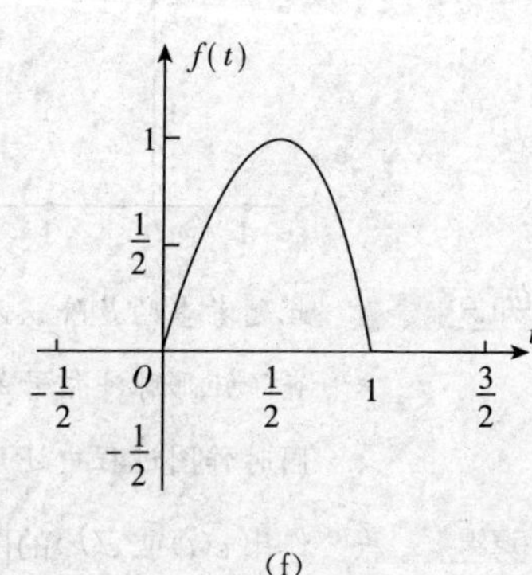

(f)

(7) $f(t)=\sin[\pi(t-1)][\varepsilon(2-t)-\varepsilon(-t)]$的波形如图(g)所示。

(8) $f(k)=k[\varepsilon(k)-\varepsilon(k-5)]$的波形如图(h)所示。

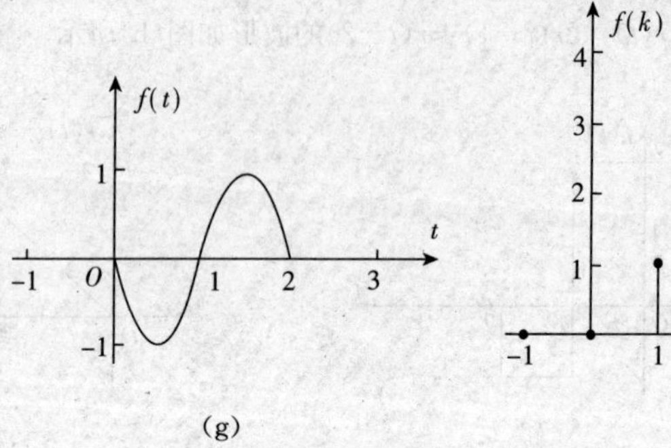

(g)

(h)

(9) $f(k)=2^{-k}\varepsilon(k)$的波形如图(i)所示。

(10) $f(k)=2^{-(k-2)}\varepsilon(k-2)$的波形如图(j)所示。

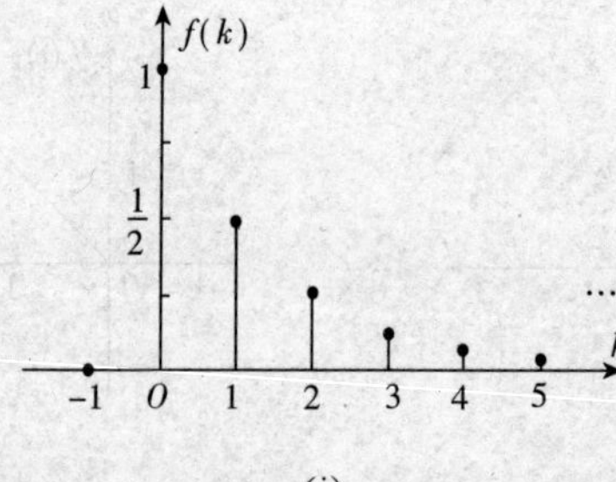

(i)

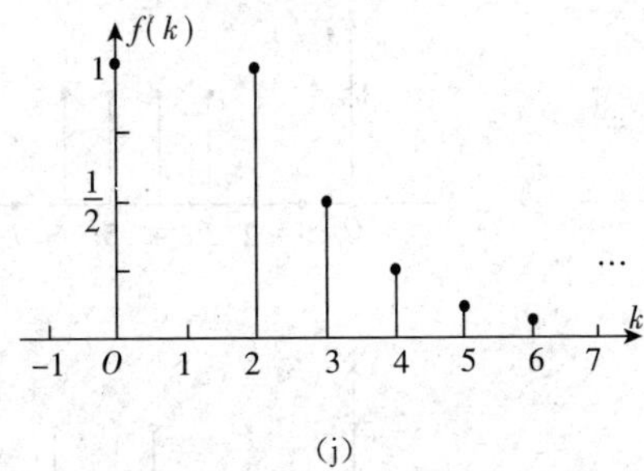

(j)

(11) $f(k)=\sin(\frac{k\pi}{6})[\varepsilon(k)-\varepsilon(k-7)]$的波形如图(k)所示。

(12) $f(k)=2^k[\varepsilon(3-k)-\varepsilon(-k)]$的波形如图(l)所示。

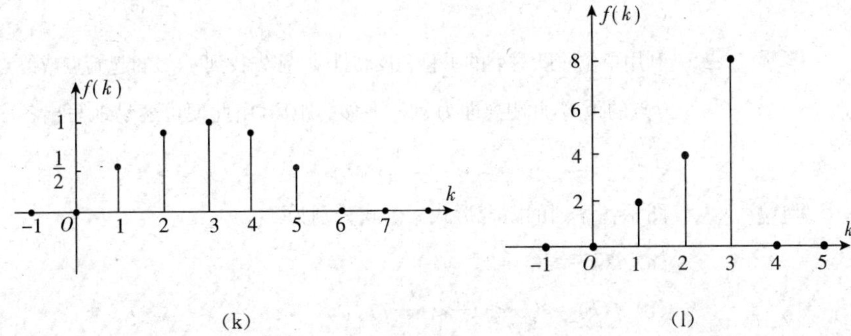

(k) (l)

1.3 知识点窍 本题考查了单位阶跃函数和斜升函数的平移性质及矩形脉冲信号的基本性质，$G(t)=\varepsilon(t)-\varepsilon(t-t_0)$。

逻辑推理 利用阶跃函数平移性质可以容易地写出图示中含有$\varepsilon(t)$的各波形的表示式，利用斜升函数$r(t)=t\varepsilon(t)$的平移性质可以容易地写出图示中含有$r(t)$的各波形的表示式。含有普通函数的波形，首先找出普通函数的表示式再结合矩形脉冲信号可得到信号$f(t)$的完整表示式。

解题过程 图示各波形的表示式分别为：

(a) $f(t)=2\varepsilon(t+1)-\varepsilon(t-1)-\varepsilon(t-2)$

(b) $f(t)=r(t+1)-2r(t-1)+r(t-3)$

(c) $f(t)=10\sin(\pi t)[\varepsilon(t)-\varepsilon(t-1)]$

(d) $f(t)=2(t+2)\varepsilon(t+2)-(t+5)\varepsilon(t+1)-(t-1)\varepsilon(t-1)+1$

1.4 知识点窍 本题考查了单位阶跃序列的平移性质、反转性质以及和普通函数相乘的性质。

$$\varepsilon(k)=\begin{cases}1,k\geqslant 0\\0,k<0\end{cases},\varepsilon(-k)=\begin{cases}1,k\leqslant 0\\0,k>0\end{cases}$$

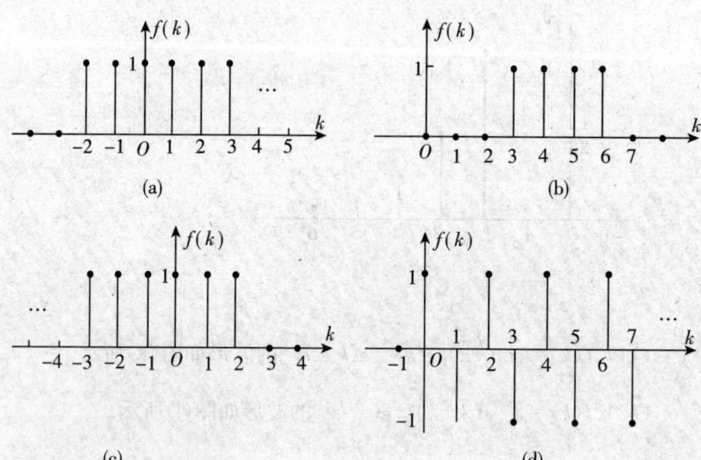

逻辑推理　利用单位阶跃序列的平移和反转性质，首先找到 $f(k)$的起始点或终点，找出此点与 $k=0$ 点的距离，此距离即为 $\varepsilon(k)$平移的距离，由此便可容易地写出各序列的闭合形式表示式。

解题过程　图示各序列的闭合形式表示式分别为：

(a) $f(k)=\varepsilon(k+2)$

(b) $f(k)=\varepsilon(k-3)-\varepsilon(k-7)$

(c) $f(k)=\varepsilon(-k+2)$

(d) $f(k)=(-1)^k\varepsilon(k)$

1.5 逻辑推理　本题从函数周期的定义入手比较简单。

解题过程　(1) $f_1(k)=\cos\left(\frac{3\pi}{5}k\right)$，周期为 T，T 为正整数，则应有$\frac{3\pi}{5}k-\left(\frac{3\pi}{5}k+\frac{3\pi}{5}T\right)=2\pi N$，这里 N 为一整数。

上式等价于$\frac{3\pi}{5}T=-2\pi N$ 或写为$\frac{3\pi}{5}T=2\pi N$　①

同时，T 应当取满足①式的最小正整数，可见　$T=10$

该序列是周期的，周期为 10。

(2) 设序列的周期应为 $\cos\left(\frac{3\pi}{4}k+\frac{\pi}{4}\right)$和 $\cos\left(\frac{\pi}{3}k+\frac{\pi}{6}\right)$的最小公倍数，$\cos\left(\frac{3\pi}{4}k+\frac{\pi}{4}\right)$的周期为 8，$\cos\left(\frac{\pi}{3}k+\frac{\pi}{6}\right)$的周期为 6，因此该序列的周期为 24。

(3) $f_3(k)=\sin\left(\frac{1}{2}k\right)$是非周期的，原因在于若存在周期 T，则有$\frac{1}{2}(k+T)-\frac{1}{2}K$

$=2\pi N$,左式为有理数,右式为无理数,不等,因此它是非周期的。

(4) $f_4(k)=e^{j\frac{\pi}{3}k}$ 是周期的,周期为 6,方法与(1)相同。

(5)该序列不是周期的,$\cos t$ 的周期为 2π,$\sin(\pi t)$ 的周期为 2,若序列周期为 T,则 T 是 2 的整数倍,也是 2π 的整数倍,这不成立,因此它不是周期的。

(6)该序列不是周期的,在数轴上,零点左右该函数波形明显不同。

1.6 知识点窍 本题考查了信号的平移、反转和尺度变换特性及对含有阶跃信号的函数的积分和微分的知识。

$$\frac{d\varepsilon(t)}{dt}=\delta(t),\int_{-\infty}^{t}\varepsilon(x)dx=r(t)$$

逻辑推理 对于含有平移、反转、尺度变换 3 种变换方式的信号变换,一般采用先平移后反转,最后进行尺度变换的步骤进行,这样很容易得出正确的变换结果,最后再结合 $\varepsilon(t)$ 或其经过变换后的信号可得到正确的波形。

解题过程 (1) $f_1(t)=f(t-1)\varepsilon(t)$ 的波形如图(a)所示。

(2) $f_2(t)=f(t-1)\varepsilon(t-1)$ 的波形如图(b)所示。

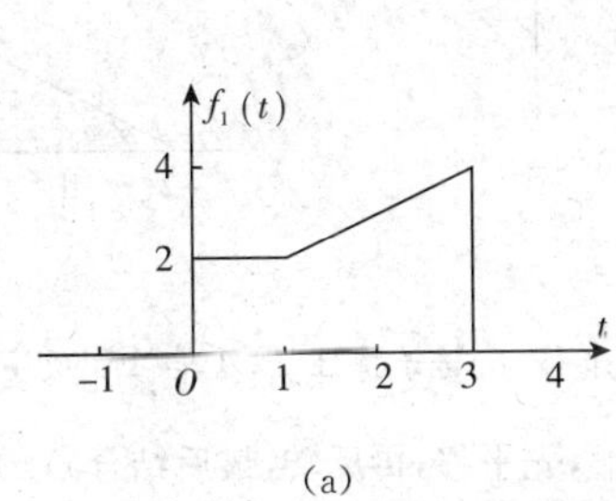

(a)

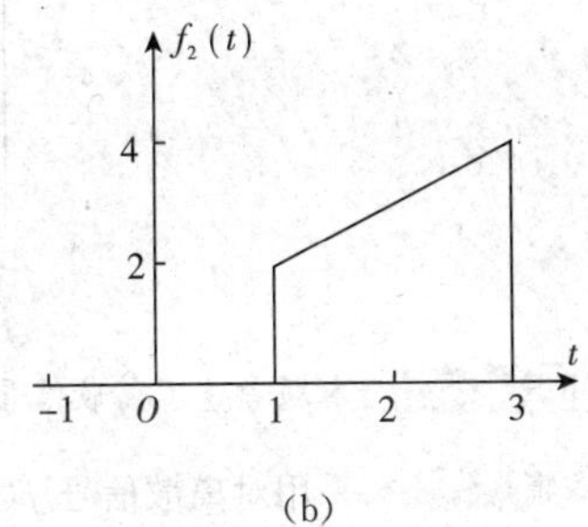

(b)

(3) $f_3(t)=f(2-t)$ 的波形如图(c)所示。

(4) $f_4(t)=f(2-t)\varepsilon(2-t)$ 的波形如图(d)所示。

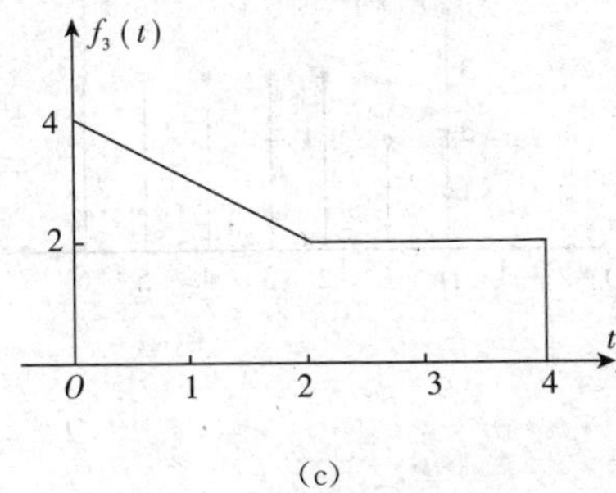

(c)

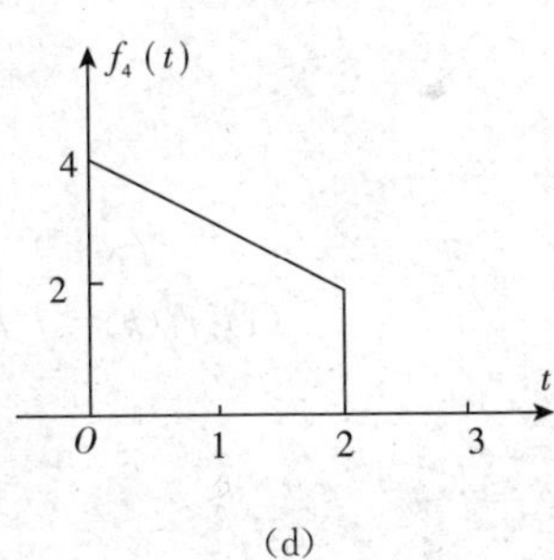

(d)

(5) $f_5(t)=f(1-2t)$ 的波形如图(e)所示。

(6) $f_6(t)=f(\frac{1}{2}t-2)$ 的波形如图(f)所示。

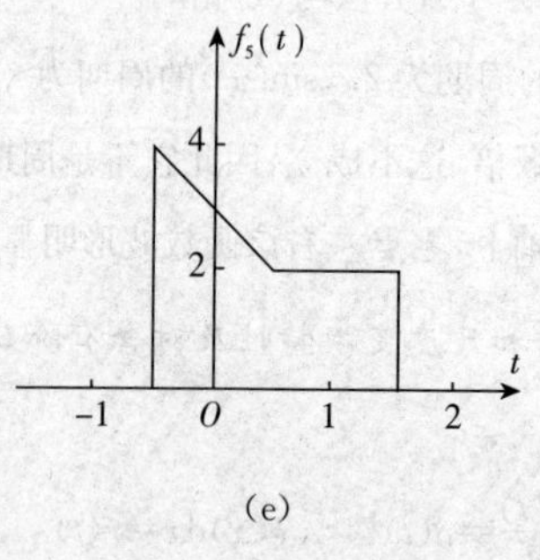

(e)

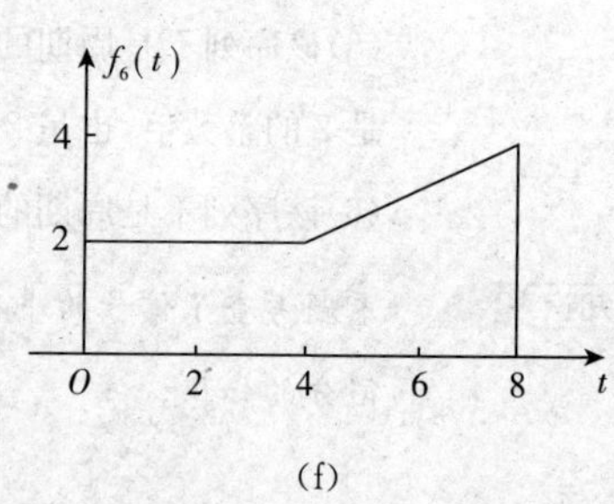

(f)

(7) $f_7(t)=\frac{\mathrm{d}f(t)}{\mathrm{d}t}$ 的波形如图(g)所示。

(8) $f_8(t)=\int_{-\infty}^{t}f(x)\mathrm{d}x$ 的波形如图(h)所示。

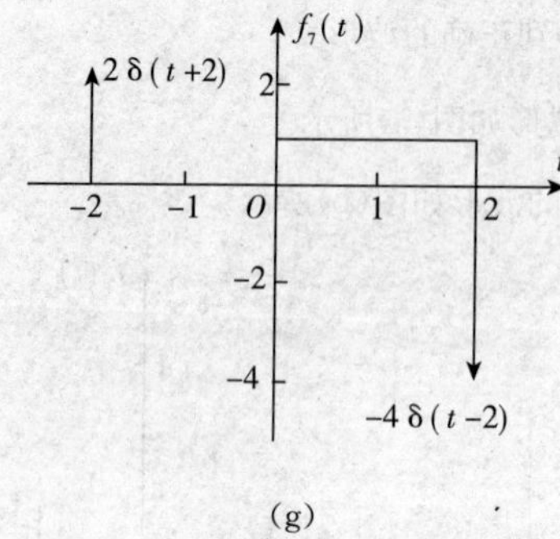

(g)

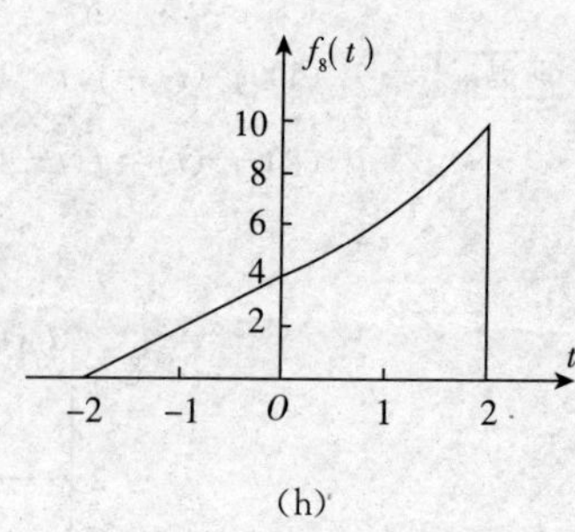

(h)

1.7 知识点窍 本题考查了离散信号 $f(k)$ 的平移、反转等特性，以及单位阶跃序列的波形变换性质。

逻辑推理 采用对离散信号 $f(k)$ 的波形，先平移，再反转，最后结合 $\varepsilon(k)$ 或其变换后序列的步骤进行变换。

解题过程 各序的图形分别为：

(1) $f_1(k)=f(k-2)\varepsilon(k)$

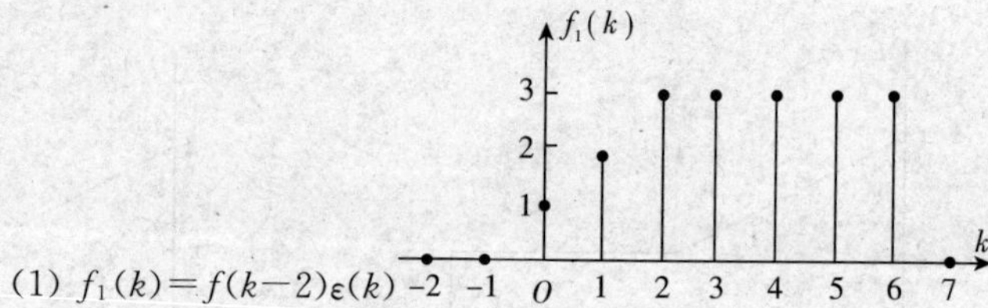

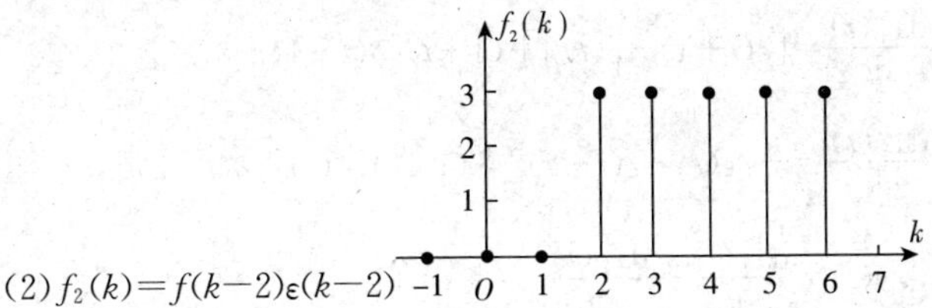

(2) $f_2(k)=f(k-2)\varepsilon(k-2)$

(3) $f_3(k)=f(k-2)[\varepsilon(k)-\varepsilon(k-4)]$

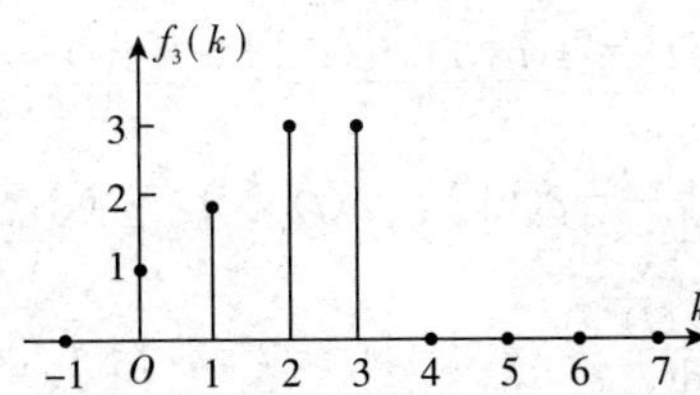

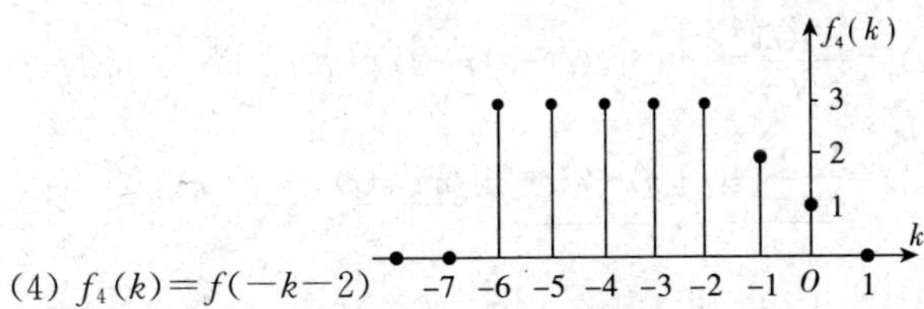

(4) $f_4(k)=f(-k-2)$

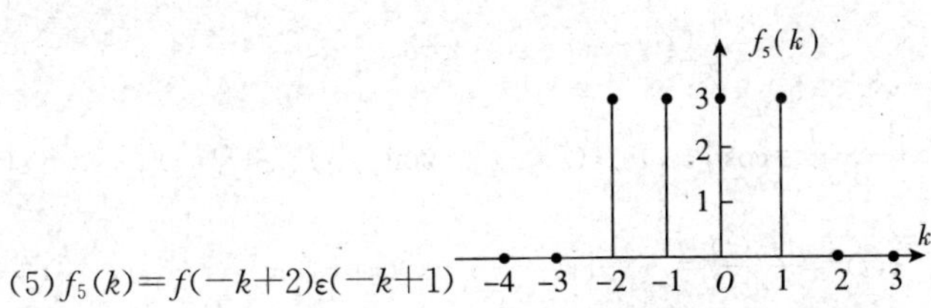

(5) $f_5(k)=f(-k+2)\varepsilon(-k+1)$

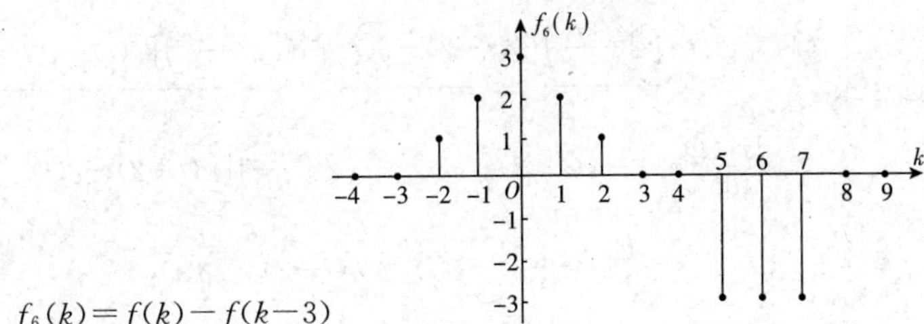

(6) $f_6(k)=f(k)-f(k-3)$

1.8 知识点窍 此题应先求出信号表示式,再求一阶导数。

解题过程 (1) $f_1(t)=\underbrace{(1+t)[\varepsilon(t+1)-\varepsilon(t)]}_{x_1(t)}+\underbrace{(1-t)[\varepsilon(t)-\varepsilon(t-2)]}_{x_2(t)}$

$$y(t)=\frac{\mathrm{d}f_1(t)}{\mathrm{d}t}$$

$$\frac{dx_1(t)}{dt}=[\varepsilon(t+1)-\varepsilon(t)]+(1+t)[\delta(t+1)-\delta(t)]$$

$$\frac{dx_2(t)}{dt}=-[\varepsilon(t)-\varepsilon(t-2)]+(1-t)[\delta(t)-\delta(t-2)]$$

$$\therefore y(t)=\frac{dx_1(t)}{dt}+\frac{dx_2(t)}{dt}$$

$$=\varepsilon(t+1)-2\varepsilon(t)+\varepsilon(t-2)+\delta(t+1)-2t\delta(t)+t\delta(t+1)+t\delta(t-2)-\delta(t-2)$$

(2) $f_2(t)=\underbrace{[\varepsilon(t+1)-\varepsilon(t)]}_{x_1(t)}+\underbrace{e^{-t}[\varepsilon(t)-\varepsilon(t-2)]}_{x_2(t)}$

$$\frac{dx_1(t)}{dt}=\delta(t+1)-\delta(t)$$

$$\frac{dx_2(t)}{dt}=-e^{-t}[\varepsilon(t)-\varepsilon(t-2)]+e^{-t}[\delta(t)-\delta(t-2)]$$

$$=-e^{-t}[\varepsilon(t)-\varepsilon(t-2)]+\delta(t+1)-e^{-2}\delta(t-2)$$

$$y(t)=\frac{df_2(t)}{dt}=-e^{-t}[\varepsilon(t)-\varepsilon(t-2)]+\delta(t+1)-e^{-2}\delta(t-2)$$

(3) $f_3(t)=\underbrace{-\frac{t}{\pi}[\varepsilon(t+\pi)-\varepsilon(t)]}_{x_1(t)}+\underbrace{\sin t[\varepsilon(t)-\varepsilon(t-\pi)]}_{x_2(t)}$

$$\frac{dx_1(t)}{dt}=-\frac{1}{\pi}[\varepsilon(t+\pi)-\varepsilon(t)]-\frac{t}{\pi}[\delta(t+\pi)-\delta(t)]$$

$$=-\frac{1}{\pi}[\varepsilon(t+\pi)-\varepsilon(t)]+\delta(t+\pi)$$

$$\frac{dx_2(t)}{dt}=\cos t[\varepsilon(t)-\varepsilon(t-\pi)]+\sin t[\delta(t)-\delta(t-\pi)]=\cos t[\varepsilon(t)-\varepsilon(t-\pi)]$$

$$y(t)=\frac{df_3(t)}{dt}=-\frac{1}{\pi}[\varepsilon(t+\pi)-\varepsilon(t)]+\cos t[\varepsilon(t)-\varepsilon(t-\pi)]+\delta(t+\pi)$$

(4) $f_4(t)=\underbrace{\left(2+\frac{t}{2}\right)[\varepsilon(t+2)-\varepsilon(t)]}_{x_1(t)}+\underbrace{\left(2-\frac{t}{2}\right)[\varepsilon(t)-\varepsilon(t-2)]}_{x_2(t)}$

$$\frac{dx_1(t)}{dt}=\frac{1}{2}[\varepsilon(t+2)-\varepsilon(t)]+\left(2+\frac{t}{2}\right)[\delta(t+2)-\delta(t)]$$

$$=\frac{1}{2}[\varepsilon(t+2)-\varepsilon(t)]+\delta(t+2)-2\delta(t)$$

$$\frac{dx_2(t)}{dt}=-\frac{1}{2}[\varepsilon(t)-\varepsilon(t-2)]+\left(2-\frac{t}{2}\right)[\delta(t)-\delta(t-2)]$$

$$=-\frac{1}{2}[\varepsilon(t)-\varepsilon(t-2)]+2\delta(t)-\delta(t-2)$$

$$y(t)=\frac{df_4(t)}{dt}=\frac{1}{2}[\varepsilon(t+2)-2\varepsilon(t)+\varepsilon(t-2)]+\delta(t+2)-\delta(t-2)$$

1.9 **知识点窍** 本题考查了信号的平移、反转和尺度变换等特性，另外还考查了阶跃函数的微分和积分性质。

$$\delta(t)=\frac{\mathrm{d}}{\mathrm{d}t}\varepsilon(t),\varepsilon(t)=\frac{\mathrm{d}}{\mathrm{d}t}r(t)$$

逻辑推理 原信号 $f(t)$变换为 $f(3-2t)$采用先平移，后反转，最后进行尺度变换的步骤。而由信号 $f(3-2t)$变换为原信号时则采用逆序的步骤，即先尺度变换，后反转，最后再平移，亦即 $f(3-2t)\to f(3-t)\to f(t+3)\to f(t)$，再利用公式 $\delta(t)=\frac{\mathrm{d}}{\mathrm{d}t}\varepsilon(t),\varepsilon(t)=\frac{\mathrm{d}}{\mathrm{d}t}r(t)$易得$\frac{\mathrm{d}}{\mathrm{d}t}f(t)$的波形。此时还要利用冲激函数 $\delta(t)$和阶跃函数的平移性质。

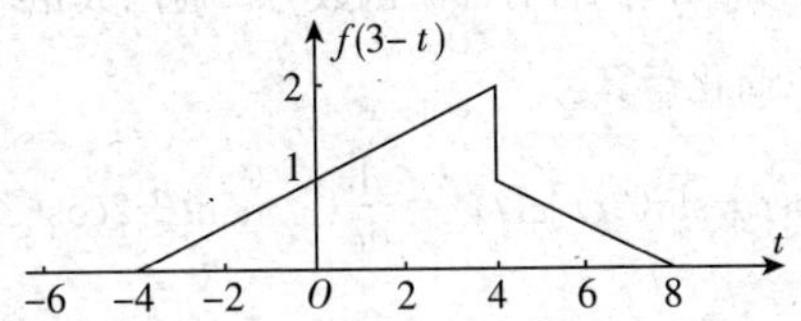

解题过程 利用尺度变换由 $f(3-2t)$的波形可得 $f(3-t)$的波形，即将 $f(3-2t)$的波形以原点为基准点展宽至原来的两倍。

将 $f(3-t)$的波形进行反转即得到 $f(t+3)$的波形。

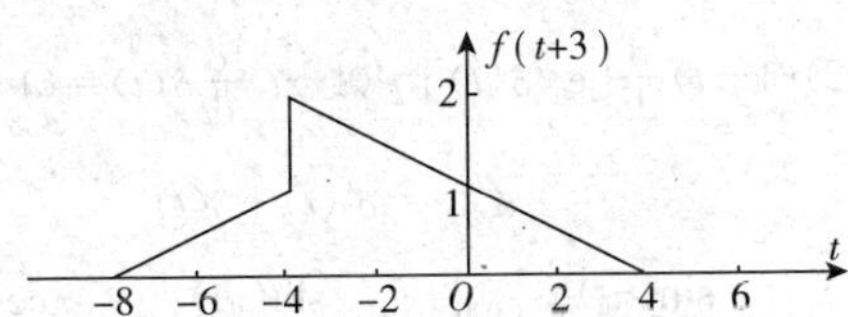

将 $f(t+3)$的波形沿 t 轴正方向平移 3 个时间单位即得原信号 $f(t)$的波形，$f(t)$的表示式为

$$f(t)=\frac{1}{4}r(t+5)-\frac{1}{2}r(t+1)+\varepsilon(t+1)+\frac{1}{4}r(t-7)$$

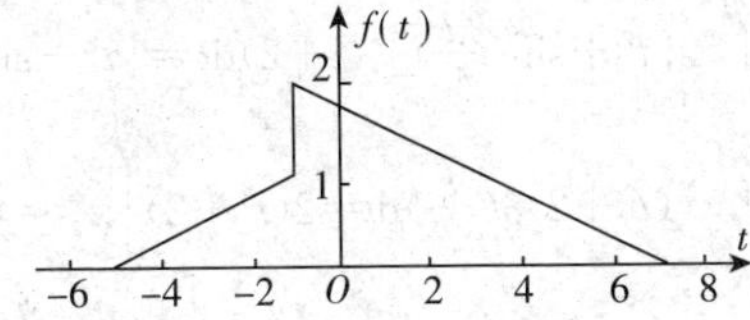

利用公式 $\varepsilon(t)=\frac{\mathrm{d}}{\mathrm{d}t}r(t),\delta(t)=\frac{\mathrm{d}}{\mathrm{d}t}\varepsilon(t)$可得

$$\frac{\mathrm{d}}{\mathrm{d}t}f(t)=\frac{1}{4}\varepsilon(t+5)-\frac{1}{2}\varepsilon(t+1)+\frac{1}{4}\varepsilon(t-7)+\delta(t+1)$$

由$\frac{\mathrm{d}}{\mathrm{d}t}f(t)$表示式易得其波形。

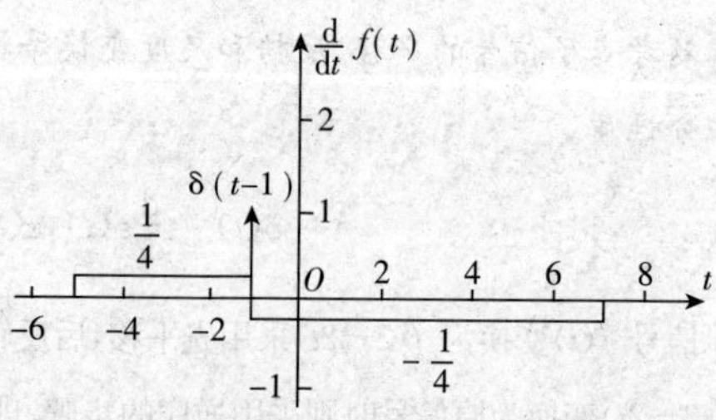

1.10 知识点窍 本题考查了阶跃函数 $\varepsilon(t)$ 和冲激函数 $\delta(t)$ 的微分和积分特性以及冲激函数 $\delta(t)$ 和冲激偶函数 $\delta'(t)$ 与普通函数相乘的特性。

逻辑推理 运算过程中如果遇到含有冲激函数与普通函数相乘的情况时，首先利用公式对此部分处理以简化运算。

解题过程 (1) $\frac{d^2}{dt^2}\{[\cos t+\sin(2t)]\varepsilon(t)\}=\frac{d}{dt}\{[-\sin t+2\cos(2t)]\varepsilon(t)+[\cos t+\sin(2t)]\delta(t)\}$

$=\frac{d}{dt}\{[-\sin t+2\cos(2t)]\varepsilon(t)+\delta(t)\}$

$=[-\cos t-4\sin(2t)]\varepsilon(t)+[-\sin t+2\cos(2t)]\delta(t)+\delta'(t)$

$=[-\cos t-4\sin(2t)]\varepsilon(t)+2\delta(t)+\delta'(t)$

(2) $(1-t)\frac{d}{dt}[e^{-t}\delta(t)]=(1-t)\frac{d}{dt}\delta(t)=(1-t)\delta'(t)=\delta'(t)-(-1)\delta(t)$

$=\delta'(t)+\delta(t)$

(3) $\int_{-\infty}^{\infty}\frac{\sin(\pi t)}{t}\delta(t)dt=\lim_{t\to 0}\frac{\sin(\pi t)}{t}=\lim_{t\to 0}\frac{\pi\cos(\pi t)}{1}$（洛毕达法则）$=\pi$

(4) $\int_{-\infty}^{\infty}e^{-2t}[\delta'(t)+\delta(t)]dt=\int_{-\infty}^{\infty}[e^{-2t}\delta'(t)+e^{-2t}\delta(t)]dt$

$=\int_{-\infty}^{\infty}[\delta'(t)+2\delta(t)+\delta(t)]dt$

$=\int_{-\infty}^{\infty}\delta'(t)dt+3\int_{-\infty}^{\infty}\delta(t)dt=3$

(5) $\int_{-\infty}^{\infty}[t^2+\sin(\frac{\pi t}{4})]\delta(t+2)dt=[t^2+\sin(\frac{\pi t}{4})]\Big|_{t=-2}=3$

(6) $\int_{-\infty}^{\infty}(t^2+2)\delta(\frac{t}{2})dt=2(t^2+2)\Big|_{t=0}=4$

(7) $\int_{-\infty}^{\infty}(t^3+2t^2-2t+1)\delta'(t-1)dt=-(t^3+2t^2-2t+1)'\Big|_{t=1}$

$=-(3t^2+4t-2)\Big|_{t=1}=-5$

(8) $\int_{-\infty}^{t}(1-x)\delta'(x)dx=\int_{-\infty}^{t}[\delta'(x)-(-1)\delta(x)]dx=\int_{-\infty}^{t}\delta'(x)dx+\int_{-\infty}^{t}\delta(x)$ $dx=\delta(t)+\varepsilon(t)$

1.11 **知识点窍** 本题考查冲激函数平移、反转和尺度变换的知识。

$$\int_{-\infty}^{\infty} f(t)\delta(at)\mathrm{d}t=\int_{-\infty}^{\infty} f\left(\frac{x}{a}\right)\delta(x)\cdot\frac{1}{|a|}f(0)$$

逻辑推理 利用积分变量替换的性质，令 $x=at-b$，因$a\neq 0$，则有 $t=\frac{x}{a}+\frac{b}{a}$，$\mathrm{d}t=\frac{1}{a}\mathrm{d}x$，代入左端积分整理即可，注意对不同符号的 a 进行讨论。

解题过程 证明：令 $x=at-b,a\neq 0$，则有 $t=\frac{x}{a}+\frac{b}{a}$，$\mathrm{d}t=\frac{1}{a}\mathrm{d}x$，分两种情况讨论：

若 $a>0$，则$|a|=a$，有

$$\int_{-\infty}^{\infty} f(t)\delta(at-b)\mathrm{d}t=\int_{-\infty}^{\infty} f\left(\frac{x}{a}+\frac{b}{a}\right)\delta(x)\frac{1}{a}\mathrm{d}x=\frac{1}{a}f\left(\frac{x}{a}+\frac{b}{a}\right)\Big|_{x=0}$$

$$=\frac{1}{a}f\left(\frac{b}{a}\right)=\frac{1}{|a|}f\left(\frac{b}{a}\right)$$

若 $a<0$，则$|a|=-a$，有

$$\int_{-\infty}^{\infty} f(t)\delta(at-b)\mathrm{d}t=\int_{\infty}^{-\infty} f\left(\frac{x}{a}+\frac{b}{a}\right)\delta(x)\frac{1}{a}\mathrm{d}x$$

$$=\int_{-\infty}^{\infty} f\left(\frac{x}{a}+\frac{b}{a}\right)\delta(x)\frac{1}{-a}\mathrm{d}x$$

$$=\int_{-\infty}^{\infty} f\left(\frac{x}{a}+\frac{b}{a}\right)\delta(x)\frac{1}{|a|}\mathrm{d}x$$

$$=\frac{1}{|a|}f\left(\frac{x}{a}+\frac{b}{a}\right)\Big|_{x=0}=\frac{1}{|a|}f\left(\frac{b}{a}\right)$$

综合以上两种结果，可得$\int_{-\infty}^{\infty} f(t)\delta(at-b)\mathrm{d}t=\frac{1}{|a|}f\left(\frac{b}{a}\right)$

证毕。

1.12 **知识点窍** 基尔霍夫电压定律(KVL)和基尔霍夫电流定律(KCL)。

逻辑推理 找出电路中各元件的端电流和端电压之间的关系，再利用 KVL 或 KCL 写出各元件彼此之间的关系，选定某一参量为响应，消去其余中间参量即可得到描述系统的微分方程。

解题过程 由 KVL 可得 $u_S(t)=u_L(t)+u_C(t)$

由 KCL 可得 $i_L(t)=i_R(t)+i_C(t)$

各元件端电流和端电压的关系为

$$u_L(t)=L\frac{\mathrm{d}}{\mathrm{d}t}i_L(t),u_R(t)=Ri_R(t),i_C(t)=\frac{\mathrm{d}}{\mathrm{d}t}u_C(t)$$

(1)选定 $u_C(t)$为响应，联立以上各式消去其余中间参量得

$$LC\frac{d^2}{dt^2}u_C(t)+\frac{L}{R}\frac{d}{dt}u_C(t)+u_C(t)=u_S(t)$$

稍加整理得以 $u_c(t)$ 为响应的微分方程

$$u_C''(t)+\frac{1}{RC}u_C'(t)+\frac{1}{LC}u_C(t)=\frac{1}{LC}u_S(t)$$

(2)选定以 $i_L(t)$ 为响立，联立各式消去其余中间参量可得

$$LC\frac{d^2}{dt^2}i_L(t)+\frac{L}{R}\frac{d}{dt}i_L(t)+i_L(t)=C\frac{d}{dt}u_S(t)+\frac{1}{R}u_S(t)$$

稍加整理得以 $i_L(t)$ 为响应的微分方程

$$i''_L(t)+\frac{1}{RC}i'_L(t)+\frac{1}{LC}i_L(t)=\frac{1}{LC}u'_S(t)+\frac{1}{RLC}u_S(t)$$

1.13 **知识点窍** 基尔霍夫电压定律(KVL)和基尔霍夫电流定律(KCL)。

逻辑推理 找出电路中各元件的端电流和端电压之间的关系，再利用 KVL 和 KCL 写出各元件彼此之间的关系，选定某一参量为响应，消去其余中间参量即可得到描述系统的微分方程。

解题过程 (1)设电容 C 的电压为 $u_C(t)$

电感 L 的电流为 $i_L(t)$

有 $u(t)=u_C(t)+i_C(t)R, u'(t)=u_C'(t)+i_C'(t)R$

因为有 $i_C(t)=cu_C'(t)$ 所以 $u_C'(t)=\frac{i_C(t)}{C}$ ①

又有 $i_C(t)=i_s(t)-i_L(t), u(t)=Li_L'(t)$

所以 $i_C'(t)=i_s'(t)-i_L'(t)=i_S'(t)-\frac{u(t)}{L}$ ②

将①、②式代入 $u'(t)$ 表达式，有

$$u'(t)=\frac{i_C(t)}{C}+i_S'(t)R-\frac{u(t)}{L}R$$

再对两端求导，有 $u''(t)=\frac{1}{C}i_C'(t)+i_S''(t)R-\frac{u'(t)}{L}R$

即 $u''(t)=\frac{1}{C}i_S'(t)-\frac{u(t)}{CL}+i_S''(t)R-\frac{u'(t)}{L}R$

因此，以 $u(t)$ 为响应的微分方程为

$$u''(t)=\frac{R}{L}u'(t)+\frac{1}{CL}u(t)=\frac{1}{C}i_S'(t)+Ri_S''(t)$$

(2)$i_C(t)=i_s(t)-i_L(t), i_C'(t)=i_S'(t)-i_L'(t)$

因为 $i_L{}'(t)=\dfrac{u(t)}{L}$，所以 $i_C{}'(t)=i_S{}'(t)-\dfrac{u(t)}{L}$

再对两端求导有 $i_C{}''(t)=i_S{}''(t)-\dfrac{u'(t)}{L}$

因为 $u'(t)=u_C{}'(t)+i_C{}'(t)R$（见(1)的过程）

而 $u_C{}'(t)=\dfrac{i_C(t)}{C}$　有 $u'(t)=\dfrac{i_C(t)}{C}+i_C{}'(t)R$

将②式代入①式，有

$i_C{}''(t)=i_S{}''(t)-\dfrac{1}{LC}i_C(t)-\dfrac{R}{L}i_C{}'(t)$

因此，以 $i_c(t)$为响应的微分方程为

$i_C{}''(t)+\dfrac{R}{L}i_C{}'(t)+\dfrac{1}{LC}i_C(t)=i_S{}''(t)$

1.14 知识点窍　牛顿第二定律 $F_{合}=ma$。

逻辑推理　分析此力学系统中物体所受外力情况，得出物体所受合外力，利用牛顿第二定律 $F_{合}=ma$ 写出微分方程。

解题过程　选择物体向上偏离平衡位置时为参考正方向，此机械减震系统中，物体所受外力包括加于物体 M 上的外力 $f(t)$、弹簧强力 $Ky(t)$、减震器阻尼力 $Dy'(t)$，则物体 M 所受合外力为

$$F_{合}=f(t)-ky(t)-Dy'(t)$$

由牛顿第二定律可知 $F_{合}=Ma$，a 为物体在 $F_{合}$ 作用下产生的加速度，由以上两式可得

$$f(t)-ky(t)-Dy'(t)=Ma=My''(t)$$

稍加整理得以 $y(t)$为响应的微分方程

$$y''(t)+\frac{D}{M}y'(t)+\frac{K}{M}y(t)=\frac{1}{M}f(t)$$

1.15 知识点窍　牛顿第二定律 $F_{合}=ma$。

逻辑推理　分析力学系统中物体 M 所受外力情况，找出其所受合外力 $F_{合}$，利用牛顿第二定律写出系统的微分方程。

解题过程　选择物体向右偏离平衡位置时为参考正方向，物体 M 所受外力包括弹簧弹力$\dfrac{K}{2}y(t)\times 2$ 、加速度计给物体的摩擦力 $By'(t)$，则物体所受合外力为 $F_{合}=ky(t)+By'(t)$，利用牛顿第二定律得

$$F_{合}=Ma\text{（式中 }a=x''_2(t)\text{为物体的加速度）}$$

则有 $Ky(t)+By'(t)=Mx''_2(t)$ ，将 $x_2(t)=x_1(t)-y(t)$ 代入得

$$Ky(t)+By'(t)=M[x''_1(t)-y''(t)]$$

稍加整理得以 $x_1(t)$ 为输入、$y(t)$ 为输出的微分方程

$$y''(t)+\frac{B}{M}y'(t)+\frac{K}{M}y(t)=x''_1(t)$$

1.16 **知识点窍** 本题考查利用微元法列写系统微分方程的知识。$\lim\limits_{\Delta t\to 0}\frac{\Delta y}{\Delta t}=y'$

逻辑推理 池内水的体积增量 $\Delta V=A\Delta H$，同时根据水池流入量和流出量可得 $\Delta V=(Q_{in}-Q_{out})\Delta t$，联立两式对 $\Delta t\to 0$ 取极限可得系统的微分方程。

解题过程 由已知可得池内水的体积增量和高度满足$\Delta V=A\Delta H$，ΔH 表示高度增量。又由每秒水池的流入量和流出量可得

$$\Delta V=(Q_{in}-Q_{out})\Delta t$$

由以上两式可得

$$A\Delta H=(Q_{in}-Q_{out})\Delta t=(Q_{in}-\frac{1}{R}H)\Delta t$$

上式两边对时间变量 $\Delta t\to 0$ 取极限可得

$$AH'=Q_{in}-\frac{1}{R}H$$

稍加整理得 H 与 Q_{in} 关系的微分方程

$$H'+\frac{1}{AR}H=\frac{1}{A}Q_{in}$$

即
$$H'(t)+\frac{1}{AR}H(t)=\frac{1}{A}Q_{in}$$

1.17 **知识点窍** 本题考查利用物理中热学知识列写系统的微分方程。内部热量变化率等于产生热量与散热速率之差。

逻辑推理 根据热学知识可知，系统内部热量变化率等于产生热量速率与散热速率之差，由此可得 $mC_p\frac{\mathrm{d}T}{\mathrm{d}t}=Q-K_0(T-T_0)$，整理即可。

解题过程 由热学知识可知，系统内部热量变化率等于系统内部产生热量速率与散热速率之差，即

$$mC_p\frac{\mathrm{d}T}{\mathrm{d}t}=Q-K_0(T-T_0)$$

稍加整理即得温度 T 与 Q 的微分方程

$$T'(t)+\frac{K_0}{mC_p}T(t)=\frac{1}{mC_p}Q+\frac{K_0}{mC_p}T_0$$

1.18 知识点窍 本题考查利用运动学知识列写差分方程，利用差分方程描述质点运动规律。

逻辑推理 质点运动规律为某一秒内走过的距离等于前一秒所行距离的$\frac{1}{2}$，即 $y(k)-y(k-1)=\frac{1}{2}[y(k-1)-y(k-2)]$，此即为 $y(k)$的差分方程。

解题过程 质点从第 $k-2$ 到第 $k-1$ 秒所走过的距离为 $y(k-1)-y(k-2)$，从第 $k-1$ 秒到第 k 秒所走过的距离为 $y(k)-y(k-1)$，根据质点的运动规律，有

$$y(k)-y(k-1)=\frac{1}{2}[y(k-1)-y(k-2)]$$

稍加整理得 $y(k)$的差分方程为

$$y(k)-\frac{3}{2}y(k-1)+\frac{1}{2}y(k-2)=0$$

1.19 知识点窍 本题考查利用差分方程描述粒子分裂规律的知识。

逻辑推理 若粒子寿命无穷大则第 k 秒末粒子数应为第 $k-1$ 秒末粒子与第 $k-1$ 秒注入粒子数之和的两倍；若粒子寿命为 5s，则第 k 秒末粒子数应为第 $k-1$ 秒末粒子数加上第$k-1$秒注入粒子数再减去 5s 前新生粒子数和新注入粒子数之和的结果的两倍。

解题过程 (1)粒子寿命无穷大，第 $k-1$ 秒粒子数为$x(k-1)$，在第 $k-1$ 秒注入粒子 $f(k-1)$，根据粒子的分裂规律，第 k 秒粒子数为

$$x(k)=2[x(k-1)+f(k-1)]$$

稍加整理得 $x(k)$差分方程为 $x(k)-2x(k-1)=2f(k-1)$

(2)粒子寿命为 5s，则在第 $k-5$ 秒时新生的粒子$\frac{1}{2}y(k-5)$以及新注入的粒子 $f(k-5)$在第 k 秒会消失掉，根据粒子的分裂规律，可得第 k 秒的粒子数为

$$y(k)=2[y(k-1)+f(k-1)-\frac{1}{2}y(k-5)-f(k-5)]$$

稍加整理得 $y(k)$的差分方程

$$y(k)-2y(k-1)+y(k-5)=2f(k-1)-2f(k-5)$$

1.20 知识点窍 本题考查根据系统框图列写系统的微分或差分方程的知识。图中含有积分器描述的是连续系统，需要用微分方程表示，含有迟延单元描述的是离散系统，需要用差

分方程表示。

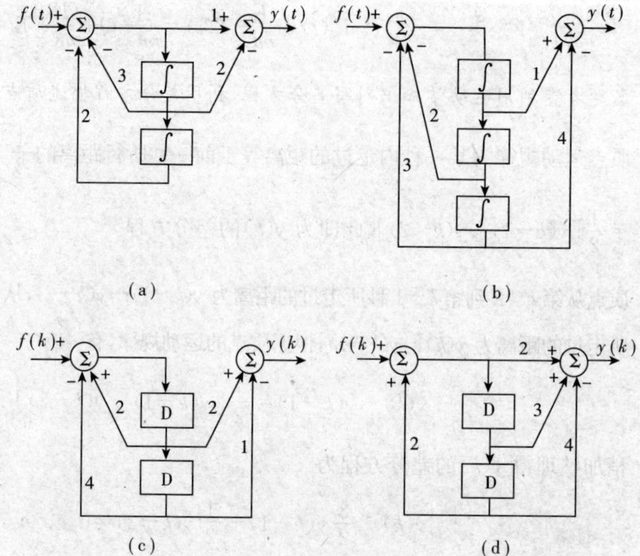

题 1.20 图

逻辑推理 首先选取中间变量 $x(\cdot)$，对于连续系统，设其最右端积分器的输出为 $x(t)$；对于离散系统，设其最左端迟延单元的输入为 $x(k)$；然后写出各加法器输出信号的方程，最后消去中间变量即可。

解题过程 (a)系统框图中含有两个积分器，则该系统是二阶系统。设最下方积分器输出为 $x(t)$，则各积分器输入为 $x''(t)$、$x'(t)$。

左方加法器的输出为

$$x''(t)=f(t)-2x(t)-3x'(t)$$

即

$$x''(t)+3x'(t)+2x(t)=f(t)$$

由右方加法器的输出得

$$y(t)=x''(t)-2x'(t)$$

由上式得

$$y''(t)=[x''(t)]''-2[x'(t)]''$$

$$3y'(t)=[3x''(t)]'-2[3x'(t)]'$$

$$2y(t)=[2x''(t)]-2[2x'(t)]$$

将以上三式相加得

$$y''(t)+3y'(t)+2y(t)=[x''(t)+3x'(t)+2x(t)]''-2[x''(t)+3x'(t)+2x(t)]'$$

考虑到 $f(t)=x''(t)+3x'(t)+2x(t)$，上式右端等于 $f''(t)-2f'(t)$，故得

$$y''(t)+3y'(t)+2y(t)=f''(t)-2f'(t)$$

此即为系统的微分方程。

(b)系统框图中含有 3 个积分器，则该系统为三阶系统。设最下方积分器的输出为 $x(t)$，则各积分器输入为 $x'''(t)$、$x''(t)$、$x'(t)$。

左端加法器的输出为 $x'''(t)=f(t)-2x'(t)-3x(t)$

即 $x'''(t)+2x'(t)+3x(t)=f(t)$

由右方加法器的输出得

$$y(t)=x''(t)-4x(t)$$

由上式得

$$y'''(t)=[x'''(t)]''-4x'''(t)$$

$$2y'(t)=[2x'(t)]''-4[2x'(t)]$$

$$3y(t)=[3x(t)]''-4[3x(t)]$$

将以上三式相加得

$$y'''(t)+2y'(t)+3y(t)=[x'''(t)+2x'(t)+3x(t)]''-4[x'''(t)+2x'(t)+3x(t)]$$

即 $$y'''(t)+2y'(t)+3y(t)=f''(t)-4f(t)$$

此即为系统的微分方程。

(c)系统框图中有两个迟延单元，因而该系统为二阶系统。设上方迟延单元的输入为 $x(k)$，则各个迟延单元的输出为 $x(k-1)$、$x(k-2)$。

左方加法器的输出为

$$x(k)=f(k)+2x(k-1)-4x(k-2)$$

即 $$x(k)-2x(k-1)+4x(k-2)=f(k)$$

右方加法器的输出为

$$y(k)=2x(k-1)-x(k-2)$$

由上式移位可得

$$-2y(k-1)=2[-2x(k-2)]-[-2x(k-3)]$$

$$4y(k-2)=2[4x(k-3)]-[4x(k-4)]$$

将以上三式相加得

$$y(k)-2y(k-1)+4y(k-2)$$
$$=2[x(k-1)-2x(k-2)+4x(k-3)]-[x(k-2)-2x(k-3)+4x(k-4)]$$

考虑到式 $x(k)-2x(k-1)+4x(k-2)=f(k)$ 及其迟延项，可得

$$y(k)-2y(k-1)+4y(k-2)=2f(k-1)-f(k-2)$$

此即为框图中系统的差分方程。

(d)系统框图中有两个迟延单元，因而该系统为二阶系统。设上方迟延单元的输入为 $x(k)$，则各个迟延单元的输出为 $x(k-1)$、$x(k-2)$。

左方加法器输出为

$$x(k)=f(k)+2x(k-2)$$

即 $$x(k)-2x(k-2)=f(k)$$

右方加法器输出为

$$y(k)=2x(k)+3x(k-1)-4x(k-2)$$

由上式移位得

$$-2y(k-2)=2[-2x(k-2)]+3[-2x(k-3)]-4[-2x(k-4)]$$

将以上两式相加得

$$y(k)-2y(k-2)=2[x(k)-x(k-2)]+3[x(k-1)-2x(k-3)]-4[x(k-2)-2x(k-4)]$$

考虑到式 $x(k)-2x(k-2)=f(k)$ 及其迟延项，可得

$$y(k)-2y(k-2)=2f(k)+3f(k-1)-4f(k-2)$$

此即为框图中系统的差分方程。

1.21 **知识点窍** 迟延器的输入为 $f(t)$，则其输出为 $f(t-T)$，T 表示延时 T 秒。

逻辑推理 信号 $f(t)$ 经过迟延器后变为 $f(t-T)$，则系统的输出为各框图加法器输入信号之和。证明 $z(t)=f(t)$，只要证明 $f(t)-z(t)=0$ 即可。

解题过程 (1)迟延器的输出为 $f(t-T)$，则系统输出为

$$y(t)=f(t)+af(t-T)$$

(2)迟延器的输出为 $z(t-T)$，则系统的输出为

$$z(t)=y(t)-az(t-T)$$

亦即 $$y(t)=z(t)+az(t-T)$$

由以上两个结果可得 $$f(t)+af(t-T)=z(t)+az(t-T)$$

整理得 $$[f(t)-z(t)]+a[f(t-T)-z(t-T)]=0$$

此方程的解为 $$f(t-T)-z(t-T)=-\frac{1}{a}[f(t)-z(t)]$$

若 $f(t)-z(t)\neq 0$，则有 $t\to-\infty$ 时，$f(t-T)-z(t-T)$ 的振幅趋于无穷大，不符合物理意义，因此必有 $f(t)-z(t)=0$，即 $f(t)=z(t)$，证毕。

1.22 知识点窍 基尔霍夫电流定律(KCL)。

逻辑推理 选取电压为 $u(k-1)$ 的结点，利用基尔霍夫电流定律(KCL)列写方程求解。

解题过程 选取结点电压为 $u(k-1)$ 的结点，由基尔霍夫电流定律(KCL)可得

$$\frac{u(k-2)-u(k-1)}{R}+\frac{u(k)-u(k-1)}{R}=\frac{u(k-1)}{\alpha R}$$

稍加整理即可得到 $u(k)$ 的差分方程

$$u(k)-(2+\frac{1}{\alpha})u(k-1)+u(k-2)=0$$

1.23 知识点窍 一个既具有分解性，又具有状态线性和零输入线性的系统称为线性系统，$T[\alpha_1 f_1(\cdot)+\alpha_2 f_2(\cdot)]=\alpha_1 T[f_1(\cdot)]+\alpha_2 T[f_2(\cdot)]$。

逻辑推理 依据线性系统的定义，依次判断系统是否具有分解特性、零状态线性和零输入线性。若系统均满足以上特性，则系统为线性系统，否则为非线性系统。

解题过程 用 $y_x(t)$ 表示零输入响应，$y_f(t)$ 表示零状态响应。

(1) $y_x(t)=e^{-t}x(0)$，$y_f(t)=\int_0^t \sin x f(x)\mathrm{d}x$

则 $y(t)=y_x(t)+y_f(t)$，满足可分解性。

又 $y_x(t)$、$y_f(t)$ 分别满足零输入线性和零状态线性，则系统是线性系统。

(2)由系统表示式可知

$$y_x(t)=0, y_f(t)=\int_0^t f(x)\mathrm{d}x$$

可得 $$y(t)\neq y_x(t)+y_f(t)$$

因此系统不是线性系统。

(3)由系统表示式可知

$$y_x(t)=\sin[x(0)\cdot t], y_f(t)=\int_0^t f(x)\mathrm{d}x$$

可得 $y(t)=y_x(t)+y_f(t)$，系统满足分解特性。

但 $y_{x1}(t)+y_{x2}(t)\neq\sin[(x_1(0)+x_2(0))\cdot t]$

即 $y_x(t)$ 不满足零输入线性，因此系统不是线性系统。

(4)由系统表示式可知

$$y_x(k)=(\frac{1}{2})^k x(0), y_f(k)=f(k)\cdot f(k-2)$$

可得 $y(k)=y_x(k)+y_f(k)$，满足可分解特性。

但 $y_{f1}(k)+y_{f2}(k)\neq[f_1(k)+f_2(k)]\cdot[f_1(k-2)+f_2(k-2)]$

即 $y_f(k)$不满足零状态线性，因此系统不是线性系统。

(5)由系统表示式可知

$$y_x(k)=kx(0),\ y_f(k)=\sum_{j=0}^{k}f(j)$$

可得 $y(k)=y_x(k)+y_f(k)$，系统满足可分解特性。

又有
$$y_{x_1}(k)+y_{x_2}(k)=k[x_1(0)+x_2(0)]$$
$$y_{f_1}(k)+y_{f_2}(k)=\sum_{j=0}^{k}[f_1(j)+f_2(j)]$$

则 $y_x(k)$、$y_f(k)$分别满足零输入线性和零状态线性，因此系统为线性系统。

1.24 **知识点窍** 常系数线性微分(或差分)方程描述的是线性时不变系统(LTI)，变系数非线性微分(或差分)方程描述的是非线性时变系统。

逻辑推理 微分(或差分)方程是线性方程，则描述的系统为线性系统；微分(或差分)方程的系数为时间的函数，则描述的是时变系统，若为常数则为时不变系统。

解题过程 (1)此微分方程为常系数线性微分方程，则所描述的系统为线性时不变系统。

(2)令$y_1(t)=T[f_1(t)]$，$y_2(t)=T[f_2(t)]$

则有 $y'_1(t)+\sin t y_1(t)=f_1(t)$，$y'_2(t)+\sin t y_2(t)=f_2(t)$

两式相加可得

$$[y_1(t)+y_2(t)]'+\sin t[y_1(t)+y_2(t)]=f_1(t)+f_2(t)$$

即

$$y_1(t)+y_2(t)=T[f_1(t)+f_2(t)]$$

则系统满足可加性。

又系统显然满足齐次性，可知系统为线性系统。

微分方程系数为时间的函数，则系统为时变系统。

(3)令$y_1(t)=T[f_1(t)]$，$y_2(t)=T[f_2(t)]$

则有

$$y'_1(t)+[y_1(t)]^2=f_1(t),\ y'_2(t)+[y_2(t)]^2=f_2(t)$$

两式相加得

$$[y_1(t)+y_2(t)]'+[y_1(t)]^2+[y_2(t)]^2=f_1(t)+f_2(t)$$

因 $[y_1(t)+y_2(t)]^2\neq[y_1(t)]^2+[y_2(t)]^2$

则系统不满足可加性，系统为非线性系统。

又微分方程系数均为常数，故系统为时不变系统。

(4)方程是变系数线性差分方程,则系统为线性时变系统。

(5)令 $y_1(k)=T[f_1(k)]$,$y_2(k)=T[f_2(k)]$

则有 $y_1(k)+y_1(k-1)y_1(k-2)=f_1(k)$,$y_2(k)+y_2(k-1)y_2(k-2)=f_2(k)$

两式相加得

$[y_1(k)+y_2(k)]+[y_1(k-1)y_1(k-2)+y_2(k-1)y_2(k-2)]=f_1(k)+f_2(k)$

因

$[y_1(k-1)+y_2(k-1)][y_1(k-2)+y_2(k-2)]\neq y_1(k-1)y_1(k-2)+y_2(k-1)y_2(k-2)$

则系统不满足可加性,系统为非线性系统。又方程是常系数差分方程,则系统为时不变系统。

1.25 **知识点窍** 线性系统满足 $T[\alpha_1 f_1(\cdot)+\alpha_2 f_2(\cdot)]=\alpha_1 T[f_1(\cdot)]+\alpha_2 T[f_2(\cdot)]$

时不变系统满足 $T[\{0\},f(t-t_d)=y_f(t-t_d)]$或 $T[\{0\},f(k-k_d)=y_f(k-k_d)]$

因果系统满足若 $f(\cdot)=0,t<t_0$(或 $k<k_0$),则 $y_f(\cdot)=T[\{0\},f(\cdot)]=0,t<t_0$(或 $k<k_0$)

稳定系统满足:若激励$|f(\cdot)|<\infty$,则零状态响应$|y_f(\cdot)|<\infty$

逻辑推理 按照各个判定规则依次对系统进行判断即可。

解题过程 (1)系统满足齐次线性和可加性,则系统为线性系统。

$y_f(t-t_d)=\frac{d}{dt}f(t-t_d)$,系统为时不变系统。

当 $t<t_0$ 时 $f(t)=0$,则此时有 $y_f(t)=\frac{d}{dt}f(t)=0$,则系统为因果系统。

当 $f(t)=\varepsilon(t)$时,$y_f(t)=\delta(t)$,$t=0$ 时,$|y_f(t)|\to\infty$,则系统为不稳定系统。

(2)$y_{f_1}(t)+y_{f_2}(t)=|f_1(t)|+|f_2(t)|\neq|f_1(t)+f_2(t)|$,系统为非线性系统。

$y_f(t-t_d)=|f(t-t_d)|$,系统为时不变系统。

当 $t<t_0$ 时 $f(t)=0$,有 $y_f(t)=|f(t)|=0$,则系统为因果系统。

若$|f(t)|<\infty$,有$|y_f(t)|=|f(t)|<\infty$,则系统为稳定系统。

(3)系统满足齐次线性和可加性,则系统为线性系统。

$y_f(t-t_d)=f(t-t_d)\cos[2\pi(t-t_d)]\neq f(t-t_d)\cos(2\pi t)$则系统为时变系统。

当 $t<t_0$ 时,$f(t)=0$,则此时有 $y_f(t)=f(t)\cos(2\pi t)=0$,则系统为因果系统。

若$|f(t)|<\infty$,有$|y_f(t)|=|f(t)\cos(2\pi t)|<\infty$,则系统为稳定系统。

(4)系统满足齐次线性和可加性,则系统为线性系统。

系统的迟延输入为 $f(t-t_d)$,则系统的输出为 $f(-t-t_d)$,则有

$T[\{0\},f(t-t_d)]=f(-t-t_d)\neq y_f(t-t_d)=f(-t+t_d)$因此系统为时变系统。

若 $t<t_0$ 时，$f(t)=0$，则有 $-t<t_0$ 即 $t>-t_0$ 时，$y_f(t)=f(-t)=0$，因此系统为非因果系统。

若 $|f(t)|<\infty$，则有 $|y_f(t)|=|f(-t)|<\infty$，因此系统为稳定系统。

(5)系统不满足可加性，则系统为非线性系统。

$T[\{0\},f(k-k_d)]=f(k-k_d)f(k-k_d-1)=y_f(k-k_d)$，则系统为时不变系统。

若 $k<k_0$ 时，$f(k)=0$，则此时 $y_f(k)=f(k)f(k-1)=0$，则系统为因果系统。

若 $|f(k)|<\infty$，则 $|y_f(k)|=|f(k)f(k-1)|<\infty$，则系统为稳定系统。

(6)系统满足齐次线性和可加性，则系统为线性系统。

$T[\{0\},f(k-k_d)]=(k-2)f(k-k_d)\neq(k-k_d-2)f(k-k_d)=y_f(k-k_d)$，则系统为时变系统。

若 $k<k_0$ 时，$f(k)=0$，则此时有 $y_f(k)=(k-2)f(k)=0$，则系统为因果系统。

若 $|f(k)|<\infty$，则当 $k\to\infty$ 时 $y_f(k)=(k-2)f(k)$ 不一定为有限大，则系统为不稳定系统。

(7)系统满足齐次线性和可加性，系统为线性系统。

$T[\{0\},f(k-k_d)]=\sum_{j=0}^{k}f(j-k_d)\neq\sum_{j=0}^{k-k_d}f(j)=y_f(k-k_d)$，则系统为时变系统。

若 $k<k_0$ 时 $f(k)=0$，则此时有 $y_f(k)=\sum_{j=0}^{k}f(j)=0$，则系统为因果系统。

若 $f(k)=\varepsilon(k)$，则 $y_f(k)=\sum_{j=0}^{k}f(j)=(k+1)\varepsilon(k)$，则当 $k\to\infty$ 时 $|y_f(k)|\to\infty$，则系统为不稳定系统。

(8)系统满足齐次线性和可加性，系统为线性系统。

$T[\{0\},f(k-k_d)]=f(1-k-k_d)\neq y_f(k-k_d)=f(1-k+k_d)$，则系统为时变系统。

若 $k<k_0$ 时 $f(k)=0$，则 $1-k<k_0$，即 $k>1-k_0$ 时 $y_f(k)=f(1-k)=0$，则系统为非因果系统。

若 $|f(k)|<\infty$，则当 $k\to\infty$ 时 $y_f(k)=f(1-k)<\infty$，则系统为稳定系统。

1.26 **知识点窍** LTI 系统的微分特性，若 $T[\{0\},f(t)]=y_f(t)$，则$[\{0\},\frac{\mathrm{d}}{\mathrm{d}t}f(t)]=\frac{\mathrm{d}}{\mathrm{d}t}y_f(t)$。LTI 系统的积分特性，若 $T[\{0\},f(t)]=y_f(t)$，则 $T[\{0\},\int_{-\infty}^{t}f(x)\mathrm{d}x]=\int_{-\infty}^{t}y_f(x)\mathrm{d}x$。

逻辑推理 利用 $\varepsilon(t)$ 与 $\delta(t)$ 和 $t\varepsilon(t)$ 的关系和 LTI 系统微分和积分特性求解。

解题过程 (1)冲激函数 $\delta(t)$ 与阶跃函数 $\varepsilon(t)$ 的关系为 $\delta(t)=\frac{\mathrm{d}}{\mathrm{d}t}\varepsilon(t)$，LTI 系统具有微分特

性，即

$$T[\{0\},\frac{\mathrm{d}}{\mathrm{d}t}f(t)]=\frac{\mathrm{d}}{\mathrm{d}t}y_f(t)$$

则当输入为冲激函数 $\delta(t)$ 时系统的零状态响应为

$$y_{f_1}(t)=\frac{\mathrm{d}}{\mathrm{d}t}y_f(t)=\frac{\mathrm{d}}{\mathrm{d}t}[\mathrm{e}^{-2x}\varepsilon(t)]=-2\mathrm{e}^{-2t}\varepsilon(t)+\mathrm{e}^{-2t}\delta(t)=-2e^{-2t}\varepsilon(t)+\delta(t)$$

即 $$y_{f_1}(t)=-2\mathrm{e}^{-2t}\varepsilon(t)+\delta(t)$$

(2)斜升函数 $t\varepsilon(t)$ 与阶跃函数 $\varepsilon(t)$ 的关系为 $t\varepsilon(t)=\int_{-\infty}^{t}\varepsilon(x)\mathrm{d}x$，LTI 系统具有积分特性，即 $$T[\{0\},\int_{-\infty}^{t}f(x)\mathrm{d}x]=\int_{-\infty}^{t}y_f(x)\mathrm{d}x$$

则当输入为斜升函数 $t\varepsilon(t)$ 时系统的零状态响应为

$$y_{f_2}(t)=\int_{-\infty}^{t}y_f(x)\mathrm{d}x=\int_{-\infty}^{t}\mathrm{e}^{-2x}\varepsilon(x)\mathrm{d}x=\frac{1}{2}(1-\mathrm{e}^{-2t})\varepsilon(t)$$

即 $$y_{f_2}(t)=\frac{1}{2}(1-\mathrm{e}^{-2t})\varepsilon(t)$$

1.27 知识点窍 LTI 连续系统的齐次性和可加性以及系统的可分解特性。

$$T[\alpha_1 f_1(t)+\alpha_2 f_2(t)]=\alpha_1 T[f_1(t)]+\alpha_2 T[f_2(t)]$$

逻辑推理 首先利用 LTI 连续系统的特性分别求出系统的零输入响应和零状态响应，再根据系统的齐次性求出不同激励时系统的全响应。

解题过程 设初始状态下系统的零输入响应为 $y_x(t)$，激励为 $f(t)$ 时，系统的零状态响应为 $y_f(t)$，则由系统的可分解特性可得

$$y_x(t)+y_f(t)=\mathrm{e}^{-t}+\cos(\pi t),t\geqslant 0 \qquad ①$$

根据 LTI 系统的齐次性，有

$$2y_f(t)=T[2f(t)],3y_f(t)=T[3f(t)]$$

则当初始状态不变、激励为 $2f(t)$ 时，系统的全响应为

$$y_x(t)+2y_f(t)=2\cos(\pi t),t\geqslant 0 \qquad ②$$

联立①、②两式解得

$$y_x(t)=2\mathrm{e}^{-t}$$

$$y_f(t)=-\mathrm{e}^{-t}+\cos(\pi t),t\geqslant 0$$

则初始状态不变、激励为 $3f(t)$ 时系统的全响应为

$$y_x(t)+3y_f(t)=-\mathrm{e}^{-t}+3\cos(\pi t),t\geqslant 0$$

即 $$y_3(t)=-\mathrm{e}^{-t}+3\cos(\pi t),t\geqslant 0$$

1.28 知识点窍 LTI 离散系统的齐次性和可加性以及系统的可分解特性。

$$T[\alpha_1 f_1(k)+\alpha_2 f_2(k)]=\alpha_1 T[f_1(k)]+\alpha_2 T[f_2(k)]$$

逻辑推理 首先利用 LTI 离散系统的特性分别求出系统的零输入响应和零状态响应，再根据系统的齐次性和可加性求出不同激励时系统的全响应。

解题过程 设初始状态下系统的零输入响应为 $y_x(k)$，激励为 $f(k)$时，系统的零状态响应为 $y_f(k)$，则由系统的可分解特性可得

$$y_1(k)=y_x(k)+y_f(k)=\varepsilon(k)$$

当初始状态不变、激励为 $f(k)$时，根据系统的齐次线性可知系统的全响应为

$$y_2(k)=y_x(k)-y_f(k)=[2(\frac{1}{2})^k-1]\varepsilon(k)$$

联立以上两式可解得

$$y_x(k)=(\frac{1}{2})^k\varepsilon(k)$$

$$y_f(k)=[1-(\frac{1}{2})^k]\varepsilon(k)$$

根据 LTI 系统的特性可知当初始状态为 $2x(0)$、激励为 $4f(k)$时，系统的全响应为

$$y_3(k)=2y_x(k)+4y_f(k)=[4-2(\frac{1}{2})^k]\varepsilon(k)$$

1.29 **知识点窍** LTI 连续系统的齐次性和可加性以及可分解特性。

$$T[\alpha_1 f_1(t)+\alpha_2 f_2(t)]=\alpha_1 T[f_1(t)]+\alpha_2 T[f_2(t)]$$

逻辑推理 利用零输入响应的齐次性和可加性和零状态响应的齐次性和可加性以及系统的可分解特性求解。

解题过程 利用零入响应的齐次性和可加性，由已知可得当初始状态为 $x_1(0)=1, x_2(0)=-1$ 时，系统的零输入响应为

$$y_x(t)=y_{x1}(t)-y_{x2}(t)=2e^{-2t}, t\geqslant 0$$

由系统的可加性可知，输入为 $f(t)$时，系统的零状态响应为

$$y_f(t)=y(t)-y_x(t)=2+e^{-t}-2e^{-2t}, t\geqslant 0$$

则可得当 $x_1(0)=3, x_2(0)=2$，输入为 $2f(t)$时，系统的全响应为

$$\begin{aligned} y(t)&=3y_{x1}(t)+2y_{x2}(t)+2y_f(t) \\ &=4+7e^{-t}-3e^{-2t}, t\geqslant 0 \end{aligned}$$

1.30 **知识点窍** LTI 离散系统的齐次线性和可加性：$T[\alpha_1 f_1(k)+\alpha_2 f_2(k)]=\alpha_1 T[f_1(k)]+\alpha_2 T[f_2(k)]$。LTI 离散系统的时不变性：$T[\{0\}, f(k-k_d)]=y_f(k-k_d)$。

逻辑推理 找出输入 $\delta(k)$时系统输出的表示式，利用 LTI 系统的齐次性和可加性以及时不

变性求解。

解题过程 由题 1.30 图(a)、(b)得

$$y_{f_1}(k)=\delta(k-1)+\delta(k-2)+\delta(k-3)$$

由时不变性有

$$y_{f_1}(k)=f_1(k-1)+f_1(k-2)+f_1(k-3)$$

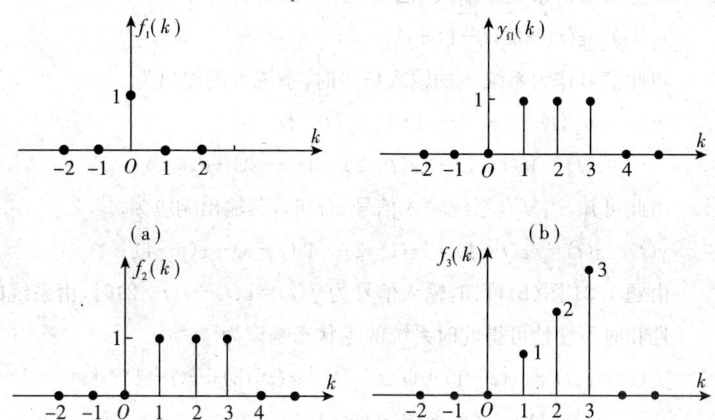

(c) (d)

题 1.30 图

(1)由题 1.30 图(c)得

$$f_2(k)=\delta(k-1)+\delta(k-2)+\delta(k-3)=f_1(k-1)+f_1(k-2)+f_1(k-3)$$

由系统的时不变特性、齐次性和可加性可得

$$\begin{aligned} y_{f_2}(k)&=f_2(k-1)+f_2(k-2)+f_2(k-3)\\ &=\delta(k-2)+\delta(k-3)+\delta(k-4)+\delta(k-3)+\delta(k-4)+\delta(k-5)+\delta(k-4)+\\ &\quad\ \delta(k-5)+\delta(k-6)\\ &=\delta(k-2)+2\delta(k-3)+3\delta(k-4)+2\delta(k-5)+\delta(k-5) \end{aligned}$$

则当激励为信号 $f_2(k)$ 时系统的零状态响应为

$$f_{f_2}(k)=\delta(k-2)+2\delta(k-3)+3\delta(k-4)+2\delta(k-5)+\delta(k-6)$$

(2)由题 1.30 图(d)得

$$f_3(k)=\delta(k-1)+2\delta(k-2)+3\delta(k-3)$$

由系统的时不变性、齐次性和可加性可得

$$\begin{aligned} y_{f_3}(k)&=f_3(k-1)+f_3(k-2)+f_3(k-3)\\ &=\delta(k-2)+2\delta(k-3)+3\delta(k-4)+\delta(k-3)+2\delta(k-4)+3\delta(k-5)+\delta(k-4)\\ &\quad+2\delta(k-5)+3\delta(k-6)\\ &=\delta(k-2)+3\delta(k-3)+6\delta(k-4)+5\delta(k-5)+3\delta(k-6) \end{aligned}$$

则当激励信号为 $f_3(k)$ 时系统的零状态响应为

$y_{f_3}(k)=\delta(k-2)+3\delta(k-3)+6\delta(k-4)+5\delta(k-5)+3\delta(k-6)$

1.31 知识点窍 阶跃函数 $\varepsilon(t)$ 的性质，LTI 连续系统的齐次性、可加性以及时不变特性。

逻辑推理 第一个系统 S 的输出是第二个系统 S 的输入，利用系统的时不变性求出输入输出表示式，再代入复合系统的输入信号求解。

解题过程 由已知可得系统 S 输入信号 $\varepsilon(t)$ 时，输出响应为

$y_{f_s}(t)=\varepsilon(t)-2\varepsilon(t-1)+\varepsilon(t-2)$

将此信号作为系统 S 的输入信号时，系统 S 的输出为

$$\begin{aligned}y(t)&=y_{f_S}(t)-2y_{f_S}(t-1)+y_{f_S}(t-2)\\&=\varepsilon(t)-4\varepsilon(t-1)+6\varepsilon(t-2)-4\varepsilon(t-3)+\varepsilon(t-4)\end{aligned}$$

由此可知，当复合系统输入信号 $\varepsilon(t)$ 时，其输出响应为

$y(t)=\varepsilon(t)-4\varepsilon(t-1)+6\varepsilon(t-2)-4\varepsilon(t-3)+\varepsilon(t-4)$

由题 1.31 图(b)可知，输入信号为 $f(t)=\varepsilon(t)-\varepsilon(t-2)$ 时，由系统的齐次性、可加性和时不变性可得此时系统的零状态响应为

$$\begin{aligned}y_f(t)&=\varepsilon(t)-4\varepsilon(t-1)+6\varepsilon(t-2)-4\varepsilon(t-3)+\varepsilon(t-4)-[\varepsilon(t-2)-4\varepsilon(t-3)+6\varepsilon\\&\quad(t-4)-4\varepsilon(t-5)+\varepsilon(t-6)]\\&=\varepsilon(t)-4\varepsilon(t-1)+5\varepsilon(t-2)-5\varepsilon(t-4)+4\varepsilon(t-5)-\varepsilon(t-6)\end{aligned}$$

1.32 知识点窍 LTI 连续系统的齐次性、可加性和时不变性。

$T[\alpha_1 f_1(t)+\alpha_2 f_2(t)]=\alpha_1 T[f_1(t)]+\alpha_2 T[f_2(t)]T[\{0\},f(t-t_d)]=y_f(t-t_d)$

LTI 连续系统的积分特性。$T[\{0\},\int_{-\infty}^{t} f(x)\mathrm{d}x]=\int_{-\infty}^{t} y_f(x)\mathrm{d}x$

逻辑推理 利用 LTI 连续系统的性质，求出当输入为冲激函数 $\delta(t)$ 时复合系统的输出，再利用 LTI 系统的积分特性求解。

解题过程 由已知可得，当输入为冲激函数 $\delta(t)$ 时，子系统 S_1 的零状态响应为

$$y_{f_1}(t)=\delta(t)-\delta(t-1)$$

子系统 S_2 的零状态响应为

$$y_{f_2}(t)=\delta(t-2)-\delta(t-3)$$

则此时复合系统的零状态响应为

$$y(t)=y_{f_1}(t)-y_{f_2}(t)=\delta(t)-\delta(t-1)-\delta(t-2)+\delta(t-3)$$

由 LTI 系统的积分特性，可得当输入为 $f(t)=\varepsilon(t)$ 时，复合系统的零状态响应为

$$\begin{aligned}y_f(t)&=\int_{-\infty}^{t} y(x)\mathrm{d}x\\&=\int_{-\infty}^{t}[\delta(x)-\delta(x-1)-\delta(x-2)+\delta(x-3)]\mathrm{d}x\\&=\varepsilon(t)-\varepsilon(t-1)-\varepsilon(t-2)+\varepsilon(t-3)\end{aligned}$$

即 $y_f(t)=\varepsilon(t)-\varepsilon(t-1)-\varepsilon(t-2)+\varepsilon(t-3)$

第2章 连续系统的时域分析

考试要求

掌握线性时不变(LTI)连续系统的分析方法，即对于给定的激励，根据描述系统响应与激励之间关系的微分方程求得其响应的方法。由于分析是在时域内进行的，故称为时域分析。

掌握冲激响应和卷积积分的概念，理解零状态响应等于冲激响应与激励的卷积积分。

知识点归纳

1. *LTI* 连续系统的响应

(1)微分方程的经典解。

常系数线性微分方程$\sum\limits_{i=0}^{n}a_i y^{(i)}(t)=\sum\limits_{j=0}^{m}b_j f^{(i)}(t)\quad(a_n=1)$的完全解是齐次解 $y_h(t)$与特解 $y_p(t)$之和。如果微分方程的特征根均为实单根 λ_i，则其全解为

$$y(t)=y_h(t)+y_p(t)=\sum_{i=1}^{n}C_i e^{\lambda_i t}+y_p(t)$$

利用已知的 n 个初始条件 $y(0),y^{(1)}(0),\cdots,y^{(n-1)}(0)$即可求得全部待定系数。

当输入信号是阶跃函数或有始的周期函数时，系统的全响应也可分解为瞬态响应和稳态响应。

(2)关于 0_- 与 0_+ 的初始值。

在系统分析中，$t=0_-$ 时，激励尚未接入，因而响应及其各阶导数在该时刻的值 $y^{(i)}(0_-)$反映了系统的历史情况，而与激励无关，它们为求得 $t\geqslant0$ 的响应 $y(t)$提供了以往的全部信息。通常利用微

分方程两端各奇异函数项的系数相平衡的方法来判断 $y(t)$及其各阶导数是否发生阶跃，并从 0_- 到 0_+ 积分，求得 0_+ 时刻的初始值。

(3)零输入响应和零状态响应。

LTI 系统的全响应可分为零输入响应和零状态响应，零输入响应是激励为零时，由系统的初始状态$\{x(0)\}$所引起的响应，用 $y_x(t)$表示；零状态响应是系统的初始状态为零时，仅由输入信号 $f(t)$所引起的响应，用 $y_f(t)$表示。因此，LTI 系统的全响应将是零输入响应和零状态响应之和，即

$$y(t)=y_x(t)+y_f(t)$$

系统的全响应也可以分为自由响应和强迫响应。

2. 冲激响应和阶跃响应

(1)冲激响应。

一个 LTI 系统，当初始状态为零时，输入为单位冲激函数 $\delta(t)$所引起的响应称为单位冲激响应，简称冲激响应，用 $h(t)$表示，有

$$h(t)=T[\{0\},\delta(t)]$$

若描述 LTI 系统的微分方程为

$$\sum_{i=0}^{n}a_i y^{(i)}(t)=\sum_{j=0}^{m}b_j y^{(i)}(t)$$

求解系统的冲激响应 $h(t)$可分为两步进行：

1)选取新变量 $y_1(t)$，使它满足方程

$$\sum_{i=0}^{n}a_i y^{(i)}(t)=f(t)$$

令上面方程所描述系统的冲激响应为 $h_1(t)$。

2)根据 LTI 系统零状态响应的线性性质和微分特性，可得原 LTI 系统的冲激响应为

$$h(t)=\sum_{j=0}^{m}b_j h_1^{(j)}(t)$$

(2)阶跃响应。

一个 LTI 系统，当其初始状态为零时，输入单位阶跃函数所引起的响应称为单位阶跃响应，简称阶跃响应，用 $g(t)$表示，有

$$g(t)=T[\{0\},\varepsilon(t)]$$

n 阶微分方程等号右端只含激励 $f(t)$，即$\sum\limits_{i=0}^{n}a_n y^{(i)}(t)=f(t)$，当激励 $f(t)=\varepsilon(t)$时，系统的零状态响应即阶跃响应为

$$g(t)=(\sum_{i=1}^{n}C_i e^{\lambda_i t}+\frac{1}{a_0})\varepsilon(t)$$

式中$\frac{1}{a_0}$为特解，待定常数 C_i 由 $g^{(i)}(0_+)=g^{(i)}(0_-)=0,j=0,1,2,\cdots,n-1$ 的 0_+ 初始值确定。

同一系统的阶跃响应与冲激响应的关系为

$$h(t)=\frac{\mathrm{d}}{\mathrm{d}t}g(t)$$

$$g(t)=\int_{-\infty}^{t}h(x)\mathrm{d}x$$

3. 卷积积分

(1)卷积积分定义。

如果有两个函数 $f_1(t)$和 $f_2(t)$,积分

$$f(t)=\int_{-\infty}^{\infty}f_1(\tau)f_2(t-\tau)\mathrm{d}\tau$$

称为 $f_1(t)$与 $f_2(t)$的卷积积分,简称卷积,记作

$$f(t)=f_1(t)*f_2(t)$$

即

$$f(t)=f_1(t)*f_2(t)=\int_{-\infty}^{\infty}f_1(\tau)f_2(t-\tau)\mathrm{d}\tau$$

(2)卷积的图示。

求取 $f_1(t)*f_2(t)$在任意时刻的值,其步骤如下:

1)将函数 $f_1(t)$、$f_2(t)$的自变量用 τ 代换,然后将 $f_2(\tau)$以纵坐标为轴线反转,即得到与 $f_2(\tau)$镜像对称的函数 $f_2(-\tau)$。

2)将函数 $f_2(-\tau)$沿正 τ 轴平移时间 t_1,即得到函数 $f_2(t_1-\tau)$。

3)将函数 $f_1(\tau)$与反转并平移后的函数 $f_2(t_1-\tau)$相乘,得函数 $f_1(\tau)f_2(t-\tau)$,然后求积分值

$$f(t_1)=\int_{-\infty}^{\infty}f_1(\tau)f_2(t_1-\tau)\mathrm{d}\tau$$

4)将波形 $f_2(t-\tau)$连续地沿 τ 轴平移,即得到在任意时刻 t 的卷积积分 $f(t)=f_1(t)*f_2(t)$,它是 t 的函数。

4. 卷积积分的性质

(1)卷积的代数运算。

交换律: $f_1(t)*f_2(t)=f_2(t)*f_1(t)$

结合律: $[f_1(t)*f_2(t)]*f_3(t)=f_1(t)*[f_2(t)*f_3(t)]$

分配律: $f_1(t)*[f_2(t)+f_3(t)]=f_1(t)*f_2(t)+f_1(t)*f_3(t)$

(2)函数与冲激函数的卷积。

$$f(t)*\delta(t)=\delta(t)*f(t)=f(t)$$

$$f(t)*\delta(t-t_1)=\delta(t-t_1)*f(t)=f(t-t_1)$$

$$\delta(t-t_1)*\delta(t-t_2)=\delta(t-t_2)*\delta(t-t_1)=\delta(t-t_1-t_2)$$

$$f(t-t_1)*\delta(t-t_2)=f(t-t_2)*\delta(t-t_1)=f(t-t_1-t_2)$$

(3)卷积的微分与积分。

若 $f(t)=f_1(t)*f_2(t)=f_2(t)*f_1(t)$

则其导数 $f^{(1)}(t)=f_1^{(1)}(t)*f_2(t)=f_1(t)*f_2^{(1)}(t)$

积分 $f^{(-1)}t=f_1^{(-1)}(t)*f_2(t)=f_1(t)*f_2^{(-1)}(t)$

重要公式

1. 冲激响应 h(t)与阶跃响应 g(t)

$$h(t)=\frac{\mathrm{d}}{\mathrm{d}t}g(t)$$

$$g(t)=\int_{0_-}^{t}h(x)\mathrm{d}x$$

2. 卷积积分性质

(1)高阶微分积分。

$$f^{(i)}(t)=f_1^{(i)}(t)*f_2^{(i-j)}(t)$$

i、j 取正整数时为求导阶次,取负整数时为重积分次数

(2)尺度变换性质。

$$|a|f(\frac{t}{a})=f_1(\frac{t}{a})*f_2(\frac{t}{a})$$

(3)时移性质。

$$f_1(t-t_1)*f_2(t-t_2)=f_1(t-t_2)*f_1(t-t_1)=f(t-t_1-t_2)$$

课后习题全解

2.1 知识点窍 常系数微分方程经典解法。

逻辑推理 利用激励为零,求出齐次方程的齐次解,代入初始状态求解。

解题过程 (1)已知方程的特征方程为

$$\lambda^2+5\lambda+6=0$$

其特征根为 $\lambda_1=-2,\lambda_2=-3$。微分方程的齐次解为

$$y_h(t)=C_1\mathrm{e}^{-2t}+C_2\mathrm{e}^{-3t}$$

由于 $y(0_-)=1, y'(0_-)=-1$，且激励为零，故有

$$y_x(0_+)=y_x(0_-)=y(0_-)=1$$

$$y'_x(0_+)=y'_x(0_-)=y'(0_-)=-1$$

即

$$y_x(0_+)=C_1+C_2=1$$

$$y'_x(0_+)=-2C_1-3C_2=-1$$

由上式解得

$$C_1=2, C_2=-1$$

则系统的零输入响应为

$$y_x(t)=2\mathrm{e}^{-2t}-\mathrm{e}^{-3t}, t\geqslant 0$$

(2)已知方程的特征方程为

$$\lambda^2+2\lambda+5=0$$

其特征根为 $\lambda_{1,2}=-1\pm 2j$，微分方程的齐次解为

$$y_h(t)=C_1\mathrm{e}^{-t}\cos(2t)+C_2\mathrm{e}^{-t}\sin(2t)$$

由于激励为零，故有

$$y_x(0_+)=y_x(0_-)=y(0_-)=2$$

$$y'_x(0_+)=-C_1+2C_2=-2$$

由上式解得

$$C_1=2, C_2=0$$

则系统的零输入响应为

$$y_x(t)=2\mathrm{e}^{-t}\cos(2t), t\geqslant 0$$

(3)已知方程的特征方程为

$$\lambda^2+2\lambda+1=0$$

其特征根为 $\lambda_1=\lambda_2=-1$。微分方程的齐次解为

$$y_h(t)=C_1\mathrm{e}^{-t}+C_2t\mathrm{e}^{-t}$$

由于零激励为零，故有

$$y_x(0_+)=y_x(0_-)=y(0_-)=1$$

$$y'_x(0_+)=y'_x(0_-)=y'(0_-)=1$$

即

$$y_x(0_+)=C_1=1$$

$$y'_x(0_+)=-C_1+C_2=1$$

由以上两式解得

$$C_1=1, C_2=2$$

则系统的零输入响应为

$$y_x(t)=e^{-t}+2te^{-t}, t\geqslant 0$$

(4)已知方程的特征方程为

$$\lambda^2+1=0$$

其特征根为 $\lambda_1=j, \lambda_2=-j$。微分方程的齐次解为

$$y_h(t)=C_1\cos t+C_2\sin t$$

由于激励为零，故有

$$y_x(0_+)=y_x(0_-)=y(0_-)=2$$

$$y'_x(0_+)=y'_x(0_-)=y'(0_-)=0$$

即

$$y_x(0_+)=C_1=2$$

$$y'_x(0_+)=C_2=0$$

则系统的零输入响应为

$$y_x(t)=2\cos t, t\geqslant 0$$

(5)已知方程的特征方程为

$$\lambda^3+4\lambda^2+5\lambda+2=0$$

其特征根为 $\lambda_1=\lambda_2=-1, \lambda_3=-2$。微分方程的齐次解为

$$y_h(t)=C_1e^{-t}+C_2te^{-t}+C_3e^{-2t}$$

由于激励为零，故

$$y_x(0_+)=y_x(0_-)=y(0_-)=0$$

$$y'_x(0_+)=y'_x(0_-)=y'(0_-)=1$$

$$y''_x(0_+)=y''_x(0_-)=y''(0_-)=-1$$

即

$$y_x(0_+)=C_1+C_3=0$$

$$y'_x(0_+)=-C_1+C_2-2C_3=1$$

$$y''_x(0_+)=C_1-2C_2+4C_3=-1$$

由以上三式可解得

$$C_1=-1, C_2=2, C_3=1$$

则系统的零输入响应为

$$y_x(t)=-\mathrm{e}^{-t}+2t\mathrm{e}^{-t}+\mathrm{e}^{-2t},t\geqslant 0$$

2.2 知识点窍　微分方程右端含有冲激函数，响应 $y(t)$ 及其各阶导数中，将有一部分发生跃变。

逻辑推理　利用微分方程两端各奇异函数项的系数相平衡的方法判断是否发生跃变，并从 0_- 到 0_+ 积分，求得 0_+ 时刻的初始值。

解题过程　(1)当激励为 $f(t)=\varepsilon(t)$ 时，方程右端不含有冲激项，则 $y(t)$ 及其各阶导数不发生跃变，得

$$y(0_+)=y(0_-)=0$$

$$y'(0_+)=y'(0_-)=1$$

(2)当激励为 $f(t)=\varepsilon(t)$ 时，代入微分方程得

$$y''(t)+6y'(t)+8y(t)=\delta(t)$$

等号右端含有冲激项 $\delta(t)$，对等号两端从 0_- 到 0_+ 积分

$$\int_{0_-}^{0_+}y''(t)\mathrm{d}t+6\int_{0_-}^{0_+}y'(t)\mathrm{d}t+8\int_{0_-}^{0_+}y(t)\mathrm{d}t=\int_{0_-}^{0_+}\delta(t)\mathrm{d}t$$

得　$$[y'(0_+)-y'(0_-)]+6[y(0_+)-y(0_-)]=1$$

将 $y(0_-)=0,y'(0_-)=1$ 代入上式得，并考虑 $y(t)$ 在 $t=0$ 处连续，可得

$$y(0_+)=y(0_-)=0$$

$$y'(0_+)=y'(0_-)+1=2$$

(3) 将 $f(t)=\delta(t)$ 代入微分方程

有　$$y''(t)+4y'(t)+3y(t)=\delta''(t)+\delta(t) \quad ①$$

$y''(t)$ 中含有 $\delta''(t)$

设 $y''(t)=a\delta''(t)+b\delta'(t)+c\delta(t)+r_1(t)$　②

其中 $r_1(t)$ 不含 $\delta(t)$ 及其导数项

积分　$$y'(t)=a\delta'(t)+b\delta(t)+r_2(t) \quad ③$$

$$r_2(t)=c\varepsilon(t)+r_1^{(-1)}(t)$$

再次积分　$$y(t)=a\delta(t)+r_3(t) \quad ④$$

$$r_3(t)=b\varepsilon(t)+r_2^{(-1)}(t)$$

将 ②③④ 代入 ① 得

$$a\delta''(t)+(4a+b)\delta'(t)+(3a+4b+c)\delta(t)+$$

$$r_1(t)+4r_2(t)+3r_3(t)=\delta''(t)+\delta(t)$$

比较系数：　$a=1,4a+b=0,3a+4b+c=1$

即：　$a=1,b=-4,c=14$

将 ②③$0_-$ 到 0_+ 积分：

$$y'(0_+)-y'(0_-)=c=14, y(0_+)-y(0_-)=b=-4$$

即 $$y'(0_+)=y'(0_-)+14=12, y(0_+)=y(0_-)-4=-2$$

(4) 将 $f(t)=e^{-2t}\delta(t)$ 代入微分方程

$$y''(t)+4y'(t)+5y(t)=-2e^{-2t}+\delta(t)$$

$y''(t)$ 中含 $\delta(t)$，$y(t)$ 中不含 $\delta(t)$

方程两端 0_- 到 0_+ 积分

$$\int_{0_-}^{0_+}y''(t)\mathrm{d}t+4\int_{0_-}^{0_+}y'(t)\mathrm{d}t+5\int_{0_-}^{0_+}y(t)\mathrm{d}t$$

$$=\int_{0_-}^{0_+}e^{-2t}\delta(t)\mathrm{d}t-2\int_{0_-}^{0_+}e^{-2t}\varepsilon(t)\mathrm{d}t$$

$y(t)$ 在 $t=0$ 处连续，即$[y'(0_+)-y'(0_-)]+4[y(0_+)-y(0_-)]=1$

即 $$y'(0_+)=y'(0_-)+1=3, y(0_+)=y(0_-)=1$$

2.3 知识点窍 常系数微分方程描述连续系统，利用经典法解微分方程。

逻辑推理 首先写出 RC 电路图的常系数微分方程，判断不同激励时方程等号右端是否含有冲激项，求出 $y(0_+)$ 及其各阶导数，最后利用经典法求解。

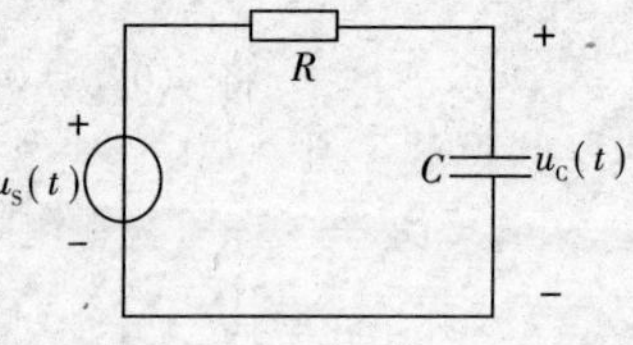

题 2.3 图

解题过程 由已知电路图可知

$$u_C(t)+RC\frac{\mathrm{d}}{\mathrm{d}t}u_C(t)=u_S(t)$$

稍加整理得

$$u'_C(t)+\frac{1}{RC}u_C(t)=\frac{1}{RC}u_S(t)$$

代入已知数值得

$$u'_C(t)+2u_C(t)=2u_S(t)$$

(1)当激励 $u_S(t)=\varepsilon(t)$时，方程等号右端含有冲激项，则有

$$u_C(0_+)=-1$$

微分方程的齐次解为

$$u_h(t)=C_1e^{-2t}$$

特解为

$$u_p(t)=1, t\geqslant 0$$

微分方程的全解为

$$u_C(t)=u_h(t)+u_p(t)=C_1\mathrm{e}^{-2t}+1, t\geqslant 0$$

代入初始值得

$$u_C(0_+)=C_1+1=-1$$

得

$$C_1=-2$$

则电路在此激励下的全响应为

$$u_C(t)=-2\mathrm{e}^{-2t}+1, t\geqslant 0$$

(2)当激励 $u_S(t)=\mathrm{e}^{-t}\varepsilon(t)$时,方程等号右端不含冲激项,则有

$$u_C(0_+)=-1$$

微分方程的齐次解为

$$u_h(t)=C_1\mathrm{e}^{-2t}, t\geqslant 0$$

特解为

$$u_p(t)=2\mathrm{e}^{-t}, t\geqslant 0$$

微分方程的全解为

$$u_C(t)=u_h(t)+u_p(t)=C_1\mathrm{e}^{-2t}+2\mathrm{e}^{-t}, t\geqslant 0$$

代入初始值得

$$u_C(0_+)=C_1+2=-1$$

得

$$C_1=-3$$

则电路在此激励下的全响应为

$$u_C(t)=-3\mathrm{e}^{-2t}+2\mathrm{e}^{-t}, t\geqslant 0$$

(3)当激励 $u_S(t)=\mathrm{e}^{-2t}\varepsilon(t)$时,方程等号右端不含冲激项,则有

$$u_C(0_+)=1$$

微分方程的齐次解为

$$u_h(t)=C_1\mathrm{e}^{-2t}, t\geqslant 0$$

特解为

$$u_p(t)=2t\mathrm{e}^{-2t}, t\geqslant 0$$

微分方程的全解为

$$u_C(t)=u_h(t)+u_p(t)=C_1\mathrm{e}^{-2t}+2t\mathrm{e}^{-2t}, t\geqslant 0$$

代入初始值得

$$u_C(0_+)=C_1=-1$$

则电路在此激励下的全响应为

$$u_C(t)=-e^{-2t}+2te^{-2t},t\geqslant 0$$

(4)当激励 $u_S(t)=t\varepsilon(t)$ 时,方程等号右端不含有冲激项,则有

$$u_C(0_+)=-1$$

微分方程的齐次解为

$$u_h(t)=C_1e^{-2t},t\geqslant 0$$

特解为

$$u_p(t)=t-\frac{1}{2},t\geqslant 0$$

微分方程的全解为

$$u_C(t)=u_h(t)+u_p(t)=C_1e^{-2t}+t-\frac{1}{2},t\geqslant 0$$

代入初始值

$$u_C(0_+)=C_1-\frac{1}{2}=-1$$

得

$$C_1=-\frac{1}{2}$$

则电路在此激励下的全响应为

$$u_C(t)=-\frac{1}{2}e^{-2t}+t-\frac{1}{2},t\geqslant 0$$

2.4 **知识点窍** 利用微分方程两端各奇异函数的系数相平衡的方法来判断响应 $y(t)$ 及其各阶导数是否发生跃变。完全响应为零输入响应、零状态响应之和。

逻辑推理 对于零输入响应:$y_x^{(j)}(0_+)=y_x^{(j)}(0_-)=y^{(j)}(0_-)$,对于零状态响应:$y_f^{(j)}(0_-)=0$。

以此分别作为两种响应的初始条件分别求出零输入响应和零状态响应,完全响应则等于零状态响应与零输入响应之和。

解题过程 (1)由零输入响应的性质可知,$y_x^{(i)}(0_+)=y_x^{(i)}(0_-)=y^{(i)}(0_-)$,且激励为零,则求零输入响应即求解微分方程

$$\begin{cases}y''_x(t)+4y'_x(t)+3y_x(t)=0\\ y'_x(0_+)=y'(0_-)=1,y_x(0_+)=y_x(0_-)=1\end{cases}$$

方程的解为

$$y_x(t)=C_1e^{-3t}+C_2e^{-t},t\geqslant 0$$

代入初始条件，得

$$y_x(0_+)=C_1+C_2=1$$

$$y'_x(0_+)=-3C_1-C_2=1$$

解以上两式得 $C_1=-1, C_2=2$，则系统的零输入响应为

$$y_x(t)=-\mathrm{e}^{-3t}+2\mathrm{e}^{-t}, t\geqslant 0$$

由零状态响应的性质可知，$y_f^{(j)}(0_-)=0$，则求零状态响应即求解微分方程

$$\begin{cases} y''_f(t)+4y'_f(t)+3y_f(t)=\varepsilon(t) \\ y'_f(0_+)=y_f(0_+)=0\text{（无跃变）} \end{cases}$$

方程的齐次解为

$$y_h(t)=C_1\mathrm{e}^{-3t}+C_2\mathrm{e}^{-t}, t\geqslant 0$$

特解为

$$y_p(t)=\frac{1}{3}, t\geqslant 0$$

则方程的全解为

$$y_f(t)=C_1\mathrm{e}^{-3t}+C_2\mathrm{e}^{-t}+\frac{1}{3}, t\geqslant 0$$

代入初始值得

$$y_f(0_+)=C_1+C_2+\frac{1}{3}=0$$

$$y'_f(0_+)=-3C_1-C_2=0$$

解以上两式得 $C_1=\frac{1}{6}, C_2=\frac{1}{2}$，则系统的零状态响应为

$$y_f(t)=\frac{1}{6}\mathrm{e}^{-3t}-\frac{1}{2}\mathrm{e}^{-t}+\frac{1}{3}, t\geqslant 0$$

则系统的全响应为

$$y(t)=y_f(t)+y_x(t)=-\frac{5}{6}\mathrm{e}^{-3t}+\frac{3}{2}\mathrm{e}^{-t}+\frac{1}{3}, t\geqslant 0$$

(2)由零输入响应的性质可知，求零输入响应即求解微分方程

$$\begin{cases} y''_x(t)+4y'_x(t)+4y_x(t)=0 \\ y_x(0_+)=1, y'_x(0_+)=2 \end{cases}$$

解此方程得

$$y_x(t)=C_1\mathrm{e}^{-2t}+C_2 t\mathrm{e}^{-2t}$$

代入初始值得

$$y_x(0_+)=C_1=1$$

$$y'_x(0_+)=-2C_1+C_2=2$$

解以上两式得 $C_1=1,C_2=4$,则系统的零输入响应为

$$y_x(t)=e^{-2t}+4te^{-2t},t\geqslant 0$$

由零状态响应性质可知,求零状态响应即求解微分方程

$$\begin{cases}y''_f(t)+4y'_f(t)+4y_f(t)=\delta(t)+2e^{-t}\varepsilon(t)\\ y'_f(0_-)=y_f(0_-)=0\end{cases}$$

方程右端含有冲激项,两端对 0_- 到 0_+ 积分

$$\int_{0_-}^{0_+}y''_f(t)dt+4\int_{0_-}^{0_+}y'_f(t)dt+4\int_{0_-}^{0_+}y_f(t)dt=\int_{0_-}^{0_+}\delta(t)dt+2\int_{0_-}^{0_+}e^{-t}\varepsilon(t)dt$$

考虑到 $y_f(t)$的连续性得

$$[y'_f(0_+)-y'_f(0)]+4[y_f(0_+)-y_f(0_-)]=1$$

得 $$y'_f(0_+)=y'_f(0_-)+1=1,y_f(0_+)=y_f(0_-)=0$$

当 $t>0$ 时,微分方程可化为

$$y''_f(t)+4y'_f(t)+4y_f(t)=2e^{-t}$$

此方程全解为

$$y_f(t)=C_1e^{-2t}+C_2te^{-2t}+2e^{-t},t\geqslant 0$$

代入初始值得

$$y_f(0_+)=C_1+2=0$$

$$y'_f(0_+)=-2C_1+C_2-2=1$$

解以上两式得 $C_1=-2,C_2=-1$,则系统的零状态响应为

$$y_f(t)=-2e^{-2t}-te^{-2t}+2e^{-t},t\geqslant 0$$

系统的全响应为

$$y(t)=y_x(t)+y_f(t)=-e^{-2t}+3te^{-2t}+2e^{-t},t\geqslant 0$$

(3)由零输入响应的性质可知,求零输入响应即求解微分方程

$$\begin{cases}y''_x(t)+2y'_x(t)+2y_x(t)=0\\ y_x(0_+)=0,y'_x(0_+)=1\end{cases}$$

此方程的解为

$$y_x(t)=C_1e^{-t}\cos t+C_2e^{-t}\sin t$$

代入初始值得

$$y_x(0_+)=C_1=0$$

$$y'_x(0_+)=-C_1+C_2=1$$

解以上两式得 $C_1=0, C_2=1$，则系统的零输入响应为

$$y_x(t)=e^{-t}\sin t, t\geqslant 0$$

由零状态响应的性质可知，求零状态响应即求解微分方程

$$\begin{cases} y''_f(t)+2y'_f(t)+2y_f(t)=\delta(t) \\ y'_f(0_-)=y_f(0_-)=0 \end{cases}$$

方程右端含有冲激项，对方程两端从 0_- 到 0_+ 积分

$$\int_{0_-}^{0_+} y''_f(t)\mathrm{d}t+2\int_{0_-}^{0_+} y'_f(t)\mathrm{d}t+2\int_{0_-}^{0_+} y_f(t)\mathrm{d}t=\int_{0_-}^{0_+}\delta(t)\mathrm{d}t$$

考虑到 $y_f(t)$ 的连续性得

$$[y'_f(0_+)-y'_f(0_-)]+2[y_f(0_+)-y_f(0_-)]=1$$

$$y'_f(0_+)=y'_f(0_-)+1=1, y_f(0_+)=y_f(0_-)=0$$

当 $t>0$ 时，方程可化为

$$y''_f(t)+2y'_f(t)+2y_f(t)=0$$

此方程的全解为

$$y_f(t)=C_1e^{-t}\cos t+C_2e^{-t}\sin t, t\geqslant 0$$

代入初始值得

$$y_f(0_+)=C_1=0$$

$$y'_f(0_+)=-C_1+C_2=1$$

解以上两式得 $C_1=0, C_2=1$，则系统的零状态响应为

$$y_f(t)=e^{-t}\sin t, t\geqslant 0$$

系统的全响应为

$$y(t)=y_x(t)+y_f(t)=2e^{-t}\sin t, t\geqslant 0,$$

2.5 知识点窍 经典法求解微分方程。

逻辑推理 根据各元件端电流和端电压以及各元件彼此之间的关系，列写系统的微分方程，用经典法求解。

解题过程 各元件端电流和端电压的关系为

$$u_{R_1}(t)=R_1i_{R_1}(t), u_{R_2}(t)=R_2i(t)$$

$$i_c(t)=C\frac{\mathrm{d}}{\mathrm{d}t}u_c(t), u_L(t)=L\frac{\mathrm{d}}{\mathrm{d}t}i(t)$$

由 KCL 得

$$i_{R_1}(t)=i_C(t)+i(t)$$

由 KVL 得

$$u_S(t)=u_{R_1}(t)+u_C(t)$$

又有

$$u_C(t)=u_{R_2}(t)+u_L(t)$$

联立以上各式得

$$R_1LC\frac{d^2}{dt^2}i(t)+(R_1R_2C+L)\frac{d}{dt}i(t)+(R_1+R_2)i(t)=u_s(t)$$

代入数据整理得

$$i''(t)+5i'(t)+6i(t)=2e^{-t}\varepsilon(t)$$

此方程的全解为

$$y(t)=C_1e^{-2t}+C_2e^{-3t}+e^{-t},t\geqslant 0$$

由于方程右端不含有冲激项，则对于零状态响应有

$$y_f(0_+)=C_1+C_2+1=0$$

$$y'_f(0_+)=-2C_1-3C_2-1=0$$

解以上两式得 $C_1=-2,C_2=1$，则系统的零状态响应为

$$y_f(t)=-2e^{-2t}+e^{-3t}+e^{-t},t\geqslant 0$$

2.6 知识点窍 对于零状态响应有 $y'_f(0_+)=y_f(0_+)=0$。

逻辑推理 利用各元件端电流和端电压的关系以及电路中各元件彼此之间的关系列写系统的微分方程，用经典法求解。

解题过程 各元件端电流和端电压的关系为

$$u_R(t)=Ri_R(t)$$

$$u_L(t)=L\frac{d}{dt}i_L(t),i_C(t)=C\frac{d}{dt}u_C(t)$$

各元件彼此之间的关系为

$$i_R(t)=i_C(t)=i_L(t)$$

$$u_S(t)=u_R(t)+u_C(t)+u_L(t)$$

联立以上各式得

$$LC\frac{d^2}{dt^2}u_c(t)+RC\frac{d}{dt}u_C(t)+u_C(t)=u_S(t)$$

代入数据整理得

$$u''_C(t)+3u'_C(t)+2u_C(t)=2\cos t\varepsilon(t)$$

方程的全解为

$$u_C(t)=C_1e^{-t}+C_2e^{-2t}+\frac{1}{5}\cos t+\frac{3}{5}\sin t,t\geqslant 0$$

方程右端不含有激励项，对于零状态响应，有初始条件

$$u_C(0_+)=C_1+C_2+\frac{1}{5}=0$$

$$u'_C(0_+)=-C_1-2C_2+\frac{3}{5}=0$$

解以上两式得 $C_1=-1,C_2=-\frac{4}{5}$，则系统的零状态响应为

$$u_C(t)=-e^{-t}+\frac{4}{5}e^{-2t}+\frac{1}{5}\cos t+\frac{3}{5}\sin t,t\geqslant 0$$

2.7 知识点窍 微分方程右端只含有冲激项 $\delta(t)$ 时，初始条件为 $y^{(n-1)}(0_+)=1,y^{(n-i)}(0_-)=0(i=2,3,\cdots,n)$。

逻辑推理 求解系统的冲激响应 $h(t)$ 可分两步进行：①选新变量 $y_1(t)$，使它满足方程 $\sum_{i=0}^{\infty}a_ny_1^{(n)}(t)=f(t)$，设其冲激响应为 $h_1(t)$；②根据 LTI 系统零状态响应的线性性质和微分特性可得系统的冲激响应为 $h(t)=\sum_{i=0}^{\infty}b_mh_1^{(m)}(t)$。

解题过程 (1)设系统的冲激响应为 $h(t)$，则有

$$\begin{cases}h''(t)+4h'(t)+3h(t)=\delta(t)\\h'(0_-)=h(0_-)=0\end{cases}$$

$h''(t)$ 中含冲激项，$h'(0_+)-h'(0_-)=1,h(0_+)-h(0_-)=0$

微分方程齐次解

$$h(t)=C_1e^{-t}+C_2e^{-3t},t>0$$

代入初始值得

$$h(0_+)=C_1+C_2=0$$

$$h'(0_+)=-C_1-3C_2=1$$

解以上两式得，$C_1=0.5,C_2=-0.5$，则系统的冲激响应为

$$h(t)=0.5(e^{-t}-e^{-3t})\varepsilon(t)$$

(2)冲激响应 $h(t)$ 满足以下

$$h''(t)+4h'(t)+4h(t)=\delta'(t)+3\delta(t)$$

$$h'(0_-)=h(0_-)=0$$

当 $f(t)$ 为 $\delta(t)$ 时

$$h''_1(t)+4h'_1(t)+4h_1(t)=\delta(t)$$

比较得　$h'_1(0_+)=1, h_1(0_+)=0$

齐次解　$h_1(t)=(C_1t+C_2)e^{-2t}\varepsilon(t)$

代入初始条件 $h_1(t)=te^{-2t}\varepsilon(t), h(t)=3h_1(t)+h'_1(t)$

所以系统的冲激响应为 $h(t)=(t+1)e^{-2t}\varepsilon(t)$

(3)冲激响应 $h(t)$满足以下

$$h''(t)+2h'(t)+2h(t)=\delta'(t)$$

$$h'(0_-)=h(0_-)=0$$

当 $f(t)$为 $\delta(t)$时

$$h''_1(t)+2h'_1(t)+2h_1(t)=\delta(t)$$

比较得　$h'_1(0_+)=1, h_1(0_+)=0$

齐次解　$h_1(t)=C_1e^{-t}\cos t+C_2e^{-t}\sin t, t>0$

代入初始条件 $h_1(t)=e^{-t}\sin t, t>0, h(t)=h'(t)$

所以系统的冲激响应为 $h(t)=e^{-t}(\cos t-\sin t)\varepsilon(t)$

2.8 **知识点窍**　冲激响应和阶跃响应的关系为：

$h(t)=\frac{d}{dt}g(t), g(t)=\int_{-\infty}^{t}h(x)dx$

逻辑推理　列出系统的微分方程，求出冲激响应，再利用公式 $g(t)=\int_{-\infty}^{t}h(x)dx$ 求解阶跃响应。

解题过程　由 KCL 得

$$i_S(t)=i_C(t)+i_R(t)$$

又由各元件端电流和端电压的关系可得

$$u_R(t)=Ri_R(t)=u_C(t)$$

$$i_C(t)=C\frac{d}{dt}u_C(t)$$

由以上三式可解得

$$C\frac{d}{dt}u_R(t)+\frac{1}{R}u_R(t)=i_S(t)$$

代入数值得

$$u'_R(t)+2u_R(t)=2i_S(t)$$

设系统单位冲激响应为 $h(t)$，则 $h(t)$满足

$$\begin{cases}h'(t)+2h(t)=0\\h(0_+)=2\end{cases}$$

解方程得

$$h(t)=C_1\mathrm{e}^{-2t},t\geqslant 0$$

代入初始值得

$$h(0_+)=C_1=2$$

则系统的冲激响应为

$$h(t)=2\mathrm{e}^{-2t}\varepsilon(t)$$

系统的阶跃响应为

$$g(t)=\int_{-\infty}^{t}h(x)\mathrm{d}x=\int_{-\infty}^{t}2\mathrm{e}^{-2x}\varepsilon(x)\mathrm{d}x=(1-\mathrm{e}^{-2t})\varepsilon(t)$$

2.9 知识点窍 KVL 与 KCL。冲激响应与阶跃响应的关系为 $h(t)=\frac{\mathrm{d}}{\mathrm{d}t}g(t)$

逻辑推理 利用 KVL 与 KCL 列写电路系统方程，用经典法求解阶跃响应 $g(t)$，再代入 $h(t)=\frac{\mathrm{d}}{\mathrm{d}t}g(t)$ 即可得出系统的冲激响应。

解题过程 由 KVL 得

$$u_s(t)=u_{R_1}(t)+u_c(t)$$

由 KCL 得

$$i_{R_1}(t)=i_{R_2}(t)+i_C(t)$$

又电路中各元件端电流和端电压的关系为

$$u_{R_1}=R_1 i_{R_1}(t)$$

$$u_{R_2}=R_2 i_{R_2}(t)=u_C(t)$$

$$i_C(t)=C\frac{\mathrm{d}}{\mathrm{d}t}u_C(t)$$

联立以上各式解得

$$C\frac{\mathrm{d}}{\mathrm{d}t}u_C(t)+(1+\frac{R_1}{R_2})u_C(t)=u_S(t)$$

代入数值整理得

$$u'_C(t)+u_C(t)=\frac{1}{2}u_S(t)$$

当激励 $u_S(t)=\varepsilon(t)$时，方程右边不含有冲激项，则此时方程的解为

$$u_C(t)=C_1\mathrm{e}^{-t}+\frac{1}{2},t\geqslant 0$$

代入初值得

$$u_C(0_+)=C_1+\frac{1}{2}=0$$

即 $C_1=-\frac{1}{2}$，则系统的阶跃响应为

$$g(t)=u_C(t)=(-\frac{1}{2}e^{-t}+\frac{1}{2})\varepsilon(t)$$

系统的冲激响应为

$$h(t)=\frac{d}{dt}g(t)=\frac{1}{2}e^{-t}\varepsilon(t)$$

2.10 **逻辑推理** 冲激响应和阶跃响应的关系为 $h(t)=\frac{dg(t)}{dt}$，$g(t)\int_{-\infty}^{t}h(x)dx$ 列出系统的微分方程，求出冲激响应，再利用公式 $g(t)\int_{-\infty}^{t}h(x)dx$ 求解阶跃响应。

解题过程 $i_C(t)=CR[i_s(t)-i_C(t)]$

$i_C{}'+2i_C=i_s{}'$

首先求冲激响应

$$\left.\begin{aligned}&i_C{}'+2i_C=\delta'(t)\\&i_C{}'(0_-)=i_c(0_-)=0\end{aligned}\right\}$$

令 $\begin{aligned}i_C{}'(t)&=a\delta'(t)+b\delta(t)+\gamma_0(t)\\i_C(t)&=a\delta(t)+\gamma_1(t)\end{aligned}\Rightarrow\begin{cases}a=1\\2a+b=0\end{cases}$

所以 $\begin{cases}a=1\\b=-2\end{cases}$ $\qquad i_C(t)=\delta(t)+\gamma_1(t)$

方程 $i_C{}'+2i_C=0$ 的特征根为 $\lambda=-2$

所以 $i_C(t)=C_1e^{-2t}\qquad t\geqslant0$

$i_C(0_+)-i_C(0_-)=\int_{0_-}^{0_+}i_C{}'(t)dt=-2$

所以 $i_C(0_+)=-2,C_1=-2$

又 $i_C(t)$ 中还包含冲激响应 $\delta(t)$

因此冲激响应 $h(t)=\delta(t)-2e^{-2t}\varepsilon(t)$

下面求阶跃响应，此时有 $i_C{}'(t)+2i_C(t)=\delta(t)$

令 $i_C{}'(t)=a\delta(t)+\gamma_0(t)$ 可得 $a=1$

所以 $i_C(0_+)-i_C(0_-)=\int_{0_-}^{0_+}i_C{}'(t)dt=1,i_C(0_+)=1$

又有特征根为 $\lambda=-2$，方程的特解为 0

所以 $i_C(t)=[C_1e^{-2t}]\varepsilon(t)\qquad$ 根据 $i_C(0_+)=1$ 得到 $C_1=1$

因此 $g(t)=e^{-2t}\varepsilon(t)$

2.11 **逻辑推理** 根据各元件端电流和端电压以及各元件彼此之间的关系列写系统微分方程。

解题过程

$$\begin{cases} u_C(t)=u_s(t)-u_R(t) \\ i_{R_2}=\dfrac{u_R}{R_1}-Cu'_C(t) \\ u_s(t)=u_R(t)+R_2 i_{R_2} \end{cases}$$ 整理得 $u_R{}'(t)+u_R(t)=u'_s(t)+\frac{1}{2}u_s(t)$

首先求冲激响应

$$\begin{cases} u_R{}'(t)+u_R(t)=\delta'(t)+\dfrac{1}{2}\delta(t) \\ u_R{}'(0_-)=u_R(0_-)=0 \end{cases}$$

令$u_R{}'(t)=a\delta'(t)+b\delta(t)+\gamma_0(t)$

$u_R(t)=a\delta(t)+\gamma_1(t)$

$$a\delta'(t)+(a+b)\delta(t)+[\gamma_0(t)+\gamma_1(t)]=\delta'(t)+\frac{1}{2}\delta(t)$$

$$\begin{cases} a=1 \\ a+b=\dfrac{1}{2} \end{cases} \Rightarrow \begin{cases} a=1 \\ b=-\dfrac{1}{2} \end{cases}$$

$$u_R(0_+)-u_R(0_-)=\int_{0_-}^{0_+}\delta'(t)\mathrm{d}t-\frac{1}{2}\int_{0_-}^{0_+}\delta(t)\mathrm{d}t+\int_{0_-}^{0_+}\gamma_0(t)\mathrm{d}t=-\frac{1}{2}$$

因此 $u_R(0_+)=-\frac{1}{2}$

考虑方程　$u_R{}'(t)+u_R(t)=0$　　特征根为 $\lambda=-1$

所以 $u_R(t)=C_1\mathrm{e}^{-t}$　　　$t>0$

又因 $u_R(0_+)=-\frac{1}{2}$　故 $C_1=-\frac{1}{2}$

又有 $u_R(t)$中还包含 $\delta(t)$

所以冲激响应为 $u_R(t)=\delta(t)-\frac{1}{2}\mathrm{e}^{-t}\varepsilon(t)$或写为 $h(t)=\delta(t)-\frac{1}{2}\mathrm{e}^{-t}\varepsilon(t)$

下面来求阶跃响应。首先求得方程特解为$\frac{1}{2}$

其次考虑$\begin{cases} u_R{}'(t)+u_R(t)=\delta(t)+\dfrac{1}{2}\varepsilon(t) \\ u_R{}'(0_-)=u_R(0_-)=0 \end{cases}$

令 $u_R{}'(t)=a\delta(t)+\gamma_0(t)$可得 $a=1$

又方程特征根为 $\lambda=-1$

$u_R(0_+)-u_R(0_-)=1$　　$u_R(0_+)=1$

故令 $u_R(t)=(C_1 e^{-t}+\frac{1}{2})\varepsilon(t)$

代入 $u_R(0_+)=1$ 得 $C_1=\frac{1}{2}$

所以阶跃响应为 $g(t)=\frac{1}{2}(1+e^{-t})\varepsilon(t)$

2.12 知识点窍 KVL 与 KCL，$h(t)=\frac{d}{dt}g(t)$。

逻辑推理 由 KVL 与 KCL 写出系统微分方程，用经典法求解阶跃响应，代入公式 $h(t)=\frac{d}{dt}g(t)$求冲激响应。

解题过程 由 KVC 与 KCL 得

$$u_S(t)=u_L(t)+u_C(t)$$

$$i_L(t)=i_R(t)+i_C(t)$$

各元件端电流和端电压的关系为

$$u_L(t)=L\frac{d}{dt}i_L(t)$$

$$u_R(t)=Ri_R(t)$$

$$i_C(t)=C\frac{d}{dt}u_C(t)$$

联立以上各式解得

$$LC\frac{d^2}{dt^2}u_C(t)+\frac{L}{R}\frac{d}{dt}u_C(t)+u_C(t)=u_S(t)$$

代入数值得

$$u''_C(t)+3u'_C(t)+2u_C(t)=2u_S(t)$$

当激励 $u_S(t)=\varepsilon(t)$时，方程右端不含有冲激项，则

$$u_C(0_+)=0$$

$$u'_C(0_+)=0$$

方程的解为

$$u_C(t)=C_1 e^{-t}+C_2 e^{-2t}+1, t\geqslant 0$$

代入初始值得

$$u_C(0_+)=C_1+C_2+1=0$$

$$u'_C(0_+)=-C_1-2C_2=0$$

解得 $C_1=-2, C_2=1$，则系统的阶跃响应为

$$g(t)=u_C(t)=(-2e^{-t}+e^{-2t}+1)\varepsilon(t)$$

系统的冲激响应为

$$h(t)=\frac{d}{dt}g(t)=(2e^{-t}-2e^{-2t})\varepsilon(t)$$

2.13 知识点窍 KVL 与 KCL, $h(t)=\frac{d}{dt}g(t)$。

逻辑推理 由 KVL 与 KCL 写出系统的微分方程，用经典法求解阶跃响应，再代入公式 $h(t)=\frac{d}{dt}g(t)$ 求冲激响应。

解题过程 由 KCL 得

$$i_S(t)=i_R(t)+i_C(t)+i_L(t)$$

各元件端电流和端电压的关系为

$$u(t)=Ri_R(t)$$

$$u(t)=L\frac{d}{dt}i_L(t)$$

$$i_C(t)=C\frac{d}{dt}u(t)$$

联立以上各式得

$$LC\frac{d^2}{dt^2}i_C(t)+\frac{L}{R}\frac{d}{dt}i_C(t)+i_L(t)=i_S(t)$$

代入数值得

$$i''_L(t)+2i'_L(t)+5i_L(t)=5i_S(t)$$

由此可知系统的阶跃响应满足

$$\begin{cases} i''_L(t)+2i'_L(t)+5i_L(t)=5 \\ i'_L(0_+)=0, i_L(0_+)=0 \end{cases}, t>0$$

解得

$$i_L(t)=e^{-t}\left[-\cos(2t)-\frac{1}{2}\sin(2t)\right]+1, t\geqslant 0$$

此即为系统的阶跃响应，即

$$g(t)=\left\{-e^{-t}\left[\cos(2t)+\frac{1}{2}\sin(2t)\right]+1\right\}\varepsilon(t)$$

则系统的冲激响应为

$$h(t)=\frac{d}{dt}g(t)=\frac{5}{2}e^{-t}\sin(2t)\varepsilon(t)$$

2.14 知识点窍　利用方程两端奇异函数系数相平衡的方法来判断 $y(t)$ 是否发生跃变。$g(t)=\int_{-\infty}^{t}h(x)\mathrm{d}x$。

逻辑推理　(1)选新变量 $y_1(t)$，使 $y_1(t)$ 满足方程 $\sum_{i=0}^{n}a_n y^{(n)}(t)=f(t)$，设其冲激响应为 $h_1(t)$。

(2)系统的冲激响应为 $h(t)=\sum_{i=0}^{n}b_m h_1^{(m)}(t)$。再代入公式 $g(t)=\int_{-\infty}^{t}h(x)\mathrm{d}x$，求出阶跃响应式。

解题过程　选取新变量 $y_1(t)$ 使它满足方程

$$y'_1(t)+2y_1(t)=f(t)$$

设其冲激响应为 $h_1(t)$，则有

$$h_1(0_+)=1$$

此方程的全解为

$$h_1(t)=C_1\mathrm{e}^{-2t},t\geqslant 0$$

代入初始值得

$$h_1(0_+)=C_1=1$$

则有

$$h_1(t)=\mathrm{e}^{-2t}\varepsilon(t)$$

系统的冲激响应为

$$h(t)=h'_1(t)-h_1(t)=\delta(t)-3\mathrm{e}^{-2t}\varepsilon(t)$$

系统的阶跃响应为

$$g(t)=\int_{-\infty}^{t}h(x)\mathrm{d}x=\int_{-\infty}^{t}[\delta(x)-3\mathrm{e}^{-2x}\varepsilon(x)]\mathrm{d}x=(\frac{3}{2}\mathrm{e}^{-2t}-\frac{1}{2})\varepsilon(t)$$

2.15 知识点窍　$g(t)=\int_{-\infty}^{t}h(x)\mathrm{d}x$，通过方程两端奇异函数平衡与否来判断 $y(t)$ 是否发生跃变。

逻辑推理　选新变量 $y_1(t)$，使它满足方程 $\sum_{i=0}^{n}a_n y_1^{(n)}(t)=f(t)$，设其冲激响应为 $h_1(t)$，则系统的冲激响应为 $h(t)=\sum_{i=0}^{m}b_m h_1^{(m)}(t)$。再利用公式 $g(t)=\int_{-\infty}^{t}h(x)\mathrm{d}x$ 求阶跃响应。

解题过程　选新变量 $y_1(t)$，使它满足方程

$$y'(t)+2y(t)=f(t)$$

设其冲激响应为 $h_1(t)$，则有

$$h_1(0_+)=1$$

方程的解为　$h_1(t)=C_1\mathrm{e}^{-2t},t\geqslant 0$

代入初始值得　$h_1(0_+)=C_1=1$

则 $$h_1(t)=\mathrm{e}^{-2t}\varepsilon(t)$$

系统的冲激响应为

$$h(t)=h''_1(t)=\delta'(t)-2\delta(t)+4\mathrm{e}^{-2t}\varepsilon(t)$$

系统的阶跃响应为

$$y(t)=\int_{-\infty}^{t}h(x)\mathrm{d}x=\delta(t)-2\mathrm{e}^{-2t}\varepsilon(t)$$

2.16 **知识点窍** 卷积的基本性质:结合律、分配律、时移性质。

逻辑推理 利用卷积的基本性质,代入公式求解。

解题过程 由已知可得

$$f_1(t)=\frac{1}{2}r(t-2)-r(t)+\frac{1}{2}r(t+2)\quad (r(t)=t\varepsilon(t)\text{为斜升函数})$$

$$f_2(t)=\delta(t-2)+\delta(t+2)$$

$$f_3(t)=\delta(t-1)+\delta(t+1)$$

$$f_4(t)=\delta(t-2)-\delta(t-3)+\delta(t-4)$$

(1) $$f_1(t)*f_2(t)=f_1(t)*[\delta(t-2)+\delta(t+2)]=f_1(t-2)+f_1(t+2)$$
$$=\frac{1}{2}r(t+4)-r(t+2)+r(t)-r(t-2)+\frac{1}{2}r(t-4)$$

波形图为

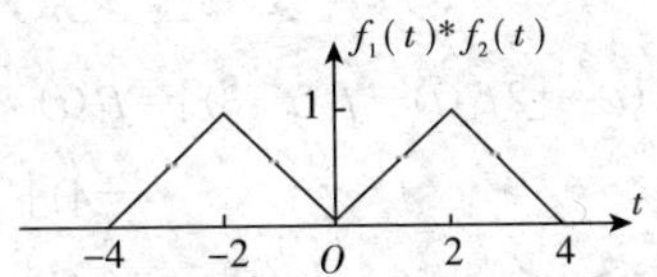

(2) $$f_1(t)*f_3(t)=f_1(t)*[\delta(t-1)+\delta(t+1)]=f_1(t-1)+f_1(t+1)$$
$$=\frac{1}{2}r(t+3)-\frac{1}{2}r(t+1)-\frac{1}{2}r(t-1)+\frac{1}{2}r(t-3)$$

波形图为

(3) $$f_1(t)*f_4(t)=f_1(t)*[\delta(t-2)-\delta(t-3)+\delta(t-4)]$$
$$=f_1(t-2)-f_1(t-3)+f_1(t-4)$$
$$=\frac{1}{2}r(t)-\frac{1}{2}r(t-1)-\frac{1}{2}r(t-2)+r(t-3)-\frac{1}{2}r(t-4)-\frac{1}{2}r(t-5)+\frac{1}{2}r$$

$(t-6)$

波形图为

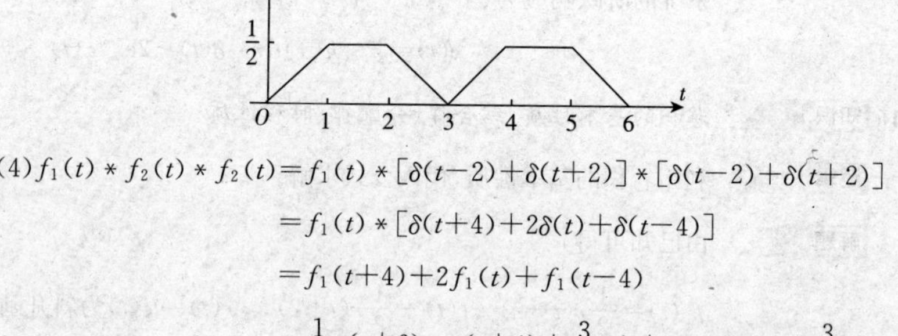

(4) $f_1(t)*f_2(t)*f_2(t)=f_1(t)*[\delta(t-2)+\delta(t+2)]*[\delta(t-2)+\delta(t+2)]$

$=f_1(t)*[\delta(t+4)+2\delta(t)+\delta(t-4)]$

$=f_1(t+4)+2f_1(t)+f_1(t-4)$

$=\frac{1}{2}r(t+6)-r(t+4)+\frac{3}{2}r(t+2)-2r(t)+\frac{3}{2}r(t-2)$

$-r(t-4)+\frac{1}{2}r(t+6)$

波形图为

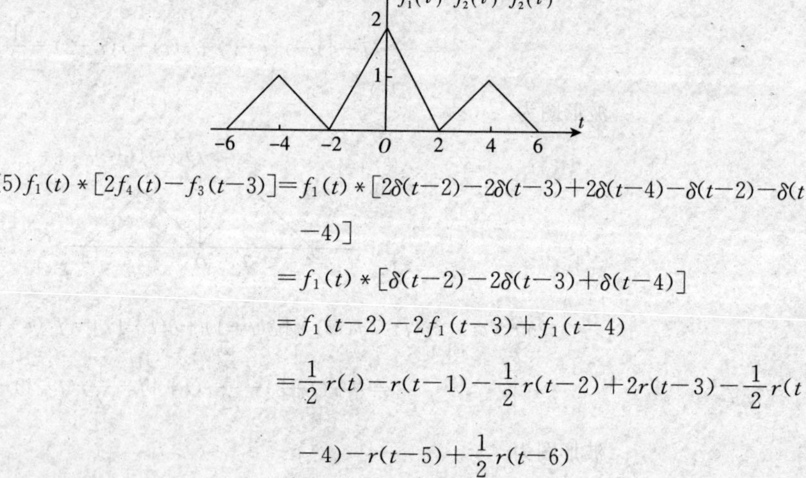

(5) $f_1(t)*[2f_4(t)-f_3(t-3)]=f_1(t)*[2\delta(t-2)-2\delta(t-3)+2\delta(t-4)-\delta(t-2)-\delta(t-4)]$

$=f_1(t)*[\delta(t-2)-2\delta(t-3)+\delta(t-4)]$

$=f_1(t-2)-2f_1(t-3)+f_1(t-4)$

$=\frac{1}{2}r(t)-r(t-1)-\frac{1}{2}r(t-2)+2r(t-3)-\frac{1}{2}r(t-4)-r(t-5)+\frac{1}{2}r(t-6)$

波形图为

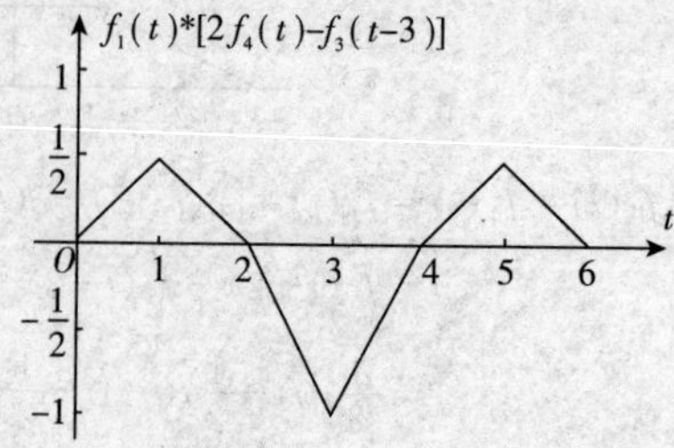

2.17 **知识点窍** $f_1(t)*f_2(t)=\int_{-\infty}^{\infty}f_1(\tau)f_2(t-\tau)\mathrm{d}\tau$

逻辑推理 对于简单函数积分，直接代入积分定义公式求解。

解题过程 (1) $f_1(t)*f_2(t)=t\varepsilon(t)*\varepsilon(t)=\int_{-\infty}^{\infty}\tau\varepsilon(t)\varepsilon(t-\tau)\mathrm{d}\tau=\int_0^t\tau\mathrm{d}\tau\cdot\varepsilon(t)=\dfrac{t^2}{2}\varepsilon(t)$

(2) $f_1(t)*f_2(t)=\mathrm{e}^{-2t}\varepsilon(t)*\varepsilon(t)=\int_{-\infty}^{\infty}\mathrm{e}^{-2t}\varepsilon(\tau)\cdot\varepsilon(t-\tau)\mathrm{d}\tau=\int_0^t\mathrm{e}^{-2\tau}\mathrm{d}\tau\cdot\varepsilon(t)$

$$=\frac{1}{2}(1-\mathrm{e}^{-2t})\varepsilon(t)$$

(3) $f_1(t)*f_2(t)=\mathrm{e}^{-2t}\varepsilon(t)*\mathrm{e}^{-2t}\varepsilon(t)=\int_{-\infty}^{\infty}\mathrm{e}^{-2\tau}\varepsilon(\tau)\cdot\mathrm{e}^{-2(t-\tau)}\varepsilon(t-\tau)\mathrm{d}\tau$

$$=\int_0^t\mathrm{e}^{-2t}\mathrm{d}\tau\cdot\varepsilon(t)=t\mathrm{e}^{-2t}\varepsilon(t)$$

(4) $f_1(t)*f_2(t)=\mathrm{e}^{-2t}\varepsilon(t)*\mathrm{e}^{-3t}\varepsilon(t)=\int_{-\infty}^{\infty}\mathrm{e}^{-2\tau}\varepsilon(t)\cdot\mathrm{e}^{-3(t-\tau)}\varepsilon(t-\tau)\mathrm{d}\tau$

$$=\mathrm{e}^{-3t}\int_0^t\mathrm{e}^{\tau}\mathrm{d}\tau\cdot\varepsilon(t)=(\mathrm{e}^{-2t}-\mathrm{e}^{-3t})\varepsilon(t)$$

(5) $f_1(t)*f_2(t)=t\varepsilon(t)*\mathrm{e}^{-2t}\varepsilon(t)=\int_{-\infty}^{\infty}\tau\varepsilon(\tau)\cdot\mathrm{e}^{-2(t-\tau)}\varepsilon(t-\tau)\mathrm{d}\tau$

$$=\mathrm{e}^{-t}\int_0^t\tau\mathrm{e}^{2\tau}\mathrm{d}\tau\cdot\varepsilon(t)=\frac{1}{4}(-1+2t+\mathrm{e}^{-2t})\varepsilon(t)$$

(6) $f_1(t)*f_2(t)=\varepsilon(t+2)*\varepsilon(t-3)$

$$=[\varepsilon(t)*\delta(t+2)]*[\varepsilon(t)*\delta(t-3)]$$

$$=[\varepsilon(t)*\varepsilon(t)]*[\delta(t+2)*\delta(t-3)]$$

$$=t\varepsilon(t)*\delta(t-1)=(t-1)\varepsilon(t-1)$$

(7) $f_1(t)*f_2(t)=[\varepsilon(t)-\varepsilon(t-4)]*[\sin(\pi t)\cdot\varepsilon(t)]$

$$=\varepsilon(t)*[\delta(t)\quad\delta(t-4)]*[\sin(\pi t)\cdot\varepsilon(t)]$$

$$=[\varepsilon(t)*\sin(\pi t)\cdot\varepsilon(t)]*[\delta(t)-\delta(t-4)]$$

$$=\frac{1}{\pi}[1-\cos(\pi t)]\varepsilon(t)*[\delta(t)-\delta(t-4)]$$

$$=\frac{1}{\pi}[1-\cos(\pi t)]\varepsilon(t)-\frac{1}{\pi}[1-\cos(\pi t-4\pi)]\varepsilon(t-4)$$

$$=\frac{1}{\pi}[1-\cos(\pi t)][\varepsilon(t)-\varepsilon(t-4)]$$

(8) $f_1(t)*f_2(t)=t\varepsilon(t)*[\varepsilon(t)-\varepsilon(t-2)]$

$$=t\varepsilon(t)*\varepsilon(t)*[\delta(t)-\delta(t-2)]$$

$$=\frac{1}{2}t^2\varepsilon(t)*[\delta(t)-\delta(t-2)]$$

$$=\frac{1}{2}t^2\varepsilon(t)-\frac{1}{2}(t-2)^2\varepsilon(t-2)$$

(9) $f_1(t)*f_2(t)=t\varepsilon(t-1)*\varepsilon(t+3)$

$$=[(t-1)\varepsilon(t-1)+\varepsilon(t-1)]*\varepsilon(t+3)$$

$$=[t\varepsilon(t)+\varepsilon(t)]*\delta(t-1)*\varepsilon(t)*\delta(t+3)$$

$$=[(t+1)\varepsilon(t)]*\varepsilon(t)*\delta(t+2)$$

$$=[(\frac{1}{2}t^2+t)\varepsilon(t)]*\delta(t+2)$$

$$=(\frac{1}{2}t^2+3t+4)\varepsilon(t+2)$$

(10) $f_1(t)*f_2(t)=e^{-2t}\varepsilon(t+1)*\varepsilon(t-3)$

$$=e^{-2t}\varepsilon(t+1)*\varepsilon(t)*\delta(t-3)$$

$$=[\int_{-1}^{t}e^{-2\tau}d\tau\varepsilon(t+1)]*\delta(t-3)$$

$$=[(\frac{1}{2}e^2-\frac{1}{2}e^{-2t})\varepsilon(t+1)]*\delta(t-3)$$

$$=(\frac{1}{2}e^2-\frac{1}{2}e^{-2t+6})\varepsilon(t-2)$$

$$=\frac{1}{2}e^2(1-e^{-2t+4})\varepsilon(t-2)$$

2.18 知识点窍　LTI系统的零状态响应等于激励与系统冲激响应的卷积积分。

$y_f(t)=f(t)*h(x)=f^{(1)}(t)*h^{-1}(t)=f^{(1)}(t)*g(t)$

逻辑推理　由波形图得出激励 $f(t)$ 的表达式，代入公式 $y_f(t)=h(t)*f(t)$ 求解。

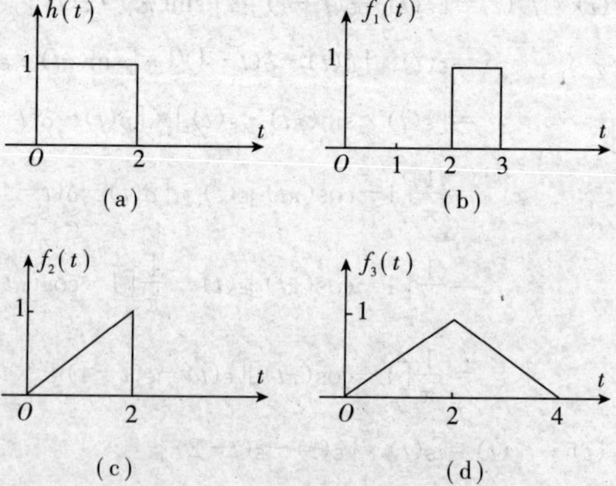

题 2.18 图

解题过程　由 $h(t)$ 的波形图可得

$h(t)=\varepsilon(t)-\varepsilon(t-2)=\varepsilon(t)*[\delta(t)-\delta(t-2)]$

(1)当输入为单位阶跃函数 $\varepsilon(t)$ 时，系统的零状态响应为

$$y_f(t)=f(t)*h(t)$$

$$=\varepsilon(t)*\varepsilon(t)*[\delta(t)-\delta(t-2)]$$

$$=t\varepsilon(t)*[\delta(t)-\delta(t-2)]$$

$$=t\varepsilon(t)-(t-2)\varepsilon(t-2)$$

$$=t[\varepsilon(t)-\varepsilon(t-2)]+2\varepsilon(t-2)$$

(2)由输入 $f_1(t)$的波形图可得

$$f_1(t)=\varepsilon(t-2)-\varepsilon(t-3)=\varepsilon(t)*[\delta(t-2)-\delta(t-3)]$$

系统的零状态响应为

$$y_{f_1}=f_1(t)*h(t)$$

$$=\varepsilon(t)*[\delta(t-2)-\delta(t-3)]*\varepsilon(t)*[\delta(t)-\delta(t-2)]$$

$$=\varepsilon(t)*\varepsilon(t)*[\delta(t-2)-\delta(t-3)]*[\delta(t)-\delta(t-2)]$$

$$=t\varepsilon(t)*[\delta(t-2)-\delta(t-3)-\delta(t-4)+\delta(t-5)]$$

$$=(t-2)\varepsilon(t-2)-(t-3)\varepsilon(t-3)-(t-4)\varepsilon(t-4)+(t-5)\varepsilon(t-5)$$

$$=(t-2)[\varepsilon(t-2)-\varepsilon(t-3)]+[\varepsilon(t-3)-\varepsilon(t-4)]-(t-5)[\varepsilon(t-4)-\varepsilon(t-5)]$$

(3)由输入 $f_2(t)$的波形图可得

$$f_2(t)=\frac{t}{2}[\varepsilon(t)-\varepsilon(t-2)]$$

系统的零状态响应为

$$y_{f_2}(t)=f_2(t)*h(t)$$

$$=\frac{t}{2}[\varepsilon(t)-\varepsilon(t-2)]*\varepsilon(t)*[\delta(t-2)-\delta(t-3)]$$

$$=\int_0^t\frac{\tau}{2}[\varepsilon(\tau)-\varepsilon(\tau-2)]\mathrm{d}\tau*[\delta(t-2)-\delta(t-3)]$$

$$=[\frac{1}{4}t^2\varepsilon(t)-\frac{1}{4}(t^2-4)\varepsilon(t-2)]*[\delta(t)-\delta(t-2)]$$

$$=[\frac{1}{4}t^2(\varepsilon(t)-\varepsilon(t-2))+\varepsilon(t-2)]*[\delta(t)-\delta(t-2)]$$

$$=\frac{1}{4}t^2[\varepsilon(t)-\varepsilon(t-2)]+\frac{1}{4}(4t-t^2)[\varepsilon(t-2)-\varepsilon(t-4)]$$

(4)由输入 $f_3(t)$的波形图可得

$$f_3(t)=\frac{1}{2}r(t)-r(t-2)+\frac{1}{2}r(t-4)\quad(r(t)=t\varepsilon(t)\text{为斜升函数})$$

系统的零状态响应为

$$y_{f_3}(t)=f_3(t)*h(t)$$

$$=\left[\frac{1}{2}r(t)-r(t-2)+\frac{1}{2}r(t-4)\right]*\varepsilon(t)*[\delta(t)-\delta(t-2)]$$

$$=\left[\frac{1}{4}t^2\varepsilon(t)-\frac{1}{2}(t-2)^2\varepsilon(t-2)+\frac{1}{4}(t-4)^2\varepsilon(t-4)\right]*[\delta(t)-\delta(t-2)]$$

$$=\frac{1}{4}t^2\varepsilon(t)-\frac{3}{4}(t-2)^2\varepsilon(t-4)^2\varepsilon(t-4)-\frac{1}{4}(t-l)^2\varepsilon(t-6)$$

(5)由输入 $f_1(t)$的波形图可得

$$f_1(-t+2)=\frac{1}{2}(2-t)[\varepsilon(2-t)-\varepsilon(-t)]$$

系统的零状态响应为

$$y_{f_4}(t)=f_2(-t+2)*h(t)$$

$$=\frac{1}{2}(2-t)[\varepsilon(2-t)-\varepsilon(-t)]*\varepsilon(t)*[\delta(t)-\delta(t-2)]$$

$$=\frac{1}{2}(2-t)[\varepsilon(t)-\varepsilon(t-2)]*\varepsilon(t)*[\delta(t)-\delta(t-2)]$$

$$=\left[\frac{1}{2}(4t-t^2)\varepsilon(t)+\frac{1}{4}(2-t)^2\varepsilon(t-2)\right]*[\delta(t)-\delta(t-2)]$$

$$=\frac{1}{4}(4t-t^2)\varepsilon(t)+\frac{1}{4}(2-t)^2\varepsilon(t-2)-\frac{1}{4}[4t-8-(t-2)^2]\varepsilon(t-2)+\frac{1}{4}(t-4)^2\varepsilon(t-4)$$

$$=\frac{1}{4}(4t-t^2)\varepsilon(t)-\frac{1}{2}(t-2)(t-4)\varepsilon(t-2)+\frac{1}{4}(t-4)^2\varepsilon(t-4)$$

2.19 知识点窍 系统的零状态响应等于激励与冲激响应的卷积积分。

$$y_f(t)=f(t)*h(t)=f^{(1)}(t)*h^{(-1)}(t)=f^{(1)}(t)*g(t)$$

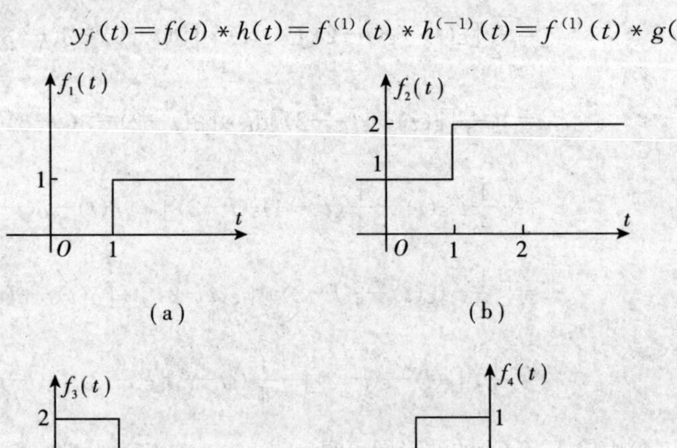

题 2.19 图

逻辑推理 由激励的波形图得出 $f(t)$ 的表达式，再代入公式 $y_f(t)=f(t)*h(t)$ 求解。

解题过程 (1)由输入信号 $f_1(t)$ 的波形图可得

$$f_1(t)=\varepsilon(t-1)$$

则系统的零状态响应为

$$y_{f_1}(t)=f_1(t)*h(t)=\varepsilon(t-1)*e^t\varepsilon(t-2)=\int_2^{t-1}e^\tau d\tau\cdot\varepsilon(t-3)$$
$$=(e^{t-1}-e^2)\varepsilon(t-3)$$

(2)由输入信号 $f_2(t)$ 的波形图可得

$$f_2(t)=\varepsilon(t-1)+1$$

则系统的零状态响应为

$$y_{f_2}(t)=f_2(t)*h(t)=[\varepsilon(t-1)+1]*e^{-(t+1)}\varepsilon(t+1)$$
$$=\begin{cases}\int_{-1}^{\infty}e^{-(\tau+1)}d\tau, & t-1<-1\\ \int_{-1}^{t-1}2e^{-(\tau+1)}d\tau+\int_{t-1}^{\infty}e^{-(\tau+1)}d\tau, & t-1\geqslant-1\end{cases}=\begin{cases}1, & t<0\\ 2-e^{-t}, & t\geqslant0\end{cases}$$

(3)由输入信号 $f_3(t)$ 的波形图可得

$$f_3(t)=2[\varepsilon(t)-\varepsilon(t-1)]$$

则系统的零状态响应为

$$y_{f_3}(t)=f_3(t)*h(t)$$
$$=2[\varepsilon(t)-\varepsilon(t-1)]*e^{-t}\varepsilon(t)$$
$$=2[\delta(t)-\delta(t-1)]*\varepsilon(t)*[e^{-t}\varepsilon(t)]$$
$$=2[\delta(t)-\delta(t-1)]*[(1-e^{-t})\varepsilon(t)]$$
$$=2[(1-e^{-t})\varepsilon(t)-(1-e^{-t+1})\varepsilon(t-1)]=\begin{cases}0 & t<0\\ 2(-e^{-t}) & 0\leqslant t\leqslant1\\ 2(1-e^{-(t-1)}) & t>1\end{cases}$$

(4)由激励 $f_4(t)$ 的波形图可得

$$f_4(t)=\varepsilon(t+1)-2\varepsilon(t)+\varepsilon(t-1)$$

则系统的零状态响应为

$$y_{f_4}(t)=f_4(t)*h(t)$$
$$=[\varepsilon(t+1)-2\varepsilon(t)+\varepsilon(t-1)]*[2\varepsilon(t+1)-2\varepsilon(t-1)]$$
$$=[\delta(t+1)-2\delta(t)+\delta(t-1)]*\varepsilon(t)*\varepsilon(t)*[2\delta(t+1)-2\delta(t-1)]$$
$$=2t\varepsilon(t)*[\delta(t+1)-2\delta(t)+\delta(t-1)]*[\delta(t+1)-\delta(t-1)]$$
$$=2t\varepsilon(t)*[\delta(t+2)-2\delta(t+1)+2\delta(t-1)-\delta(t-2)]$$

$$=2[(t+2)\varepsilon(t+2)-2(t+1)\varepsilon(t+1)+2(t-1)\varepsilon(t-1)-(t-2)\varepsilon(t-2)]$$

各系统零状态响应的波形图分别为：

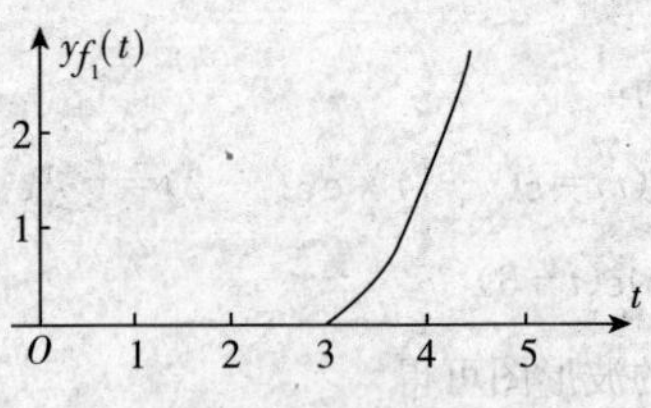

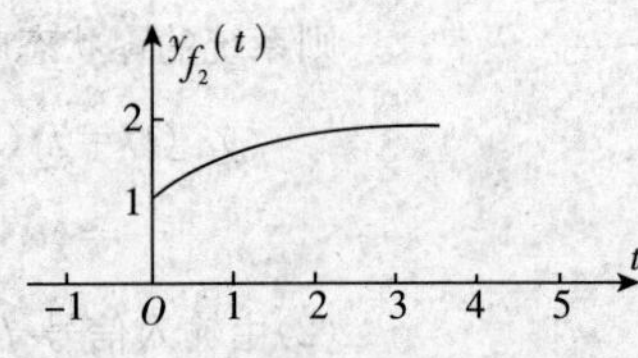

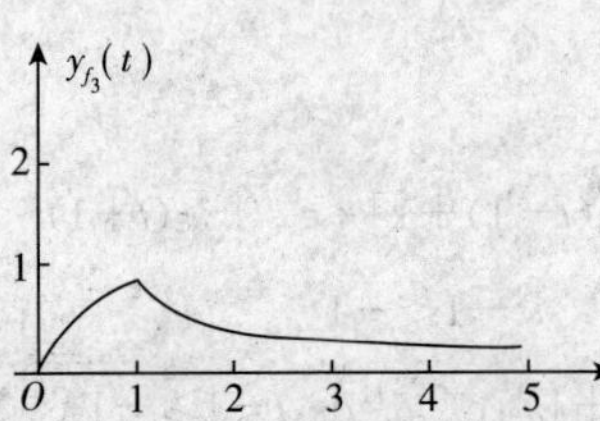

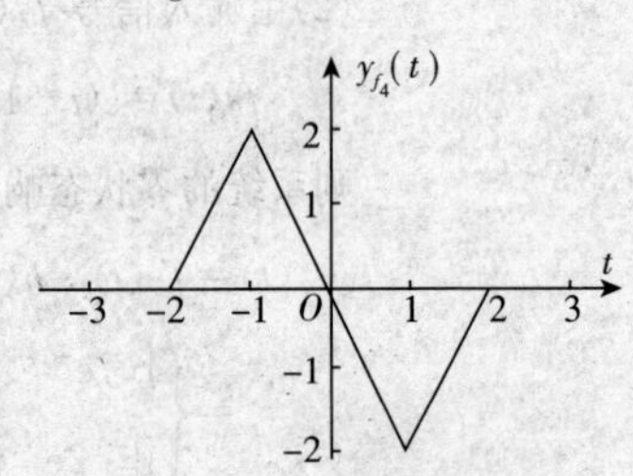

2.20 解题过程 $f_2(t-1)*\delta'(t-2)=f_2{}'(t-3)$

$f_2{}'(t)=\delta(t)-\delta(t-2)$ $\quad\therefore f_2{}'(t-3)=\delta(t-3)-\delta(t-5)$

因此，$y(t)=f_1(t)*f_2(t-2)*\delta'(t-2)$

$$=f_1(t)*f_2{}'(t-3)$$
$$=f_1(t)*[\delta(t-)3-\delta(t-5)]$$
$$=f_1(t-3)-f_1(t-5)$$
$$=(t-3)[\varepsilon(t-3)-\varepsilon(t-5)]+2\varepsilon(t-5)$$
$$=(t-3)\varepsilon(t-3)-(t-5)\varepsilon(t-5)$$

2.21 解题过程 $\delta'(2-t)=\delta'[-(t-2)]=-\delta'(t-2)$

因此，$y(t)=f(t)*\delta'(2-t)=-f(t)*\delta'(t-2)=-f'(t-2)$

其波形图如图解 2.21 所示。

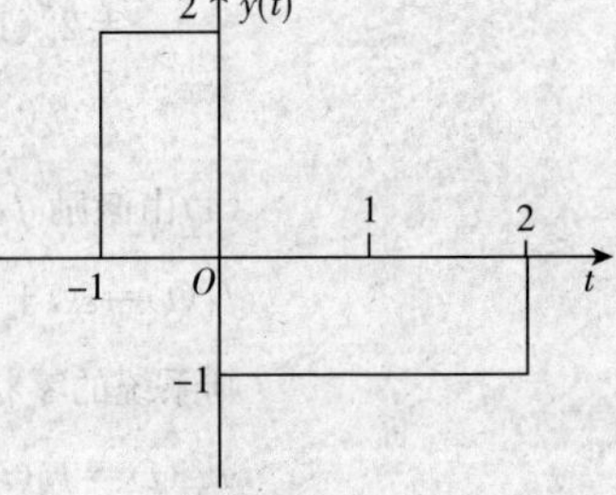

图解 2.21

2.22 知识点窍 LTI 系统的冲激响应等于输入为冲激函数 $\delta(t)$ 时系统的响应，即 $h(t)=T[\{0\},\delta(t)]$。冲激函数作用于检验函数 $\varphi(t)$ 的效果是给它赋值 $\varphi(0)$，即 $\int_{-\infty}^{\infty}\varphi(t)\delta(t)\mathrm{d}t=\varphi(0)$，同时有 $\int_{-\infty}^{\infty}\varphi(t)\delta(t-t_1)\mathrm{d}t=\varphi(t_1)$。

逻辑推理 根据输入 $f(t)$ 与输出 $y(t)$ 的关系，代入 $f(t)=\delta(t)$，利用冲激函数 $\delta(t)$ 的性质求解即得冲激响应 $h(t)$。

解题过程　令 $f(t)=\delta(t)$，则 $f(x-2)=\delta(x-2)$，由输入输出的关系可得

$$h(t)=\int_{t-1}^{\infty}\mathrm{e}^{-2(t-x)}\delta(x-2)\mathrm{d}x=\int_{-\infty}^{\infty}\mathrm{e}^{-2(t-x)}\varepsilon[x-(t-1)]\delta(x-2)\mathrm{d}x$$

$$=\mathrm{e}^{-2(t-x)}\varepsilon[x-(t-1)]\bigg|_{x=2}=\mathrm{e}^{-2(t-2)}\varepsilon(-t+3)$$

则系统的冲激响应为

$$h(t)=\mathrm{e}^{-2(t-2)}\quad\varepsilon(-t+3)$$

2.23 逻辑推理　本题引入微分算子进行计算较为简单。

解题过程　$f(t)=\delta(t)$

则 $f(t)*s(t)+2f(t)=s(t)+2\delta(t)=\mathrm{e}^{-2t}\varepsilon(t)+2\delta(t)$

所以有　$y'(t)+3y(t)=\mathrm{e}^{-2t}\varepsilon(t)+3\delta(t)$

引入微分算子 ρ，有 $(\rho+3)y(t)=\dfrac{1}{\rho+2}\delta(t)+3\delta(t)$

则 $y(t)=\dfrac{1}{(\rho+3)(\rho+2)}\delta(t)+\dfrac{3}{\rho+3}\delta(t)=\dfrac{1}{\rho+2}\delta(t)+\dfrac{2}{\rho+3}\delta(t)$

故 $h(t)=y(t)=(\mathrm{e}^{-2t}+2\mathrm{e}^{-3t})\varepsilon(t)$

2.24 逻辑推理　本题由零状态响应求输入信号，可利用公式 $y_{zs}(t)=f(t)*h(t)$。

解题过程　$y_{zs}(t)=f(t)*h(t)=f(t)*[\delta'(t)+2\delta(t)]=f'(t)+2f(t)$

又有 $y_{zs}(t)=\mathrm{e}^{-t}\varepsilon(t)$

故 $f'(t)+2f(t)=\mathrm{e}^{-t}\varepsilon(t)$

引入微分算子 ρ，有 $(\rho+2)f(t)=\dfrac{1}{\rho+1}\delta(t)$

故 $f(t)=\dfrac{1}{(\rho+2)(\rho+1)}\delta(t)=\left[\dfrac{1}{\rho+1}-\dfrac{1}{\rho+2}\right]\delta(t)$

2.25 知识点窍　$y_f(t)=f(t)*h(t)$，　$h(t)=T[\{0\},\delta(t)]$，　$h(t-t_d)=T[\{0\},\delta(t-t_d)]$

积分器、加法器和延时器的性质。

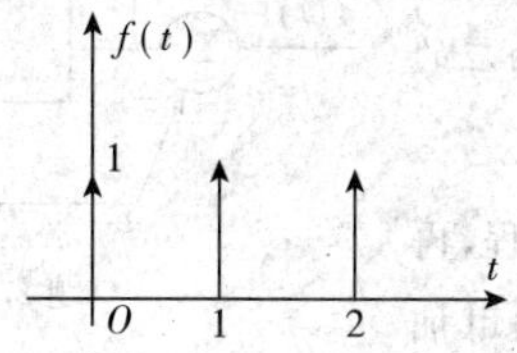

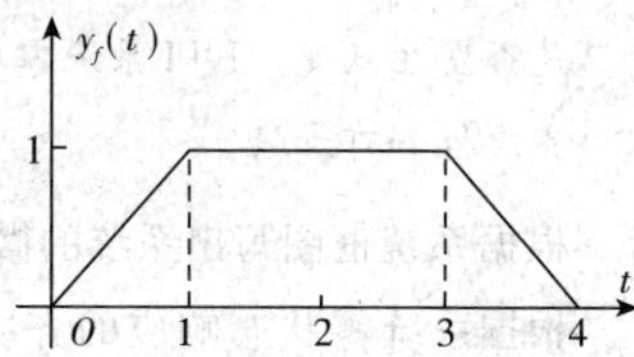

题 2.25 图

逻辑推理　根据 $f(t)$ 的波形图得出 $f(t)$ 的表达式，根据 $y_f(t)$ 的波形图得出 $y_f(t)$ 的表达式，利用连续系统的迟延性质和公式 $y_f(t)=f(t)*h(t)$ 求解 $h(t)$，最后根据 $h(t)$ 表达式利用基本单元组成系统。

解题过程 (1)由 $f(t)$ 与 $y_f(t)$ 的波形图可得其表达式分别为

$$f(t)=\delta(t)+\delta(t-1)+\delta(t-2)$$

$$y_f(t)=t\varepsilon(t)-(t-1)\varepsilon(t-1)-(t-3)\varepsilon(t-3)+(t-4)\varepsilon(t-4)$$

令 $h_1(t)=t\varepsilon(t)-2(t-1)\varepsilon(t-1)+(t-2)\varepsilon(t-2)$，则可得

$$y_f(t)=h_1(t)+h_1(t-1)+h_1(t-2)$$

由 LTI 系统的性质可知

$$y_f(t)=f(t)*h(t)=[\delta(t)+\delta(t-1)+\delta(t-2)]*h(t)=h(t)+h(t-1)+h(t-2)$$

则有 $h(t)+h(t-1)+h(t-2)=h_1(t)+h_1(t-1)+h_1(t-2)$

即 $[h(t)-h_1(t)]+[h(t-1)-h_1(t-1)]+[h(t-2)-h_1(t-2)]=0$

由连续系统的迟延性质可知，必有

$$h(t)-h_1(t)=h(t-1)-h_1(t-1)=h(t-2)-h_1(t-2)=0$$

则系统的冲激响应为

$$h(t)=h_1(t)=t\varepsilon(t)-2(t-1)\varepsilon(t-1)+(t-2)\varepsilon(t-2)$$

(2)由(1)结果可知

$$h(t)=[\delta(t)-2\delta(t-1)+\delta(t-2)]*t\varepsilon(t)$$

$$=[\delta(t)-2\delta(t-1)+\delta(t-2)]*\varepsilon(t)*\varepsilon(t)$$

由此可知系统中含有两个延时器($T=1$s)、一个加法器和两个积分器，如图解 2.25 所示。

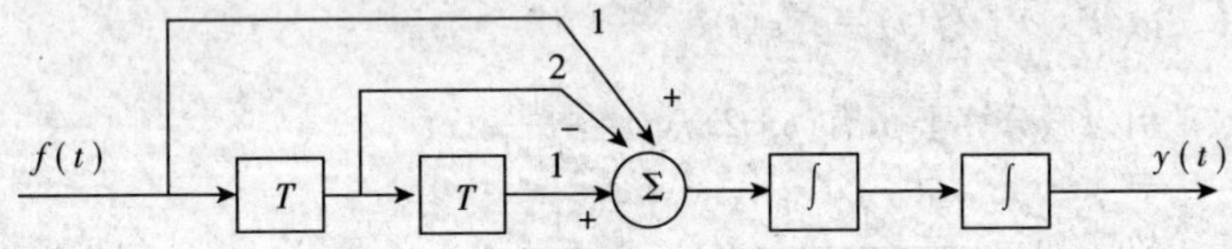

图解 2.25

2.26 知识点窍 根据微分方程等号两端奇异函数系数相平衡的方法来判断 $y(t)$ 及其各阶导数是否发生跃变。LTI 系统零状态响应的齐次性和可加性。

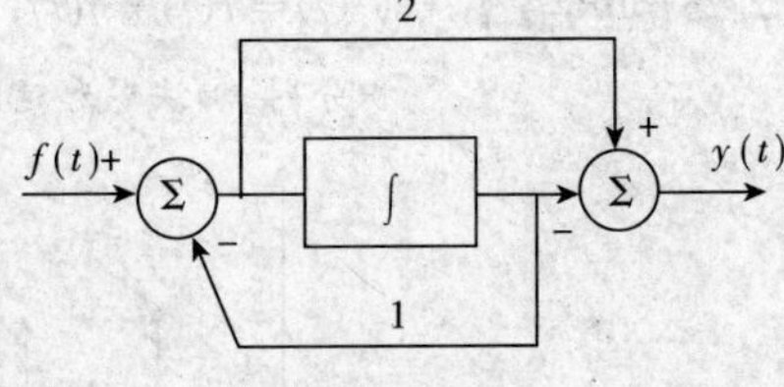

题 2.26 图

逻辑推理 根据系统框图写出系统的微分方程，再根据系统零状态响应的齐次性和可加性写出输入为 $f(t)=\delta(t)$ 时的零状态响应，亦即冲激响应。

解题过程 系统中含有一个积分器，则系统为一阶系统。设积分器输出为 $x(t)$，则其输入为 $x'(t)$，由左端加法器可得

$$x'(t)=f(t)-x(t)$$

即 $$f(t)=x'(t)+x(t)$$

由右端加法器可得

$$y(t)=2x'(t)-x(t)$$

由上式可得

$$y'(t)=2[x'(t)]'-[x(t)]'$$

以上两式相加得

$$y'(t)+y(t)=2[x'(t)+x(t)]'-[x'(t)+x(t)]$$

考虑式 $f(t)=x'(t)+x(t)$，则有

$$y'(t)+y(t)=2f'(t)-f(t)$$

选择新变量 $y_1(t)$，使它满足方程

$$y'_1(t)+y_1(t)=f(t)$$

设其冲激响应为 $h_1(t)$，则有 $h_1(0_+)=1$，此方程的解为

$$h_1(t)=e^{-t}\varepsilon(t)$$

则系统的冲激响应为

$$h(t)=2h'_1(t)-h_1(t)=2\delta(t)-3e^{-t}\varepsilon(t)$$

2.27 **知识点窍** $y_f(t)=f(t)*h(t)$，由微分方程两端奇异函数的系数是否平衡平来判断 $y(t)$ 及其各阶导数是否发生跃变。

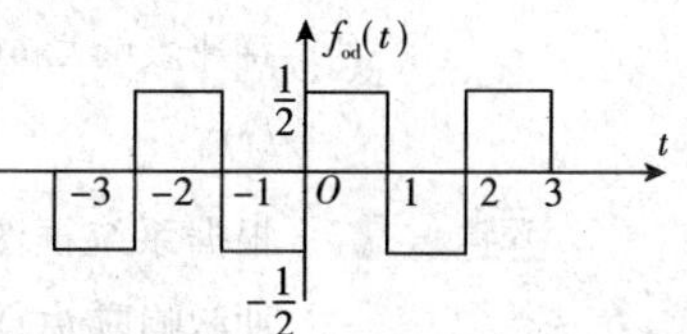

题 2.27 图

逻辑推理 首先根据系统框图列写系统的微分方程，利用奇异函数系数平衡来求解系统的冲激响应。再利用公式 $y_f(t)=f(t)*h(t)$求解系统的零状态响应。

解题过程 系统框图中含有两个积分器，故系统为二阶系统。设最左端积分器输出为 $x(t)$，则积分器的输入依次为 $x''(t)$、$x'(t)$。

由加法器可得

$$x''(t)=f(t)-x(t)$$

即 $$f(t)=x''(t)+x(t)$$

又 $$y(t)=x'(t)$$

得 $$y''(t)=[x''(t)]'$$

将以上两式相加得

$$y''(t)+y(t)=[x''(t)+x(t)]'$$

考虑到 $f(t)=x''(t)+x(t)$得

$$y''(t)+y(t)=f'(t)$$

选择新变量 $y_1(t)$，使它满足方程

$$y''_1(t)+y_1(t)=f(t)$$

设其冲激响应为 $h_1(t)$，则有 $h'_1(0_+)=1, h_1(0_+)=0$，此方程的解为

$$h_1(t)=\sin t\varepsilon(t)$$

则系统的冲激响应为

$$h(t)=h'_1(t)=\cos t\varepsilon(t)$$

则当输入 $f(t)=\varepsilon(t)-\varepsilon(t-4\pi)$ 时，系统的零状态响应为

$$\begin{aligned} y_f(t)&=f(t)*h(t)\\ &=[\varepsilon(t)-\varepsilon(t-4\pi)]*[\cos t\varepsilon(t)]\\ &=[\delta(t)-\delta(t-4\pi)]*\varepsilon(t)*[\cos\varepsilon(t)]\\ &=[\delta(t)-\delta(t-4\pi)]*[\sin t\varepsilon(t)]\\ &=\sin t\varepsilon(t)-\sin(t-4\pi)\varepsilon(t-4\pi)\\ &=\sin t[\varepsilon(t)-\varepsilon(t-4\pi)] \end{aligned}$$

即 $$y_f(t)=\sin t[\varepsilon(t)-\varepsilon(t-4\pi)]$$

2.28 **知识点窍** 根据系统微分方程等号两端奇异函数相平衡的方法解系统微分方程求得冲激响应 $h(t)$。$y_f(t)=f(t)*h(t)$。

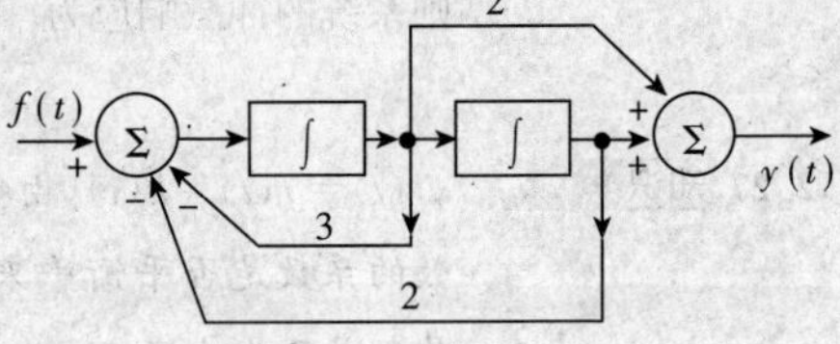

题 2.28 图

逻辑推理 根据系统框图列写微分方程，求解冲激响应 $h(t)$，再利用公式 $y_f(t)=f(t)*h(t)$ 求解输入 $f(t)=\varepsilon(t)$ 时系统的零状态响应。

解题过程 系统中含有两个积分器，则系统为二阶系统。设右端积分器输出为 $x(t)$，则积分器的输入分别为 $x''(t)$、$x'(t)$。

由左端加法器可得

$$x''(t)=f(t)-3x'(t)-2x(t)$$

即 $$f(t)=x''(t)+3x'(t)+2x(t)$$

由右端加法器可得

$$y(t)=2x'(t)+x(t)$$

由上式可得

$$y''(t)=2[x''(t)]'+x''(t)$$

$$3y'(t)=2[3x'(t)]'+3x'(t)$$

$$2y(t)=2[2x(t)]'+2x(t)$$

将以上三式相加得

$$y''(t)+3y'(t)+2y(t)=2[x''(t)+3x'(t)+2x(t)]'+[x''(t)+3x'(t)+2x(t)]$$

考虑到式 $f(t)=x''(t)+3x'(t)+2x(t)$，消去上式中的 $x(t)$ 得

$$y''(t)+3y'(t)+2y(t)=2f'(t)+f(t)$$

选择新变量 $y_1(t)$，使它满足方程

$$y''_1(t)+3y'_1(t)+2y_1(t)=f(t)$$

设其冲激响应为 $h_1(t)$，则 $h_1(0_+)=0, h'_1(0_+)=1$，此方程的解为

$$h_1(t)=(\mathrm{e}^{-t}-\mathrm{e}^{-2t})\varepsilon(t)$$

则系统的冲激响应为

$$h(t)=2h'_1(t)+h_1(t)=3\mathrm{e}^{-2t}-\mathrm{e}^{-t}\varepsilon(t)$$

系统在输入信号 $f(t)=\varepsilon(t)$ 下的零状态响应为

$$y_f(t)=g(t)=\int_{-\infty}^{t}h(x)\mathrm{d}x=\int_0^t(3\mathrm{e}^{-2x}-\mathrm{e}^{-x})\mathrm{d}x=(\frac{1}{2}-\frac{3}{2}\mathrm{e}^{-2t}+\mathrm{e}^{-t})\varepsilon(t)$$

2.29 **知识点窍** 冲激响应等于输入 $f(t)=\delta(t)$ 时系统的零状态响应，$h(t)=T[\{0\},\delta(t)]$。两系统级联组成的复合系统的冲激响应等于两系统冲激响应的卷积。

系统的齐次性和可加性。

逻辑推理 根据系统的齐次性、可加性写出加法器的输出，进而利用系统级联的性质得出系统复合后的冲激响应。

解题过程 设 $f(t)=\delta(t)$，利用系统的齐次性和可加性以及系统级联的性质可得出加法器的输出为

$$y_1(t)=\delta(t)+\delta(t)*h_a(t)+\delta(t)*h_a(t)*h_a(t)=\delta(t)+h_a(t)+h_a(t)*h_a(t)$$

则复合系统的冲激响应为

$$\begin{aligned}y(t)&=y_1(t)*h_b(t)\\&=[\delta(t)+\delta(t-1)+\delta(t-2)]*[\varepsilon(t)-\varepsilon(t-3)]\\&=\varepsilon(t)+\varepsilon(t-1)+\varepsilon(t-2)-\varepsilon(t-3)-\varepsilon(t-4)-\varepsilon(t-5)\end{aligned}$$

即

$$h(t)=\varepsilon(t)+\varepsilon(t-1)+\varepsilon(t-2)-\varepsilon(t-3)-\varepsilon(t-4)-\varepsilon(t-5)$$

2.30 **知识点窍** $h(t)=T[\{0\},\delta(t)]$，系统级联后组成复合系统的冲激响应 $h(t)=h_1(t)*h_2(t)$。系统的齐次性和可加性：$T[\alpha_1 f_1(t)+\alpha_2 f_2(t)]=\alpha_1 T[f_1(t)]+\alpha_2 T[f_2(t)]$。

逻辑推理 利用系统的齐次性和可加性可求解复合系统的冲激响应。

解题过程 令 $f(t)=\delta(t)$，则加法器的两个输入分别为

$$h_1(t)=y_1(t)=f(t)*h_1(t)=\delta(t)*\varepsilon(t)=\varepsilon(t)$$

$$\begin{aligned}h_2(t)=y_2(t)&=f(t)*h_2(t)*h_1(t)*h_3(t)\\&=\delta(t)*\delta(t-1)*\varepsilon(t)*[-\delta(t)]\\&=-\varepsilon(t-1)\end{aligned}$$

利用系统的齐次性和可加性，可得复合系统的冲激响应

$h(t)=h_1(t)+h_2(t)=\varepsilon(t)-\varepsilon(t-1)$

2.31 逻辑推理　求自相关函数利用公式 $R(\tau)=\int_{-\infty}^{+\infty}f(t)f(t-\tau)\mathrm{d}t$ 对 τ 进行分段讨论。

解题过程　$R(\tau)=\int_{-\infty}^{+\infty}f(t)f(t-\tau)\mathrm{d}t=\int_{-\infty}^{+\infty}\mathrm{e}^{-at}\varepsilon(t)\mathrm{e}^{-a(t-\tau)}\varepsilon(t-\tau)\mathrm{d}t$

当 $\tau<0$ 时

$$R(\tau)=\int_0^{+\infty}\mathrm{e}^{-2at}\mathrm{e}^{a\tau}\mathrm{d}t=-\frac{1}{2\alpha}(-1)\mathrm{e}^{a\tau}=\frac{1}{2\alpha}\mathrm{e}^{a\tau}$$

当 $\tau\geqslant0$ 时

$$R(\tau)=\int_\tau^{+\infty}\mathrm{e}^{-2at}\mathrm{e}^{a\tau}\mathrm{d}t=-\frac{1}{2\alpha}(-\mathrm{e}^{-2a\tau})\mathrm{e}^{a\tau}=\frac{1}{2\alpha}\mathrm{e}^{-a\tau}$$

因此，$R(\tau)=\dfrac{1}{2\alpha}\mathrm{e}^{-\alpha|\tau|}$

2.32 逻辑推理　求自相关函数，利用公式 $R(\tau)=\int_{-\infty}^{+\infty}f(t)f(t-\tau)\mathrm{d}t$ 对 τ 进行分段讨论。

解题过程　$R(\tau)=\int_{-\infty}^{+\infty}f(t)f(t-\tau)\mathrm{d}t=\int_{-\infty}^{+\infty}t[\varepsilon(t)-\varepsilon(t-1)](t-\tau)[\varepsilon(t-\tau)-\varepsilon(t-\tau-1)]\mathrm{d}t$

当 $\tau>1$ 或 $\tau<-1$ 时，有 $R(\tau)=0$

当 $-1<\tau<0$ 时，有

$$R(\tau)=\int_0^{1+\tau}t(t-\tau)\mathrm{d}t=\frac{1}{3}(1+\tau)^3-\frac{\tau}{2}(1+\tau)^2=\frac{1}{3}(1+\tau)^2(1-\frac{\tau}{2})$$

当 $0<\tau<1$ 时

$$R(\tau)=\int_\tau^1 t(t-\tau)\mathrm{d}t=-\frac{1}{3}-\frac{\tau^3}{3}-\frac{\tau}{2}(1-\tau^2)=\frac{1}{3}-\frac{1}{2}\tau+\frac{\tau^3}{6}$$

整理得

$$R(\tau)=\begin{cases}0, & \tau<-1\\ \frac{1}{3}(1+\tau)^2(1-\frac{\tau}{2}), & -1<\tau<0\\ \frac{1}{3}-\frac{1}{2}\tau+\frac{\tau^3}{6}, & 0<\tau<1\\ 0, & \tau>1\end{cases}$$

2.33 逻辑推理　本题利用互相关函数公式 $R_{12}(\tau)=\int_{-\infty}^{+\infty}f_1(t)\cdot f_2(t-\tau)\mathrm{d}t$ 即可求解。

解题过程　$R_{12}(\tau)=\int_{-\infty}^{+\infty}f_1(t)f_2(t-\tau)\mathrm{d}t$

当 $\tau<-2$ 时，有 $R_{12}(\tau)=0$

当 $-2<\tau<-1$ 时，有 $R_{12}(\tau)=\int_0^{2+\tau}2\mathrm{d}t=2(2+\tau)$

当 $-1<\tau<0$ 时，有 $R_{12}(\tau)=\int_0^1 2\mathrm{d}t=2$

当 $0<\tau<1$ 时，有 $R_{12}(\tau)=\int_\tau^1 2\mathrm{d}t=2(1-\tau)$

当 $\tau>1$ 时，有 $R_{12}(\tau)=0$

整理得

$$R_{12}(\tau)=\begin{cases}0, & \tau<-2\\ 2(2+\tau), & -2<\tau<-1\\ 2, & -1<\tau<0\\ 2(1-\tau), & 0<\tau<1\\ 0, & \tau>1\end{cases}$$

$R_{21}(\tau)=\int_{-\infty}^{+\infty}f_1(t-\tau)f_2(\tau)\mathrm{d}t$

当 $\tau<-1$ 时，有 $R_{21}(\tau)=0$

当 $-1<\tau<0$ 时，有 $R_{21}(\tau)=\int_0^{1+\tau}2\mathrm{d}t=2(1+\tau)$

当 $0<\tau<1$ 时，有 $R_{21}(\tau)=\int_\tau^{1+\tau}2\mathrm{d}t=2$

当 $1<\tau<2$ 时，有 $R_{21}(\tau)=\int_\tau^{2}2\mathrm{d}t=2(2-\tau)$

当 $\tau>2$ 时，有 $R_{21}(\tau)=0$

整理得 $R_{21}(\tau)=\begin{cases}0, & \tau<-1\\ 2(1+\tau), & -1<\tau<0\\ 2, & 0<\tau<1\\ 2(2-\tau), & 1<\tau<2\\ 0, & \tau>2\end{cases}$

2.34 **逻辑推理** 本题利用互相关函数公式 $R_{12}(\tau)=\int_{-\infty}^{+\infty}f_1(t)\cdot f_2(t-\tau)\mathrm{d}\tau$ 即可求解

解题过程 $R_{12}(\tau)=\int_{-\infty}^{+\infty}f_1(t)f_2(t-\tau)\mathrm{d}\tau=\int_{-\infty}^{+\infty}\mathrm{e}^{-\alpha_1 t}\varepsilon(t)\mathrm{e}-\alpha_2(t-\tau)\varepsilon(t-\tau)\mathrm{d}t$

当 $\tau<0$ 时，$R_{12}(\tau)=\int_0^{+\infty}\mathrm{e}^{(-\alpha_1+\alpha_2)t}\mathrm{e}\,\alpha_2\tau\mathrm{d}t=-\dfrac{1}{\alpha_1+\alpha_2}(-1)\mathrm{e}^{\alpha_2\tau}=\dfrac{\mathrm{e}^{\alpha_2\tau}}{\alpha_1+\alpha_2}$

当 $\tau>0$ 时，$R_{12}(\tau)=\int_0^{+\infty}\mathrm{e}^{(-\alpha_1+\alpha_2)t}\mathrm{e}\,\alpha_2\tau\mathrm{d}t=-\dfrac{1}{\alpha_1+\alpha_2}[-\mathrm{e}^{-(\alpha_1+\alpha_2)\tau}]\mathrm{e}^{\alpha_2\tau}=\dfrac{\mathrm{e}^{\alpha_2\tau}}{\alpha_1+\alpha_2}$

整理得 $R_{12}(\tau)=\begin{cases}\dfrac{\mathrm{e}^{\alpha_2\tau}}{\alpha_1+\alpha_2},\tau<0\\ \dfrac{\mathrm{e}^{-\alpha_1\tau}}{\alpha_1+\alpha_2},\tau>0\end{cases}$

$R_{21}(\tau)=\int_{-\infty}^{+\infty}f_1(t-\tau)f_2(t)\mathrm{d}\tau=\int_{-\infty}^{+\infty}\mathrm{e}^{-\alpha_1(t-\tau)}\varepsilon(t-\tau)\mathrm{e}-\alpha_2(t)\varepsilon(t)\mathrm{d}t$

当 $\tau<0$ 时，$R_{21}(\tau)=\int_0^{+\infty}\mathrm{e}^{(-\alpha_1+\alpha_2)t}\mathrm{e}\,\alpha_1\tau\mathrm{d}t=-\dfrac{1}{\alpha_1+\alpha_2}(-1)\mathrm{e}^{\alpha_1\tau}=\dfrac{\mathrm{e}^{\alpha_1\tau}}{\alpha_1+\alpha_2}$

当 $\tau>0$ 时，$R_{21}(\tau)=\int_\tau^{+\infty}\mathrm{e}^{(-\alpha_1+\alpha_2)t}\mathrm{e}\,\alpha_1\tau\mathrm{d}t=-\dfrac{1}{\alpha_1+\alpha_2}[-\mathrm{e}^{-(\alpha_1+\alpha_2)\tau}]\mathrm{e}^{\alpha_2\tau}=\dfrac{\mathrm{e}^{-\alpha_2\tau}}{\alpha_1+\alpha_2}$

整理得 $R_{21}(\tau)=\begin{cases}\dfrac{\mathrm{e}^{\alpha_1\tau}}{\alpha_1+\alpha_2},\tau<0\\ \dfrac{\mathrm{e}^{-\alpha_2\tau}}{\alpha_1+\alpha_2},\tau>0\end{cases}$

第 3 章 离散系统的时域分析

考试要求

理解并掌握离散信号的运算和离散时间系统的基本特性,能够确定求解差分方程所需要的边界条件,能够由差分方程求解离散时间系统的零输入响应和零状态响应,并能深刻理解和运用离散信号的卷积运算。

知识点归纳

1. *LTI* 离散系统的响应

(1)差分与差分方程。

前向差分与后向差分的关系为 $\nabla f(k)=\Delta f(k-1)$

差分运算具有线性性质

$$\nabla[a_1 f_1(k)+a_2 f_2(k)]=a_1 \nabla f_1(k)+a_2 \nabla f_2(k)$$

差分方程的一般表示式为

$$G[k,y(k),y(k-1),\cdots,y(k-n)]=0$$

(2)差分方程的经典解。

n 阶常系数线性差分方程一般形式为

$$\sum_{i=0}^{n}a_{n-i}y(k-i)=\sum_{j=0}^{n}b_{m-j}f(k-j)$$

式中 $a_n=1,a_i(i=1,2,\cdots,n)$、$b_j(j=0,1,\cdots,m)$都是常数。

与微分方程的经典解相类似，上述差分方程的解由齐次解和特解两部分组成。齐次解用 $y_h(k)$ 表示，特解用 $y_p(k)$ 表示，即

$$y(k)=y_h(k)+y_p(k)$$

其中齐次解对应为齐次方程 $\sum_{i=0}^{n}a_{n-i}y(k-i)=0$ 的解，一般形式为 $y_h(k)=\sum_{i=0}^{n}C_i\lambda_i^k$ 或 $y_h(k)=\sum_{i=0}^{n}C_ik^{r-i}\lambda_1^k+\sum_{j=r+1}^{n}C_j\lambda_j^k$（$\lambda_1$ 为 r 重根时）；特解对应于激励 $f(k)$ 的解。

(3)零输入响应和零状态响应。

LTI 离散时间系统的全响应 $y(k)$ 也可分为零输入响应和零状态响应。零输入响应为仅由初始状态所引起的响应，用 $y_x(k)$ 表示，零状态响应是系统仅由输入信号 $f(k)$ 所引起的响应，用 $y_f(k)$ 表示，则 LTI 系统的全响应为

$$y(k)=y_x(k)+y_f(k)$$

2. 单位序列和单位序列响应

(1)单位序列和单位阶跃序列。

单位序列（函数）定义为 $$\delta(k)=\begin{cases}1, & k=0\\0, & k\neq 0\end{cases}$$

且有 $$\delta(k-i)=\begin{cases}1, & k=i\\0, & k\neq i\end{cases}$$

单位阶跃序列定义为 $$\varepsilon(k)=\begin{cases}0, & k<0\\1, & k\geqslant 0\end{cases}$$

且有 $$\varepsilon(k-i)=\begin{cases}0, & k<i\\1, & k\geqslant i\end{cases}$$

单位序列 $\delta(k)$ 与单位阶跃序列 $\varepsilon(k)$ 之间的关系为

$$\delta(k)=\nabla\varepsilon(k)=\varepsilon(k)-\varepsilon(k-1)$$

$$\varepsilon(k)=\sum_{i=-\infty}^{k}\delta(i)=\sum_{j=0}^{\infty}\delta(k-j)$$

(2)单位序列响应和阶跃响应。

当 LTI 离散系统的激励为单位序列 $\delta(k)$ 时，系统的零状态响应称为单位序列响应，用 $h(k)$ 表示，它的作用与连续系统中的冲激响应 $h(t)$ 类似。当 LTI 离散系统的激励为单位阶跃序列 $\varepsilon(k)$ 时，系统的零状态响应称为单位阶跃响应，用 $g(k)$ 表示。

若已知系统的单位序列响应 $h(k)$，根据 LTI 系统的线性性质和移位不变性，系统的阶跃响应为

$$g(k)=\sum_{i=-\infty}^{k}h(i)=\sum_{j=0}^{\infty}h(k-j)$$

若已知系统的阶跃响应 $g(k)$,那么系统的单位序列响应为

$$h(k)=\Delta g(k)=g(k)-g(k-1)$$

3. 卷积和

(1)卷积和。

若有两个序列 $f_1(k)$和 $f_2(k)$,则 $f_1(k)$与 $f_2(k)$的卷积和为

$$f(k)=f_1(k)*f_2(k)=\sum_{i=-\infty}^{\infty}f_1(i)f_2(k-i)$$

若 $f_1(k)$、$f_2(k)$为因果序列,即若 $f_1(k)=f_2(k)=0,k<0$,则

$$f_1(k)*f_2(k)=\sum_{i=0}^{\infty}f_1(i)f_2(k-i)$$

(2)卷积和的图示。

用作图法计算序列 $f_1(k)$与 $f_2(k)$的卷积和的步骤为:

1)将序列 $f_1(k)$、$f_2(k)$的自变量用 i 代换,然后将序列 $f_2(i)$以纵坐标为轴线反转,成为 $f_2(-i)$。

2)将序列 $f_2(-i)$沿正 i 轴平移 k 个单位,成为 $f_2(k-i)$。

3)求乘积 $f_1(i)f_2(k-i)$。

4)代入公式 $f(k)=\sum_{i=-\infty}^{\infty}f_1(i)f_2(k-i)$求各乘积之和。

(3)卷积和的性质。

交换律:$f_1(k)*f_2(k)=f_2(k)*f_1(k)$

分配律:$f_1(k)*[f_2(k)+f_3(k)]=f_1(k)*f_2(k)+f_1(k)*f_3(k)$

结合律:$f_1(k)*[f_2(k)*f_3(k)]=[f_1(k)*f_2(k)]*f_3(k)$

二子系统并联组成的复合系统,其单位序列响应等于二子系统的单位序列响应之和;二子系统相级联组成的复合系统,其单位序列响应等于二子系统单位序列响应的卷积和。

如果两序列之一是单位序列,则有

$$f(k)*\delta(k)=\delta(k)*f(k)=f(k)$$

$$f(k)*\delta(k-k_1)=\delta(k-k_1)*f(k)=f(k-k_1)$$

$$f(k-k_1)*f(k-k_2)=f(k-k_2)*\delta(k-k_1)=f(k-k_1-k_2)$$

若

$$f(k)=f_1(k)*f_2(k)$$

则有

$$f_1(k-k_1)*f_2(k-k_2)=f_1(k-k_2)*f_2(k-k_1)=f(k-k_1-k_2)$$

重要公式

1. 前向差分运算

一阶 $\Delta x(n)=x(n+1)-x(n)$

二阶 $\Delta^2 x(n)=\Delta[\Delta x(n)]=\Delta[x(n+1)-x(n)]=x(n+2)-2x(n+1)+x(n)$

2. 后向差分运算

一阶 $\nabla x(n)=x(n)-x(n-1)$

二阶 $\nabla x^2 x(n)=\nabla[\nabla x(n)]=\nabla[x(n)-x(n-1)]=x(n)-2x(n-1)+x(n-2)$

3. 典型序列差分

$$\delta(n)=\varepsilon(n)-\varepsilon(n-1)=\nabla\varepsilon(n)$$

$h(n)=g(n)-g(n-1)=\nabla g(n)$（$h(n)$为单位序列响应，$g(n)$为阶跃响应）

4. 典型序列的求和

$$\sum_{m=-\infty}^{n}\delta(m)=\varepsilon(n)$$

$$\sum_{m=-\infty}^{n}\varepsilon(m)=(n+1)\varepsilon(n)$$

$$\sum_{m=-\infty}^{n}m\varepsilon(m)=\frac{1}{2}n(n+1)\varepsilon(n)$$

$$\sum_{m=-\infty}^{n}m^2\varepsilon(m)=\frac{1}{6}n(n+1)(2n+1)\varepsilon(n)$$

$$\sum_{m=-\infty}^{n}a^m\varepsilon(m)=\frac{1-a^{n+1}}{1-a}\ (|a|<1)$$

课后习题全解

3.1 知识点窍 $\triangle f(k)=f(k+1)-f(k)$，$\nabla f(k)=f(k)-f(k-1)$，若$f(k)$为因果序列，则有$\sum_{i=-\infty}^{k}f(i)=\sum_{i=0}^{k}f(i)$。

逻辑推理 利用已知$f(k)$的闭式表达式，直接代入公式求解$\triangle f(k)$、$\nabla f(k)$、$\sum_{i=-\infty}^{k}f(i)$。

解题过程 (1) $f(k)$的闭式表达式为 $f(k)=(\frac{1}{2})^k\varepsilon(k)$

$$\triangle f(k)=f(k+1)-f(k)=(\frac{1}{2})^{k+1}\varepsilon(k+1)-(\frac{1}{2})^k\varepsilon(k)$$

$$=(\frac{1}{2})^k[\frac{1}{2}\varepsilon(k+1)-\varepsilon(k)]=\begin{cases}0, & k<-1\\ 1, & k=-1\\ -(\frac{1}{2})^{k+1}, & k\geqslant 0\end{cases}$$

$$\nabla f(k)=f(k)-f(k-1)=(\frac{1}{2})^k\varepsilon(k)-(\frac{1}{2})^{k-1}\varepsilon(k-1)$$

$$=(\frac{1}{2})^k[\varepsilon(k)-2\varepsilon(k-1)]=\begin{cases}0, & k<0\\ 1, & k=0\\ -(\frac{1}{2})^k, & k\geqslant 1\end{cases}$$

$$\sum_{i=-\infty}^{k}f(i)=\sum_{i=-\infty}^{k}(\frac{1}{2})^k\varepsilon(k)=[\sum_{i=0}^{k}(\frac{1}{2})^k]\varepsilon(k)=[2-(\frac{1}{2})^k]\varepsilon(k)$$

(2) $f(k)$的闭式表达式为 $f(k)=k\varepsilon(k)$

$$\triangle f(k)=f(k+1)-f(k)=(k+1)\varepsilon(k+1)-k\varepsilon(k)$$

$$=k[\varepsilon(k+1)-\varepsilon(k)]+\varepsilon(k+1)=\varepsilon(k)$$

$$\nabla f(k)=\triangle f(k-1)=\varepsilon(k-1)$$

$$\sum_{i=-\infty}^{k}f(i)=\sum_{i=-\infty}^{k}k\varepsilon(k)=(\sum_{i=0}^{k}k)\varepsilon(k)=\frac{1}{2}k(k+1)\varepsilon(k)$$

3.2 **知识点窍** 一阶齐次差分方程的一般解形式为 $y(k)=C(-a_0)^k$。

逻辑推理 根据差分方程求出含有待定系数的一般解，再由初始条件求出待定系数。

解题过程 (1)此方程的齐次解为 $y(k)=C(\frac{1}{2})^k, k\geqslant 0$

将初始条件代入得 $y(0)=C(\frac{1}{2})^0=C=1$

则齐次方程的解为 $y(k)=(\frac{1}{2})^k\varepsilon(k)$

(2)此方程的齐次解为 $y(k)=C2^k, k\geqslant 0$

将初始条件代入得 $y(0)=C2^0=C=2$

则方程的解为 $y(k)=2\cdot 2^k\varepsilon(k)=2^{k+1}\varepsilon(k)$

(3)此方程的齐次解为 $y(k)=C(-3)^k, k\geqslant 0$

由已知及方程的初始状态可得

$$y(0)=y(k-1)|_{k=1}=-\frac{1}{3}y(k)|_{k=1}=-\frac{1}{3}y(1)=-\frac{1}{3}$$

则有 $$y(0)=C(-3)^0=C=-\frac{1}{3}$$

方程的齐次解为 $$y(k)=-\frac{1}{3}(-3)^k\cdot\varepsilon(k)=(-3)^{k-1}\varepsilon(k)$$

(4)此方程的齐次解为 $$y(k)=C(-\frac{1}{3})^k,k\geqslant 0$$

由已知方程表达式及初始状态可得

$$y(0)=-\frac{1}{3}y(k-1)\Big|_{k=0}=-\frac{1}{3}y(-1)=\frac{1}{3}$$

则有 $$y(0)=C(-\frac{1}{3})^0=C=\frac{1}{3}$$

方程的齐次解为 $$y(k)=\frac{1}{3}\cdot(-\frac{1}{3})^k\varepsilon(k)=-(-\frac{1}{3})^{k+1}\varepsilon(k)$$

3.3 知识点窍 高阶齐次差分方程的特征方程为 $\lambda^n+a_{n-1}\lambda^{n-1}+\cdots a_1\lambda+a_0=0$。

此方程的解为 $y(k)=C_i\lambda_i^k,i=0,1,\cdots,n$ （λ_i 为单根）或 $y(k)=\sum\limits_{i=1}^{r}C_ik^{r-i}\lambda_1^k+\sum\limits_{j=r+1}^{n}C_j\lambda_j^k$ （λ_1 为 r 重实根）。

逻辑推理 由 n 阶齐次差分方程可求得含有待定系数的齐次解解式，再利用初始条件求解。

解题过程 (1)已知差分方程的特征方程为

$$\lambda^3-7\lambda^2+16\lambda-12=0$$

可解得特征根为 $\lambda_1=\lambda_2=2,\lambda_3=3$，则齐次解为

$$y(k)=C_12^k+C_2k2^k+C_33^k,k\geqslant 0$$

代入已知初始条件，有 $y(0)=C_1+C_3=0$

$$y(1)=2C_1+2C_2+3C_3=-1$$

$$y(2)=4C_1+8C_2+9C_3=-3$$

由以上三式求得 $C_1=C_2=-1,C_3=1$

则齐次方程的解为 $y(k)=3^k-(k+1)2^k,k\geqslant 0$

(2)已知差分方程的特征方程为 $\lambda^4-2\lambda^3+2\lambda^2-2\lambda+1=0$

可解得特征根为 $\lambda_1=\lambda_2=1,\lambda_3=i,\lambda_4=-i$，则齐次解为

$$y(k)=C_1+C_2k+C_3\cos(\frac{k}{2}\pi)+C_4\sin(\frac{k}{2}\pi),k\geqslant 0$$

代入已知初始条件，有

$$y(0)=C_1+C_3=0$$

$$y(1)=C_1+C_2+C_4=1$$

$$y(2)=C_1+2C_2-C_3=2$$

$$y(3)=C_1+3C_2-C_4=5$$

由以上四式解得

$$C_1=-1, C_2=2, C_3=1, C_4=0$$

则齐次方程的解为

$$y(k)=2k-1+\cos(\frac{k}{2}\pi), k\geqslant 0$$

3.4 知识点窍 零输入响应是激励为零时仅由初始状态引起的响应。若已知初始状态为 $y(k)$，$k<0$，由此可直接确定方程解中的待定系数。

逻辑推理 在已知零输入的情况下，差分方程等号左端为零，化为齐次方程，求出齐次解，利用已知初始条件确定齐次解中的待定系数。

解题过程 (1)零输入响应满足方程

$$y_x(k)+3y_x(k-1)+2y_x(k-2)=0$$

特征根为 $\lambda_1=-1, \lambda_2=-2$，故齐次解为

$$y_x(k)=C_1(-1)^k+C_2(-2)^k, k\geqslant 0$$

将初始值代入，得

$$y_x(-1)=-C_1-\frac{1}{2}C_2=0$$

$$y_x(-2)=C_1+\frac{1}{4}C_2=1$$

由以上两式可解得 $C_1=2, C_2=-4$，于是得该系统的零输入响应

$$y_x(k)=[2(-1)^k-4(-2)^k]\varepsilon(k)$$

(2)零输入响应满足方程

$$y_x(k)+2y_x(k-1)+y_x(k-2)=0$$

特征根为 $\lambda_1=\lambda_2=-1$，故齐次解为

$$y_x(k)=C_1(-1)^k+C_2k(-1)^k, k\geqslant 0$$

将初始值代入，得

$$y_x(-1)=-C_1+C_2=1$$

$$y_x(-2)=C_1-2C_2=-3$$

由以上两式可解得 $C_1=1, C_2=2$，于是得该系统的零输入响应

$$\begin{aligned} y_x(k) &= [(-1)^k+2k(-1)^k]\varepsilon(k) \\ &= (2k+1)(-1)^k\varepsilon(k) \end{aligned}$$

(3)零输入响应满足方程

$$y_x(k)+y_x(k-2)=0$$

特征根为$\lambda_{1,2}=\pm i$,故齐次解为

$$y_x(k)=C_1\cos(\frac{k}{2}\pi)+C_2\sin(\frac{k}{2}\pi),k\geqslant 0$$

将初始值代入,得

$$y_x(-1)=-C_2=-2$$

$$y_x(-2)=-C_1=-1$$

得$C_1=1,C_2=2$,于是该系统的零输入响应为

$$y_x(k)=[\cos(\frac{k}{2}\pi)+\sin(\frac{k}{2}\pi)]\varepsilon(k)$$

3.5 知识点窍 零输入响应为齐次差分方程的解。

逻辑推理 由球运动的规律可得$y(k)=\frac{1}{2}y(k-1)$,此即系统的差分方程,结合初值求解差分方程即得零输入响应$y(k)$。

解题过程 球落地后反弹的高度总是其落下高度的$\frac{1}{2}$,由此可得

$$y(k)=\frac{1}{2}y(k-1)$$

即

$$y(k)-\frac{1}{2}y(k-1)=0$$

此即为运动系统的差分方程,其齐次解为

$$y(k)=C_1(\frac{1}{2})^k,k\geqslant 0$$

又由已知可得

$$y(0)=C_1(\frac{1}{2})^0=C_1=10$$

则系统的零输入响应为

$$y(k)=10\cdot(\frac{1}{2})^k\varepsilon(k)$$

3.6 知识点窍 系统的全响应为零输入响应和零状态响应之和,则有$y(k)=y_x(k)+y_f(k)$。又零状态响应$y_f(k)=0,k<0$,则有$y_x(k)=y(k),k<0$。

逻辑推理 由差分方程得到系统的齐次方程,求得含有待定系数的零输入响应,由初始值求得

待定系数，对于零状态响应，由 $y_f(k)=0,k<0$，以及激励 $f(k)$可确定零状态响应的初始值，进而解差分方程求得零状态响应，至此可得到系统的全响应。

解题过程 (1)零输入响应满足方程

$$y_x(k)-2y_x(k-1)=0$$

特征根为 $\lambda=2$，其齐次解为

$$y_x(k)=C\cdot 2^k,k\geqslant 0$$

将初始值代入得

$$y_x(-1)=y(-1)=C\cdot 2^{-1}=-1$$

解上式可得 $C=-2$，于是得该系统的零输入响应

$$y_x(k)=-2\cdot 2^k\varepsilon(k)=-2^{k+1}\varepsilon(k)$$

零状态响应满足方程

$$y_f(k)-2y_f(k-1)=f(k)$$

和初始条件 $y_f(-1)=0$。由上式可得

$$y_f(k)=f(k)+2y_f(k-1)$$

则有

$$y_f(0)=f(0)+2y_f(-1)=2$$

系统的零状态响应是非齐次差分方程的全解，分别求出方程的齐次解和特解，得

$$y_f(k)=C_f2^k+y_p(k)=C_f2^k+(-2)$$

将 $y_f(k)$的初始值代入，得

$$y_f(0)=C_f-2=2$$

解得 $C_f=4$，于是得零状态响应

$$y_f(k)=[4\cdot 2^k-2]\varepsilon(k)$$

系统的全响应为

$$y(k)=y_x(k)+y_f(k)=(2^{k+1}-2)\varepsilon(k)$$

(2)零输入响应

$$\begin{cases}y(k)+2y(k-1)=0\\y(-1)=1\end{cases}$$

$$y(0)=-2y(-1)=-2$$

特征方程 $\lambda+2=0,\lambda=-2,\therefore y_{zi}(k)=C(-2)^k$

由 $y(0)=-2$ 得 $C=-2$

$\therefore y_{zi}(k)=(-2)^{k+1},k\geqslant 0$

零状态响应

$$\begin{cases} y(k)+2y(k-1)=2^k\varepsilon(k) \\ y(-1)=1 \end{cases}$$

$$y_{zs}(k)=-2y_{zs}(k-1)+2^k\varepsilon(k)$$

$$y_{zs}(0)=-2y_{zs}(-1)+1=-1$$

特解为 $\qquad y_p(k)=p\cdot 2^k$

代入方程得

$$p\cdot 2^k+2\cdot p_2{}^{k-1}=2^k \quad \therefore p=\frac{1}{2}$$

$$y_p(k)=2^{k-1} \qquad k\geqslant 0$$

$\therefore y_{zs}(k)=C_2(-2)^k+2^{k-1}$

$$y_{zs}(0)=C_2+\frac{1}{2}=-1$$

$\therefore C_2=-\frac{3}{2}$

$$y_{zs}(k)=3(-2)^{k-1}+2^{k-1} \quad k\geqslant 0$$

全响应 $\quad y(k)=y_{zi}(k)+y_{zs}(k)=(-2)^{k+1}+3(-2)^{k-1}+2^{k-1}=7(-2)^{k-1}+2^{k-1}$

$k\geqslant 0$

(3)零输入响应满足方程

$$y_x(k)+2y_x(k-1)-0$$

特征根 $\lambda=-2$,其齐次解为

$$y_x(k)=C\cdot(-2)^k, k\geqslant 0$$

将初始值代入,得

$$y_x(-1)=C\cdot(-2)^{-1}=-1$$

解上式可得 $C=2$,于是系统的零输入响应为

$$y_x(k)=2(-2)^k \quad \varepsilon(k)$$

零状态响应满足方程

$$y_f(k)+2y_f(k-1)=f(k)$$

和初始条件 $y_f(-1)=0$。由上式可得

$$y_f(k)=f(k)-2y_f(k-1)$$

则有

$$y_f(0)=f(0)-2y_f(-1)=4$$

系统的零状态响应是非齐次差分方程的全解，分别求出方程的齐次解和特解，得

$$y_f(k)=C_f(-2)^k+y_p(k)=C_f(-2)^k+(k+2)$$

将 $y_f(k)$初始值代入，得

$$y_f(0)=C_f(-2)^0+2=4$$

解上式得 $C_f=2$，于是系统的零状态响应

$$y_f(k)=[2(-2)^k+k+2]\varepsilon(k)$$

系统的全响应为

$$y(k)=y_x(k)+y_f(k)=[4(-2)^k+k+2]\varepsilon(k)$$

(4)零输入响应

$$\begin{cases}y(k)+3y(k-1)+2y(k-2)=0\\ y(-1)=1\qquad y(-2)=0\end{cases}$$

$y(0)=-3y(-1)-2y(-2)=-3$

$y(1)=-3y(0)-2y(-1)=7$

特征方程　$\lambda^2+3\lambda+2=0$；特征根为 $\lambda_1=-1,\lambda_2=-1$

设 $y_{zi}(k)=C_1(-1)^k+D_1(-2)^k$

由 $y(0)$及 $y(1)$可得

$$\begin{cases}C_1+D_1=-3\\ -C_1-2D_1=7\end{cases}\Rightarrow\begin{cases}C_1=1\\ D_1=-4\end{cases}$$

$$y_{zi}(k)=(-1)^k-4(-2)^k\quad k\geqslant 0$$

零状态响应

$$\begin{cases}y(k)+3y(k-1)+2y(k-2)=\varepsilon(k)\\ y(-1)=1\qquad y(-2)=0\end{cases}$$

$$y(k)=-3y(k-1)-2y(k-2)+\varepsilon(k)$$

$$y(0)=-3+1=-2$$

$$y(1)=6-2+1=5$$

将特解 $y_p(k)=p$ 代入，$p+3p+2p=1$ 得 $p=\frac{1}{6}$

$y_p(k)=\frac{1}{6}\qquad k\geqslant 0$

设 $y_{zs}(k)=C_2(-1)^k+D_2(-2)^K+\frac{1}{6}$

由 $y(0)$及 $y(1)$得

$$\begin{cases} C_2+D_2+\dfrac{1}{6}=-2 \\ -C_2-2D_2+\dfrac{1}{6}=5 \end{cases} \Rightarrow \begin{cases} C_2=\dfrac{1}{2} \\ D_2=-\dfrac{8}{3} \end{cases}$$

$\therefore y_{zs}(k)=\frac{1}{2}(-1)^k-\frac{8}{3}(-2)^k\ \frac{1}{6}\quad k\geqslant 0$

全响应 $y(k)=y_{zi}(k)+y_{zs}(k)=\frac{3}{2}(-1)^k-\frac{20}{3}(-2)^k+\frac{1}{6}\quad k\geqslant 0$

(5)零输入响应满足方程

$$y_x(k)+2y_x(k-1)+y_x(k-2)=0$$

特征根 $\lambda_1=\lambda_2=-1$,其齐次解为

$$y_x(k)=C_1(-1)^k+C_2k(-1)^k, k\geqslant 0$$

将初始值代入,得

$$y_x(-1)=-C_1+C_2=3$$

$$y_x(-2)=C_1-2C_2=-5$$

解以上两式得 $C_1=-1, C_2=2$,于是系统的零输入响应为

$$y_x(k)=[(2k-1)(-1)^k]\varepsilon(k)$$

零状态响应满足方程

$$y_f(k)+2y_f(k-1)+y_f(k-2)=f(k)$$

和初始条件 $y_f(-1)=y_f(-2)=0$。由上式得

$$y_f(k)=f(k)-2y_f(k-1)-y_f(k-2)$$

则有

$$y_f(0)=f(0)-2y_f(-1)-y_f(-2)=3$$

$$y_f(1)=f(1)-2y_f(0)-y_f(-1)=-\frac{9}{2}$$

系统的零状态响应是非齐次方程的全解,分别求出非齐次方程的齐次解和特解,得

$$y_f(k)=C_1(-1)^k+C_2k(-1)^k+\frac{1}{3}\left(\frac{1}{2}\right)^k$$

将 $y_f(k)$的初始值代入,得

$$y_f(0)=C_1+\frac{1}{3}=3$$

$$y_f(1)=-C_1-C_2+\frac{1}{6}=-\frac{9}{2}$$

解以上两式得 $C_1=\frac{8}{3}, C_2=2$,于是系统的零状态响应

$$y_f(k)=[\frac{8}{3}(-1)^k+2k(-1)^k+\frac{1}{3}(\frac{1}{2})^k]\varepsilon(k)$$

系统的全响应为

$$y(k)=y_x(k)+y_f(k)=[(4k+\frac{5}{3})(-1)^k+\frac{1}{3}(\frac{1}{2})^k]\varepsilon(k)$$

3.7 知识点窍 稳定系统在阶跃序列或有始周期序列作用下，其强迫响应也称为稳态响应。

逻辑推理 根据系统的差分方程和激励求得系统的零状态响应，其中的强迫响应部分即为系统的稳态响应。

解题过程 (1)在激励 $f(k)=2\cos(\frac{k\pi}{3}),k\geqslant0$ 作用下，差分方程化为

$$y(k)+\frac{1}{2}y(k-1)=2\cos(\frac{k\pi}{3})\varepsilon(k)$$

令特解为

$$y_p(k)=C_1\cos(\frac{k\pi}{3})+C_2\sin(\frac{k\pi}{3})$$

则有

$$C_1\cos(\frac{k\pi}{3})+C_2\sin(\frac{k\pi}{3})+\frac{C_1}{2}\cos(\frac{k\pi}{3}-\frac{\pi}{3})+\frac{C_2}{2}\sin(\frac{k\pi}{3}-\frac{\pi}{3})=2\cos(\frac{k\pi}{3})$$

整理得

$$(\frac{5}{4}C_1-\frac{\sqrt{3}}{4}C_2)\cos(\frac{k\pi}{3})+(\frac{\sqrt{3}}{4}C_1+\frac{5}{4}C_2)\sin(\frac{k\pi}{3})=2\cos(\frac{k\pi}{3})$$

由方程两端系数相等可得

$$(\frac{5}{4})C_1-\frac{\sqrt{3}}{4}C_2=2$$

$$\frac{\sqrt{3}}{4}C_1+\frac{5}{4}C_2=0$$

解以上两式得 $C_1=\frac{10}{7},C_2=-\frac{2\sqrt{3}}{7}$

则系统的强迫响应，亦即稳态响应为

$$y_p(k)=[\frac{10}{7}\cos(\frac{k\pi}{3})-\frac{2\sqrt{3}}{7}\sin(\frac{k\pi}{3})]\varepsilon(k)$$

(2)在激励 $f(k)=2\cos(\frac{k\pi}{3}),k\geqslant0$ 作用下，差分方程化为

$$y(k)+\frac{1}{2}y(k-1)=2\cos(\frac{k\pi}{3})+2\cdot2\cos(\frac{k\pi}{3}-\frac{\pi}{3})$$

令特解为

$$y_p(k)=C_1\cos(\frac{k\pi}{3})+C_2\sin(\frac{k\pi}{3})$$

则有

$$C_1\cos(\frac{k\pi}{3})+C_2\sin\frac{k\pi}{3}+\frac{C_1}{2}\cos(\frac{k\pi}{3}-\frac{\pi}{3})+\frac{C_2}{2}\sin(\frac{k\pi}{3}-\frac{\pi}{3})=2\cos(\frac{k\pi}{3})+2\cdot 2\cos(\frac{k\pi}{3}-\frac{\pi}{3})$$

由方程两端系数相等可得

$$\frac{5}{4}C_1-\frac{\sqrt{3}}{4}C_2=4$$

$$\frac{\sqrt{3}}{4}C_1+\frac{5}{4}C_2=2\sqrt{3}$$

解以上两式得 $C_1=4,C_2=\frac{4\sqrt{3}}{3}$，则系统的强迫响应，亦即稳态响应为

$$y_P(k)=[4\cos(\frac{k\pi}{3})+\frac{4\sqrt{3}}{3}\sin(\frac{k\pi}{3})]\varepsilon(k)$$

3.8 **知识点窍** 离散系统零状态响应具有齐次性、可加性和时移性。$y_f(k)=0,k<0$。

逻辑推理 令只有 $\delta(k)$ 作用时系统的单位序列响应为 $h_1(k)$，它满足方程 $\sum_{i=0}^{n}a_ih_i(k)=\delta(k)$ 和初始状态 $h_i(-1)=h_i(-2)=\cdots=h(-n+1)=0$。由此求得 $h_i(k)$，利用离散系统的线性和移位不变性可求得系统的单位序列响应。

解题过程 (1)令只有 $\delta(k)$ 作用时，系统的单位序列响应为 $h_1(k)$，它满足方程

$$h_1(k)+2h_1(k-1)=\delta(k)$$

和初始条件 $h_1(-1)=0$。此方程的解为

$$h_1(k)=C_1(-2)^k,k\geqslant 0$$

由上面方程可得

$$h_1(k)=\delta(k)-2h_1(k-1)$$

可得

$$h_1(0)=\delta(0)-2h_1(-1)=1$$

则有

$$h_1(0)=C_1(-2)^0=1$$

得 $C_1=1$，则有

$$h_1(k)=(-2)^k\varepsilon(k)$$

系统的单位序列响应为

$$h(k)=h_1(k-1)=(-2)^{k-1}\varepsilon(k-1)$$

(2)当系统激励 $f(k)=\delta(k)$时，原差分方程可化为

$$h(k)-h(k-2)=\delta(k)$$

则有 $h(-1)=h(-2)=0$，方程的解为

$$h(k)=C_1+C_2(-1)^k,k\geqslant 0$$

又

$$h(k)=\delta(k)+h(k-2)$$

则

$$h(0)=\delta(0)+h(-2)=1$$

$$h(1)=\delta(1)+h(-1)=0$$

将初始值代入，得

$$h(0)=C_1+C_2=1$$

$$h(1)=C_1-C_2=0$$

解以上两式得 $C_1=C_2=\frac{1}{2}$，则系统的单位序列响应为

$$h(k)=\frac{1}{2}[1+(-1)^k]\varepsilon(k)$$

(3)当系统激励 $f(k)=\delta(k)$时，原差分方程可化为

$$h(k)+h(k-1)+\frac{1}{4}h(k-2)=\delta(k)$$

则有 $h(-1)=h(-2)=0$，方程的解为

$$h(k)=C_1(-\frac{1}{2})^k+C_2k(-\frac{1}{2})^k,k\geqslant 0$$

又

$$h(k)=\delta(k)-h(k-1)-\frac{1}{4}h(k-2)$$

则

$$h(0)=\delta(0)-h(-1)-\frac{1}{4}h(-2)=1$$

$$h(1)=\delta(1)-h(0)-\frac{1}{4}h(-1)=1$$

将初始值代入，得

$$h(0)=C_1=1$$

$$h(1)=-\frac{1}{2}C_1-\frac{1}{2}C_2=-1$$

解以上两式得 $C_1=1,C_2=1$，则系统的单位序列响应为

$$h(k)=(1+k)(-\frac{1}{2})^k\varepsilon(k)$$

(4)当系统激励 $f(k)=\delta(k)$时，原差分方程可化为

$$h(k)+4h(k-2)=\delta(k)$$

则有 $h(-1)=h(-2)=0$，方程的解为

$$h(k)=C_1 2^k\cos(\frac{k\pi}{2})+C_2 2^k\sin(\frac{k\pi}{2}),k\geqslant0$$

又 $$h(k)=\delta(k)-4(k-2)$$

则 $$h(0)=\delta(0)-4h(-2)=1$$

$$h(0)=\delta(1)-4h(-1)=0$$

将初始值代入，得

$$h(0)=C_1=1$$

$$h(1)=2C_2=0$$

即 $C_1=1,C_2=0$，则系统的单位序列响应为

$$h(k)=2^k\cos(\frac{k\pi}{2})\varepsilon(k)$$

(5)当系统激励 $f(k)=\delta(k)$时，原差分方程可化为

$$h(k)-4h(k-1)+8h(k-2)=\delta(k)$$

则有 $h(-1)=h(-2)=0$，方程的解为

$$h(k)=(2\sqrt{2})^k[C_1\cos(\frac{k\pi}{4})+C_2\sin(\frac{k\pi}{4})],k\geqslant0$$

又

$$h(k)=\delta(k)+4h(k-1)-8h(k-2)$$

则

$$h(0)=\delta(0)+4h(-1)-8h(-2)=1$$

$$h(1)=\delta(1)+4h(0)-8h(-1)=4$$

将初始值代入，得

$$h(0)=C_1=1$$

$$h(1)=2\sqrt{2}(C_1\cdot\frac{\sqrt{2}}{2}+C_2\cdot\frac{\sqrt{2}}{2})=4$$

解以上两式得 $C_1=1, C_2=1$，则系统的单位序列响应为

$$h(k)=(2\sqrt{2})^k\left[\cos\left(\frac{k\pi}{4}\right)+\sin\left(\frac{k\pi}{4}\right)\right]\varepsilon(k)$$

3.9 **知识点窍** 延时器的输入为 $x(k)$，则输出为 $x(k-1)$。

逻辑推理 系统输出即为左端加法器的输出，因此易得系统的差分方程，令 $f(k)=\delta(k)$，则系统的响应为单位序列响应 $h(k)$，同时初始条件为 $h(-1)=h(-2)=\cdots=h(-n+1)=0$。

解题过程 (1)由左端加法器的输出为 $y(k)$ 可知，相应的迟延单元输出为 $y(k-1)$。由加法器的输出可知系统的方程为

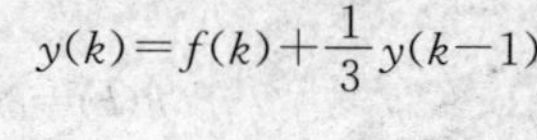

$$y(k)=f(k)+\frac{1}{3}y(k-1)$$

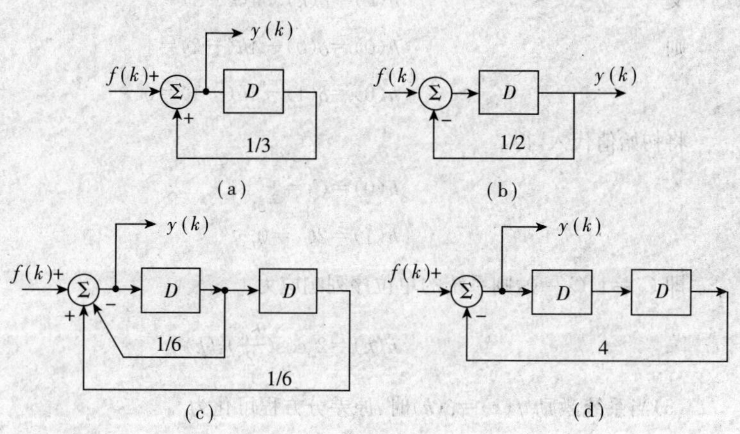

题 3.9 图

令 $f(k)=\delta(k)$，则系统的单位序列响应满足

$$h(k)=\delta(k)+\frac{1}{3}h(k-1)$$

以及初始条件 $h(-1)=0$，则有

$$h(0)=\delta(0)+\frac{1}{3}h(-1)=1$$

方程的解为 $$h(k)=C_1\left(\frac{1}{3}\right)^k, k\geqslant 0$$

将初始值代入，得

$$h(0)=C_1=1$$

则系统的单位序列响应为

$$h(k)=\left(\frac{1}{3}\right)^k\varepsilon(k)$$

(2)设加法器的输出为 $x(k)$，则相应的迟延单元输出为 $x(k-1)$。由加法器的输出可得

$$x(k)=f(k)+\frac{1}{2}x(k-1)$$

即

$$f(k)=x(k)+\frac{1}{2}x(k-1)$$

由系统的输出即为迟延单元的输出可知

$$y(k)=x(k-1)$$

则系统的方程为

$$y(k)-\frac{1}{2}y(k-1)=f(k-1)$$

令系统只有 $\delta(k)$ 作用时系统的单位序列响应为 $h_1(k)$，它满足方程

$$h_1(k)-\frac{1}{2}h_1(k-1)=\delta(t)$$

以及初始条件 $h_1(-1)=0$，则有

$$h_1(0)=\delta(0)+\frac{1}{2}h(-1)=1$$

方程的解为

$$h_1(k)=C_1(-\frac{1}{2})^k,k\geqslant 0$$

将初始值代入，得

$$h_1(0)=C_1=1$$

则可得

$$h_1(k)=(-\frac{1}{2})^k\varepsilon(k)$$

系统的单位序列响应为

$$h(k)=h_1(k-1)=(-\frac{1}{2})^{k-1}\varepsilon(k-1)$$

(3)由左端加法器的输出为 $y(k)$ 可知，相应的迟延单元输出为 $y(k-1)$，$y(k-2)$。由加法器的输出可知系统的方程为

$$y(k)=f(k)-\frac{1}{6}y(k-2)+\frac{1}{6}y(k-2)$$

令 $f(k)=\delta(k)$，则系统的单位序列响应满足

$$h(k)=\delta(k)-\frac{1}{6}h(k-1)+\frac{1}{6}h(k-2)$$

以及初始条件 $h(-1)=h(-2)=0$，则有

$$h(0)=\delta(0)-\frac{1}{6}h(-1)+\frac{1}{6}h(-2)=1$$

$$h(1)=\delta(1)-\frac{1}{6}h(0)+\frac{1}{6}h(-1)=-\frac{1}{6}$$

方程的解为

$$h(k)=C_1(-\frac{1}{2})^k+C_2(\frac{1}{3})^k,k\geqslant 0$$

将初始值代入，得

$$h(0)=C_1+C_2=1$$

$$h(1)=-\frac{1}{2}C_1+\frac{1}{3}C_2=-\frac{1}{6}$$

由以上两式可解得 $C_1=\frac{3}{5}$，$C_2=\frac{2}{5}$，则系统的单位序列响应为

$$h(k)=[\frac{3}{5}(-\frac{1}{2})^k+\frac{2}{5}(\frac{1}{3})^k]\varepsilon(k)$$

(4)由左端加法器的输出为 $y(k)$ 可知，相应的迟延单元输出为 $y(k-1)$，$y(k-2)$。由加法器的输出可知系统的方程为

$$y(k)=f(k)-4y(k-2)$$

令 $f(k)=\delta(k)$，则系统的单位序列响应满足

$$h(k)=\delta(k)-4h(k-2)$$

以及初始条件　$h(-1)=h(-2)=0$，则有

$$h(0)=\delta(0)-4h(-2)=1$$

$$h(1)=\delta(1)-4h(-1)=0$$

方程的解为

$$h(k)=2^k[C_1\cos(\frac{k\pi}{2})+C_2\sin(\frac{k\pi}{2})],k\geqslant 0$$

将初始值代入，得

$$h(0)=C_1=1$$

$$h(1)=2C_2=0$$

可得 $C_1=1$，$C_2=0$，则系统的单位序列响应为

$$h(k)=2^k\cos(\frac{k\pi}{2})\varepsilon(k)$$

3.10 知识点窍　LTI 离散系统的零状态响应具有线性和时移不变性，$y_f(k)=0, k<0$。

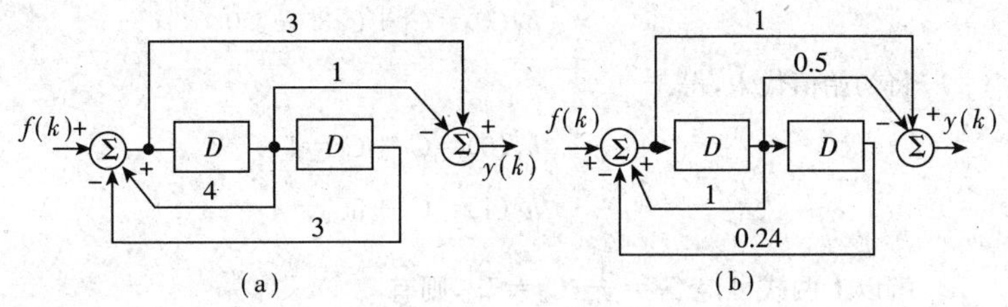

题 3.10 图

逻辑推理　根据系统框图可以得出系统的差分方程，令方程右端只有 $\delta(k)$ 作用，可求得此时系统的响应为 $h_1(k)$，根据 LTI 离散系统的线性和时移不变性可求得系统的单位序列响应。

解题过程　(1)设左端加法器的输出为 $x(k)$，则相应迟延单元的输出为 $x(k-1)$，$x(k-2)$。由左端加法器的输出可得

$$x(k)=f(k)+4x(k-1)-3x(k-2)$$

即

$$f(k)=x(k)-4x(k-1)+3x(k-2)$$

由右端加法器的输出可得

$$y(k)=3x(k)-x(k-1)$$

由上式可得

$$-4y(k-1)=3[-4x(k-1)]-[-4x(k-2)]$$

$$3y(k-2)=3[3x(k-2)]-[3x(k-3)]$$

将以上三式相加可得

$$y(k)-4y(k-1)+3y(k-2)=3[x(k)-4x(k-1)+3x(k-2)]-[x(k-1)-4x(k-2)+3x(k-3)]$$

考虑到 $f(k)=x(k)-4x(k-1)+3x(k-2)$，可得系统的方程

$$y(k)-4y(k-1)+3y(k-2)=3f(k)-f(k-1)$$

令右端只有 $\delta(k)$ 作用，此时系统的单位序列响应为 $h_1(k)$，它满足方程

$$h_1(k)-4h_1(k-1)+3h_1(k-2)=\delta(k)$$

以及初始条件 $h_1(-1)=h(-2)=0$，则有

$$h_1(0)=\delta(0)+4h_1(-1)-3h_1(-2)=1$$

$$h_1(0)=\delta(1)+4h_1(0)-3h_1(-1)=4$$

方程的解为

$$h_1(k)=C_1+C_2 3^k, k\geqslant 0$$

将初始值代入，得

$$h_1(0)=C_1+C_2=1$$

$$h_1(1)=C_1+3C_2=4$$

解以上两式可得 $C_1=\frac{1}{2}, C_2=\frac{3}{2}$，则有

$$h_1(k)=(-\frac{1}{2}+\frac{3}{2}\cdot 3^k)\varepsilon(k)$$

则系统的单位序列响应为

$$h(k)=3h_1(k)-h_1(k-1)=[-1+4(3)^k]\varepsilon(k)$$

(2)设左端加法器的输出为 $x(k)$，则相应迟延单元的输出为 $x(k-1)$，$x(k-2)$。由左端加法器的输出可得

$$x(k)=f(k)+x(k-1)-0.24x(k-2)$$

即

$$f(k)=x(k)-x(k-1)+0.24x(k-2)$$

由右端加法器的输出可得

$$y(k)=x(k)-0.5x(k-1)$$

由此可得

$$-y(k-1)=-x(k-1)-0.5[-x(k-2)]$$

$$0.24y(k-2)=0.24(k-2)-0.5[0.24x(k-3)]$$

将以上三式相加可得

$$y(k)-y(k-1)+0.24y(k-2)=[x(k)-x(k-1)+0.24(k-2)]-0.5[x(k-1)-x(k-2)+0.24x(k-3)]$$

考虑到式 $f(k)=x(k)-x(k-1)+0.24x(k-2)$，可得系统方程为

$$y(k)-y(k-1)+0.24y(k-2)=f(k)-0.5f(k-1)$$

令左端只有 $\delta(k)$ 作用，此时系统的单位序列响应为 $h_1(k)$，它满足方程

$$h_1(k)-h_1(k-1)+0.24h_1(k-2)=\delta(k)$$

以及初始条件 $h_1(-1)=h_1(-2)=0$，则有

$$h_1(0)=\delta(0)+h_1(-1)-0.24h_1(-2)=1$$

$$h_1(1)=\delta(1)+h_1(0)-0.24h_1(-1)=1$$

方程的解为 $$h_1(k)=C_1(0.4)^k+C_2(0.6)^k, k\geqslant 0$$

将初始值代入，得　$h_1(0)=C_1+C_2=1$

$$h_1(1)=0.4C_1+0.6C_2=1$$

解以上两式得 $C_1=-2, C_2=3$，则有

$$h_1(k)=[-2(0.4)^k+3(0.6)^k]\varepsilon(k)$$

则系统的单位序列响应为

$$h(k)=h_1(k)-0.5h_1(k-1)=\frac{1}{2}[(0.4)^k+(0.6)^k]\varepsilon(k)$$

3.11 知识点窍

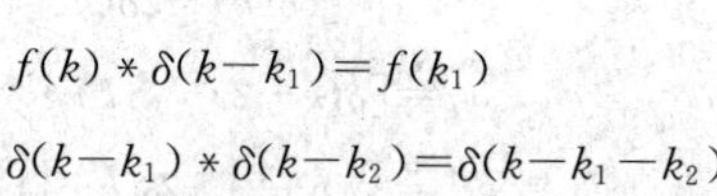

$$f(k)*\delta(k)=f(k)$$

$$f(k)*\delta(k-k_1)=f(k_1)$$

$$\delta(k-k_1)*\delta(k-k_2)=\delta(k-k_1-k_2)$$

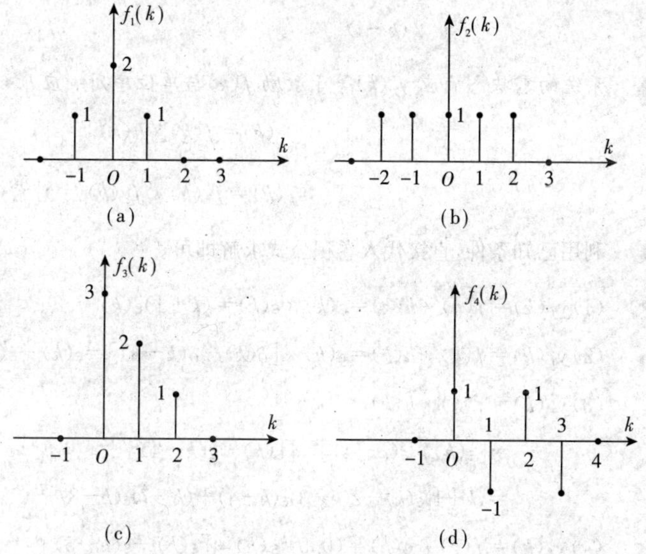

题 3.11 图

逻辑推理　由各序列的波形图容易得出各序列的表示式，利用卷积的基本性质求解。

解题过程　由各序列的波形图可得出其表示式分别为：

$$f_1(k)=\delta(k+1)+2\delta(k)+\delta(k-1)$$

$$f_2(k)=\delta(k+2)+\delta(k+1)+\delta(k)+\delta(k-1)+\delta(k-2)=\varepsilon(k+2)-\varepsilon(k-3)$$

$$f_3(k)=3\delta(k)+2\delta(k-1)+\delta(k-2)$$

$$f_4(k)=\delta(k)-\delta(k-1)+\delta(k-2)-\delta(k-3)$$

(1) $f_1(k)*f_2(k)=[\delta(k+1)+2\delta(k)+\delta(k-1)]*[\varepsilon(k+2)-\varepsilon(k-3)]$

$=\varepsilon(k+3)+2\varepsilon(k+2)+\varepsilon(k+1)-\varepsilon(k-2)-2\varepsilon(k-3)-\varepsilon(k-4)$

(2) $f_2(k)*f_3(k)=[\varepsilon(k+2)-\varepsilon(k-3)]*[3\delta(k)+2\delta(k-1)+\delta(k-2)]$

$=3\varepsilon(k+2)+2\varepsilon(k+1)+\varepsilon(k)-3\varepsilon(k-3)-2\varepsilon(k-4)-\varepsilon(k-5)$

(3) $f_3(k)*f_4(k)=[3\delta(k)+2\delta(k-1)+\delta(k-2)]*[\delta(k)-\delta(k-1)+\delta(k-2)-\delta(k-3)]$

$=3\delta(k)-\delta(k-1)+2\delta(k-2)-2\delta(k-3)-\delta(k-4)-\delta(k-5)$

(4) $[f_2(k)-f_1(k)]*f_3(k)=[\varepsilon(k+2)-\varepsilon(k-3)-\delta(k+1)-2\delta(k)-\delta(k-1)]*[3\delta(k)+2\delta(k-1)+\delta(k-2)]$

$=[\delta(k+2)-\delta(k)+\delta(k-2)]*[3\delta(k)+2\delta(k-1)+\delta(k-2)]$

$=3\delta(k+2)+2\delta(k+1)-2\delta(k)-2\delta(k-1)+2\delta(k-2)+2\delta(k-3)+\delta(k-4)$

3.12 知识点窍 系统的零状态响应 $y_f(k)$ 等于激励 $f(k)$ 与单位序列响应 $h(k)$ 的卷积，即

$$y_f(k)=f(k)*h(k)$$

$$f(k)=f_1(k)*f_2(k)=\sum_{i=\infty}^{\infty}f_1(i)f_2(k-i)$$

逻辑推理 利用已知条件，直接代入卷积公式求解即可。

解题过程 (1) $y_f(k)=f(k)*h(k)=\varepsilon(k)*\varepsilon(k)=(k+1)\varepsilon(k)$

(2) $y_f(k)=f(k)*h(k)=\varepsilon(k)*[\delta(k)-\delta(k-3)]=\varepsilon(k)-\varepsilon(k-3)$

(3) $y_f(k)=f(k)*h(k)$

$=[\varepsilon(k)-\varepsilon(k-4)]*[\varepsilon(k)-\varepsilon(k-4)]$

$=(k+1)\varepsilon(k)-2(k-3)\varepsilon(k-4)+(k-7)\varepsilon(k-8)$

(4) $y_f(k)=f(k)*h(k)=(0.5)^k\varepsilon(k)*[\varepsilon(k)-\varepsilon(k-5)]$

$=[\sum_{i=0}^{k}(0.5)^k]\varepsilon(k)-[\sum_{i=0}^{k}(0.5)^k]\varepsilon(k-5)$

$=2[1-(0.5)^{k+1}]\varepsilon(k)-2[1-(0.5)^{k-4}]\varepsilon(k-5)$

$=[2-(0.5)^k]\varepsilon(k)-[2-(0.5)^{k-5}]\varepsilon(k-5)$

3.13 知识点窍 $g(k)=\sum_{i=-\infty}^{k}h(i)=\sum_{j=0}^{\infty}h(k-j)$。

逻辑推理 利用前面求得的系统的单位序列响应，代入公式 $g(k)=\sum_{j=\infty}^{\infty}h(k-j)$ 求解即可。

解题过程 (1) 由前题求得的结果可知系统的单位序列响应为

$$h(k)=(\frac{1}{3})^k\varepsilon(k)$$

则系统的阶跃响应为

$$g(k)=\sum_{i=-\infty}^{k}h(i)=\sum_{i=-\infty}^{k}(\frac{1}{3})^{i}\varepsilon(i)=[\sum_{i=0}^{k}(\frac{1}{3})^{i}]\varepsilon(k)=\frac{1}{2}[3-(\frac{1}{3})^{k}]\varepsilon(k)$$

(2)由前题求得的结果可知系统的单位序列响应为

$$h(k)=(-\frac{1}{2})^{k-1}\varepsilon(k-1)$$

则系统的阶跃响应为

$$g(k)=\sum_{i=-\infty}^{k}h(i)=\sum_{i=-\infty}^{k}(-\frac{1}{2})^{i-1}\varepsilon(i-1)=2[1-(-\frac{1}{2})^{k}]\varepsilon(k)$$

(3)由前题求得的结果可知系统的单位序列响应为

$$h(k)=[\frac{3}{5}(-\frac{1}{2})^{k}+\frac{2}{5}(\frac{1}{3})^{k}]\varepsilon(k)$$

则系统的阶跃响应为

$$\begin{aligned}g(k)=\sum_{i=-\infty}^{k}h(i)&=\sum_{i=-\infty}^{k}[\frac{3}{5}(-\frac{1}{2})^{i}+\frac{2}{5}(\frac{1}{3})^{i}]\varepsilon(i)\\&=\{\sum_{i=0}^{k}[\frac{3}{5}(-\frac{1}{2})^{i}+\frac{2}{5}(\frac{1}{3})^{i}]\}\varepsilon(k)\\&=[1+\frac{1}{5}(-\frac{1}{2})^{k}-\frac{1}{5}(\frac{1}{3})^{k}]\varepsilon(k)\end{aligned}$$

3.14 知识点窍 对于一阶差分方程所描述的LTI离散系统有 $h(-1)=0$, $g(k)=\sum_{i=-\infty}^{k}h(i)$, $h(k)$ 和 $g(k)$ 分别为单位序列响应和阶跃响应。

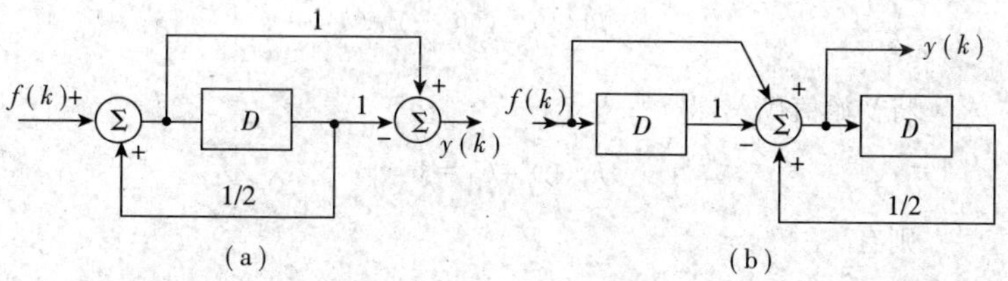

题3.14图

逻辑推理 根据系统框图列写差分方程，求解系统单位序列响应 $h(k)$，再代入公式 $g(k)=\sum_{i=-\infty}^{k}h(i)$ 求阶跃响应。

解题过程 (1)设迟延单元的输入为 $x(k)$，则相应的输出为 $x(k-1)$。由左端加法器的输出可得

$$x(k)=f(k)+\frac{1}{2}x(k-1)$$

即 $f(k)=x(k)-\frac{1}{2}x(k-1)$

由右端加法器的输出可得

$$y(k)=x(k)-x(k-1)$$

由上式可得

$$-\frac{1}{2}y(k-1)=-\frac{1}{2}x(k-1)-[-\frac{1}{2}x(k-2)]$$

将以上两式相加得

$$y(k)-\frac{1}{2}y(k-1)=[x(k)-\frac{1}{2}x(k-1)]-[x(k-1)-\frac{1}{2}x(k-2)]$$

则有

$$y(k)-\frac{1}{2}y(k-1)=f(k)-f(k-1)$$

令方程右端只有 $\delta(k)$ 作用，此时系统的响应为 $h_1(k)$，它满足方程

$$h_1(k)-\frac{1}{2}h_1(k-1)=\delta(k)$$

及初始条件 $h_1(-1)=0$，则有

$$h_1(0)=\delta(0)+\frac{1}{2}h_1(-1)=1$$

方程的解为

$$h_1(k)=C_1(\frac{1}{2})^k\varepsilon(k)$$

将初始值代入，得

$$h_1(0)=C_1=1$$

则有

$$h_1(k)=(\frac{1}{2})^k\varepsilon(k)$$

系统的单位序列响应为

$$h(k)=h_1(k)-h_1(k-1)=2\delta(k)-(\frac{1}{2})^k\varepsilon(k-1)=2\delta(k)-(\frac{1}{2})^k\varepsilon(k)$$

系统的阶跃响应为

$$g(k)=\sum_{i=-\infty}^{k}h(i)=\sum_{i=-\infty}^{k}[2\delta(i)-(\frac{1}{2})^i\varepsilon(i)]=2\varepsilon(k)-[2-(\frac{1}{2})^k]\varepsilon(k)$$

$$=(\frac{1}{2})^k\varepsilon(k)$$

(2)两个迟延单元的输入分别为 $f(k)$ 和 $y(k)$，则相应的输出为 $f(k-1)$ 与 $y(k-1)$。由加法器的输出可得系统差分方程为

$$y(k)=f(k)-f(k-1)+\frac{1}{2}y(k-1)$$

即

$$y(k)-\frac{1}{2}y(k-1)=f(k)-f(k-1)$$

与(1)中系统的差分方程完全相同，故二系统的单位序列响应与阶跃响应相同，则此系统的单位序响应为

$$h(k)=2\delta(k)-(\frac{1}{2})^k\varepsilon(k)$$

阶跃响应为

$$g(k)=(\frac{1}{2})^k\varepsilon(k)$$

3.15 知识点窍 $h(k)=\nabla g(k)=g(k)-g(k-1)$。

逻辑推理 直接代入公式求解。

解题过程 由已知可得

$$\begin{aligned}h(k)=\nabla g(k)=g(k)-g(k-1)&=(\frac{1}{2})^k\varepsilon(k)-(\frac{1}{2})^{k-1}\varepsilon(k-1)\\&=\delta(k)+(\frac{1}{2})^k\varepsilon(k-1)-(\frac{1}{2})^{k-1}\varepsilon(k-1)\\&=\delta(k)-(\frac{1}{2})^k\varepsilon(k-1)\\&=2\delta(k)-(\frac{1}{2})^k\varepsilon(k)\end{aligned}$$

3.16 知识点窍 对于激励 $f(k)$，若系统差分方程右端为 $\varepsilon(k)$，则特解 $y_p(k)=P\varepsilon(k)$；若为 $2^k\varepsilon(k)$，则特解为 $P2^k\varepsilon(k)$，P 为常数；若激励中含有特征单根 a^k，则特解应为 $P_1a^k+P_1ka^k$。

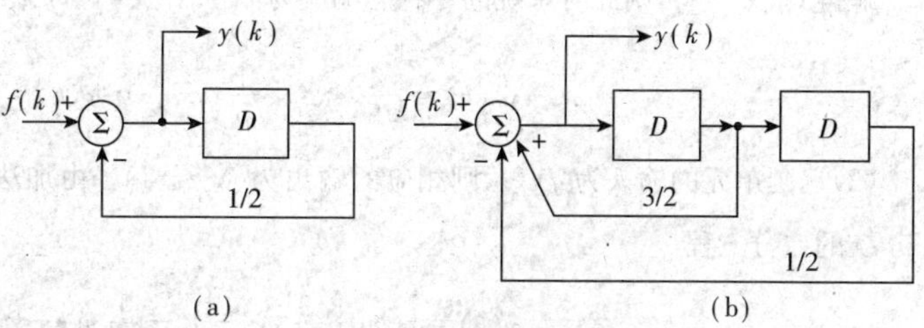

题 3.16 图

逻辑推理 由系统框图易得系统差分方程，根据激励 $f(k)$ 求特解，系统的零状态响应为齐次解与特解之和。

解题过程 (1)迟延单元的输入为 $y(k)$，则相应的输出为 $y(k-1)$，由加法器的输出可得系统的差分方程

$$y(k)=f(k)-\frac{1}{2}y(k-1)$$

1)当激励 $f(k)=\varepsilon(k)$时方程的解为

$$y_f(k)=C_1(-\frac{1}{2})^k+\frac{2}{3},k\geqslant 0$$

又由 $y_f(-1)=0,f(0)=\varepsilon(0)=1$ 可得

$$y_f(0)=f(0)-\frac{1}{2}y_f(-1)=1$$

则有

$$y_f(0)=C_1+\frac{2}{3}=1$$

解得 $C_1=\frac{1}{3}$，则此时系统的零状态响应为

$$y_f(k)=[\frac{2}{3}+\frac{1}{3}(-2)^k]\varepsilon(k)$$

2)当激励 $f(k)=0.5^k\varepsilon(k)$时，方程的解为

$$y_f(k)=C_1(-\frac{1}{2})^k+\frac{4}{5}2^k,k\geqslant 0$$

又由 $y_f(-1)=0,f(0)=2^0\varepsilon(0)=1$ 可得

$$y_f(0)=f(0)-\frac{1}{2}y_f(-1)=1$$

则有

$$y_f(0)=C_1+\frac{4}{5}=1$$

解得 $C_1=-\frac{1}{5}$，则此时系统的零状态响应为

$$y_f(k)=[\frac{4}{5}\cdot 2^k+\frac{1}{5}(-\frac{1}{2})^k]\varepsilon(k)$$

(2)迟延单元的输入为 $f(k)$，则相应的输出为 $y(k-1)$。由加法器的输出可得系统的差分方程

$$y(k)=f(k)+\frac{3}{2}y(k-1)-\frac{1}{2}y(k-2)$$

即

$$y(k)-\frac{3}{2}y(k-1)+\frac{1}{2}y(k-2)=f(k)$$

1)当激励 $f(k)=\varepsilon(k)$时,方程的解为

$$y_f(k)=C_1+C_2(\frac{1}{2})^k+2k,k\geqslant 0$$

又由 $y_f(-2)=y_f(-1)=0,f(k)=\varepsilon(k)$可得

$$y_f(0)=f(0)+\frac{3}{2}y_f(-1)-\frac{1}{2}y_f(-2)=1$$

$$y_f(1)=f(1)+\frac{3}{2}y_f(0)-\frac{1}{2}y_f(-1)=\frac{5}{2}$$

则有
$$y_f(0)=C_1+C_2=1$$

$$y_f(1)=C_1+\frac{1}{2}C_2+2=\frac{5}{2}$$

解以上两式得 $C_1=0,C_2=1$,则此时系统的零状态响应为

$$y_f(k)=[2k+(\frac{1}{2})^k]\varepsilon(k)$$

2)当激励 $f(k)=2^k\varepsilon(k)$时,方程的解为

$$y_f(k)=C_1+C_2(\frac{1}{2})^k+\frac{8}{3}2^k,k\geqslant 0$$

又由 $y_f(-2)=y_f(-1)=0,f(k)=2^k\varepsilon(k)$可得

$$y_f(0)=f(0)+\frac{3}{2}y_f(-1)-\frac{1}{2}y_f(-2)=1$$

$$y_f(1)=f(1)+\frac{3}{2}y_f(0)-\frac{1}{2}y_f(-1)=\frac{7}{2}$$

则有
$$y_f(0)=C_1+C_2+\frac{8}{3}=1$$

$$y_f(1)=C_1+\frac{1}{2}C_2+\frac{16}{3}=\frac{7}{2}$$

解以上两式可得 $C_1=-2,C_2=\frac{1}{3}$,则此时系统的零状态响应为

$$y_f(k)=[-2+\frac{1}{3}(\frac{1}{2})^k+\frac{8}{3}2^k]\varepsilon(k)$$

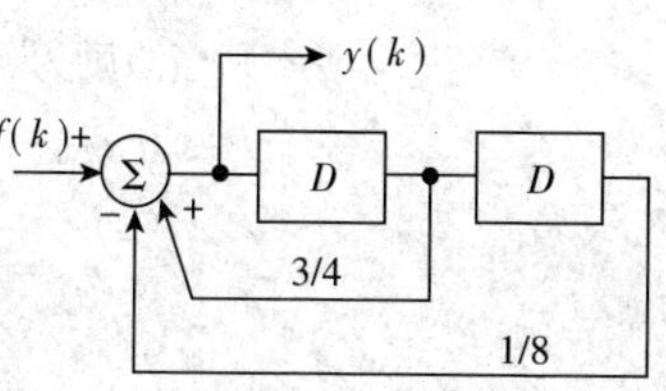

题 3.17 图

3.17 知识点窍 若激励 $f(k)=a^k\varepsilon(k)$,a 为特征方程的单根,则差分方程的特解为 $p_1ka^k+p_0a^k$。

逻辑推理 根据系统框图易得系统差分方程,求解差分方

程即得系统的零状态响应。

解题过程 加法器的输出为 $y(k)$，则相应迟延单元的输出为 $y(k-1)$，$y(k-2)$。由加法器的输出可得系统的差分方程为

$$y(k)=f(k)+\frac{3}{4}y(k-1)-\frac{1}{8}y(k-2)$$

即

$$y(k)-\frac{3}{4}y(k-1)+\frac{1}{8}y(k-2)=f(k)$$

由 $y_f(-1)=y_f(-2)=0$，$f(k)=(\frac{1}{2})^k\varepsilon(k)$可得

$$y_f(0)=f(0)+\frac{3}{4}y_f(-1)-\frac{1}{8}y_f(-2)=1$$

$$y_f(1)=f(1)+\frac{3}{4}y_f(0)-\frac{1}{8}y_f(-1)=\frac{5}{4}$$

方程的解为

$$y_f(k)=C_1(\frac{1}{2})^k+C_2(\frac{1}{4})^k+2k(\frac{1}{2})^k, k\geqslant 0$$

将初始值代入，得

$$y_f(0)=C_1+C_2=1$$

$$y_f(1)=\frac{1}{2}C_1+\frac{1}{4}C_2+1=\frac{5}{4}$$

解以上两式得 $C_1=0$，$C_2=1$，则系统的零状态响应为

$$y_f(k)=[(\frac{1}{4})^k+2k(\frac{1}{2})^k]\varepsilon(k)$$

3.18 知识点窍 两个子系统级联组成的复合系统的单位序列响应等于各子系统单位序列响应的卷积，即 $h(k)=h_1(k)*h_2(k)=h_2(k)*h_1(k)$。

逻辑推理 利用系统级联的性质求得复合系统的单位序列响应，再利用公式 $y_f(k)=f(k)*h(k)$求解系统的零状态响应。

解题过程 复合系统的冲激响应为

$$h(k)=h_1(k)*h_2(k)$$

则当激励为 $f(k)$时，复合系统的零状态响应为

$$\begin{aligned}y_f(k)&=f(k)*h_1(k)*h_2(k)=f(k)*h_2(k)*h_1(k)\\&=[\delta(k)-a\delta(k-1)]*a^k\varepsilon(k)*2\cos(\frac{k\pi}{4})\\&=[a^k\varepsilon(k)-a\cdot a^{k-1}\varepsilon(k-1)]*2\cos(\frac{k\pi}{4})\end{aligned}$$

$$=\delta(k) * 2\cos(\frac{k\pi}{4})=2\cos(\frac{k\pi}{4})$$

3.19 **知识点窍** $y_f(k)=f(k) * h(k)$。当系统差分方程的激励为 $\varepsilon(k)$ 时，其特解为 $p\varepsilon(k)$。

逻辑推理 利用公式 $y_f(k)=f(k) * h(k)$ 可得出关于 $h(k)$ 的差分方程，经典法求解即可得出系统的单位序列响应。

解题过程 由已知可得

$$f(k)=\delta(k)+4\delta(k-1)+4\delta(k-2)$$

$$y(k)=9\varepsilon(k)$$

则根据零状态响应性质可得

$$y(k)=f(k) * h(k)$$

即

$$[\delta(k)+4\delta(k-1)+4\delta(k-2)] * h(k)=9\varepsilon(k)$$

亦即

$$h(k)+4h(k-1)+4h(k-2)=9\varepsilon(k)$$

此即关于 $h(k)$ 的差分方程，则有 $h(-1)=h(2)=0$，可得

$$h(0)=9\varepsilon(0)-4h(-1)-4h(-2)=9$$

$$h(1)=9\varepsilon(1)-4h(0)-4h(-1)=-27$$

解上面的差分方程可得

$$h(k)=C_1(-2)^k+C_2k(-2)^k+1, k\geqslant 0$$

将初始值代入，得

$$h(0)=C_1+1=9$$

$$h(1)=-2C_1-2C_2+1=-27$$

解以上两式可得 $C_1=8, C_2=6$，则系统的单位序列响应为

$$h(k)=[8(-2)^k+6k(-2)^k+1]\varepsilon(k)$$

3.20 **知识点窍** 当激励 $f(k)=\delta(k)$ 时，解系统差分方程可得系统的单位序列响应。

逻辑推理 设 $f(k)=\delta(k)$，求解系统的差分方程，根据 a 的不同情况讨论。

解题过程 令激励 $f(k)=\delta(k)$，则系统的差分方程可化为

$$h(k)-2ah(k-1)+h(k-2)=\delta(k)$$

且有 $h(-1)=h(-2)=0$。由此可得

$$h(0)=\delta(0)+2ah(-1)-h(-2)=1$$

$$h(1)=\delta(1)+2ah(0)-h(-1)=2a$$

特征方程为

$$\lambda^2-2a\lambda+1=0$$

分情况讨论:

(1)当$|a|<1$时,特征根为$\lambda_{1,2}=a\pm\sqrt{1-a^2}i$,则此时方程的解为

$h(k)=C_1\cos(\beta k)+C_2\sin(\beta k),k\geqslant0,\beta=\arccos a$

将初始值代入,得

$$h(0)=C_1=1$$

$$h(1)=aC_1+\sqrt{1-a^2}C_2=2a$$

解以上两式可得$C_1=1,C_2=\dfrac{a\sqrt{1-a^2}}{1-a^2}$,则此时系统的单位序列响应为

$$h(k)=\left[\cos(\beta k)+\frac{a\sqrt{1-a^2}}{1-a^2}\sin(\beta k)\right]\varepsilon(k)$$

式中$\beta=\arccos a$。

(2)当$a=1$时,特征根为$\lambda_1=\lambda_2=1$,则此时方程的解为

$$h(k)=C_1+C_2k,k\geqslant0$$

将初始值代入,得

$$h(0)=C_1=1$$

$$h(1)=C_1+C_2=2$$

解以上两式可得$C_1=1,C_2=1$,则此时系统的单位序列响应为

$$h(k)=(k+1)\varepsilon(k)$$

(3)当$a=-1$时,特征根为$\lambda_1=\lambda_2=-1$,则此时方程的解为

$$h(k)=C_1(-1)^k+C_2k(-1)^k,k\geqslant0$$

将初始值代入,得

$$h(0)=C_1=1$$

$$h(1)=-C_1-C_2=-2$$

解以上两式可得$C_1=1,C_2=1$,则此时系统的单位序列响应为

$$h(k)=(-1)^k(k+1)\varepsilon(k)$$

(4)当$|a|>1$时,特征根为$\lambda_{1,2}=a\pm\sqrt{a^2-1}$,则此时方程的解为

$$h(k)=C_1(a+\sqrt{a^2-1})^k+C_2(a-\sqrt{a^2-1})^k,k\geqslant0$$

将初始值代入,得

$$h(0)=C_1+C_2=1$$

$$h(1)=C_1(a+\sqrt{a^2-1})+C_2(a-\sqrt{a^2-1})=2a$$

解以上两式可得

$$C_1=\frac{1}{2}+\frac{a\sqrt{a^2-1}}{a^2-1},C_2=\frac{1}{2}-\frac{a\sqrt{a^2-1}}{a^2-1}$$

则此时系统的单位序列响应为

$$h(k)=[(\frac{1}{2}+\frac{a\sqrt{a^2-1}}{a^2-1})(a+\sqrt{a^2-1})^k+(\frac{1}{2}-\frac{a\sqrt{a^2-1}}{a^2-1})(a-\sqrt{a^2-1})^k]\varepsilon(k)$$

3.21 知识点窍 两子系统并联组成的复合系统的单位序列响应等于两子系统单位序列响应之和，两子系统级联组成的复合系统的单位序列响应等于两子系统单位序列响应的卷积和。

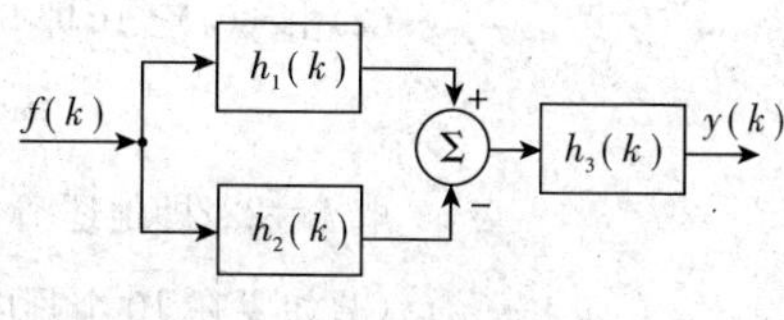

题 3.21 图

逻辑推理 加法器左端为两子系统并联，其组成的复合系统再与加法器右端子系统级联。

解题过程 由题图可知，加法器右端为两子系统并联，则加法器输出的单位序列响应为

$$h_{12}=h_1(k)-h_2(k)$$

加法器左端系统再与右端子系统级联，则复合系统的单位序列响应为

$$h(k)=h_{12}(k)*h_3(k)=[h_1(k)-h_2(k)]*h_3(k)=[\delta(k)-\delta(k-N)]*\varepsilon(k)$$
$$=\varepsilon(k)-\varepsilon(k-N)$$

3.22 解法同题 3.21。

3.23 知识点窍 差分方程激励 $f(k)=N\varepsilon(k)$，则特解为 $p\varepsilon(k)$，p 为常数。

逻辑推理 第 k 月尚未还清的钱款 $y(k)$ 等于上月未还清钱款的本利息减去第 k 月初还款数。

解题过程 $y(k)$ 为上月未还清钱款数的本利息减去第 k 月初的还款数，即有

$$y(k)=(1+\beta)y(k-1)-f(k)$$

代入数值，得

$$y(k)-1.01y(k-1)=-N\varepsilon(k)$$

此即为 $y(k)$ 差分方程，则有 $y(-1)=10$。此方程的解为

$$y(k)=C_1(1.01)^k+100N,k\geqslant 0$$

将初始值代入，得

$$y(-1)=C_1(1.01)^{-1}+100N=10$$

解上式得

$$C_1=(10-100N)\cdot 1.01$$

则差分方程的解为

$$y(k)=[(10.1-101N)\cdot(1.01)^k+100N]\varepsilon(k)$$
$$=[(10-100N)(1.01)^{k+1}+100N]\varepsilon(k)$$

(1)如每月还款 $N=0.5$ 万元，则有

$$y(k)=50[1-0.8(1.01)^{k+1}]\varepsilon(k)$$

(2)由 $y(k)<0$，即 $50[1-0.8(1.01)^{k+1}]\varepsilon(k)<0$ 可解得

$$k>21.4$$

取 $k=22$，即他还清贷款需要 22 个月。

(3)如要在 10 个月内还清贷款，则有 $y(10)\leqslant 0$，亦即

$$(10-100N)(1.01)^{10+1}+100N\leqslant 0$$

由上式可解得

$$N\geqslant 1.0588(\text{万元})$$

则要在 10 个月内还清贷款，每月应还款至少为 1.0588 万元。

3.24 **知识点窍** KCL。

逻辑推理 利用 KCL 列写系统的差分方程，根据边界条件即初始值求解即可。

解题过程 选取电压为 $u(k-1)$ 的节点为参考节点，由 KCL 可得

$$\frac{u(k-2)-u(k-1)}{R}=\frac{u(k-1)}{2R}+\frac{u(k-1)-u(k)}{R}$$

整理即得 $u(k)$ 的差分方程

$$u(k)-\frac{5}{2}u(k-1)+u(k-2)=0$$

此方程的解为

$$u(k)=C_1 2^k+C_2(\frac{1}{2})^k,0\leqslant k\leqslant N$$

将初始值代入，得

$$u(0)=C_1+C_2=u_S$$

$$u(N)=C_1 2^N+C_2(\frac{1}{2})^N=0$$

解以上两式可得

$$C_1=u_S\frac{-(\frac{1}{2})^N}{2^N-(\frac{1}{2})^N},C_2=u_S\cdot\frac{2^N}{2^N-(\frac{1}{2})^N}$$

则差分方程的解亦即节点电压为

$$u(k)=u_S\frac{-(\frac{1}{2})^N}{2^N-(\frac{1}{2})^N}\cdot 2^k+u_S\frac{2^N}{2^N-(\frac{1}{2})^N}\cdot(\frac{1}{2})^k$$

$$=\frac{u_S}{2^N-(\frac{1}{2})^N}[2^{N-k}-(\frac{1}{2})^{N-k}],0\leqslant k\leqslant N$$

3.25 知识点窍 微分方程和差分方程经典解法。

逻辑推理 直接利用经典法求解微分方程和差分方程即可。

解题过程 (1)若 $a=b=1,f(t)=\varepsilon(t)$,微分方程可化为

$$y'(t)+y(t)=\varepsilon(t)$$

方程右端不含有冲激项,则有

$$y_f(0)=0$$

微分方程的解为

$$y_f(t)=(C_1e^{-t}+1)\varepsilon(t)$$

将初始值代入,得

$$y_f(0)=C_1+1=0$$

解得 $C_1=-1$,则此时零状态响应为

$$y_f(t)=(1-e^{-t})\varepsilon(t)$$

(2)若 $a=b=1,T=0.25\text{s},f(k)=\varepsilon(k)$,差分方程可化为

$$y(k)-0.8y(k-1)=0.2\varepsilon(k)$$

初始状态 $y_f(-1)=0$,则有

$$y_f(0)=0.8y_f(-1)+0.2\varepsilon(0)=0.2$$

差分方程的解为

$$y_f(k)=C_1(0.8)^k+1,k\geqslant 0$$

将初始值代入,得 $y_f(0)=C_1+1=0.2$

解上式得 $C_1=-0.8$,则差分方程的零状态响应为

$$y_f(k)=[1-(0.8)^{k+1}]\varepsilon(k)$$

3.26 逻辑推理 由零状态响应表达式得出 $f(k)$值,归纳法解出。

解题过程 $f(0)=y_{zs}(0)/h(0)=1$

$f(1)=[y_{zs}(1)-f(0)/h(1)]/h(0)=\left(\frac{7}{3}-\frac{1}{3}\right)/1=2$

$f(2)=[y_{zs}(2)-f(0)/h(2)-f(1)h(1)]/h(0)=\left[\frac{43}{9}-\frac{1}{9}-\frac{2}{3}\right]/1=4$

$f(3)=[y_{zs}(3)-f(0)/h(3)-f(1)h(2)-f(2)h(1)]/h(0)=8$

因此，$f(k)=2^k\varepsilon(k)$

3.27 **逻辑推理** 分别求出 $h(k)$ 值，由归纳法解出本题。

解题过程 $h(0)=y_{zs}(0)/f(0)=1$

$h(1)=[y_{zs}(1)-h(0)/f(1)]/f(0)=(1-0)/1=1$

$h(2)=[y_{zs}(2)-h(0)/f(2)-h(1)f(1)]/f(0)=(2-1)/1=1$

$h(3)=[y_{zs}(3)-h(0)/f(3)-h(1)f(2)-h(2)f(1)]/f(0)=[2-1]/1=1$

$h(4)=[y_{zs}(4)-h(0)/f(4)-h(1)f(3)-h(2)f(2)-h(3)f(1)]/f(0)=(1-1)/1=0$

$h(5)=[y_{zs}(5)-h(0)/f(5)-h(1)f(4)-h(2)f(3)-h(3)f(2)-h(4)f(1)]/f(0)$
$=(1-1)/1=0$

$h(n)=0,n>5$，原因在于 $h(k)=[y_{zs}(k)-\sum_{i=0}^{k-1}h(i)f(k-i)]/f(0)$

$f(k-i),i=0,\cdots,k-1$ 仅在 $f[k-(k-2)]$ 处为 1，但当 $k>5$ 时，$h(k-2)=0$，且 $y_{zs}(\mathrm{k})$ 也为 0

所以 $h(k)=0,k>5$

因此，$h(k)=\varepsilon(k)-\varepsilon(k-4)$

系统差分方程表示为 $y(k)-(k-1)=f(k)-f(k-4)$，实现过程如图解 3.27 所示。

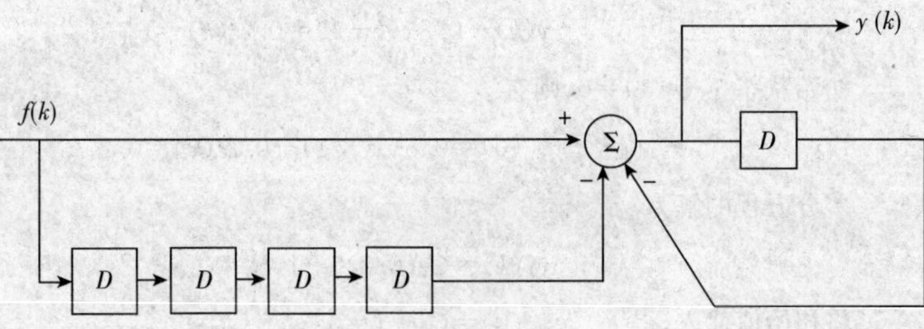

图解 3.27

第4章 连续系统的频域分析

考试要求

能够计算周期信号的频谱，灵活运用傅里叶变换的有关性质对信号进行正逆变换，正确理解傅里叶变换的某些性质，掌握抽样信号频谱的计算及抽样定理。

知识点归纳

1. 信号分解为正交函数

(1)正交函数集。

如果几个函数 $\varphi_1(t),\varphi_2(t),\cdots,\varphi_n(t)$ 构成一个函数集，这些函数在区间 (t_1,t_2) 内满足

$$\int_{t_1}^{t_2}\varphi_i(t)\varphi_j(t)\mathrm{d}t=\begin{cases}0, & i\neq j\\ \cdots\cdots\cdots\cdots & \\ K_i\neq 0, & i=j\end{cases}$$

式中 K_i 为常数，则此函数集为在区间 (t_1,t_2) 的正交函数集。如果在正交函数集 $\{\varphi_1(t),\varphi_2(t),\cdots,\varphi_n(t)\}$ 之外，不存在函数 $\varphi(t)$ $\left(0<\int_{t_1}^{t_2}\varphi^2(t)\mathrm{d}t<\infty\right)$ 满足等式

$$\int_{t_1}^{t_2}\varphi(t)\varphi_i(t)\mathrm{d}t=0 \quad (i=1,2,\cdots,n)$$

则此函数集称为完备正交函数集。

(2)信号分解为正交函数。

设有几个函数 $\varphi_1(t),\varphi_2(t),\cdots,\varphi_n(t)$ 在区间 (t_1,t_2) 构成一个正交函数空间。将任一函数 $f(t)$ 用

这几个正交函数的线性组合来近似，可表示为

$$f(t)\approx C_1\varphi_1(t)+C_2\varphi_2(t)+\cdots+C_n\varphi_n(t)=\sum_{j=1}^{n}C_j\varphi_j(t)$$

若选取 C_i 满足式
$$C_j=\frac{\int_{t_1}^{t_2}f(t)\varphi_i(t)\mathrm{d}t}{\int_{t_1}^{t_2}\varphi_i^2(t)\mathrm{d}t}$$

并令 $n\to\infty$ 时，可得
$$f(t)=\sum_{j=1}^{\infty}C_j\varphi_j(t)$$

即函数 $f(x)$ 在区间 (t_1,t_2) 可分解为无穷多项正交函数之和。

2. 傅里叶级数

(1)周期信号的分解。

设有周期信号 $f(t)$，它的周期为 T，角频率 $\Omega=2\pi F=\frac{2\pi}{F}$，它可分解为

$$f(t)=\frac{a_0}{2}+a_1\cos(\Omega t)+a_2\cos(2\Omega t)+\cdots+b_1\sin(\Omega t)+b_2\sin(2\Omega t)+\cdots$$

$$=\frac{a_0}{2}+\sum_{n=1}^{\infty}a_n\cos(n\Omega t)+\sum_{n=1}^{\infty}b_n\sin(n\Omega t)$$

式中 a_n、b_n 称为傅里叶系数，它们满足

$$a_n=\frac{2}{T}\int_{-\frac{T}{2}}^{\frac{T}{2}}f(t)\cos(n\Omega t)\mathrm{d}t,n=0,1,2,\cdots$$

$$b_n=\frac{2}{T}\int_{-\frac{T}{2}}^{\frac{T}{2}}f(t)\sin(n\Omega t)\mathrm{d}t,n=1,2,\cdots$$

(2)奇、偶函数的傅里叶系数。

$f(t)$ 为偶函数时，$a_n=\frac{4}{T}\int_{0}^{\frac{T}{2}}f(t)\cos(n\Omega t)\mathrm{d}t,b_n=0,n=0,1,2,\cdots$；$f(t)$ 为奇函数时，$a_n=0,b_n=\frac{4}{T}\int_{0}^{\frac{T}{2}}f(t)\cos(n\Omega t)\mathrm{d}t,n=0,1,2,\cdots$；$f(t)$ 为奇谐函数时，傅里叶级数展开式中将只含有奇次谐波分量而不含有偶次谐波分量，即有

$$a_0=a_2=a_4=\cdots=b_2=b_4=b_6=\cdots=0$$

(3)傅里叶级数的指数形式。

任意周期信号 $f(t)$ 可分解为许多不同频率的虚指数信号($\mathrm{e}^{\mathrm{j}n\Omega t}$)之和，其各分量的复数幅度(或相量)为 F_n，则有

$$f(t)=\sum_{n=-\infty}^{\infty}F_n\mathrm{e}^{\mathrm{j}n\Omega t}$$

式中
$$F_n=\frac{1}{T}\int_{-\frac{T}{2}}^{\frac{T}{2}}f(t)\mathrm{e}^{-\mathrm{j}n\Omega t}\mathrm{d}t,n=0,\pm1,\pm2,\cdots$$

3. 周期信号的频谱

周期信号的频谱为离散谱，以周期矩形脉冲的频谱为例，其傅里叶级数展开式为

$$f(t)=\sum_{n=-\infty}^{\infty} F_n e^{jn\Omega t}=\frac{\tau}{T}\sum_{n=-\infty}^{\infty} Sa(\frac{n\pi\tau}{T})e^{jn\Omega t}$$

其谱线只出现在 0、Ω、2Ω 等离散频率上。周期信号的功率满足帕斯瓦尔恒等式，即对于周期信号，在时域中求得的信号功率与在频域中求得的信号功率相等

$$P=\frac{1}{T}\int_{-\frac{T}{2}}^{\frac{T}{2}} f^2(t)\mathrm{d}t=\sum_{n=-\infty}^{\infty}|F_n|^2$$

4. 非周期信号的频谱

(1)傅里叶变换。

$$F(j\omega)=\mathscr{F}[f(t)]=\int_{-\infty}^{\infty} f(t)e^{-j\omega t}\mathrm{d}t$$

$$f(t)=\mathscr{F}^{-1}[F(j\omega)]=\frac{1}{2\pi}\int_{-\infty}^{\infty} F(j\omega)e^{j\omega t}\mathrm{d}\omega$$

(2)奇异函数的傅里叶变换。

冲激函数的频谱 $\mathscr{F}[\delta(t)]=\int_{-\infty}^{\infty}\delta(t)e^{-j\omega t}\mathrm{d}t=1$

冲激函数导数的频谱 $\mathscr{F}[\delta'(t)]=\int_{-\infty}^{\infty}\delta'(t)e^{-j\omega t}\mathrm{d}t=j\omega$

单位直流信号的频谱 $\mathscr{F}[1]=2\pi\delta(\omega)$

符号函数的频谱 $\mathscr{F}[\mathrm{sgn}(t)]=\frac{2}{j\omega}$

阶跃函数的频谱 $\mathscr{F}[\varepsilon(t)]=\pi\delta(\omega)+\frac{1}{j\omega}$

5. 傅里叶变换的性质

(1)线性。

若 $f(t)\longleftrightarrow F_1(j\omega)$ $f(t)\longleftrightarrow F_2(j\omega)$

则对于任意常数 a_1、a_2 有

$$a_1 f_1(t)+a_2 f_2(t)\longleftrightarrow a_1 F_1(j\omega)+a_2 F_2(j\omega)$$

(2)奇偶性。

如果 $f(t)$ 为 t 的实函数，且设

$$f(t)\longleftrightarrow F(j\omega)=|F(j\omega)|e^{j\varphi(\omega)}=R(\omega)+jX(\omega)$$

则有

$$R(\omega)=R(-\omega),X(\omega)=-X(-\omega)$$

$$|F(j\omega)|=|F(-j\omega)|,\varphi(\omega)=-\varphi(-\omega)$$

$$f(-t)\longleftrightarrow F(-j\omega)=F^*(j\omega)$$

如 $f(t)=f(-t)$，则 $X(\omega)=0,F(j\omega)=R(\omega)$

如 $f(t)=-f(-t)$，则 $R(\omega)=0, F(j\omega)=jX(\omega)$

(3)对称性。

若 $f(t)\longleftrightarrow F(j\omega)$

则

$$F(jt)\longleftrightarrow 2\pi f(-\omega)$$

(4)尺度变换。

若 $f(t)\longleftrightarrow F(j\omega)$

则对于实常数 $a(a\neq 0)$，有

$$f(at)\longleftrightarrow \frac{1}{|a|}F(j\,\frac{\omega}{a})$$

(5)时移特性。

若 $f(t)\longleftrightarrow F(j\omega)$

且 t_0 为常数，则有

$$f(t\pm t_0)\longleftrightarrow e^{\pm j\omega t_0}F(j\omega)$$

(6)频移特性。

若 $f(t)\longleftrightarrow F(j\omega)$

且 ω_0 为常数，则

$$f(t)e^{\pm j\omega_0 t}\longleftrightarrow F[j(\omega\mp\omega_0)]$$

(7)卷积定理。

若 $f_1(t)\longleftrightarrow F_1(j\omega)$

$f_2(t)\longleftrightarrow F_2(j\omega)$

时域卷积定理　$f_1(t)*f_2(t)\longleftrightarrow F_1(j\omega)\cdot F_2(j\omega)$

频域卷积定理　$f_1(t)\cdot f_2(t)\longleftrightarrow \frac{1}{2\pi}F_1(j\omega)*F_2(j\omega)$

(8)时域微分和积分。

若 $f(t)\longleftrightarrow F(j\omega)$

则有时域微分定理　$f^{(n)}(t)\longleftrightarrow (j\omega)^n F(j\omega)$

时域积分定理　$f^{(-1)}(t)\longleftrightarrow \pi F(0)\delta(\omega)+\frac{F(j\omega)}{j\omega}$

(9)频域微分和积分。

若 $f(t)\longleftrightarrow F(j\omega)$

则有频域微分定理　$(-jt)^n f(t)\longleftrightarrow F^{(n)}(j\omega)$

频域积分定理 $\pi f(0)\delta(t)+\frac{1}{-jt}f(t)\longleftrightarrow F^{(-1)}(j\omega)$

(10)能量谱和功率谱。

帕斯瓦尔方程 $E=\int_{-\infty}^{\infty} f^2(t)\mathrm{d}t=\frac{1}{2\pi}\int_{-\infty}^{\infty}|F(j\omega)|^2\mathrm{d}\omega$

功率谱 $\mathscr{P}(\omega)=\lim\limits_{T\to\infty}\frac{|F(j\omega)|^2}{T}$

6. 周期信号的傅里叶变换

(1)正、余弦函数的傅里叶变换。

$$\mathscr{F}[\cos(\omega_0 t)]=\pi[\delta(\omega-\omega_0)+\delta(\omega+\omega_0)]$$

$$\mathscr{F}[\sin(\omega_0 t)]=j\pi[\delta(\omega+\omega_0)-\delta(\omega-\omega_0)]$$

(2)一般周期函数的傅里叶变换。

周期信号 $f_T(t)$可展开成指数形式的傅里叶级数

$$f_T(t)=\sum_{n=-\infty}^{\infty}F_n \mathrm{e}^{jn\Omega t}$$

式中 F_n 为傅里叶系数

$$F_n=\frac{1}{T}\int_{-\frac{T}{2}}^{\frac{T}{2}}f_T(t)\mathrm{e}^{-jn\Omega t}\mathrm{d}t$$

则有
$$\mathscr{F}[f_T(t)]=\mathscr{F}[\sum_{n=-\infty}^{\infty}F_n \mathrm{e}^{jn\Omega t}]=2\pi\sum_{n=-\infty}^{\infty}F_n\delta(\omega-n\Omega)$$

(3)傅里叶系数与傅里叶变换。

傅里叶系数 F_n 与其第一周期的单脉冲信号频谱 $F_0(j\omega)$的关系为

$$F_n=\frac{1}{T}F_0(jn\Omega)=\frac{1}{T}F_0(j\omega)\Big|_{\omega=n\Omega}$$

7. *LTI* 系统的频域分析

(1)频率响应。

频率响应(函数)定义为系统响应(零状态响应)的傅里叶变换 $Y(j\omega)$与激励的傅里叶变换 $F(j\omega)$之比,即

$$H(j\omega)=\frac{Y(j\omega)}{F(j\omega)}$$

(2)无失真传输。

无失真传输是指系统的输出信号与输入信号相比,只有幅度的大小和出现时间的先后不同,而没有波形上的变化。

若输入信号为 $f(t)$,则经过无失真传输之后,输出信号应为

$$y(t)=Kf(t-t_d)$$

系统的频率响应函数为

$$H(j\omega)=Ke^{-j\omega t_d}$$

系统的冲激响应为

$$h(t)=K\delta(t-t_d)$$

(3)理想低通滤波器的响应。

理想低通滤波器的频率响应为

$$H(j\omega)=\begin{cases}e^{-j\omega t_d}, & |\omega|<\omega_C \\ \cdots\cdots\cdots\cdots\cdots \\ 0, & |\omega|>\omega_C\end{cases}$$

冲激响应为 $$h(t)=\frac{\omega_C}{\pi}\frac{\sin[\omega_C(t-t_d)]}{\omega_C(t-t_d)}$$

阶跃响应为 $$g(t)=\frac{1}{2}+\frac{1}{\pi}S_i[\omega_C(t-t_d)]$$

8. 取样定理

(1)时域取样定理。

一个频谱在区间$(-\omega_m,\omega_m)$以外为零的频带有限信号 $f(t)$可唯一地由其在均匀间隔 T_S($T_S<\frac{1}{2f_m}$)上的样点值 $f(nT_S)$确定。

(2)频率取样定理。

一个在时域区间$(-t_m,t_m)$以外为零的有限时间信号 $f(t)$的频谱函数 $F(j\omega)$可唯一地由其在均匀频率间隔 f_S($f_S<\frac{1}{2t_m}$)上的样点值 $F(j\Omega\omega_S)$确定。

重要公式

1. 傅里叶级数的定义

(1)三角式。

$$f(t)=a_0+\sum_{n=-\infty}^{\infty}[a_n\cos(n\omega_1 t)+b_n\sin(n\omega_1 t)]$$

$$a_0=\frac{1}{T}\int_T f(t)\mathrm{d}t$$

$$a_n=\frac{2}{T}\int_T f(t)\cos(n\omega_1 t)\mathrm{d}t$$

$$b_n=\frac{2}{T}\int_T f(t)\sin(n\omega_1 t)\mathrm{d}t$$

$$f(t)=C_0+\sum_{n=1}^{\infty} C_n\cos(n\omega_1 t+\varphi_n)$$

$$C_0=a_0$$

$$C_n=(a_n^2+b_n^2)^{1/2}$$

$$\varphi_n=-\mathrm{arctg}\,\frac{b_n}{a_n}$$

(2)指数形式。

$$f(t)=\sum_{n=-\infty}^{\infty} F_n \mathrm{e}^{jn\omega_1 t}$$

$$F_0=a_0$$

$$F_n=\frac{1}{T}\int_T f(t)\mathrm{e}^{-jn\omega_1 t}\mathrm{d}t=\frac{1}{2}(a_n-jb_n)$$

2. 傅里叶级数的主要性质

若 $f(t)\longleftrightarrow F_n$

则

$$f^*(t)\longleftrightarrow F_{-n}^*$$

$$f(-t)\longleftrightarrow F_{-n}$$

$$f(t)\cos(\omega_1 t)\longleftrightarrow \frac{1}{2}(F_{n+1}+F_{n-1})$$

$$f(t)\sin(\omega_1 t)\longleftrightarrow \frac{1}{2j}(F_{n-1}-F_{n+1})$$

$$f^{(k)}(t)\longleftrightarrow (jn\omega_1)^k F_n$$

$$f(t-t_0)\longleftrightarrow F_n \mathrm{e}^{-jn\omega_1 t_0}$$

以及

$$\overline{f^2(t)}=a_0^2+\sum_{n=1}^{\infty}\frac{1}{2}(a_n^2+b_n^2)=\sum_{n=-\infty}^{\infty}|F_n|^2$$

3. 抽样定理

抽样信号的傅里叶变换

$$f_S(t)=f(t)\cdot P(t)\longleftrightarrow \sum_{n=-\infty}^{\infty} P_n F(\omega-n\omega_S)$$

其中

$$P_n=\frac{1}{T_S}\int_{T_S}P(t)e^{-jn\omega_S t}dt$$

抽样冲激串 $$\delta_{T_S}(t)=\sum_{n=-\infty}^{\infty}\delta(t-nT_S)\longleftrightarrow\frac{2\pi}{T_S}\sum_{n=-\infty}^{\infty}\delta(\omega-n\omega_S)$$

课后习题全解

4.1 知识点窍 如有 n 个函数 $\varphi_1(t),\varphi_2(t),\cdots,\varphi_n(t)$ 构成一个函数集，当这些函数在区间 (t_1,t_2) 内满足

$$\int_{t_1}^{t_2}\varphi_i(t)\varphi_j(t)dt=\begin{cases}0, & 当\ i\neq j\\ K_i\neq 0, & 当\ i=j\end{cases}$$

式中 K_i 为常数，则称函数集为在区间 (t_1,t_2) 的正交函数集，如果在此函数集之外，不存在函数 $\varphi(t)(0<\int_{t_1}^{t_2}\varphi^2(t)dt<\infty)$ 满足等式

$$\int_{t_1}^{t_2}\varphi_i(t)\varphi(t)dt=0(i=1,2,\cdots,n)$$

则称此函数集为完备正交函数集。

逻辑推理 直接利用相关定义求证。

解题过程

$$\int_0^{2\pi}\cos(mt)\cos(nt)dt=\begin{cases}0, & m\neq n\\ \pi, & m=n\end{cases}$$

由此可知此函数集在区间 $(0,2\pi)$ 为正交函数集。又有 $\sin(nt)$ 不属于此函数集

$$\int_0^{2\pi}\sin(nt)\cos(mt)dt=0(对于所有\ m\ 和\ n)$$

由完备正交函数集定义可知此函数集不完备。

4.2 知识点窍 同题 4.1 的知识点窍。

逻辑推理 直接利用正交函数集定义验证。

解题过程

$$\int_0^{\pi}\cos(mt)\cos(nt)dt=\begin{cases}0, & m\neq n\\ \frac{\pi}{2}, & m=n\end{cases}$$

由正交函数集定义可知此函数集在区间 $(0,\pi)$ 仍是正交函数集。

4.3 知识点窍　同题 4.1 的知识点窍。

逻辑推理　由已知图形可知，对于这 6 个沃尔什函数在(0,1) 区间内满足

$$\int_0^1 Wal(k,t)\mathrm{d}t = 0$$

而其中任意两个函数相乘，其作用只是对函数某部分求反，不影响整体积分即总面积的值。

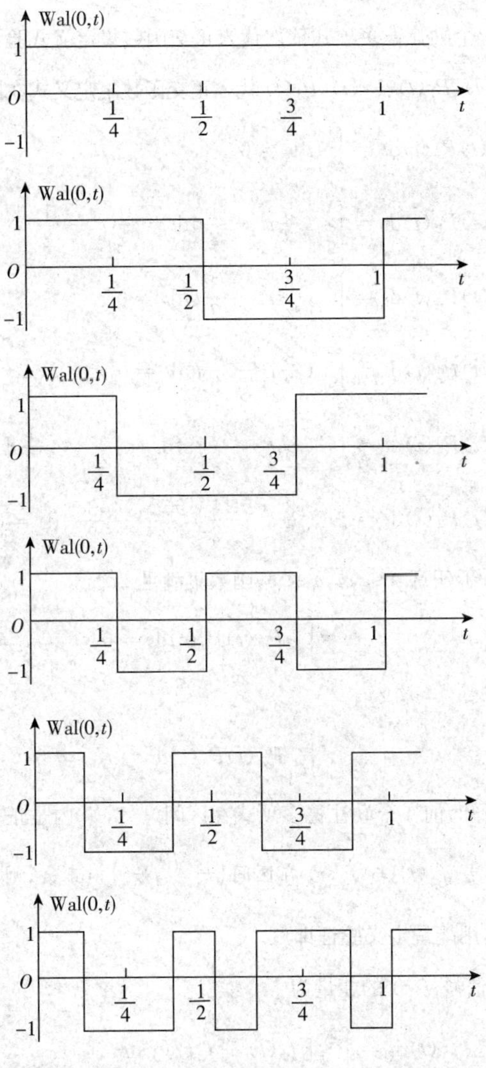

题 4.3 图

解题过程　由已知图形可知

$$\int_0^1 Wal(k,t)\mathrm{d}t = 0, 0 \leqslant k \leqslant 5$$

而其中任意两个函数相乘，其作用只是对其中某个函数积分为零的区间的函数值求反，则整个(0,1)区间内的积分值不变且仍为零，即

$$\int_0^1 Wal(m,t)Wal(n,t)\mathrm{d}t = 0, \text{对于所有 } m,n(0 \leqslant m,n \leqslant 5)$$

4.4 **知识点窍** 同题4.1的知识点窍。对称区间上奇函数积分为零。

逻辑推理 将前4个勒让德多项式依次代入正交函数集定义式验证即可。

解题过程 将 $P_0(t)$、$P_1(t)$、$P_2(t)$、$P_3(t)$ 代入正交函数集定义式在区间(−1,1)上验证，可得

$$\int_{-1}^1 P_0(t)P_1(t)\mathrm{d}t = \int_{-1}^1 t\mathrm{d}t = 0$$

$$\int_{-1}^1 P_0(t)P_2(t)\mathrm{d}t = \int_{-1}^1 (\frac{3}{2}t^2 - \frac{1}{2})\mathrm{d}t = \frac{1}{2}t^3 - \frac{1}{2}t\Big|_{-1}^1 = 0$$

$$\int_{-1}^1 P_0(t)P_3(t)\mathrm{d}t = \int_{-1}^1 (\frac{5}{2}t^3 - \frac{3}{2}t)\mathrm{d}t = 0$$

$$\int_{-1}^1 P_1(t)P_2(t)\mathrm{d}t = \int_{-1}^1 (\frac{3}{2}t^3 - \frac{1}{2}t)\mathrm{d}t = 0$$

$$\int_{-1}^1 P_1(t)P_3(t)\mathrm{d}t = \int_{-1}^1 (\frac{5}{2}t^4 - \frac{3}{2}t^2)\mathrm{d}t = \frac{1}{2}t^5 - \frac{1}{2}t^3\Big|_{-1}^1 = 0$$

$$\int_{-1}^1 P_2(t)P_3(t)\mathrm{d}t = \int_{-1}^1 (\frac{3}{2}t^2 - \frac{1}{2})(\frac{5}{2}t^3 - \frac{3}{2}t)\mathrm{d}t = 0$$

则有对于任意 $0 \leqslant m,n \leqslant 3$，函数集满足

$$\int_{-1}^1 P_m(t)P_n(t)\mathrm{d}t = 0 \qquad (m \neq n)$$

而对于 $m = n$，又有

$$\int_{-1}^1 P_m(t)P_n(t)\mathrm{d}t = K_m \neq 0$$

由此可知，前4个勒让德多项式在区间(−1,1)内是正交函数集。

4.5 **知识点窍** 若两信号 $f_1(t)$ 与 $f_2(t)$ 在区间 $\left(-\frac{T}{2},\frac{T}{2}\right)$ 内正交，则有 $\int_{-\frac{T}{2}}^{\frac{T}{2}} f_1(t)f_2(t)\mathrm{d}t = 0$。

逻辑推理 直接利用能量定义验证即可。

解题过程 (1) 和信号 $f(t)$ 的能量为

$$\begin{aligned} E &= \int_{-\frac{T}{2}}^{\frac{T}{2}} f^2(t)\mathrm{d}t = \int_{-\frac{T}{2}}^{\frac{T}{2}} [f_1(t) + f_2(t)]^2\mathrm{d}t \\ &= \int_{-\frac{T}{2}}^{\frac{T}{2}} f_1^2(t)\mathrm{d}t + \int_{-\frac{T}{2}}^{\frac{T}{2}} f_2^2(t)\mathrm{d}t + 2\int_{-\frac{T}{2}}^{\frac{T}{2}} f_1(t)f_2(t)\mathrm{d}t \end{aligned}$$

由 $f_1(t)$ 与 $f_2(t)$ 在区间内正交可得 $\int_{-\frac{T}{2}}^{\frac{T}{2}} f_1(t)f_2(t)\mathrm{d}t = 0$

则有$E = \int_{-\frac{T}{2}}^{\frac{T}{2}} f_1^2(t)\mathrm{d}t + \int_{-\frac{T}{2}}^{\frac{T}{2}} f_2^2(t)\mathrm{d}t$

即此时和信号的总能量等于各信号的能量之和。

(2) 和信号的能量为

$$E = \int_{-\frac{T}{2}}^{\frac{T}{2}} f^2(t)\mathrm{d}t = \int_{-\frac{T}{2}}^{\frac{T}{2}} [f_1(t) + f_2(t)]^2 \mathrm{d}t$$

$$= \int_{-\frac{T}{2}}^{\frac{T}{2}} f_1^2(t)\mathrm{d}t + \int_{-\frac{T}{2}}^{\frac{T}{2}} f_2^2(t)\mathrm{d}t + 2\int_{-\frac{T}{2}}^{\frac{T}{2}} f_1(t)f_2(t)\mathrm{d}t$$

由 f_1 与 $f_2(t)$ 在区间$\left(-\frac{T}{2},\frac{T}{2}\right)$内不正交可得 $\int_{-\frac{T}{2}}^{\frac{T}{2}} f_1(t)f_2(t)\mathrm{d}t = K \neq 0$

则有 $E = \int_{-\frac{T}{2}}^{\frac{T}{2}} f_1^2(t)\mathrm{d}t + \int_{-\frac{T}{2}}^{\frac{T}{2}} f_2^2(t)\mathrm{d}t + K \neq \int_{-\frac{T}{2}}^{\frac{T}{2}} f_1^2(t)\mathrm{d}t + \int_{-\frac{T}{2}}^{\frac{T}{2}} f_2^2(t)\mathrm{d}t$

即此时和信号的总能量不等于各信号的能量之和。

4.6 知识点窍 $T = \frac{2\pi}{\Omega}$。

逻辑推理 周期信号的基波角频率 Ω 为信号中各频率成分中频率最小的信号的频率，且其余信号的角频率均为此角频率的整数倍，周期由公式 $T = \frac{2\pi}{\Omega}$ 求得。

解题过程

(1) 角频率为 $\Omega = 100$ rad/s，周期 $T = \frac{2\pi}{\Omega} = \frac{2\pi}{100}$s

(2) 角频率为 $\Omega = \frac{\pi}{2}$ rad/s，周期 $T = \frac{2\pi}{\Omega} = 4$s

(3) 角频率为 $\Omega = 2$ rad/s，周期 $T = \frac{2\pi}{\Omega} = \pi$s

(4) 角频率为 $\Omega = \pi$ rad/s，周期 $T = \frac{2\pi}{\Omega} = 2$s

(5) 角频率为 $\Omega = \frac{\pi}{4}$ rad/s，周期 $T = \frac{2\pi}{\Omega} = 8$s

(6) 角频率为 $\Omega = \frac{\pi}{30}$ rad/s，周期 $T = \frac{2\pi}{\Omega} = 60$s

4.7 知识点窍 $a_n = \frac{2}{T}\int_{-\frac{T}{2}}^{\frac{T}{2}} f(t)\cos(n\Omega t)\mathrm{d}t, n = 0,1,2,\cdots$

$$b_n = \frac{2}{T}\int_{-\frac{T}{2}}^{\frac{T}{2}} \sin(n\Omega t)\,\mathrm{d}t, n = 1,2,\cdots$$

$$F_n = \frac{1}{T}\int_{-\frac{T}{2}}^{\frac{T}{2}} f(t)\mathrm{e}^{-jn\Omega t}\,\mathrm{d}t, n = 0, \pm 1, \pm 2, \cdots$$

逻辑推理 根据各函数波形可求出其闭式表达式,再直接代入公式求傅里叶系数。

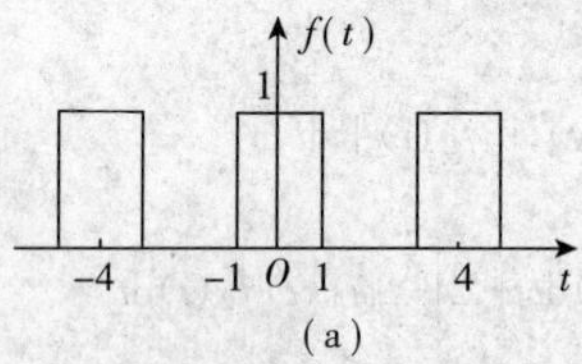

(a)

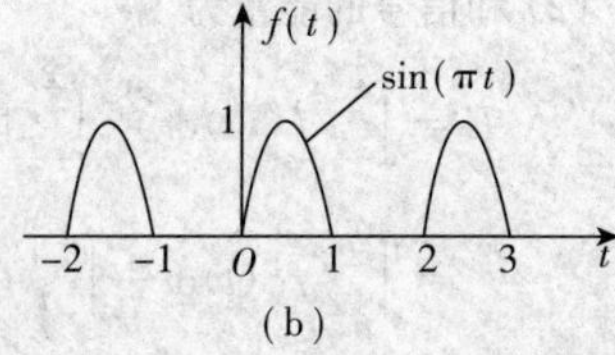

(b)

题 4.7 图

解题过程 (1) 周期 $T = 4, \Omega = \frac{2\pi}{T} = \frac{\pi}{2}$,则有

$$f(t) = \begin{cases} 1, & 4k-1 \leqslant t \leqslant 4k+1 \\ 0, & 4k+1 < t < 4k+3 \end{cases}$$

由此可得

$$a_n = \frac{2}{T}\int_{-\frac{T}{2}}^{\frac{T}{2}} f(t)\cos(n\Omega t)\,\mathrm{d}t = \frac{1}{2}\int_{-2}^{2} f(t)\cos(\frac{n\pi t}{2})\,\mathrm{d}t$$

$$= \frac{1}{2}\int_{-1}^{1}\cos(\frac{n\pi t}{2})\,\mathrm{d}t = \frac{2}{n\pi}\sin\left(\frac{n\pi}{2}\right), n = 0,1,2,\cdots$$

$$b_n = \frac{2}{T}\int_{-\frac{T}{2}}^{\frac{T}{2}} f(t)\sin(n\Omega t)\,\mathrm{d}t = \frac{1}{2}\int_{-2}^{2} f(t)\sin(\frac{n\pi t}{2})\,\mathrm{d}t$$

$$= \frac{1}{2}\int_{-1}^{1}\sin\frac{n\pi t}{2}\,\mathrm{d}t = 0, n = 1,2,\cdots\cdots$$

(2) 周期 $T = 2, \Omega = \frac{2\pi}{T} = \pi$,则有

$$f(t) = \begin{cases} \sin(\pi t), & 2k \leqslant t \leqslant 2k+1 \\ 0, & 2k+1 < t < 2k+2 \end{cases}$$

由此可得

$$F_n = \frac{1}{T}\int_{-\frac{T}{2}}^{\frac{T}{2}} f(t)\mathrm{e}^{-jn\Omega t}\,\mathrm{d}t = \frac{1}{2}\int_{-1}^{1} f(t)\mathrm{e}^{-jn\Omega t}\,\mathrm{d}t$$

$$= \frac{1}{2}\int_{0}^{1}\sin(\pi t)\mathrm{e}^{-jn\Omega t}\,\mathrm{d}t = \frac{1+\mathrm{e}^{-jn\pi}}{2\pi(1-n^2)}, \quad n = 0, \pm 1, \pm 2, \cdots$$

4.8 知识点窍 周期信号的傅里叶级数为

$$f(t) = \frac{a_0}{2} + \sum_{n=1}^{\infty} a_n\cos(n\Omega t) + \sum_{n=1}^{\infty} b_n\cos(n\Omega t)$$

其中 $$a_n=\frac{2}{T}\int_{-\frac{T}{2}}^{\frac{T}{2}}f(t)\cos(n\Omega t)\mathrm{d}t\quad n=0,1,2,\cdots$$

$$b_n=\frac{2}{T}\int_{-\frac{T}{2}}^{\frac{T}{2}}f(t)\sin(n\Omega t)\mathrm{d}t\quad n=1,2,\cdots$$

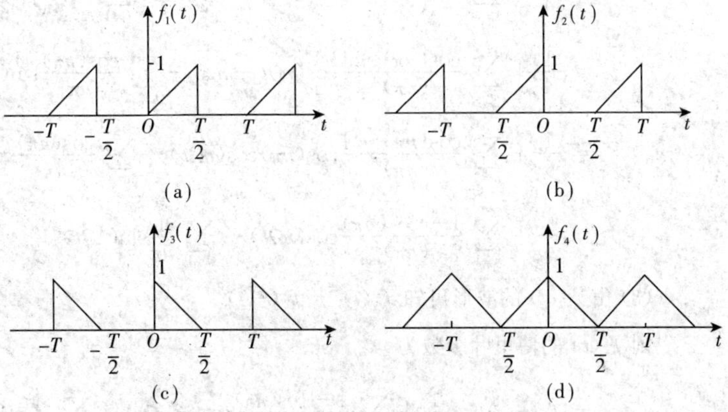

(a)

(b)

(c)

(d)

题 4.8 图

逻辑推理 根据 $f_1(t)$ 的波形，求出 $f_1(t)$ 的闭式表达式，直接代入公式求 a_n 和 b_n，由此写出其傅里叶级数，再根据其余函数与 $f_1(t)$ 的变换关系，直接进行代入即可求出其余周期信号的傅里叶级数。

解题过程 (1) 由 $f_1(t)$ 的波形可知

$$f_1(t)=\begin{cases}\dfrac{2}{T}t, & kT\leqslant t\leqslant kT+\dfrac{T}{2}\\ 0, & kT+\dfrac{T}{2}<t<kT+T\end{cases}$$

令 $\Omega=\frac{2\pi}{T}$，则有 $a_0=\frac{2}{T}\int_{-\frac{T}{2}}^{\frac{T}{2}}f_1(t)\mathrm{d}t=\frac{1}{2}$

$$a_n=\frac{2}{T}\int_{-\frac{T}{2}}^{\frac{T}{2}}f_1(t)\cos(n\Omega t)\mathrm{d}t=\frac{2}{T}\int_{0}^{\frac{T}{2}}\frac{2}{T}t\cos(n\Omega t)\mathrm{d}t=\frac{\cos(n\pi)-1}{(n\pi)^2},\quad n=1,2,\cdots$$

$$b_n=\frac{2}{T}\int_{-\frac{T}{2}}^{\frac{T}{2}}f_1(t)\sin(n\Omega t)\mathrm{d}t=\frac{2}{T}\int_{0}^{\frac{T}{2}}\frac{2}{T}t\sin(n\Omega t)\mathrm{d}t=-\frac{\cos(n\pi)}{n\pi},\quad n=1,2,\cdots$$

则 $f_1(t)$ 的傅里叶级数为

$$f_1(t)=\frac{1}{4}+\sum_{n=1}^{\infty}\frac{\cos(n\pi)-1}{(n\pi)^2}\cos(n\Omega t)-\sum_{n=1}^{\infty}\frac{\cos(n\pi)}{n\pi}\sin(n\Omega t)$$

(2) 由 $f_2(t)$ 和 $f_1(t)$ 的波形图可知 $f_2(t)=f_1(t+\frac{T}{2})$

则 $f_2(t)$ 的傅里叶级数为

$$f_2(t) = f_1(t+\frac{T}{2})$$

$$= \frac{1}{4} + \sum_{n=1}^{\infty} \frac{\cos(n\pi - 1)}{(n\pi)^2} \cos[n\Omega(t+\frac{T}{2})] - \sum_{n=1}^{\infty} \frac{\cos(n\pi)}{n\pi} \sin[n\Omega(t+\frac{T}{2})]$$

$$= \frac{1}{4} + \sum_{n=1}^{\infty} \frac{\cos(n\pi) - 1}{(n\pi)^2} \cos(n\Omega t + n\pi) - \sum_{n=1}^{\infty} \frac{\cos(n\pi)}{n\pi} \sin(n\Omega t + n\pi)$$

$$= \frac{1}{4} + \sum_{n=1}^{\infty} \frac{\cos(n\pi) - 1}{(n\pi)^2} \cos(n\pi)\cos(n\Omega t) - \sum_{n=1}^{\infty} \frac{\cos(n\pi)}{n\pi} \cos(n\pi)\sin(n\Omega t)$$

$$= \frac{1}{4} + \sum_{n=1}^{\infty} \frac{1 - \cos(n\pi)}{(n\pi)^2} \cos(n\Omega t) - \sum_{n=1}^{\infty} \frac{1}{n\pi} \sin(n\Omega t)$$

(3) 由 $f_3(t)$ 的波形可知 $f_3(t) = f_2(-t)$

则 $f_3(t)$ 的傅里叶级数为

$$f_3(t) = f_2(-t) = \frac{1}{4} + \sum_{n=1}^{\infty} \frac{1 - \cos(n\pi)}{(n\pi)^2} \cos(-n\Omega t) - \sum_{n=1}^{\infty} \frac{1}{n\pi} \sin(-n\Omega t)$$

$$= \frac{1}{4} + \sum_{n=1}^{\infty} \frac{1 - \cos(n\pi)}{(n\pi)^2} \cos(n\Omega t) + \sum_{n=1}^{\infty} \frac{1}{n\pi} \sin(n\Omega t)$$

(4) 由 $f_4(t)$ 的波形可知 $f_4(t) = f_2(t) + f_3(t)$

则 $f_4(t)$ 的傅里叶级数为

$$f_4(t) = f_2(t) + f_3(t) = \frac{1}{2} + \sum_{n=1}^{\infty} \frac{2[1 - \cos(n\pi)]}{(n\pi)^2} \cos(n\Omega t)$$

4.9 **知识点窍** 任意函数都可以表示为奇函数和偶函数两部分，即

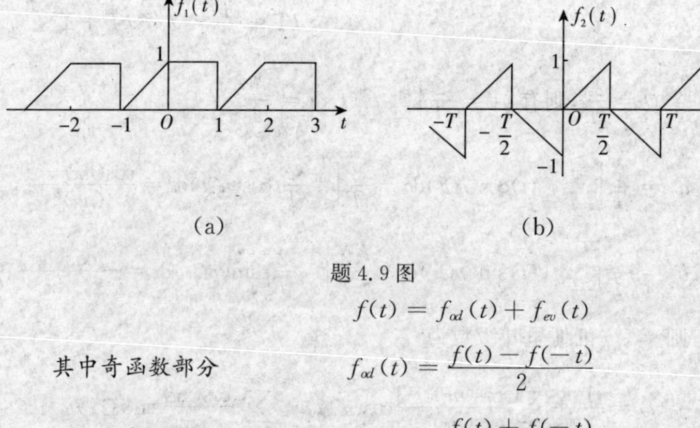

题 4.9 图

$$f(t) = f_{od}(t) + f_{ev}(t)$$

其中奇函数部分 $$f_{od}(t) = \frac{f(t) - f(-t)}{2}$$

偶函数部分 $$f_{ed}(t) = \frac{f(t) + f(-t)}{2}$$

逻辑推理 根据已知 $f(t)$ 的波形画出 $f(-t)$ 的波形，再利用公式即可画出 $f_{od}(t)$ 和 $f_{ov}(t)$ 部

分的波形。

解题过程 (1) 由 $f_1(t)$ 的波形可得 $f_1(-t)$ 的波形为

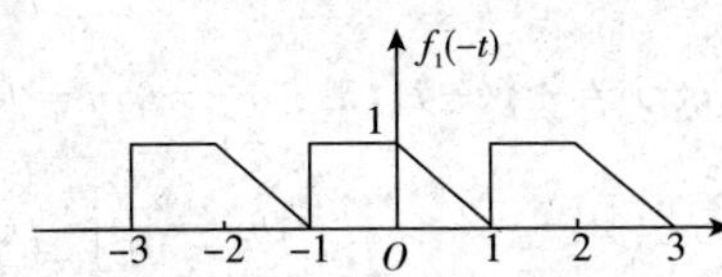

则奇分量 $f_{od}(t)=\dfrac{f_1(t)-f_1(-t)}{2}$ 的波形为

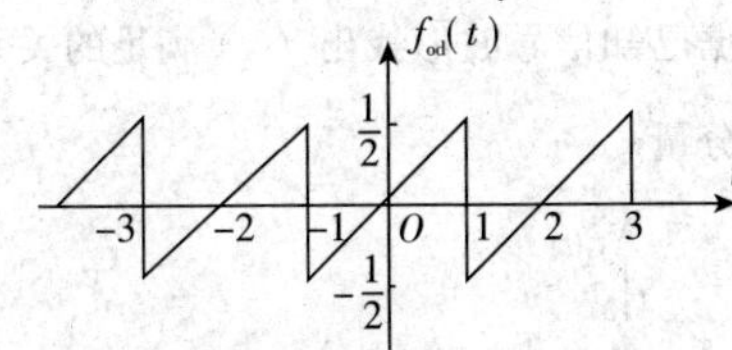

偶分量 $f_{ed}(t)=\dfrac{f_1(t)+f_1(-t)}{2}$ 的波形为

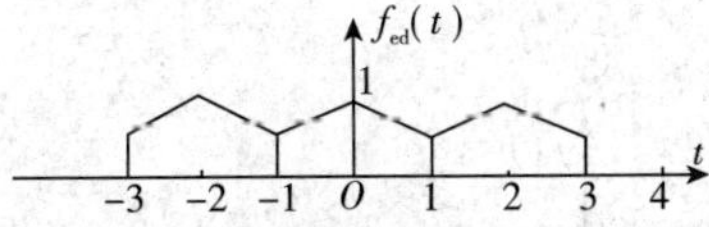

(2) 由 $f_2(t)$ 的波形可得 $f_2(-t)$ 的波形为

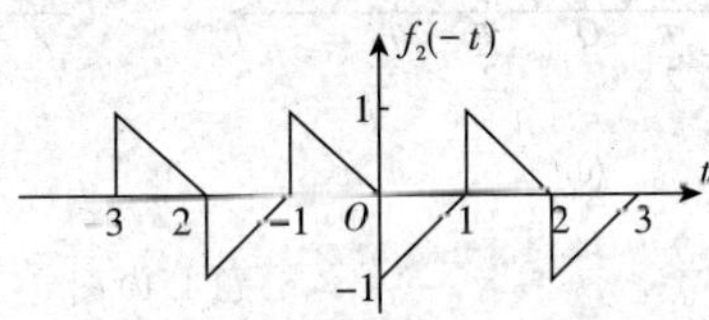

则奇分量 $f_{od}(t)=\dfrac{f_2(t)-f_2(-t)}{2}$ 的波形为

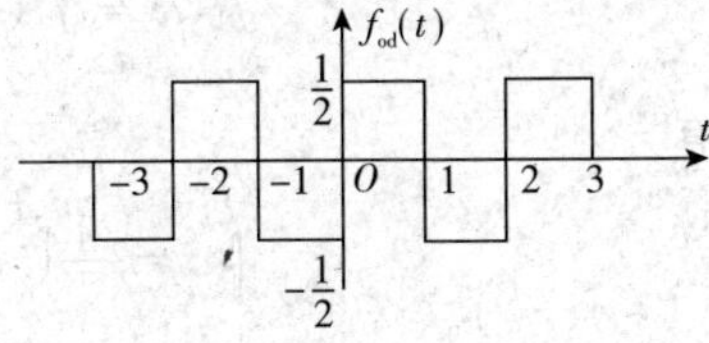

偶分量 $f_{ed}(t)=\dfrac{f_2(t)+f_2(-t)}{2}$ 的波形为

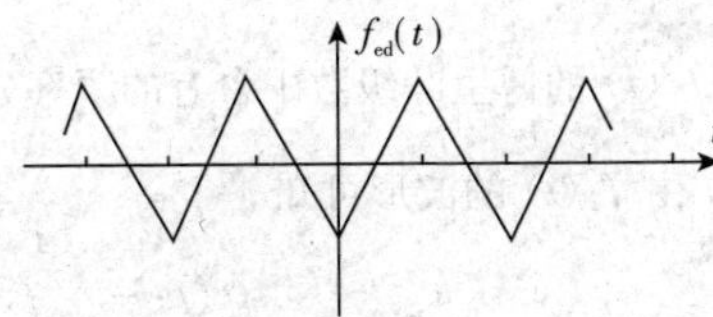

4.10 知识点窍 若 $f(t)=f(-t)$，则有 $a_n=\frac{4}{T}\int_0^{\frac{T}{2}}f(t)\cos(n\Omega t)\mathrm{d}t, n=0,1,2$

$$b_n=0$$

若 $f(t)=-f(-t)$，则有 $a_n=0, n=0,1,2,\cdots$

$$b_n=\frac{4}{T}\int_0^{\frac{T}{2}}f(t)\sin(n\Omega t)\mathrm{d}t, n=1,2,\cdots$$

若 $f(t)=-f(t\pm\frac{T}{2})$，则有 $a_0=a_2=a_4=\cdots=b_2=b_4=b_6=\cdots=0$

逻辑推理 根据已知信号波形找出 $f(t)$ 满足的关系，即可找出其傅里叶级数中所含有的频率分量。

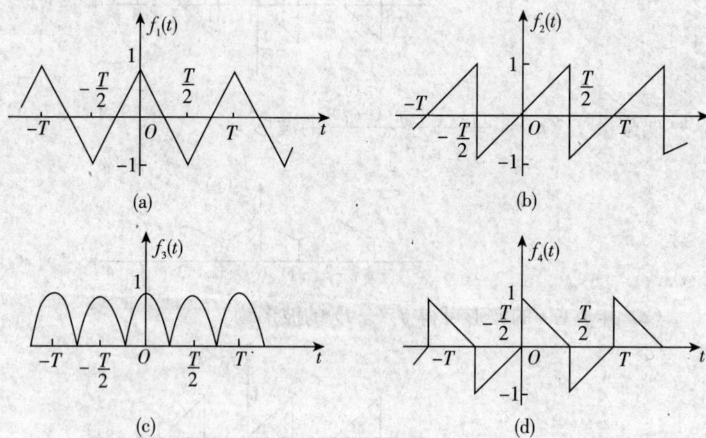

题 4.10 图

解题过程 (1) 由 $f_1(t)$ 的波形可知

$$f_1(t)=f_1(-t)=-f_1(t\pm\frac{T}{2})$$

则有

$$\begin{cases}a_n=\frac{4}{T}\int_0^{\frac{T}{2}}f(t)\cos(n\Omega t)\mathrm{d}t \\ b_n=0\end{cases}\quad n=0,1,2,\cdots$$

$$a_0=a_2=a_4=\cdots=b_2=b_4=b_6=\cdots=0$$

则 $f_1(t)$ 的傅里叶级数中含有的频率分量为奇次余弦波。

(2) 由 $f_2(t)$ 的波形可知

$$f_2(t)=-f_2(-t)$$

则有
$$\begin{cases} a_n = 0 \\ b_n = \dfrac{4}{T}\displaystyle\int_0^{\frac{T}{2}} f(t)\sin(n\Omega t)\mathrm{d}t \end{cases} \quad n = 1,2,\cdots$$

则 $f_2(t)$ 的傅里叶级数中含有的频率分量为正弦波。

(3) 由 $f_3(t)$ 的波形可知 $f_3(t)$ 为偶函数,同时也为奇谐函数,则 $f_3(t)$ 的傅里叶级数中含有的频率分量为奇次余弦波。

(4) 由 $f_4(t)$ 的波形可知,$f_4(t)$ 为奇谐函数,即 $f_4(t) = -f_4(t \pm \frac{\tau}{2})$

则有 $a_0 = a_2 = a_4 = \cdots = b_2 = b_4 = b_6 = \cdots = 0$

即 $f_4(t)$ 的傅里叶级数中只含有奇次谐波,包括正弦波和余弦波。

4.11 知识点窍 三角形式傅里叶系数为

$$a_n = \frac{2}{T}\int_{-\frac{2}{T}}^{\frac{T}{2}} f(t)\cos(n\Omega t)\mathrm{d}t, n = 0,1,2,\cdots$$

$$b_n = \frac{2}{T}\int_{-\frac{T}{2}}^{\frac{T}{2}} f(t)\sin(n\Omega t)\mathrm{d}t, n = 1,2,\cdots$$

平均功率 $$P = \frac{1}{T}\int_{-\frac{T}{2}}^{\frac{T}{2}} f^2(t)\mathrm{d}t$$

1Ω 电阻上的电压有效值满足

$$U_{有效} = \sqrt{P}$$

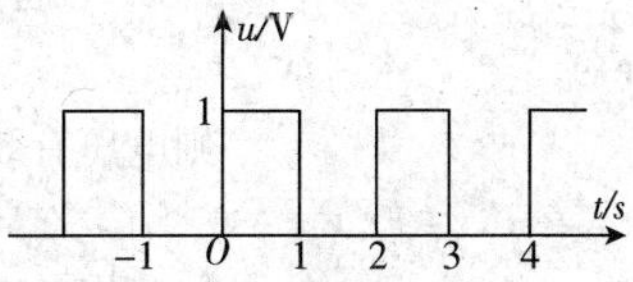

题 4.11 图

 直接将 $u(t)$ 代入公式即可求得其三角形式的傅里叶级数,再利用其结果即可求出其余数值。

解题过程 (1) 由 $u(t)$ 的波形图可知 $T = 2, \Omega = \frac{2\pi}{T} = \pi$,则

$$u(t) = \begin{cases} 1, & 2k \leqslant t \leqslant 2k+1 \\ 0, & 2k+1 < t < 2k+2 \end{cases}$$

则有

$$a_0 = \frac{2}{T}\int_{-\frac{T}{2}}^{\frac{T}{2}} u(t)\mathrm{d}t = \int_{-1}^{1} u(t)\mathrm{d}t = \int_0^1 \mathrm{d}t = 1$$

$$a_n = \frac{2}{T}\int_{-\frac{T}{2}}^{\frac{T}{2}} u(t)\cos(n\Omega t)\mathrm{d}t = \int_{-1}^{1} u(t)\cos(n\pi t)\mathrm{d}t$$

$$= \int_0^1 \cos(n\pi t)\mathrm{d}t = 0 \quad n = 1,2,\cdots$$

$$b_n = \int_{-\frac{T}{2}}^{\frac{T}{2}} u(t)\sin(n\Omega t)\mathrm{d}t = \int_{-1}^{1} u(t)\sin(n\pi t)\mathrm{d}t = \int_0^1 \sin(n\pi t)\mathrm{d}t$$

$$= \frac{1-\cos(n\pi)}{n\pi} \quad n = 1,2,\cdots$$

则 $u(t)$ 三角形式的傅里叶级数为

$$u(t) = \frac{a_0}{2} + \sum_{n=1}^{\infty} b_n \sin(n\pi t) = \frac{1}{2} + \sum_{n=1}^{\infty} \frac{1-\cos(n\pi)}{n\pi}\sin(n\pi t)\mathrm{V}$$

(2) 由 $u(t)$ 的波形图可知

$$u(\frac{1}{2}) = \frac{1}{2} + \sum_{n=1}^{\infty} \frac{1-(-1)^n}{n\pi}\sin(\frac{n\pi}{2}) = 1$$

则有 $$\sum_{n=1}^{\infty}[1-(-1)^n]\sin(\frac{n\pi}{2}) = \frac{\pi}{2}$$

即 $$2[1-\frac{1}{3}+\frac{1}{5}-\frac{1}{7}+\cdots] = \frac{\pi}{2}$$

则可得无穷级数 $S = 1-\frac{1}{3}+\frac{1}{5}-\frac{1}{7}+\cdots = \frac{\pi}{4}$

(3)1Ω 电阻上的平均功率为

$$P = \frac{1}{T}\int_{-\frac{T}{2}}^{\frac{T}{2}} u^2(t)\mathrm{d}t = \frac{1}{2}\int_{-1}^{1} u^2(t)\mathrm{d}t = \frac{1}{2}\int_{0}^{1}\mathrm{d}t = \frac{1}{2}$$

则电压有效值为 $U_{有效} = \sqrt{P} = \frac{1}{\sqrt{2}}\mathrm{V}$

(4) 由 $u(t)$ 的波形图可知

$$u(t) = u^2(t)$$

则 $$P = \frac{1}{T}\int_{-\frac{T}{2}}^{\frac{T}{2}} u^2(t)\mathrm{d}t = \frac{1}{2}\int_{-1}^{1} u(t)\mathrm{d}t = \frac{1}{2}\int_{0}^{1} u(t)\mathrm{d}t = \frac{1}{2}$$

将 $u(t)$ 的傅里叶级数代入上式得

$$\int_0^1[\frac{1}{2} + \sum_{n=1}^{\infty}\frac{1-\cos(n\pi)}{n\pi}\sin(\frac{n\pi}{2}t)]\mathrm{d}t = 1$$

即 $$\sum_{n=1}^{\infty}\frac{1-(-1)^n}{n\pi}[\int_0^1 \sin(\frac{n\pi t}{2})\mathrm{d}t] = \frac{1}{2}$$

$$\sum_{n=1}^{\infty}\frac{1-(-1)^n}{n\pi}\cdot\frac{2}{n\pi}[1-\cos(\frac{n\pi}{2})] = \frac{1}{2}$$

得 $$\sum_{n=1}^{\infty}\frac{1-(-1)^n}{n^2}[1-\cos\frac{n\pi}{2}] = \frac{\pi^2}{4}$$

即 $$s = 1+\frac{1}{3^2}+\frac{1}{5^2}+\frac{1}{7^2}+\cdots = \frac{\pi^2}{8}$$

4.12 知识点窍 线性系统零状态响应的频率与激励完全相同。周期信号的傅里叶级数的系数为

$$a_n = \frac{2}{T}\int_{-\frac{T}{2}}^{\frac{T}{2}} f(t)\cos(n\Omega t)\mathrm{d}t, n = 0,1,2,\cdots$$

$$b_n = \frac{2}{T}\int_{-\frac{T}{2}}^{\frac{T}{2}} f(t)\sin(n\Omega t)\mathrm{d}t, n = 1,2,\cdots$$

逻辑推理 根据周期信号 $u_S(t)$ 的波形可以得到其闭合表达式，再利用傅里叶级数性质及公式可以求出傅里叶级数。根据线性时不变系统的性质，同频率的激励得到同频率的响应，可得其响应的各频率分量。

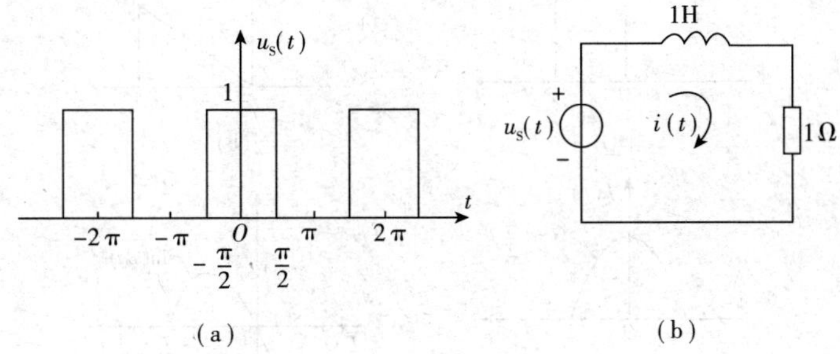

题 4.12 图

解题过程 由 $u_S(t)$ 的波形图可知周期 $T = 2\pi, \Omega = \frac{2\pi}{T} = 1$，则有

$$u_S(t) = \begin{cases} 1, & 2k\pi - \frac{\pi}{2} \leqslant t \leqslant 2k\pi + \frac{\pi}{2} \\ 0, & 2k\pi + \frac{\pi}{2} < t < 2k\pi + \frac{3\pi}{2} \end{cases}$$

由此可得傅里叶级数的系数

$$a_n = \frac{2}{T}\int_{-\frac{T}{2}}^{\frac{T}{2}} u_S(t)\cos(n\Omega t)\mathrm{d}t = \frac{1}{\pi}\int_{-\pi}^{\pi} u_S(t)\cos(nt)\mathrm{d}t$$

$$= \frac{1}{\pi}\int_{-\frac{\pi}{2}}^{\frac{\pi}{2}} \cos(nt)\mathrm{d}t = \frac{2}{n\pi}\sin(\frac{n\pi}{2}) \quad n = 0,1,2,\cdots$$

因 $u_S(t)$ 为偶函数，则 $b_n = 0, n = 1,2,\cdots$

则电路激励 $u_S(t)$ 的前五次谐波为

$$u_S(t) = \frac{a_0}{2} + \sum_{n=1}^{5} a_n\cos(nt) = \frac{1}{2} + \frac{2}{\pi}\cos t - \frac{2}{3\pi}\cos(3t) + \frac{2}{5\pi}\cos(5t)$$

由电路图易得其系统微分方程为 $\quad i'(t) + i(t) = u_S(t)$

欲求电流 $i(t)$ 的前五次谐波，即求此微分方程激励的前五次谐波的特解。

设 $i_p(t) = C_0 + C_1\cos t + C_2\sin t + C_3\cos(3t) + C_4\sin(3t) + C_5\cos(5t) + C_6\sin(5t)$

代入上面的微分方程比较两边系数可解得

$$C_0=\frac{1}{2},C_1=\frac{1}{\pi},C_2=\frac{1}{\pi},C_3=-\frac{1}{15\pi},C_4=-\frac{1}{5\pi},C_5=\frac{1}{65\pi},C_6=\frac{1}{13\pi}$$

则电流 $i(t)$ 的前五次谐波为

$$i(t)=\frac{1}{2}+\frac{1}{\pi}\cos t+\frac{1}{\pi}\sin t-\frac{1}{15\pi}\cos(3t)-\frac{1}{5\pi}\sin(3t)+\frac{1}{65\pi}\cos(5t)+\frac{1}{15\pi}\sin(5t)$$

4.13 **知识点窍** 傅里叶变换公式 $F(j\omega)=\int_{-\infty}^{\infty}f(t)\mathrm{e}^{j\omega t}\mathrm{d}t$

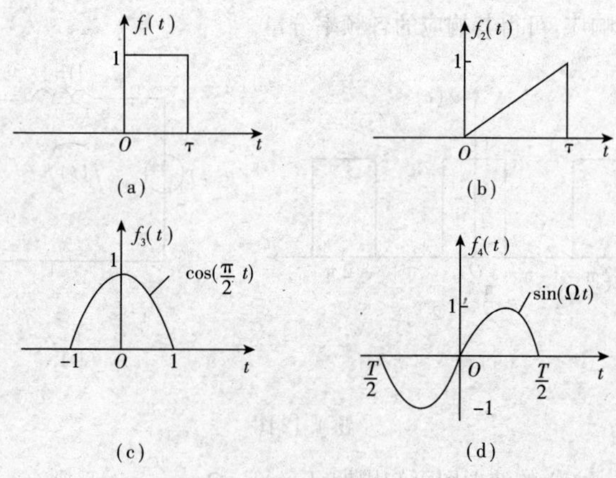

题 4.13 图

逻辑推理 由 $f(t)$ 的波形可得出其闭合表达式，再利用傅里叶变换公式求解。

解题过程 (1) 由 $f_1(t)$ 的波形可知 $f_1(t)=\begin{cases}1, & 0\leqslant t\leqslant\tau\\0, & 其他\end{cases}$

则 $f_1(t)$ 的傅里叶变换为

$$F_1(j\omega)=\int_{-\infty}^{\infty}f_1(t)\mathrm{e}^{-j\omega t}\mathrm{d}t=\int_0^{\tau}\mathrm{e}^{-j\omega t}\mathrm{d}t=\frac{1-\mathrm{e}^{-j\omega\tau}}{j\omega}=\tau Sa(\frac{\omega\tau}{2})\mathrm{e}^{-\frac{j\omega\tau}{2}}$$

(2) 由 $f_2(t)$ 的波形可知 $f_2(t)=\begin{cases}\frac{1}{\tau}t, & 0\leqslant t\leqslant\tau\\0, & 其他\end{cases}$

则 $f_2(t)$ 的傅里叶变换为

$$F_2(j\omega)=\int_{-\infty}^{\infty}f_2(t)\mathrm{e}^{-j\omega t}\mathrm{d}t=\int_0^{\tau}\frac{1}{\tau}t\mathrm{e}^{-j\omega t}\mathrm{d}t$$

$$=-\frac{\mathrm{e}^{-j\omega\tau}}{j\omega}-\frac{1}{j\omega\tau}\cdot\frac{\mathrm{e}^{-j\omega\tau}-1}{j\omega}=\frac{1-\mathrm{e}^{-j\omega\tau}-j\omega\tau\mathrm{e}^{-j\omega\tau}}{-\omega^2\tau}$$

(3) 由 $f_3(t)$ 的波形可知 $f_3(t)=\begin{cases}\cos(\frac{\pi}{2}t), & -1\leqslant t\leqslant 1\\0, & 其他\end{cases}$

则 $f_3(t)$ 的傅里叶变换为

$$F_3(j\omega)=\int_{-\infty}^{\infty}f_3(t)\mathrm{e}^{-j\omega t}\,\mathrm{d}t=\int_{-1}^{1}\cos(\frac{\pi}{2}t)\mathrm{e}^{-j\omega t}\,\mathrm{d}t=\int_{-1}^{1}\frac{1}{2}(\mathrm{e}^{j\frac{\pi}{2}t}+\mathrm{e}^{-j\frac{\pi}{2}t})\mathrm{e}^{-j\omega t}\,\mathrm{d}t$$

$$=\int_{-1}^{1}\frac{1}{2}[\mathrm{e}^{j(\frac{\pi}{2}-\omega)t}+\mathrm{e}^{-j(\frac{\pi}{2}+\omega)t}]\mathrm{d}t=\frac{\sin(\frac{\pi}{2}-\omega)}{\frac{\pi}{2}-\omega}+\frac{\sin(\frac{\pi}{2}+\omega)}{\frac{\pi}{2}+\omega}$$

$$=\frac{\pi\cos\omega}{(\frac{\pi}{2})^2-\omega^2}$$

(4) 由 $f_4(t)$ 的波形可知 $f_4(t)=\begin{cases}\sin(\Omega t), & -\frac{T}{2}\leqslant t\leqslant\frac{T}{2}\\ 0, & \text{其他}\end{cases}$

则 $f_4(t)$ 的傅里叶变换为

$$F_4(j\omega)=\int_{-\infty}^{\infty}f_4(t)\mathrm{e}^{-j\omega t}\,\mathrm{d}t=\int_{-\frac{\pi}{2}}^{\frac{\pi}{2}}\sin(\Omega t)\mathrm{e}^{-j\omega t}\,\mathrm{d}t$$

$$=\frac{\sin(\frac{T}{2}\Omega-\frac{T}{2}\omega)}{j(\Omega-\omega)}-\frac{\sin(\frac{T}{2}\Omega+\frac{T}{2}\omega)}{j(\Omega+\omega)}$$

$$=\frac{2\Omega\sin(\frac{T}{2}\omega)}{j(\Omega^2-\omega^2)}=\frac{j\frac{4\pi}{T}\sin(\frac{T}{2}\omega)}{\omega^2-(\frac{2\pi}{T})^2}$$

4.14 知识点窍 傅里叶变换的线性性质、反转性质、尺度变换性质。

逻辑推理 根据 $f(t)$ 的波形得出 $f(t)$ 的闭合表达式，再根据上题结果利用傅里叶变换的基本性质求解。

解题过程 (1) 令 $f(t)=\begin{cases}1, & 0\leqslant t\leqslant\tau\\ 0, & \text{其他}\end{cases}$，由上题可知其傅里叶变换为

$$F(j\omega)=\tau\mathrm{Sa}\left(\frac{\omega\tau}{2}\right)\mathrm{e}^{-j\frac{\omega\tau}{2}}$$

由 $f_1(t)$ 的波形所知

$$f_1(t)=f(-t)-f(t)$$

由傅里叶变换的性质可知 $f_1(t)$ 的傅里叶变换为

$$F_1(j\omega)=F(-j\omega)-F(j\omega)=\tau\mathrm{Sa}\left(-\frac{\omega\tau}{2}\right)\mathrm{e}^{-j\frac{\omega\tau}{2}}-\tau\mathrm{Sa}\left(\frac{\omega\tau}{2}\right)\mathrm{e}^{-j\frac{\omega\tau}{2}}$$

$$=\frac{j4[\sin(\frac{\omega\tau}{2})]^2}{\omega}$$

(2) 令 $f(t)=\begin{cases}1, & 0\leqslant t\leqslant 1\\ 0, & \text{其他}\end{cases}$，由上题可知其傅里叶变换为

$$F(j\omega)=\mathrm{Sa}\left(\frac{\omega}{2}\right)e^{-j\frac{\omega}{2}}$$

由 $f_2(t)$ 的波形可知

$$f_2(t)=f(t)+f(\frac{t}{3})+f(-t)+f(-\frac{t}{3})$$

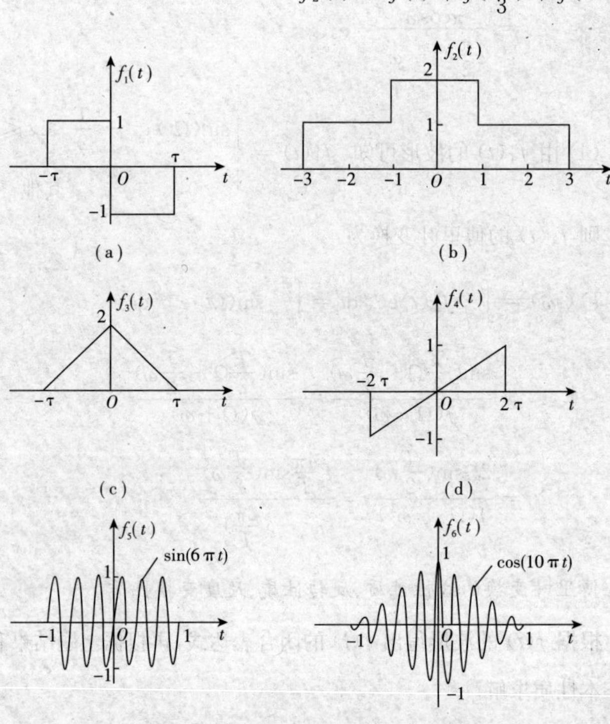

题 4.14 图

则由傅里叶变换的性质可知，$f_2(t)$ 的傅里叶变换为

$$\begin{aligned}F_2(j\omega)&=F(j\omega)+F(-j\omega)+\frac{1}{\frac{1}{3}}F(j\frac{\omega}{\frac{1}{3}})+\frac{1}{\frac{1}{3}}F(-j\frac{\omega}{\frac{1}{3}})\\&=F(j\omega)+F(-j\omega)+3F(j3\omega)+3F(-j3\omega)\\&=\mathrm{Sa}(\frac{\omega}{2})e^{-j\frac{\omega}{2}}+\mathrm{Sa}(-\frac{\omega}{2})e^{j\frac{\omega}{2}}+3\mathrm{Sa}(\frac{3\omega}{2})e^{-j\frac{3\omega}{2}}+3\mathrm{Sa}(-\frac{3\omega}{2})e^{j\frac{3\omega}{2}}\\&=\frac{8\sin\omega\cos^2\omega}{\omega}\end{aligned}$$

(3) 由 $f_3(t)$ 的波形可知

$$f_3(t)=\frac{2}{\tau}\int_{-\infty}^{2} f_1(t)\mathrm{d}t$$

则由傅里叶变换的性质可知，$f_3(t)$ 的傅里叶变换为

$$F_3(j\omega)=\frac{2}{\tau}\left[\frac{1}{j\omega}F_1(j\omega)+\pi F_1(0)\delta(\omega)\right]=\frac{2}{\tau}\left[\frac{1}{j\omega}\frac{j4[\sin(\frac{\omega\tau}{2})]^2}{\omega}\right]=\frac{8[\sin(\frac{\omega\tau}{2})]^2}{\omega^2\tau}$$

(4) 令 $f(t)=\begin{cases}\frac{1}{\tau}t, & 0\leqslant t\leqslant\tau\\ 0, & 其他\end{cases}$，由前题可知其傅里叶变换为

$$F(j\omega)=\frac{1-\mathrm{e}^{j\omega\tau}-j\omega\tau\mathrm{e}^{-j\omega\tau}}{-\omega^2\tau}$$

由 $f_4(t)$ 的波形可知

$$f_4(t)=f(\frac{\tau}{2})-f(-\frac{\tau}{2})$$

由傅里叶变换的性质可知，$f_4(t)$ 的傅里叶变换为

$$\begin{aligned}F_4(j\omega)&=2F(j2\omega)-2F(-j2\omega)\\&=2\cdot\frac{1-\mathrm{e}^{-j2\omega\tau}-j2\omega\tau\mathrm{e}^{-j2\omega\tau}}{-(2\omega)^2\tau}-2\cdot\frac{1-\mathrm{e}^{-j(-2\omega)\tau}-j(-2\omega)\tau\mathrm{e}^{-j(-2\omega)\tau}}{-(-2\omega)^2\tau}\\&=j\,\frac{2\omega\tau\cos(2\omega\tau)-\sin(2\omega\tau)}{\omega^2\tau}\end{aligned}$$

(5) 由 $f_5(t)$ 的波形图可知

$$f_5(t)=\begin{cases}\sin(6\pi t), & -1\leqslant t\leqslant 1\\ 0, & 其他\end{cases}$$

则 $f_5(t)$ 的傅里叶变换为

$$F_5(j\omega)=\int_{-\infty}^{\infty}f_5(t)\mathrm{e}^{-j\omega t}\mathrm{d}t=\int_{-1}^{1}\sin(6\pi t)\mathrm{e}^{-j\omega t}\mathrm{d}t=\frac{j12\pi\sin\omega}{(6\pi)^2-\omega^2}$$

(6) 由 $f_6(t)$ 的波形图可知

$$f_6(t)=\begin{cases}(t+1)\cos(10\pi t), & -1\leqslant t\leqslant 0\\(-t+1)\cos(10\pi t), & 0<t\leqslant 1\\ 0, & 其他\end{cases}$$

则 $f_6(t)$ 的傅里叶变换为

$$F_6(j\omega)=\int_{-\infty}^{\infty}f_6(t)\mathrm{e}^{-j\omega t}\mathrm{d}t=\int_{-1}^{0}(t+1)\cos(10\pi t)\mathrm{d}t+\int_{0}^{1}(-t+1)\cos(10\pi t)\mathrm{d}t$$

$$=\frac{4\sin^2(\frac{\omega}{2})\cdot[\omega^2+(10\pi)^2]}{[\omega^2-(10\pi)^2]^2}$$

4.15 **知识点窍** $e^{-j\omega t}=\cos(\omega t)-j\sin(\omega t)$，$F(j\omega)=\int_{-\infty}^{\infty}f(t)e^{-j\omega t}\mathrm{d}t$。

逻辑推理 利用欧拉公式和傅里叶变换公式进行证明即可。

解题过程 (1) 令 $f(t)=jg(t)$，$g(t)$ 为 t 的实函数，则有

$$F(j\omega)=\int_{-\infty}^{\infty}f(t)e^{-j\omega t}\mathrm{d}t=\int_{\infty}^{\infty}jg(t)[\cos(\omega t)-j\sin(\omega t)]\mathrm{d}t$$

$$=\int_{-\infty}^{\infty}g(t)\sin(\omega t)\mathrm{d}t+j\int_{-\infty}^{\infty}g(t)\cos(\omega t)\mathrm{d}t=R(\omega)+jX(\omega)$$

式中频谱函数的实部和虚部为

$$R(\omega)=\int_{-\infty}^{\infty}g(t)\sin(\omega t)\mathrm{d}t$$

$$X(\omega)=\int_{-\infty}^{\infty}g(t)\cos(\omega t)\mathrm{d}t$$

则有

$$R(-\omega)=\int_{-\infty}^{\infty}g(t)\sin(-\omega t)\mathrm{d}t=-\int_{-\infty}^{\infty}g(t)\sin(\omega t)\mathrm{d}t=-R(\omega)$$

$$X(-\omega)=\int_{-\infty}^{\infty}g(t)\cos(-\omega t)\mathrm{d}t=\int_{-\infty}^{\infty}g(t)\cos(\omega t)\mathrm{d}t=X(\omega)$$

即

$$R(\omega)=-R(-\omega)$$

$$X(\omega)=X(-\omega)$$

(2) 由上面的结果可知

$$F(-j\omega)=R(-\omega)+jX(-\omega)=-R(\omega)+jX(\omega)=-[R(\omega)-jX(\omega)]$$

$$=-F^{*}(j\omega)$$

4.16 **知识点窍**

$$F(j\omega)=\int_{-\infty}^{\infty}f(t)e^{-j\omega t}\mathrm{d}t$$

$$e^{-j\omega t}=\cos(\omega t)-j\sin(\omega t)$$

傅里叶变换的线性性质。

逻辑推理 根据傅里叶变换公式，结合欧拉公式得出 $F(j\omega)$ 的表达式，再利用傅里叶变换的线性性质求证。

解题过程 (1) 由已知可得

$$F(j\omega)=\int_{-\infty}^{\infty}f(t)e^{-j\omega t}\mathrm{d}t=\int_{-\infty}^{\infty}[f_{\mathrm{r}}(t)+jf_{\mathrm{i}}(t)][\cos(\omega t)-j\sin(\omega t)]\mathrm{d}t$$

$$=\int_{-\infty}^{\infty}[f_{\mathrm{r}}(t)\cos(\omega t)+f_{\mathrm{i}}(t)\sin(\omega t)]\mathrm{d}t+j\int_{-\infty}^{\infty}[f_{\mathrm{i}}(t)\cos(\omega t)-f_{\mathrm{r}}(t)\sin(\omega t)]\mathrm{d}t$$

而 $f^*(t)=f_r(t)-jf_i(t)$，则有

$$\mathscr{F}[f^*(t)]=\int_{-\infty}^{\infty}f^*(t)e^{-j\omega t}dt=\int_{-\infty}^{\infty}[f_r(t)-jf_i(t)][\cos(\omega t)-j\sin(\omega t)]dt$$

$$=\int_{-\infty}^{\infty}[f_r(t)\cos(\omega t)-f_i(t)\sin(\omega t)]dt-j\int_{-\infty}^{\infty}[f_i(t)\cos(\omega t)+f_r(t)\sin(\omega t)]dt$$

$$=\int_{-\infty}^{\infty}[f_r(t)\cos(-\omega t)+f_i(t)\sin(-\omega t)]dt-j\int_{-\infty}^{\infty}[f_i(t)\cos(-\omega t)-f_r(t)\sin(-\omega t)]dt$$

$$=F^*(-j\omega)$$

(2) 由 $f(t)=f_r(t)+jf_i(t)$，$f^*(t)=f_r(t)-jf_i(t)$，可知

$$f_r(t)=\frac{1}{2}[f(t)+f^*(t)]$$

$$f_i(t)=\frac{1}{2j}[f(t)-f^*(t)]$$

由 $\mathscr{F}[F(t)]=F(j\omega)$，$\mathscr{F}[f^*(t)]=F^*(-j\omega)$，利用傅里叶变换的线性性质可得

$$\mathscr{F}[f_r(t)]=\frac{1}{2}[F(j\omega)+F^*(-j\omega)]$$

$$\mathscr{F}[f_i(t)]=\frac{1}{2j}[F(j\omega)-F^*(-j\omega)]$$

4.17 **知识点窍** 傅里叶变换对称性，若 $f(t)\longleftrightarrow F(j\omega)$，则有 $F(jt)\longleftrightarrow 2\pi f(-\omega)$。

逻辑推理 将 $f(t)$ 中的 t 变换为 ω，可得出 $f(j\omega)$ 的形式找到与之相应的原信号，再利用傅里叶变换对称性即可。

解题过程 (1) 由于宽度为 τ、幅度为 1 的门函数 $g_\tau(t)$ 的频谱函数为 $\tau\mathrm{Sa}\left(\frac{\omega\tau}{2}\right)$，即

$$g_\tau(t)\longleftrightarrow\tau\mathrm{Sa}\left(\frac{\omega\tau}{2}\right)=\frac{\sin\left(\frac{\omega\tau}{2}\right)}{\frac{\omega}{2}}$$

取 $\tau=2$，幅度为 $\frac{1}{2}$，根据傅里叶变换的线性性质有

$$\mathscr{F}\left[\frac{1}{2}g_2(t)\right]=\frac{1}{2}\times 2\mathrm{Sa}(\omega)=\mathrm{Sa}(\omega)$$

即
$$\frac{1}{2}g_2(t)\longleftrightarrow\mathrm{Sa}(\omega)$$

注意到 $g_2(t)$ 是偶函数，根据对称性可得

$$\mathrm{Sa}(t)\longleftrightarrow 2\pi\times\frac{1}{2}g_2(\omega)=\pi g_2(\omega)$$

根据时移性和尺度变换性可知

$$\mathscr{F}[\mathrm{Sa}[2\pi(t-2)]]=\frac{1}{2}g_{4\pi}(\omega)\mathrm{e}^{-j2\omega}$$

由 $$f(t)=\frac{\sin[2\pi(t-2)]}{\pi(t-2)}=2\mathrm{Sa}[2\pi(t-2)]$$

可知 $$\mathscr{F}[f(t)]=g_{4\pi}(\omega)\mathrm{e}^{-j2\omega}$$

(2) 由于 $$\mathrm{e}^{-\alpha|t|}\longleftrightarrow\frac{2\alpha}{\alpha^2+\omega^2}$$

可知 $$\frac{2\alpha}{\alpha^2+t^2}\longleftrightarrow 2\pi\mathrm{e}^{-\alpha|-\omega|}=2\pi\mathrm{e}^{-\alpha|\omega|}$$

即 $f(t)=\dfrac{2\alpha}{\alpha^2+t^2}$，$-\infty<t<\infty$ 的傅里叶变换为 $2\pi\mathrm{e}^{-\alpha|\omega|}$

(3) 由于 $$\frac{1}{2}g_2(t)\longleftrightarrow\frac{\sin\omega}{\omega}$$

根据对称性可知 $$\frac{\sin(2\pi t)}{2\pi t}\longleftrightarrow\frac{1}{2}g_{4\pi}(\omega)$$

根据频域卷积性质，可得

$$\left[\frac{\sin(2\pi t)}{2\pi t}\right]^2\longleftrightarrow\frac{1}{2\pi}\left[\frac{1}{2}g_{4\pi}(\omega)*\frac{1}{2}g_{4\pi}(\omega)\right]$$

又有

$$\frac{1}{2\pi}\left[\frac{1}{2}g_{4\pi}(\omega)*\frac{1}{2}g_{4\pi}(\omega)\right]=\begin{cases}\dfrac{1}{2}\left[1-\dfrac{|\omega|}{4\pi}\right], & |\omega|<4\pi\ \mathrm{rad/s}\\ 0, & |\omega|>4\pi\ \mathrm{rad/s}\end{cases}$$

即 $f(t)=\left[\dfrac{\sin(2\pi t)}{2\pi t}\right]^2$，$-\infty<t<\infty$ 的傅里叶变换为

$$F(j\omega)=\begin{cases}\dfrac{1}{2}\left[1-\dfrac{|\omega|}{4\pi}\right], & |\omega|<4\pi\ \mathrm{rad/s}\\ 0, & |\omega|>4\pi\ \mathrm{rad/s}\end{cases}$$

4.18 知识点窍 傅里叶变换的基本性质(包括时移性质、频移性质等)以及特殊函数的傅里叶变换。

逻辑推理 直接利用傅里叶变换的基本性质进行求解。

解题过程 (1) 已知

$$\delta(t)\longleftrightarrow 1$$

由时移性质可得 $$\delta(t-2)\longleftrightarrow\mathrm{e}^{-j2\omega}$$

再由频移性质可得 $f(t)$ 的傅里叶变换

$$e^{-jt}\delta(t-2) \longleftrightarrow e^{-j2(\omega+1)}$$

即 $$F(j\omega) = e^{-j2(\omega+1)}$$

(2) $f(t) = e^{-3(t-1)}\delta'(t-1) = \delta'(t-1) - (-3)\delta(t-1) = \delta'(t-1) + 3\delta(t-1)$

又 $\delta(t) \longleftrightarrow 1, \delta'(t) \longleftrightarrow j\omega$，由时移特性可知 $f(t)$ 的傅里叶变换为

$$F(j\omega) = (j\omega + 3)e^{-j\omega}$$

(3) $f(t) = \text{sgn}(t^2 - 9) = 1 - 2g_6(t)$

又 $\mathscr{F}[g_6(t)] = \int_{-\infty}^{\infty} g_6(t)e^{-j\omega t}\,dt = \int_{-3}^{3} e^{-j\omega t}\,dt = \dfrac{2\sin(3\omega)}{\omega}$

$$\mathscr{F}[1] = 2\pi\delta(\omega)$$

则有 $$\mathscr{F}[f(t)] = 2\pi\delta(\omega) - \frac{4\sin(3\omega)}{\omega}$$

(4) $F(j\omega) = \int_{-\infty}^{\infty} f(t)e^{-j\omega t}\,dt = \int_{-\infty}^{\infty} e^{-2t}\varepsilon(t+1)e^{-j\omega t}\,dt = \int_{-1}^{\infty} e^{-(2+j\omega)t}\,dt = \dfrac{e^{2+j\omega}}{2+j\omega}$

(5) 由

$$\varepsilon(t) \longleftrightarrow \pi\delta(\omega) + \frac{1}{j\omega}$$

利用时移特性可得

$$\varepsilon(t-1) \longleftrightarrow \left[\pi\delta(\omega) + \frac{1}{j\omega}\right]e^{-j\omega} = \pi\delta(\omega) + \frac{e^{-j\omega}}{j\omega}$$

再由尺度变换特性可得

$$\varepsilon\left(\frac{t}{2} - 1\right) \longleftrightarrow 2\left[\pi\delta(2\omega) + \frac{1}{j2\omega}e^{-j2\omega}\right] = \pi\delta(\omega) + \frac{1}{j\omega}e^{-j2\omega}$$

即 $f(t)$ 的傅里叶变换为

$$F(j\omega) = \pi\delta(\omega) + \frac{1}{j\omega}e^{-j2\omega}$$

4.19 知识点窍 若 $f(t) \longleftrightarrow F(j\omega), f^{(n)}(t) \longleftrightarrow (j\omega)^n F(j\omega)$

则有 $f^{(-1)}(t) \longleftrightarrow \pi F(0)\delta(\omega) + \dfrac{F(j\omega)}{j\omega}$

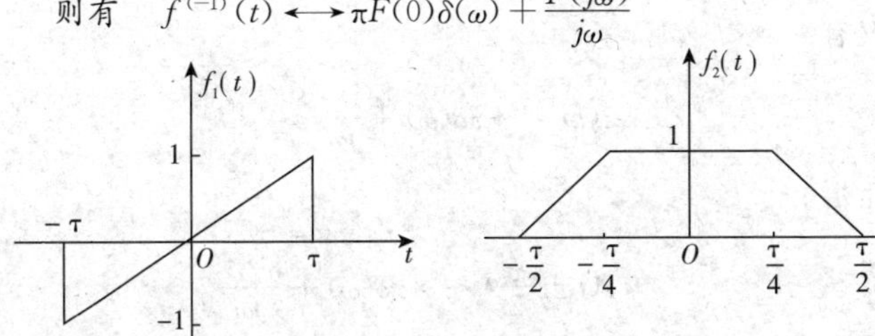

题 4.19 图

逻辑推理 由 $f(t)$ 的波形可以得到其闭合表达式，利用时域微分定理和积分定理求解。

解题过程 (1) 由 $f_1(t)$ 的波形可得其闭合表达式为

$$f_1(t)=\frac{t}{\tau}[\varepsilon(t+\tau)-\varepsilon(t-\tau)]$$

由此可得

$$f'_1(t)=\frac{1}{\tau}[\varepsilon(t+\tau)-\varepsilon(t-\tau)]-[\delta(t-\tau)-\delta(t+\tau)]\cdot\frac{t}{\tau}$$

又有

$$\varepsilon(t)\longleftrightarrow\pi\delta(\omega)+\frac{1}{j\omega}$$

$$\delta(t)\longleftrightarrow 1$$

可得

$$\varepsilon(t\pm\tau)\longleftrightarrow\pi\delta(\omega)+\frac{e^{\pm j\omega\tau}}{j\omega}$$

$$\delta(t\pm\tau)\longleftrightarrow e^{\pm j\omega\tau}$$

则有

$$\mathscr{F}[f'_1(t)]=\frac{1}{\tau}\cdot\frac{2\sin(\omega\tau)}{\omega}-2\cos(\omega\tau)$$

当 $\omega=0$ 时上式值为 0，则有

$$\mathscr{F}[f_1(t)]=\frac{F[f'_1(t)]}{j\omega}=j\cdot\frac{2\omega\cos(\omega\tau)-2\sin(\omega\tau)}{\omega^2\tau}$$

(2) 由 $f_2(t)$ 的波形可得其闭合表达式为

$$f_2(t)$$

$$=\frac{4}{\tau}\left[(t+\frac{\tau}{2})\varepsilon(t+\frac{\tau}{2})-(t+\frac{\tau}{4})\varepsilon(t+\frac{\tau}{4})-(t-\frac{\tau}{4})\varepsilon(t-\frac{\tau}{4})+(t-\frac{\tau}{2})\varepsilon(t-\frac{\tau}{2})\right]$$

由此可得

$$f'_2(t)=\frac{4}{\tau}\left[\varepsilon(t+\frac{\pi}{2})-\varepsilon(t+\frac{\tau}{4})-\varepsilon(t-\frac{\tau}{4})+\varepsilon(t-\frac{\tau}{2})\right]$$

又有

$$\varepsilon(t)\longleftrightarrow\pi\delta(\omega)+\frac{1}{j\omega}$$

可得

$$\varepsilon(t\pm\frac{\tau}{2})\longleftrightarrow\pi\delta(\omega)+\frac{e^{\pm j\omega\frac{\tau}{2}}}{j\omega}$$

$$\varepsilon(t\pm\frac{\tau}{4})\longleftrightarrow\pi\delta(\omega)+\frac{e^{\pm j\omega\frac{\tau}{4}}}{j\omega}$$

则有

$$\mathscr{F}[f'_2(t)]=\frac{8}{j\omega\tau}\left[\cos(\frac{\omega\pi}{2})-\cos(\frac{\omega\pi}{4})\right]$$

当 $\omega=0$ 时,上式为0,则有

$$\mathscr{F}[f_2(t)]=\frac{\mathscr{F}[f'_2(t)]}{j\omega}=\frac{16\sin(\frac{\omega\pi}{8})\cdot\sin(\frac{3\omega\pi}{8})}{\omega^2\tau}$$

4.20 知识点窍 傅里叶变换的基本性质,包括时移性、微分和积分特性、尺度变换特性等。

逻辑推理 根据已知条件直接利用傅里叶变换的基本性质求解。

解题过程 (1) 根据频域微分特性可知 $(-jt)f(t)\longleftrightarrow\frac{\mathrm{d}}{\mathrm{d}\omega}F(j\omega)$

则有 $tf(t)\longleftrightarrow j\frac{\mathrm{d}}{\mathrm{d}\omega}F(j\omega)$

根据尺度变换特性可得 $2tf(2t)\longleftrightarrow j\frac{1}{2}\frac{\mathrm{d}}{\mathrm{d}\omega}F(j\frac{\omega}{2})$

则可得 $\mathscr{F}[tf(2t)]\longleftrightarrow j\frac{1}{2}\frac{\mathrm{d}}{\mathrm{d}\omega}F(j\frac{\omega}{2})$

(2) 根据频域微分特性可得 $(-jt)f(t)\longleftrightarrow\frac{\mathrm{d}}{\mathrm{d}\omega}F(j\omega)$

则有 $tf(t)\longleftrightarrow j\frac{\mathrm{d}}{\mathrm{d}\omega}F(j\omega)$

由傅里叶变换的线性性质可得

$$\mathscr{F}[(t-2)f(t)]=\mathscr{F}[tf(t)]-2\mathscr{F}[f(t)]=j\frac{\mathrm{d}}{\mathrm{d}\omega}F(j\omega)-2F(j\omega)$$

(3) 由时域微分特性可得 $\frac{\mathrm{d}f(t)}{\mathrm{d}t}\longleftrightarrow(j\omega)F(j\omega)$

又由频域微分特性可得 $(-jt)\frac{\mathrm{d}f(t)}{\mathrm{d}(t)}\longleftrightarrow\frac{\mathrm{d}}{\mathrm{d}\omega}[j\omega F(j\omega)]$

则有 $\mathscr{F}\left[t\frac{\mathrm{d}}{\mathrm{d}t}f(t)\right]=j\frac{\mathrm{d}}{\mathrm{d}\omega}[j\omega F(j\omega)]=-[F(j\omega)+\omega\frac{\mathrm{d}}{\mathrm{d}\omega}F(j\omega)]$

(4) 由反转特性可得 $f(-t)\longleftrightarrow F(-j\omega)$

又由时移特性可得 $f(-t+1)\longleftrightarrow F(-j\omega)\mathrm{e}^{-j\omega}$

即 $\mathscr{F}[f(1-t)]=F(-j\omega)\mathrm{e}^{-j\omega}$

(5) 由频域微分特性可得

$$tf(t)\longleftrightarrow j\frac{\mathrm{d}}{\mathrm{d}\omega}F(j\omega)$$

由反转特性可得

$$-tf(-t)\longleftrightarrow j\frac{\mathrm{d}}{\mathrm{d}\omega}F(-j\omega)$$

又由时移性质可得

$$(-t+1)f(-t+1)\longleftrightarrow j\mathrm{e}^{-j\omega}\frac{\mathrm{d}}{\mathrm{d}\omega}F(-j\omega)$$

即 $$\mathscr{F}[(1-t)f(1-t)]=-j\mathrm{e}^{-j\omega}\frac{\mathrm{d}}{\mathrm{d}\omega}F(-j\omega)$$

(6) 由时移性质可得

$$f(t-5)\longleftrightarrow F(j\omega)\mathrm{e}^{-j5\omega}$$

又由尺度变换特性可得

$$f(2t-5)\longleftrightarrow\frac{1}{2}F(j\frac{\omega}{2})\mathrm{e}^{-j\frac{5\omega}{2}}$$

即 $$\mathscr{F}[f(2t-5)]=\frac{1}{2}F(j\frac{\omega}{2})\mathrm{e}^{-j\frac{5\omega}{2}}$$

(7) 由尺度变换特性可得

$$f(-\frac{1}{2}t)\longleftrightarrow 2F(-j2\omega)$$

又由时移特性可得

$$f(1-\frac{1}{2}t)\longleftrightarrow 2\mathrm{e}^{-j2\omega}F(-j2\omega)$$

则有 $$\mathscr{F}[-\frac{1}{2}f(1-\frac{1}{2}t)]=-\mathrm{e}^{-j2\omega}F(-j2\omega)$$

当 $\omega=0$ 时，上式为 $F(0)$，又有

$$\frac{\mathrm{d}}{\mathrm{d}t}\left[\int_{-\infty}^{1-\frac{1}{2}t}f(t)\mathrm{d}t\right]=-\frac{1}{2}f(1-\frac{1}{2}t)$$

则利用时域积分性质可得

$$\mathscr{F}[\int_{-\infty}^{1-\frac{1}{2}t}f(t)\mathrm{d}t]=\pi F(0)\delta(\omega)-\frac{1}{j\omega}\mathrm{e}^{-j2\omega}F(-j2\omega)$$

(8) 由尺度变换特性可得 $f(-2t)\longleftrightarrow\frac{1}{2}F(-j\frac{\omega}{2})$

由时移特性可得 $f(3-2t)\longleftrightarrow\frac{1}{2}\mathrm{e}^{-j\frac{3\omega}{2}}F(-j\frac{\omega}{2})$

又由频移特性可得 $\mathrm{e}^{jt}f(3-2t)\longleftrightarrow\frac{1}{2}\mathrm{e}^{-j\frac{3(\omega-1)}{2}}F(j\frac{1-\omega}{2})$

即 $$\mathscr{F}[\mathrm{e}^{jt}f(3-2t)]=\frac{1}{2}\mathrm{e}^{-j\frac{3(\omega-1)}{2}}F(j\frac{1-\omega}{2})$$

(9) 由时域微分特性可得 $\frac{\mathrm{d}}{\mathrm{d}t}f(t)\longleftrightarrow j\omega F(j\omega)$

又有 $\frac{1}{\pi t}\longleftrightarrow -j\mathrm{sgn}(\omega)$

则由时域卷积定理可得 $\frac{\mathrm{d}}{\mathrm{d}t}f(t)*\frac{1}{\pi t}\longleftrightarrow j\omega F(j\omega)\cdot(-j)\mathrm{sgn}(\omega)$

即 $\mathscr{F}[\frac{\mathrm{d}}{\mathrm{d}t}f(t)*\frac{1}{\pi t}]=|\omega|F(j\omega)$

4.21 知识点窍　傅里叶逆变换公式

$$f(t)=\frac{1}{2\pi}\int_{-\infty}^{\infty}F(j\omega)\mathrm{e}^{j\omega t}\mathrm{d}\omega$$

傅里叶变换的基本性质。

逻辑推理　利用傅里叶逆变换的公式,结合傅里叶变换的基本性质求解。

解题过程　(1) 傅里叶逆变换为

$$f(t)=\frac{1}{2\pi}\int_{-\infty}^{\infty}F(j\omega)\mathrm{e}^{j\omega t}\mathrm{d}\omega=\frac{1}{2\pi}\int_{-\omega_0}^{\omega_0}\mathrm{e}^{j\omega t}\mathrm{d}\omega=\frac{1}{2\pi jt}(\mathrm{e}^{j\omega_0 t}-\mathrm{e}^{-j\omega_0 t})=\frac{\sin\omega_0 t}{\pi t}$$

(2) 由于 $1\longleftrightarrow 2\pi\delta(\omega)$

由频移特性可得

$$\frac{1}{2\pi}\mathrm{e}^{\pm j\omega_0 t}\longleftrightarrow\delta(\omega\mp\omega_0)$$

则有

$$f(t)=\mathscr{F}^{-1}[F(j\omega)]=\frac{1}{2\pi}(\mathrm{e}^{-j\omega_0 t}-\mathrm{e}^{j\omega_0 t})=\frac{\sin(\omega_0 t)}{j\pi}$$

(3)$F(j\omega)$ 的傅里叶逆变换为

$$f(t)=\frac{1}{2\pi}\int_{-\infty}^{\infty}2\cos(3\omega)\mathrm{e}^{j\omega t}\mathrm{d}\omega=\frac{1}{2\pi}\int_{-\infty}^{\infty}(\mathrm{e}^{j3\omega}+\mathrm{e}^{-j3\omega})\mathrm{e}^{j\omega t}\mathrm{d}t$$

$$=\frac{1}{2\pi}\int_{-\infty}^{\infty}[\mathrm{e}^{j\omega(3+t)}+\mathrm{e}^{j\omega(t-3)}]\mathrm{d}t$$

由 $\delta(t)\longleftrightarrow 1$,得 $\delta(t)=\frac{1}{2\pi}\int_{-\infty}^{\infty}\mathrm{e}^{j\omega t}\mathrm{d}\omega$,则有

$$f(t)=\delta(t+3)+\delta(t-3)$$

(4)$F(j\omega)$ 的傅里叶逆变换为

$$f(t)=\frac{1}{2\pi}\int_{-\infty}^{\infty}F(j\omega)\mathrm{e}^{j\omega t}\mathrm{d}\omega=\frac{1}{2\pi}\int_{-\infty}^{\infty}[\varepsilon(\omega)-\varepsilon(\omega-2)]\mathrm{e}^{-j\omega}\mathrm{e}^{j\omega t}\mathrm{d}\omega$$

$$=\frac{1}{2\pi}\int_{0}^{2}\mathrm{e}^{j\omega(t-1)}\mathrm{d}\omega=\frac{\mathrm{e}^{j2(t-1)}-1}{j\,2\pi(t-1)}=\frac{\sin(t-1)}{\pi(t-1)}\mathrm{e}^{j(t-1)}$$

(5) $F(j\omega)=\sum_{n=0}^{2}\frac{2\sin\omega}{\omega}e^{-j(2n+1)\omega}=\frac{2\sin\omega}{\omega}[e^{-j\omega}+e^{-j3\omega}+e^{-j5\omega}]$

由于 $g_2(t)\longleftrightarrow\frac{2\sin\omega}{\omega}$，则由时移特性可知

$$g_2(t-1)\longleftrightarrow\frac{2\sin\omega}{\omega}e^{-j\omega}$$

$$g_2(t-3)\longleftrightarrow\frac{2\sin\omega}{\omega}e^{-j3\omega}$$

$$g_2(t-5)\longleftrightarrow\frac{2\sin\omega}{\omega}e^{-j5\omega}$$

则 $F(j\omega)$ 的傅里叶逆变换为

$$f(t)=\mathscr{F}^{-1}[F(j\omega)]=g_2(t-1)+g_2(t-3)+g_2(t-5)$$

4.22 知识点窍 傅里叶逆变换公式 $f(t)=\frac{1}{2\pi}\int_{-\infty}^{\infty}F(j\omega)e^{j\omega t}d\omega$，傅里叶变换的对称性和时移特性。

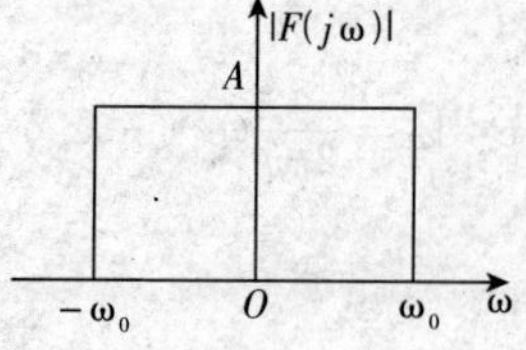

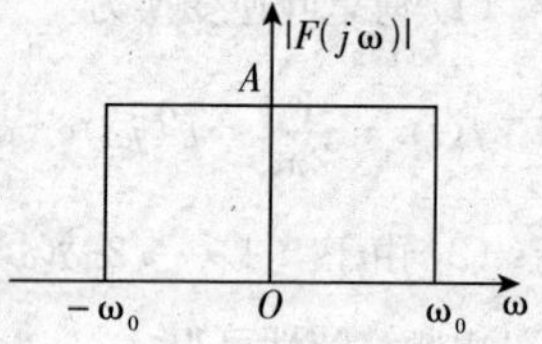

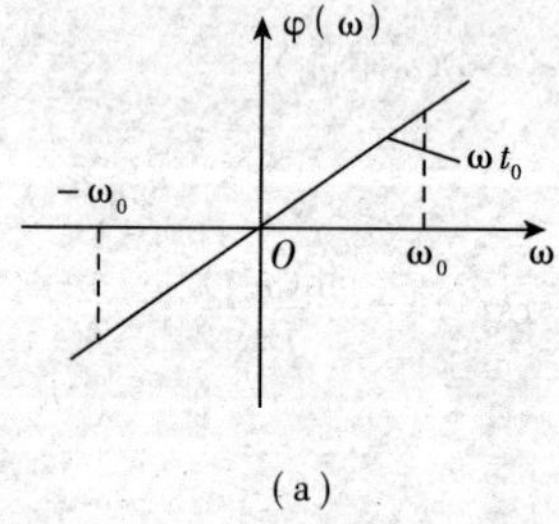

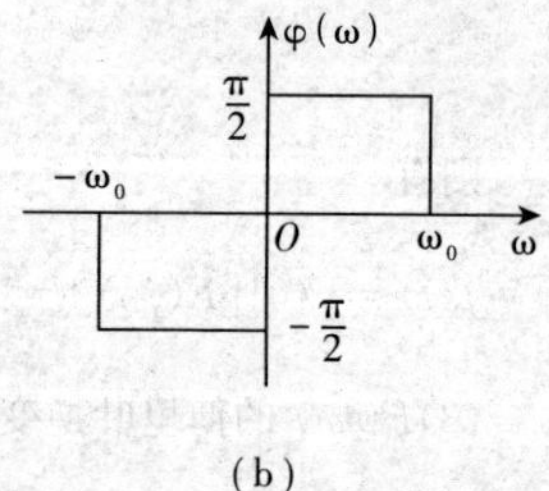

(a)　　　　(b)

题 4.22 图

逻辑推理 由 $F(j\omega)$ 的幅频图和相频图可得其闭合表达式，再利用傅里叶变换的基本性质求解。

解题过程 (1) 由 $F(j\omega)$ 的幅频图和相频图可得

$$F(j\omega)=\begin{cases}Ae^{j\omega t_0}, & |\omega|<\omega_0\ \text{rad/s}\\ 0, & |\omega|>\omega_0\ \text{rad/s}\end{cases}$$

由 $g_\tau(t)\longleftrightarrow\tau\text{Sa}(\frac{\omega\tau}{2})$，将 $\tau=2\omega_0$ 代入，得

$$g_{2\omega_0}(t)\longleftrightarrow2\omega_0\text{Sa}(\omega\omega_0)$$

由傅里叶变换对称性可得

$$2\omega_0 \mathrm{Sa}(\omega_0 t) \longleftrightarrow 2\pi g_{2\omega_0}(t)$$

整理得

$$\frac{A\sin(\omega_0 t)}{\pi t} \longleftrightarrow A g_{2\omega_0}(t)$$

由时移特性可得

$$\frac{A\sin[\omega_0(t+t_0)]}{\pi(t+t_0)} \longleftrightarrow A g_{2\omega_0}(t) e^{j\omega t_0} = F(j\omega)$$

则 $F(j\omega)$ 的傅里叶逆变换为

$$f(t) = \mathscr{F}^{-1}[F(j\omega)] = \frac{A\sin[\omega_0(t+t_0)]}{\pi(t+t_0)}$$

(2) 由 $F(j\omega)$ 的幅频图和相频图可得

$$F(j\omega) = \begin{cases} Ae^{j\frac{\pi}{2}}, & 0 < \omega < \omega_0 \\ Ae^{j(-\frac{\pi}{2})}, & -\omega_0 < \omega < 0 \\ 0, & |\omega| > \omega_0 \end{cases}$$

由 $g_\tau(t) \longleftrightarrow \tau \mathrm{Sa}(\frac{\omega\tau}{2})$,将 $\tau = \omega_0$ 代入,得

$$g_{\omega_0}(t) \longleftrightarrow \omega_0 \mathrm{Sa}(\frac{\omega\omega_0}{2})$$

由傅里叶变换对称性可得

$$\omega_0 \mathrm{Sa}(\frac{\omega_0 t}{2}) \longleftrightarrow 2\pi g_{\omega_0}(\omega)$$

整理得

$$\frac{A\sin(\frac{\omega_0 t}{2})}{\pi t} \longleftrightarrow A g_{\omega_0}(\omega)$$

由频移特性可得

$$\frac{A\sin(\frac{\omega_0 t}{2})}{\pi t} e^{\mp j\frac{\omega_0 t}{2}} \longleftrightarrow A g_{\omega_0}(\omega \pm \frac{\omega_0}{2})$$

又由于

$$F(j\omega) = jA\left[g_{\omega_0}(\omega - \frac{\omega_0}{2}) - g_{\omega_0}(\omega + \frac{\omega_0}{2})\right]$$

则 $F(j\omega)$ 的傅里叶逆变换为

$$f(t)=\mathscr{F}^{-1}[F(j\omega)]=j\frac{A\sin(\frac{\omega_0 t}{2})}{\pi t}[e^{j\frac{\omega_0 t}{2}}-e^{-j\frac{\omega_0 t}{2}}]=-\frac{2A\sin^2(\frac{\omega_0 t}{2})}{\pi t}$$

4.23 **知识点窍** 傅里叶变换的线性特性和时移特性。

时域积分定理,即若 $f(t)\longleftrightarrow F(j\omega)$

则有 $f^{(-1)}(t)\longleftrightarrow \pi F(0)\delta(\omega)+\frac{F(j\omega)}{j\omega}$

时域卷积定理,若 $f_1(t)\longleftrightarrow F_1(j\omega)$

$f_2(t)\longleftrightarrow F_2(j\omega)$

则有 $f_1(t)*f_2(t)\longleftrightarrow F_1(j\omega)F_2(j\omega)$

逻辑推理 根据 $f(t)$ 的波形特征,直接利用傅里叶变换的相关性质求解。

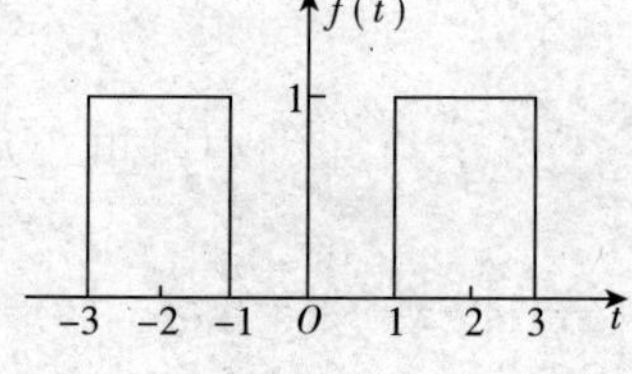

题 4.23 图

解题过程 (1) 已知 $g_\tau(t)\longleftrightarrow \tau\mathrm{Sa}(\frac{\omega\tau}{2})$,将 $\tau=2$ 代入,得

$$g_2(t)\longleftrightarrow 2\mathrm{Sa}(\omega)$$

由傅里叶变换的时移性质可得

$$g_2(t\pm 2)\longleftrightarrow 2\mathrm{Sa}(\omega)e^{\pm j2\omega}$$

根据傅里叶变换的线性性质可得 $f(t)$ 的傅里叶变换即频谱函数为

$$F(j\omega)=\mathscr{F}[f(t)]=\mathscr{F}[g_2(t+2)+g_2(t-2)]=2\mathrm{Sa}(\omega)(e^{j2\omega}+e^{-j2\omega})$$

$$=\frac{4\sin\omega\cos 2\omega}{\omega}$$

(2) 由 $f(t)$ 的波形图可得其闭合表示式为

$$f(t)=\varepsilon(t+3)-\varepsilon(t+1)+\varepsilon(t-1)-\varepsilon(t-3)$$

则有

$$f'(t)=\delta(t+3)-\delta(t+1)+\delta(t-1)-\delta(t-3)$$

又 $\delta(t)\longleftrightarrow 1$,由时移性质可得

$$\mathscr{F}[f'(t)]=e^{j3\omega}-e^{j\omega}+e^{-j\omega}-e^{-j3\omega}=j2[\sin(3\omega)-\sin\omega]=j4\sin\omega\cos(2\omega)$$

当 $\omega=0$ 时上式为 0,则由时域积分定理可得 $f(t)$ 的频谱函数

$$F(j\omega)=\mathscr{F}[f(t)]=\frac{\mathscr{F}[f'(t)]}{j\omega}=\frac{j4\sin\omega\cos(2\omega)}{j\omega}=\frac{4\sin\omega\cos(2\omega)}{\omega}$$

(3) 已知

$$g_2(t)\longleftrightarrow 2\mathrm{Sa}(\omega)$$

$$\delta(t)\longleftrightarrow 1$$

由时移特性可得

$$\delta(t+2) \longleftrightarrow \mathrm{e}^{j2\omega}$$

$$\delta(t-2) \longleftrightarrow \mathrm{e}^{-j2\omega}$$

则由 $$f(t)=g_2(t)*[\delta(t+2)+\delta(t-2)]$$

以及时域卷积定理可知 $f(t)$ 的频谱函数为

$$F(j\omega)=2\mathrm{Sa}(\omega)\cdot(\mathrm{e}^{j2\omega}+\mathrm{e}^{-j2\omega})=\frac{4\sin\omega\cos(2\omega)}{\omega}$$

4.24 知识点窍 傅里叶变换 $F(j\omega)=\int_{-\infty}^{\infty}f(t)\mathrm{e}^{-j\omega t}\mathrm{d}t$

若 $f(t)\longleftrightarrow F(j\omega)$，则有微分特性和积分特性

$$f'(t)\longleftrightarrow j\omega F(j\omega)$$

$$f^{(-1)}(t)\longleftrightarrow \pi F(0)\delta(\omega)+\frac{F(j\omega)}{j\omega}$$

时域卷积定理，若 $f_1(t)\longleftrightarrow F_1(j\omega)$

$$f_2(t)\longleftrightarrow F_2(j\omega)$$

则有

$$f_1(t)*f_2(t)\longleftrightarrow F_1(j\omega)F_2(j\omega)$$

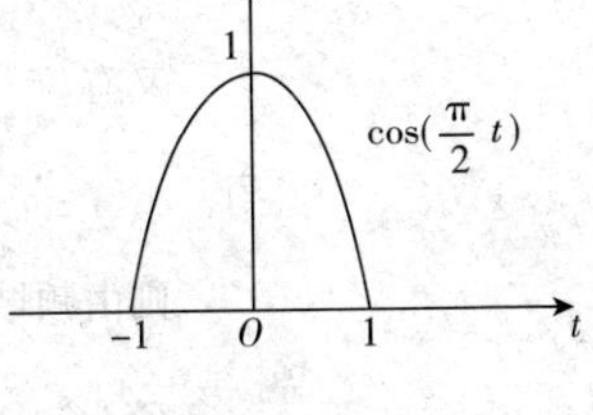

题 4.24 图

逻辑推理 直接根据 $f(t)$ 的波形及表示式利用傅里叶变换定义和相关性质求解。

解题过程 (1) 由傅里叶变换定义可得

$$F(j\omega)=\int_{-\infty}^{\infty}f(t)\mathrm{e}^{-j\omega t}\mathrm{d}t=\int_{-1}^{1}\cos(\frac{\pi t}{2})\mathrm{e}^{-j\omega t}\mathrm{d}t=\int_{-1}^{1}(\mathrm{e}^{j\frac{\pi}{2}t}+\mathrm{e}^{-j\frac{\pi}{2}t})\mathrm{e}^{-j\omega t}\mathrm{d}t$$

$$=\frac{2\sin(\frac{\pi}{2}-\omega)}{\frac{\pi}{2}-\omega}+\frac{2\sin(\frac{\pi}{2}+\omega)}{\frac{\pi}{2}+\omega}=\frac{\pi\cos\omega}{(\frac{\pi}{2})^2-\omega^2}$$

(2) 由 $f(t)$ 的波形图可得其闭合表示式为

$$f(t)=\cos(\frac{\pi}{2}t)[\varepsilon(t+1)-\varepsilon(t-1)]$$

则可得

$$f'(t)=-\frac{\pi}{2}\sin(\frac{\pi}{2}t)[\varepsilon(t+1)-\varepsilon(t-1)]+\cos(\frac{\pi}{2}t)[\delta(t+1)-\delta(t-1)]$$

$$=-\frac{\pi}{2}\sin(\frac{\pi}{2}t)[\varepsilon(t+1)-\varepsilon(t-1)]$$

由于 $$\varepsilon(t+1)-\varepsilon(t-1)=g_2(t)\longleftrightarrow\frac{2\sin\omega}{\omega}$$

$$\sin(\frac{\pi}{2}t) \longleftrightarrow j\pi[\delta(\omega+\frac{\pi}{2})-\delta(\omega-\frac{\pi}{2})]$$

则由频域卷积定理可得 $f'(t)$ 的频谱函数为

$$F_1(j\omega)=\frac{1}{2\pi}\left\{-\frac{\pi}{2}\cdot j\pi[\delta(\omega+\frac{\pi}{2})-\delta(\omega-\frac{\pi}{2})]*\frac{2\sin\omega}{\omega}\right\}$$

$$=-j\frac{\pi}{2}\left[\frac{\sin(\omega+\frac{\pi}{2})}{\omega+\frac{\pi}{2}}-\frac{\sin(\omega-\frac{\pi}{2})}{\omega-\frac{\pi}{2}}\right]$$

当 $\omega=0$ 时上式为 0，则由积分特性可知 $f(t)$ 的频谱函数为

$$F(j\omega)=\frac{F_1(j\omega)}{j\omega}=\frac{1}{j\omega}\cdot(-j)\frac{\pi}{2}\left[\frac{\sin(\omega+\frac{\pi}{2})}{\omega+\frac{\pi}{2}}-\frac{\sin(\frac{\pi}{2}-\omega)}{\frac{\pi}{2}-\omega}\right]=\frac{\pi\cos\omega}{(\frac{\pi}{2})^2-\omega^2}$$

(3) 由 $f(t)$ 的波形可知 $\quad f(t)=\cos(\frac{\pi}{2}t)g_2(t)$

又有

$$\cos(\frac{\pi}{2}t) \longleftrightarrow \pi\left[\delta(\omega+\frac{\pi}{2})+\delta(\omega-\frac{\pi}{2})\right]$$

$$g_2(t) \longleftrightarrow 2\mathrm{Sa}(\omega)$$

则由频域卷积定理得 $f(t)$ 的频谱函数

$$F(j\omega)=\frac{1}{2\pi}\left\{\pi[\delta(\omega+\frac{\pi}{2})+\delta(\omega-\frac{\pi}{2})]*2\mathrm{Sa}(\omega)\right\}=\mathrm{Sa}(\omega+\frac{\pi}{2})+\mathrm{Sa}(\omega-\frac{\pi}{2})$$

$$=\frac{\sin(\omega+\frac{\pi}{2})}{\omega+\frac{\pi}{2}}+\frac{\sin(\omega-\frac{\pi}{2})}{\omega-\frac{\pi}{2}}=\frac{\pi\cos\omega}{(\frac{\pi}{2})^2-\omega^2}$$

4.25 知识点窍

$$\mathscr{F}[1]=2\pi\delta(\omega)$$

$$\mathscr{F}[\cos(\omega_0 t)]=\pi[\delta(\omega+\omega_0)+\delta(\omega-\omega_0)]$$

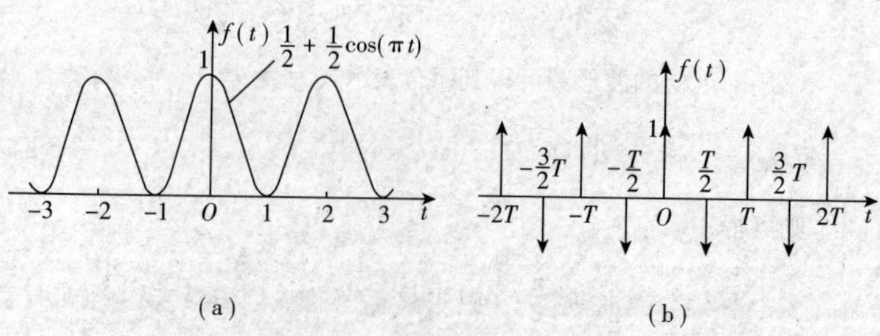

题 4.25 图

一般周期为 T 的周期函数 $f_T(t)$ 的傅里叶变换为

$$\mathscr{F}[F_T(t)] = 2\pi \sum_{n=\infty}^{\infty} F_n \delta(\omega - n\Omega)$$

式中 $\Omega = \frac{2\pi}{T}, F_n = \frac{1}{T}\int_{-\frac{T}{2}}^{\frac{T}{2}} f_T(t) e^{-jn\Omega t} dt$ 为 $f(t)$ 的傅里叶级数。

逻辑推理 直接利用已知结果,结合公式求解。

解题过程 (1) 由于 $\mathscr{F}[1] = 2\pi\delta(\omega)$

$$\mathscr{F}[\cos(\pi t)] = \pi[\delta(\omega+\pi) + \delta(\omega-\pi)]$$

利用傅里叶变换的线性性质可得 $f(t)$ 的频谱函数为

$$F(j\omega) = \mathscr{F}[f(t)] = \mathscr{F}[\frac{1}{2}] + \frac{1}{2}\mathscr{F}[\cos(\pi t)]$$

$$= \pi\delta(\omega) + \frac{\pi}{2}\delta(\omega+\pi) + \frac{\pi}{2}\delta(\omega-\pi)$$

(2) $f(t)$ 的傅里叶级数为

$$F_n = \frac{1}{T}\int_{-\frac{T}{2}}^{\frac{T}{2}} f_T(t) e^{-jn\Omega t} dt = \frac{1}{T}\int_{-\frac{T}{2}}^{\frac{T}{2}} [\delta(t) - \delta(t+\frac{T}{2})] e^{-jn\Omega t} dt = \frac{1}{T}(1-e^{jn\pi})$$

则 $f(t)$ 的频谱函数为

$$F(j\omega) = \mathscr{F}[f(t)] = 2\pi \sum_{n=\infty}^{\infty} \frac{1}{T}(1-e^{jn\pi})\delta(\omega - n\Omega)$$

$$= \frac{2\pi}{T}\sum_{n=-\infty}^{\infty}(1-e^{jn\pi})\delta(\omega - \frac{2n\pi}{T})$$

4.26 **知识点窍** 傅里叶变换定义式

$$F(j\omega) = \int_{-\infty}^{\infty} f(t) e^{-j\omega t} dt$$

若 $f(t) \longleftrightarrow F(j\omega)$,则有微分特性

$$f'(t) \longleftrightarrow j\omega F(jm)$$

积分特性

$$f^{(-1)}(t) \longleftrightarrow \pi F(0)\delta(\omega) + \frac{F(j\omega)}{j\omega}$$

时域卷积定理,若 $f_1(t) \longleftrightarrow F_1(j\omega), f_2(t) \longleftrightarrow F_2(j\omega)$

则有

$$f_1(t) * f_2(t) \longleftrightarrow F_1(j\omega)F_2(j\omega)$$

逻辑推理 直接根据 $f(t)$ 的波形及表示式利用傅里叶变换定义和相关性质求解。

解题过程 (1) 由傅里叶变换定义可得

$$F(j\omega)=\int_{-\infty}^{\infty}f(t)\mathrm{e}^{-j\omega t}\,\mathrm{d}t=\int_{-1}^{1}\frac{1}{2}[1+\cos(\pi t)]\mathrm{e}^{-j\omega t}\,\mathrm{d}t$$

$$=\frac{1}{2}\cdot\frac{1}{-j\omega}\mathrm{e}^{-j\omega t}\Big|_{-1}^{1}+\frac{1}{2}\left[\frac{1}{j(\pi-\omega)}\mathrm{e}^{j(\pi-\omega)t}+\frac{1}{-j(\pi+\omega)}\mathrm{e}^{-j(\pi+\omega)t}\right]\Big|_{-1}^{1}$$

$$=\frac{\pi^2\sin\omega}{\omega(\pi^2-\omega^2)}$$

(2) 由 $f(t)$ 的表示式可得

$$f'(t)=\begin{cases}-\dfrac{\pi}{2}\sin(\pi t), & |t|<1\\ 0, & |t|>1\end{cases}$$

则有

$$\mathscr{F}[f'(t)]=\int_{-\infty}^{\infty}f'(t)\mathrm{e}^{-j\omega t}\,\mathrm{d}t=\int_{-1}^{1}-\frac{\pi}{2}\sin(\pi t)\mathrm{e}^{-j\omega t}\,\mathrm{d}t$$

$$=-\frac{\pi}{2}\int_{-1}^{1}\frac{1}{2j}(\mathrm{e}^{j\pi t}-\mathrm{e}^{-j\pi t})\mathrm{e}^{-j\omega t}\,\mathrm{d}t$$

$$=-\frac{\pi}{4j}\int_{-1}^{1}[\mathrm{e}^{j(\pi-\omega)t}-\mathrm{e}^{-j(\pi+\omega)t}]\mathrm{d}t$$

$$=-\frac{\pi}{4j}\cdot\left[\frac{2\sin(\pi-\omega)}{\pi-\omega}-\frac{2\sin(\pi+\omega)}{\pi+\omega}\right]$$

当 $\omega=0$ 时，上式为 0，则有

$$\mathscr{F}[f(t)]=\frac{\mathscr{F}[f'(t)]}{j\omega}=\frac{\pi}{4\omega}\left(\frac{2\sin\omega}{\pi-\omega}+\frac{2\sin\omega}{\pi+\omega}\right)=\frac{\pi^2\sin\omega}{\omega(\pi^2-\omega^2)}$$

(3) 由 $f(t)$ 的表示式可得

$$f(t)=g_2(t)\cdot\frac{1}{2}[1+\cos(\pi t)]$$

又 $g_2(t)\longleftrightarrow 2\mathrm{Sa}(\omega)$，$\frac{1}{2}\longleftrightarrow\pi\delta(\omega)$

$$\frac{1}{2}\cos(\pi t)\longleftrightarrow\frac{\pi}{2}[\delta(\omega+\pi)+\delta(\omega-\pi)]$$

则由频域卷积特性可得 $f(t)$ 的频谱函数为

$$F(j\omega)=\mathscr{F}[f(t)]$$

$$=\frac{1}{\pi}\left\{2\mathrm{Sa}(\omega)*\frac{\pi}{2}[2\delta(\omega)+\delta(\omega+\pi)+\delta(\omega-\pi)]\right\}$$

$$=\frac{1}{2}[2\mathrm{Sa}(\omega)+\mathrm{Sa}(\omega+\pi)+\mathrm{Sa}(\omega-\pi)]$$

$$=\frac{\pi^2\sin\omega}{\omega(\pi^2-\omega^2)}$$

4.27 知识点窍　傅里叶变换定义 $F(j\omega)=\int_{-\infty}^{\infty} f(t)\mathrm{e}^{-j\omega t}\mathrm{d}t$

傅里叶逆变换定义 $f(t)=\frac{1}{2\pi}\int_{-\infty}^{\infty} F(j\omega)\mathrm{e}^{j\omega t}\mathrm{d}\omega$

能量等式 $\int_{-\infty}^{\infty} f^2(t)\mathrm{d}t=\frac{1}{2\pi}\int_{-\infty}^{\infty}|F(j\omega)|^2\mathrm{d}\omega$

逻辑推理　$F(0)=\int_{-\infty}^{\infty} f(t)\mathrm{d}t, f(0)=\frac{1}{2\pi}\int_{-\infty}^{\infty} F(j\omega)\mathrm{d}\omega$,直接利用这些等式及能量等式求解。

解题过程　(1) 由傅里叶变换定义可知

$$F(j\omega)=\int_{-\infty}^{\infty} f(t)\mathrm{e}^{-j\omega t}\mathrm{d}t$$

则有

$$F(0)=F(j\omega)\Big|_{\omega=0}=\int_{-\infty}^{\infty} f(t)\mathrm{d}t$$

又有

$$f(t)=\begin{cases} t+1, & -1<t<0 \\ 1, & 0\leqslant t<1 \\ 0, & 其他 \end{cases}$$

得

$$F(0)=\int_{-1}^{0}(t+1)\mathrm{d}t+\int_{0}^{1}\mathrm{d}t=\frac{3}{2}$$

(2) 由傅里叶逆变换可知

$$f(t)=\frac{1}{2\pi}\int_{-\infty}^{\infty} F(j\omega)\mathrm{e}^{j\omega t}\mathrm{d}t$$

由此可得

$$f(0)=\frac{1}{2\pi}\int_{-\infty}^{\infty} F(j\omega)\mathrm{d}t$$

即

$$\int_{-\infty}^{\infty} F(j\omega)\mathrm{d}t=2\pi f(0)=2\pi$$

(3) 由 $f(t)$ 的波形可知

$$f^2(t)=\begin{cases} (t+1)^2, & -1<t<0 \\ 1, & 0\leqslant t\leqslant 1 \\ 0, & 其他 \end{cases}$$

则由能量等式可得

$$\int_{-\infty}^{\infty} |F(j\omega)|^2 \mathrm{d}\omega = 2\pi\int_{-\infty}^{\infty} f^2(t)\mathrm{d}t = 2\pi\left[\int_{-1}^{0}(t+1)^2\mathrm{d}t + \int_{0}^{1}\mathrm{d}t\right] = \frac{8}{3}\pi$$

4.28 知识点窍 傅里叶变换对称性，即若 $f(t) \longleftrightarrow F(j\omega)$，则有 $F(jt) \longleftrightarrow 2\pi f(-\omega)$。

逻辑推理 根据 $f(t)$ 的表示式，利用傅里叶变换对称性求出其 $F(j\omega)$，再利用能量等式求解即可。

解题过程 (1) 已知幅度为 $\frac{1}{2}$ 的门函数的傅里叶变换为 $\mathrm{Sa}(\omega)$，即

$$\frac{1}{2}g_2(t) \longleftrightarrow \mathrm{Sa}(\omega) = \frac{\sin\omega}{\omega}$$

则由傅里叶变换对称性可得

$$\frac{\sin t}{t} \longleftrightarrow \pi g_2(\omega)$$

由能量等式可得

$$\int_{-\infty}^{\infty}\left(\frac{\sin t}{t}\right)^2\mathrm{d}t = \frac{1}{2\pi}\int_{-\infty}^{\infty} |\pi g_2(\omega)|^2\mathrm{d}\omega = \frac{1}{2\pi}\cdot\pi^2\cdot 2 = \pi$$

(2) 由于当 $\alpha > 0$ 时，有

$$\mathrm{e}^{-\alpha|t|} \longleftrightarrow \frac{2\alpha}{\alpha^2+\omega^2}$$

则当 $\alpha = 1$ 时，有

$$\mathrm{e}^{-|t|} \longleftrightarrow \frac{2}{1+\omega^2}$$

由傅里叶变换的对称性可得

$$\frac{1}{1+t^2} \longleftrightarrow \pi\mathrm{e}^{-|\omega|}$$

则由能量等式可得

$$\int_{-\infty}^{\infty}\frac{\mathrm{d}x}{(1+x^2)^2} = \int_{-\infty}^{\infty}\frac{1}{(1+t^2)^2}\mathrm{d}t = \frac{1}{2\pi}\int_{-\infty}^{\infty} |\pi\mathrm{e}^{-|\omega|}|^2\mathrm{d}\omega = \frac{1}{2\pi}\cdot\pi^2\cdot 2\int_{0}^{\infty}\mathrm{e}^{-2\omega}\mathrm{d}\omega$$

$$= \frac{1}{2\pi}\cdot\pi^2\cdot(-1)\mathrm{e}^{-2\omega}\Big|_{0}^{\infty} = \frac{\pi}{2}$$

4.29 知识点窍 周期为 T 的函数 $f_T(t)$，其傅里叶级数为

$$f_T(t) = \sum_{n=-\infty}^{\infty} F_n \mathrm{e}^{jn\Omega t}$$

其中傅里叶系数为

$$F_n = \frac{1}{T}\int_{-\frac{T}{2}}^{\frac{T}{2}} f_T(t)\mathrm{e}^{-jn\Omega t}\mathrm{d}t$$

则有

$$\mathscr{F}[f_T(t)] = 2\pi \sum_{n=-\infty}^{\infty} F_n \delta(\omega - n\Omega)$$

逻辑推理 由傅里叶变换的性质可以得出 $f(t)$ 变换后信号的傅里叶变换，再对比周期信号的傅里叶变换公式即可得出其傅里叶系数。令 $f(t)$ 的傅里叶变换为 $F(jn\Omega)$，其中 $\Omega = \frac{2\pi}{T}$，即$\mathscr{F}[f(t)] = F(jn\Omega) = 2\pi \sum_{n=-\infty}^{\infty} F_n \delta(\omega - n\Omega)$

解题过程 (1) 由傅里叶变换时移特性可知

$$\mathscr{F}[f_1(t)] = \mathscr{F}[f(t-t_0)] = e^{-jn\Omega t_0} \mathscr{F}[f(t)] = e^{-jn\Omega t_0} F(jn\Omega)$$

则

$$\mathscr{F}[f_1(t)] = e^{-jn\Omega t_0} \cdot 2\pi \sum_{n=-\infty}^{\infty} F_n \delta(\omega - n\Omega) = 2\pi \sum_{n=-\infty}^{\infty} (F_n e^{-jn\Omega t_0}) \delta(\omega - n\Omega)$$

由此可知 $f_1(t)$ 的傅里叶系数为 $F_n e^{-jn\Omega t_0}$。

(2) 由傅里叶变换反转特性得

$$\mathscr{F}[f_2(t)] = \mathscr{F}[f(-t)] = F(-jn\Omega) = 2\pi \sum_{n=-\infty}^{\infty} F_n \delta(\omega + n\Omega)$$

令 $k = -n$，则有

$$\mathscr{F}[f_2(t)] = 2\pi \sum_{k=\infty}^{-\infty} F_{-k} \delta(\omega - k\Omega) = 2\pi \sum_{n=-\infty}^{\infty} F_{-n} \delta(\omega - n\Omega)$$

由此可知 $f_2(t)$ 的傅里叶系数为 F_{-n}。

(3) 由傅里叶变换时域微分特性可知

$$\mathscr{F}[f_3(t)] = \mathscr{F}[\frac{d}{dt} f(t)] = jn\Omega \mathscr{F}[f(t)] = jn\Omega \cdot 2\pi \sum_{n=-\infty}^{\infty} F_n \delta(\omega - n\Omega)$$

即 $\mathscr{F}[f_3(t)] = 2\pi \sum_{n=-\infty}^{\infty} jn\Omega F_n \delta(\omega - n\Omega)$

由此可知 $f_3(t)$ 的傅里叶系数为 $jn\Omega F_n$。

(4) 由傅里叶时域尺度变换特性可知，$a > 0$ 时有

$$\begin{aligned}\mathscr{F}[f_4(t)] = \mathscr{F}[f(at)] &= \frac{1}{a} \cdot 2\pi \sum_{n=-\infty}^{\infty} F_n \delta(\frac{\omega}{a} - n\Omega) \\ &= \frac{1}{a} \cdot 2\pi \sum_{n=-\infty}^{\infty} F_n \cdot a\delta(\omega - na\Omega) \\ &= 2\pi \sum_{n=-\infty}^{\infty} F_n \delta(\omega - na\Omega)\end{aligned}$$

由上式可知此时信号基波角频率变为 $a\Omega$，则 $f_4(t)$ 的周期变为原来的 $\frac{1}{a}$ 倍，即

$\frac{T}{a}$,则其傅里叶系数为 F_n,信号周期为$\frac{T}{a}$。

4.30 知识点窍 系统的频率响应 $H(j\omega)=\frac{Y(j\omega)}{F(j\omega)}$,式中 $Y(j\omega)$、$F(j\omega)$ 分别为系统响应与激励的傅里叶变换。

逻辑推理 根据描述系统的微分方程,两边同时进行傅里叶变换,整理求解。

解题过程 (1) 对方程两边同时进行傅里叶变换,由时域微分特性可得

$$(j\omega)^2Y(j\omega)+3(j\omega)Y(j\omega)+2Y(j\omega)=(j\omega)F(j\omega)$$

稍加整理可得系统的频率响应为

$$H(j\omega)=\frac{Y(j\omega)}{F(j\omega)}=\frac{j\omega}{(j\omega)^2+3(j\omega)+2}$$

(2) 对方程两边同时进行傅里叶变换,由时域微分特性可得

$$(j\omega)^2Y(j\omega)+5(j\omega)Y(j\omega)+6Y(j\omega)=(j\omega)F(j\omega)+4F(j\omega)$$

稍加整理可得系统的频率响应为

$$H(j\omega)=\frac{Y(j\omega)}{F(j\omega)}=\frac{j\omega+4}{(j\omega)^2+5(j\omega)+6}$$

4.31 知识点窍 无失真传输系统的频率响应为 $H(j\omega)=ke^{-j\omega t_d}$。

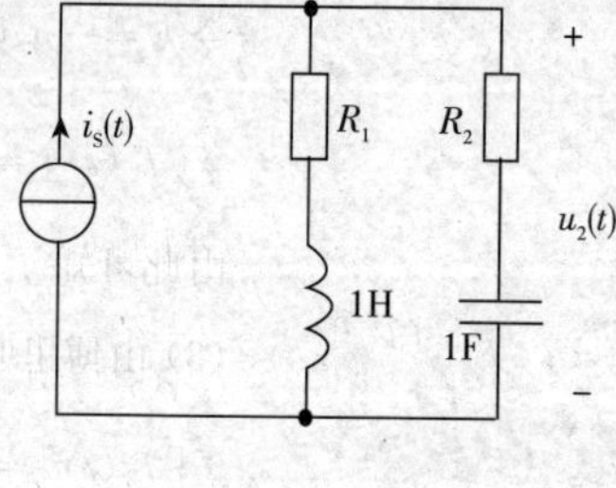

题 4.31 图

逻辑推理 根据电路系统的激励列写系统的频率响应 $H(j\omega)=\frac{U_2(j\omega)}{I_S(j\omega)}$,代入数值整理,进而根据 $H(j\omega)$ 满足的无失真传输条件求出 R_1、R_2 的值。

解题过程 图中电路系统的频率响应为

$$H(j\omega)=\frac{U_2(j\omega)}{I_S(j\omega)}=\frac{(R_1+j\omega L)\cdot(R_2+\frac{1}{j\omega C})}{R_1+j\omega L+R_2+\frac{1}{j\omega C}}$$

代入数值整理得

$$H(j\omega)=\frac{R_2(j\omega)^2+(1+R_1R_2)(j\omega)+R_1}{(j\omega)^2+(R_1+R_2)(j\omega)+1}$$

由于无失真传输系统的频率响应满足

$$H(j\omega)=ke^{-j\omega t_d}$$

其中 k、t_d 均为常数,则必有

$$\frac{R_2}{1}=\frac{1+R_1R_2}{R_1+R_2}=\frac{R_1}{1}$$

解得 $R_1=R_2=1\Omega$，故为了能无失真地传输，R_1、R_2 应均为 1Ω 的电阻。

4.32 知识点窍 分压定理 $\frac{u_2}{u_1}=\frac{R_2}{R_1+R_2}$，无失真系统的频率响应

$H(j\omega)=\frac{Y(j\omega)}{F(j\omega)}=k\mathrm{e}^{-j\omega t_d}$。

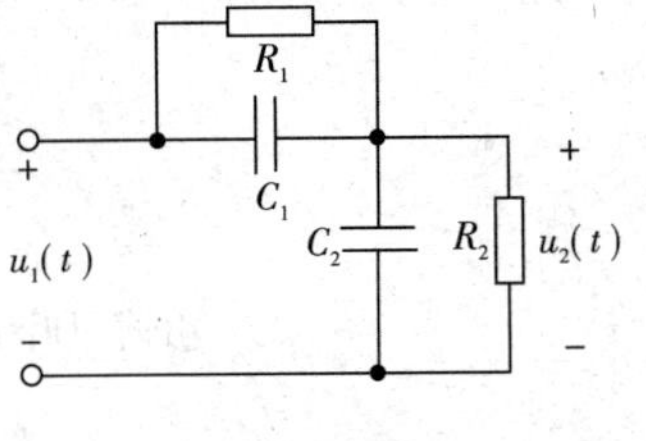

题 4.32 图

逻辑推理 根据分压定理已知系统输入为 $u_1(t)$，输出为 $u_2(t)$，则频率响应为

$$H(j\omega)=\frac{U_2(j\omega)}{U_1(j\omega)}$$

再根据无失真传输满足的条件 $H(j\omega)=k\mathrm{e}^{-j\omega t_d}$ 判断 R、C 的值。

解题过程 由电路图可知系统的频率响应为

$$H(j\omega)=\frac{U_2(j\omega)}{U_1(j\omega)}=\frac{R_2 /\!/ \frac{1}{j\omega C_2}}{R_1 /\!/ \frac{1}{j\omega C_1}+R_2 /\!/ \frac{1}{j\omega C_2}}=\frac{R_2}{R_2+R_1\frac{1+j\omega R_2C_2}{1+j\omega R_1C_1}}$$

若能无失真传输则必有 $|H(j\omega)|$ 为常数，亦即

$$\left|\frac{1+j\omega R_2C_2}{1+j\omega R_1C_1}\right|=k(k\text{ 为常数})$$

即 $1+R_2^2C_2^2\omega^2=1+R_1^2C_1^2\omega^2$ 对于任意 ω 均成立，则必有

$$R_1C_1=R_2C_2$$

此即为系统无失真传输时 R 和 C 应满足的条件。

4.33 知识点窍 傅里叶变换的时移性质和尺度变换性质，以及时域卷积定理，即若 $f(t)\longleftrightarrow F(j\omega)$，则有

$$f(t-t_0)\longleftrightarrow \mathrm{e}^{-j\omega t_0}F(j\omega)$$

$$f(-t)\longleftrightarrow F(-j\omega)$$

$$f(at)\longleftrightarrow \frac{1}{|a|}F(j\frac{\omega}{a})$$

$$f_1(t)*f_2(t)\longleftrightarrow F_1(j\omega)F_2(j\omega)$$

逻辑推理 根据输入与输出的关系式，可将 $y(t)$ 化为两函数的卷积，进而利用傅里叶变换的时域卷积特性求解。

解题过程 由已知可得

$$y(t)=\frac{1}{a}\int_{-\infty}^{\infty}s(\frac{x-t}{a})f(x-2)\mathrm{d}x=\frac{1}{a}\int_{-\infty}^{\infty}s(-\frac{t-x}{a})f(x-2)\mathrm{d}x$$

$$= \frac{1}{a}s(-\frac{t}{a}) * f(t-2)$$

由傅里叶变换的时移性质和尺度变换性质可得

$$\mathscr{F}\left[\frac{1}{a}s(-\frac{t}{a})\right] = \frac{1}{a} \cdot \frac{1}{\left|-\frac{1}{a}\right|}S(-ja\omega) = \frac{|a|}{a}S(-ja\omega)$$

$$\mathscr{F}[f(t-2)] = e^{-j2\omega}F(j\omega),\text{其中 } F(j\omega) = \mathscr{F}[f(t)]$$

由傅里叶变换时域卷积特性可知

$$\mathscr{F}[y(t)] = \mathscr{F}\left[\frac{1}{a}s(-\frac{t}{a}) * f(t-2)\right]$$

$$= \frac{1}{a}\mathscr{F}[s(-\frac{t}{a})] \cdot \mathscr{F}[f(t-2)]$$

$$= \frac{1}{a} \cdot |a| S(-ja\omega) \cdot e^{-j2\omega}F(j\omega)$$

则系统的频率响应

$$H(j\omega) = \frac{Y(j\omega)}{F(j\omega)} = e^{-j2\omega}S(-ja\omega) \cdot \frac{|a|}{a}$$

4.34 **知识点窍** $f(t)\delta(t) = f(0)\delta(t), Y(j\omega) = F(j\omega) \cdot H(j\omega)$。

逻辑推理 求出系统输入的傅里叶变换,代入公式 $Y(j\omega) = F(j\omega) \cdot H(j\omega)$,可求出 $Y(j\omega)$,对其求傅里叶逆变换可得系统输出 $y(t)$。

解题过程 系统输入的傅里叶变换为

$$F(j\omega) = \mathscr{F}[f(t)] = \mathscr{F}[\cos 2t] = \pi[\delta(\omega+2) + \delta(\omega-2)]$$

则系统输出的傅里叶变换为

$$Y(j\omega) = F(j\omega) \cdot H(j\omega) = \pi[\delta(\omega+2) + \delta(\omega-2)] \cdot \frac{2-j\omega}{2+j\omega}$$

$$= j\pi[\delta(\omega+2) - \delta(\omega-2)]$$

其傅里叶逆变换为

$$y(t) = \mathscr{F}^{-1}[Y(j\omega)] = \sin(2t)$$

此即为系统输入为 $f(t) = \cos(2t)$ 时系统的输出。

4.35 **知识点窍** 输入信号中,某分量的频率大于理想低通滤波器的截止频率时,该频率分量将被滤除,即该输入分量的响应为零。$Y(j\omega) = F(j\omega)H(j\omega)$。

逻辑推理 求出输入 $f(t)$ 的傅里叶变换,代入 $Y(j\omega) = F(j\omega)H(j\omega)$ 中,求出 $Y(j\omega)$,再用傅里叶逆变换公式得出输出 $y(t)$。

解题过程　输入的傅里叶变换为

$$F(j\omega)=\mathscr{F}[f(t)]=\mathscr{F}[\sum_{n=-\infty}^{\infty}3e^{jn(t\Omega-\frac{\pi}{2})}]=\sum_{n=-\infty}^{\infty}3e^{-jn\frac{\pi}{2}}\mathscr{F}[e^{jn\Omega t}]$$

$$=\sum_{n=-\infty}^{\infty}3e^{-jn\frac{\pi}{2}}\cdot 2\pi\delta(\omega-n\Omega)$$

则有

$$Y(j\omega)=F(j\omega)H(j\omega)=[\sum_{n=-\infty}^{\infty}3e^{-jn\frac{\pi}{2}}\cdot 2\pi\delta(\omega-n\Omega)]\cdot H(j\omega)$$

由于 $\Omega=1\text{rad/s}$，且有 $H(j\omega)=\begin{cases}1-\dfrac{|\omega|}{3}, & |\omega|<3\ \text{rad/s}\\ 0, & |\omega|>3\ \text{rad/s}\end{cases}$

则由线性系统性质可知

$$Y(j\omega)=\sum_{n=-2}^{2}3e^{-jn\frac{\pi}{2}}2\pi\delta(\omega-n\Omega)(1-\frac{|n\Omega|}{3})$$

$$=\sum_{n=-2}^{2}3e^{-jn\frac{\pi}{2}}2\pi\delta(\omega-n)(1-\frac{|n|}{3})$$

$$=3\cdot 2\pi\delta(\omega)+4j\pi[\delta(\omega+1)-\delta(\omega-1)]-2\pi[\delta(\omega+2)+\delta(\omega-2)]$$

则有输出为

$$y(t)=\mathscr{F}^{-1}[Y(j\omega)]=3+4\sin t-2\cos(2t)$$

4.36 知识点窍　时域卷积定理和频域卷积定理、傅里叶变换对称性。$Y(j\omega)=F(j\omega)H(j\omega)$。

逻辑推理　由频域卷积定理求出 $f(t)$ 的傅里叶变换 $F(j\omega)$，代入公式求出 $Y(j\omega)$，再求 $Y(j\omega)$ 的傅里叶逆变换即得系统的输出 $y(t)$。

解题过程　幅度为$\frac{1}{2}$、宽度为 2 的门函数的傅里叶变换为 $\text{Sa}(\omega)$，

即有 $$\frac{1}{2}g_2(t)\longleftrightarrow \text{Sa}(\omega)$$

由对称性可得 $$\frac{\sin(3t)}{t}\longleftrightarrow \pi g_6(\omega)$$

又有 $$\cos(5t)\longleftrightarrow \pi[\delta(\omega+5)+\delta(\omega-5)]$$

则由频域卷积定理可得

$$F(j\omega)=\mathscr{F}[f(t)]=\mathscr{F}\left[\frac{\sin(3t)}{t}\cdot\cos(5t)\right]=\frac{1}{2\pi}\mathscr{F}\left[\frac{\sin(3t)}{t}\right]*\mathscr{F}[\cos(5t)]$$

$$=\frac{1}{2\pi}\{\pi g_6(\omega)*\pi[\delta(\omega+5)+\delta(\omega-5)]\}=\frac{\pi}{2}[g_6(\omega+5)+g_6(\omega-5)]$$

又由已知可得 $$H(j\omega)=\begin{cases} j, & -6\ \text{rad/s}<\omega<0 \\ -j, & 0<\omega<6\ \text{rad/s} \\ 0, & \text{其余} \end{cases}$$

则系统输出的傅里叶变换为

$$Y(j\omega)=F(j\omega)H(j\omega)=\frac{\pi}{2}[jg_4(\omega+4)-jg_4(\omega-4)]$$

$$=\frac{1}{2}g_4(\omega)*j\pi[\delta(\omega+4)-\delta(\omega-4)]$$

$$=\frac{1}{2\pi}\{\pi g_4(\omega)*j\pi[\delta(\omega+4)-\delta(\omega-4)]\}$$

又由傅里叶变换对称性可得

$$\mathscr{F}^{-1}[\pi g_4(\omega)]=\frac{\sin(2t)}{t}$$

且有 $$\mathscr{F}[\sin(4t)]=j\pi[\delta(\omega+4)-\delta(\omega-4)]$$

则由频域卷积定理可得系统的输出为

$$y(t)=\mathscr{F}^{-1}[Y(j\omega)]=\frac{\sin(2t)}{t}\sin(4t)$$

4.37 **知识点窍** 傅里叶变换的对称性，$Y(j\omega)=F(j\omega)H(j\omega)$。

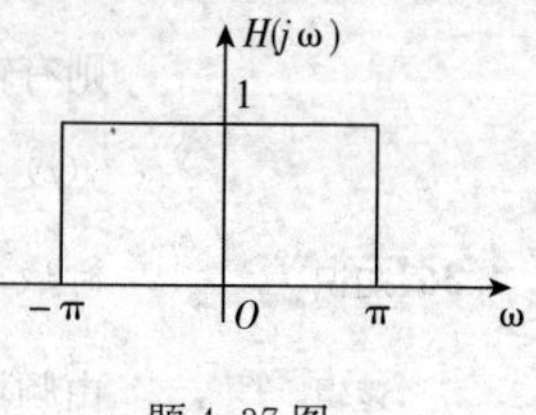

题 4.37 图

逻辑推理 根据 $H(j\omega)$ 的波形图及相频特性可以得出 $H(j\omega)$ 的表达式，又根据 $f(t)$ 可以得出输入信号 $f(t)$ 的傅里叶变换 $F(j\omega)$，则输出信号的频谱 $Y(j\omega)=F(j\omega)H(j\omega)$，画出波形即可。

解题过程 由 $H(j\omega)$ 的波形图及相频特性可得

$$H(j\omega)=\begin{cases} 1, & |\omega|<\pi\ \text{rad/s} \\ 0, & |\omega|>\pi\ \text{rad/s} \end{cases}=g_\pi(\omega)$$

(1) 由于 $$\frac{1}{2}g_\pi(t)\longleftrightarrow\frac{\sin(\pi\omega)}{\pi\omega}$$

则由傅里叶变换对称性可得

$$\frac{\sin(\pi t)}{\pi t}\longleftrightarrow\pi g_\pi(\omega)$$

即 $$F(j\omega)=\mathscr{F}[f(t)]=\pi g_\pi(\omega)$$

则输出信号的频谱为

$$Y(j\omega)=F(j\omega)H(j\omega)=\pi g_\pi(\omega)\cdot g_\pi(\omega)=\pi g_\pi^2(\omega)$$

其图形为

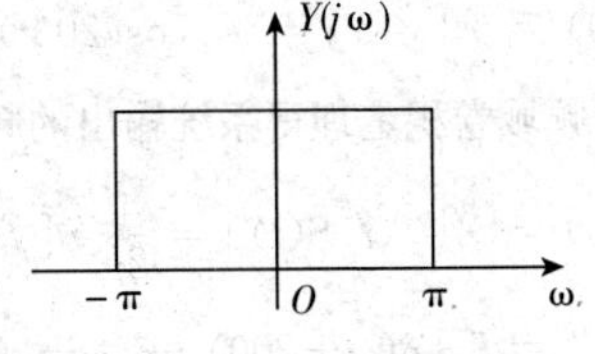

(2) 由已知可得 $f(t)=g_2(t)$

即输入信号为幅度为 1、宽度为 2 的门函数，则其傅里叶变换为

$$F(j\omega)=\mathscr{F}[f(t)]=\mathscr{F}[g_2(t)]=2\cdot\frac{\sin\omega}{\omega}$$

则输出信号的频谱为

$$Y(j\omega)=F(j\omega)H(j\omega)=2\cdot\frac{\sin\omega}{\omega}\cdot g_\pi(\omega)=\begin{cases}\dfrac{2\sin\omega}{\omega}, & |\omega|<\pi\ \text{rad/s}\\ 0, & |\omega|>\pi\ \text{rad/s}\end{cases}$$

其图形为

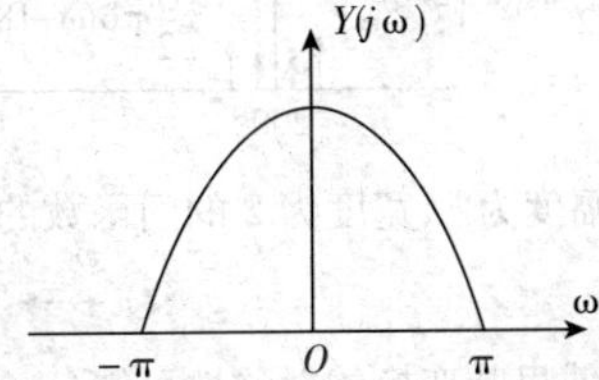

4.38 **知识点窍** 线性系统满足齐次性和可加性。$Y(j\omega)=F(j\omega)\cdot H(j\omega)$。频域卷积定理。

逻辑推理 根据系统输入输出的关系判定系统是否满足齐次性和可加性，进而可知是否为线性系统。根据 $f(t)$、$s(t)$ 的表达式求出其傅里叶变换，由频域卷积定理可得

$$Y(j\omega)=\frac{1}{2\pi}[F(j\omega)*S(j\omega)]$$

解题过程 令输入分别为 $f_1(t)$、$f_2(t)$ 时系统的输出分别为 $y_1(t)$、$y_2(t)$，即

$$y_1(t)=f_1(t)s(t)$$

$$y_2(t)=f_2(t)s(t)$$

则当输入为 $\alpha_1f_1(t)+\alpha_2f_2(t)$ 时(其中 α_1、α_2 为常数)，有输出为

$$\begin{aligned}y(t)&=[\alpha_1f_1(t)+\alpha_2f_2(t)]s(t)=\alpha_1f_1(t)s(t)+\alpha_2f_2(t)s(t)\\&=\alpha_1y_1(t)+\alpha_2y_2(t)\end{aligned}$$

即系统满足齐次性和可加性，为线性系统。

(1) 由已知得

$$\begin{aligned}F(j\omega)&=\mathscr{F}[f(t)]=\mathscr{F}[5+2\cos(10t)+3\cos(20t)]\\&=10\pi\delta(\omega)+2\pi[\delta(\omega+10)+\delta(\omega-10)]+3\pi[\delta(\omega+20)+\delta(\omega-20)]\end{aligned}$$

$$S(j\omega)=\mathscr{F}[s(t)]=\mathscr{F}[\cos(200t)]=\pi[\delta(\omega+200)+\delta(\omega-200)]$$

则由频域卷积定理得系统输出的频谱为

$$Y(j\omega)=\mathscr{F}[f(t)S(t)]=\frac{1}{2\pi}\mathscr{F}[f(t)]*\mathscr{F}[s(t)]=\frac{1}{2\pi}[F(j\omega)*S(j\omega)]$$

$$=5\pi[\delta(\omega+200)+\delta(\omega-200)]+\pi[\delta(\omega+210)+\delta(\omega+190)+\delta(\omega-190)+\delta(\omega-210)]+\frac{3}{2}\pi[\delta(\omega+220)+\delta(\omega+180)+\delta(\omega-180)+\delta(\omega-220)]$$

其图形为

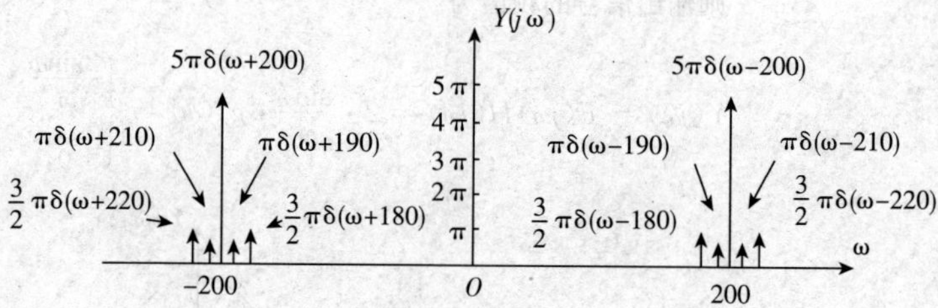

(2) 幅度为1、宽度为2的门函数的傅里叶变换为 $2\mathrm{Sa}(\omega)$，即

$$g_2(t)\longleftrightarrow 2\mathrm{Sa}(\omega)$$

则由傅里叶变换的对称性可知

$$\mathrm{Sa}(t)\longleftrightarrow \pi g_2(\omega)$$

由此可知输入信号的傅里叶变换为

$$F(j\omega)=\mathscr{F}[f(t)]=\pi g_2(\omega)$$

又有

$$S(j\omega)=\mathscr{F}[s(t)]=\mathscr{F}[\cos(3t)]=\pi[\delta(\omega+3)+\delta(\omega-3)]$$

则由傅里叶变换频域卷积定理可得输出信号的频谱为

$$Y(j\omega)=\mathscr{F}[y(t)]=\mathscr{F}[f(t)s(t)]$$

$$=\frac{1}{2\pi}\mathscr{F}[f(t)]*\mathscr{F}[s(t)]$$

$$=\frac{1}{2\pi}\cdot\pi g_2(\omega)*\pi[\delta(\omega+3)+\delta(\omega-3)]$$

$$=\frac{\pi}{2}[g_2(\omega+3)+g_2(\omega-3)]$$

其图形为

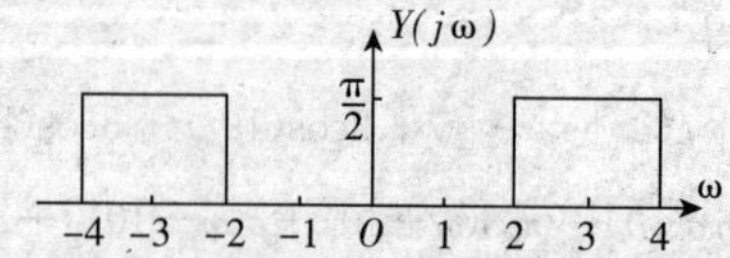

4.39 知识点窍 线性系统满足齐次性和可加性。$Y(j\omega)=F(j\omega)\cdot H(j\omega)$。频域卷积定理。

逻辑推理 根据系统输入输出的关系判定系统是否满足齐次性和可加法，进而可知是否为线性系统。根据 $f(t)$ 的表达式求出其傅里叶变换，由频域卷积定理可得

$$Y(j\omega)=\frac{1}{2\pi}[F(j\omega)*F(j\omega)]$$

解题过程 令输入为 $f_1(t)$、$f_2(t)$ 时系统的输出分别为 $y_1(t)$、$y_2(t)$，即

$$y_1(t)=f_1^2(t)$$

$$y_2(t)=f_2^2(t)$$

则当输入为 $\alpha_1 f_1(t)+\alpha_2 f_2(t)$ 时(其中 α_1、α_2 为常数)，有输出为

$$\begin{aligned}y(t)&=[\alpha_1 f_1(t)+\alpha_2 f_2(t)]^2=\alpha_1^2 f_1^2(t)+\alpha_2^2 f_2^2(t)+2\alpha_1\alpha_2 f_1(t)f_2(t)\\&\neq \alpha_1 f_1^2(t)+\alpha_2 f_2^2(t)\\&=\alpha_1 y_1(t)+\alpha_2 y_2(t)\end{aligned}$$

即系统不满足齐次性和可加性，为非线性系统。

(1) 幅度为 1、宽度为 2 的门函数的傅里叶变换为 $2\mathrm{Sa}(\omega)$，即

$$g_2(t)\longleftrightarrow 2\mathrm{Sa}(\omega)$$

由傅里叶变换对称性可得

$$\mathrm{Sa}(t)\longleftrightarrow \pi g_2(\omega)$$

则由傅里叶变换频域卷积定理可得输出信号的频谱为

$$\begin{aligned}Y(j\omega)&=\frac{1}{2\pi}F(j\omega)*F(j\omega)=\frac{1}{2\pi}[\pi g_2(\omega)*\pi g_2(\omega)]\\&=\begin{cases}\pi[1-\frac{|\omega|}{2}], & |\omega|<2\ \mathrm{rad/s}\\ 0, & |\omega|>2\ \mathrm{rad/s}\end{cases}\end{aligned}$$

(2) 由已知可得

$$F(j\omega)=\mathscr{F}[f(t)]=\mathscr{F}[\frac{1}{2}+\cos t+\cos(2t)]=\pi\sum_{n=-2}^{2}\delta(\omega-n)$$

则由傅里叶变换频域卷积定理可得输出信号的频谱为

$$\begin{aligned}Y(j\omega)&=\frac{1}{2\pi}F(j\omega)*F(j\omega)=\frac{1}{2\pi}[\pi\sum_{n=-2}^{2}\delta(\omega-n)*\pi\sum_{n=-2}^{2}\delta(\omega-n)]\\&=\frac{\pi}{2}\sum_{n=-4}^{4}[5-|n|]\delta(\omega-n)\end{aligned}$$

4.40 知识点窍 傅里叶变换频域卷积定理 $Y(j\omega)=F(j\omega)H(j\omega)$。

逻辑推理 首先求出输入信号 $f(t)$ 的傅里叶变换，再由 $Y(j\omega)=F(j\omega)H(j\omega)$ 求出理想高通

输出信号的傅里叶变换，进而用同样的方法求出输入为 $x(t)$ 时理想低通滤波器的输出。

解题过程 由傅里叶变换频域卷积定理可得

$$\begin{aligned}\mathscr{F}[f(t)\cos(\omega_b t)] &= \frac{1}{2\pi}\mathscr{F}[f(t)] * \mathscr{F}[\cos(\omega_b t)] \\ &= \frac{1}{2\pi}F(j\omega) * \pi[\delta(\omega+\omega_b)+\delta(\omega-\omega_b)] \\ &= \frac{1}{2}F[j(\omega+\omega_b)]+\frac{1}{2}F[j(\omega-\omega_b)]\end{aligned}$$

则高通滤波器的输出 $x(t)$ 的频谱为

$$\begin{aligned}X(j\omega) &= \mathscr{F}[f(t)\cos(\omega_b t)]\cdot H_1(j\omega) \\ &= \begin{cases}\dfrac{K_1}{2}[F(j(\omega+\omega_b))+F(j(\omega-\omega_b))], & |\omega|>\omega_b \\ 0, & |\omega|<\omega_b\end{cases}\end{aligned}$$

其图形为

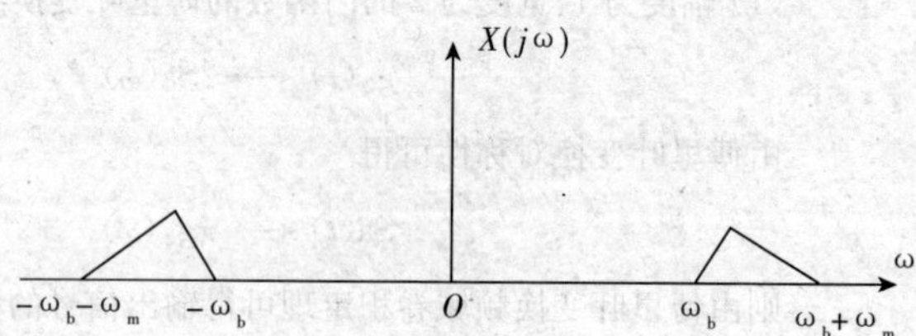

再由傅里叶变换频域卷积定理可得理想低通滤波器输入信号的傅里叶变换为

$$\begin{aligned}\mathscr{F}[x(t)\cdot\cos[(\omega_b+\omega_m)t]] &= \frac{1}{2\pi}\mathscr{F}[x(t)] * \mathscr{F}[\cos[(\omega_b+\omega_m)t]] \\ &= \frac{1}{2\pi}X(j\omega) * \pi[\delta(\omega+\omega_b+\omega_m)+\delta(\omega-\omega_b-\omega_m)] \\ &= \frac{1}{2}X[j(\omega+\omega_b+\omega_m)]+\frac{1}{2}X[j(\omega-\omega_b-\omega_m)]\end{aligned}$$

其波形图为

$\frac{1}{2}X[j(\omega+\omega_b+\omega_m)]+\frac{1}{2}X[j(\omega-\omega_b-\omega_m)]$

ω

$-2(\omega_b+\omega_m)$ $-2\omega_b-\omega_m$ $-(\omega_b+\omega_m)$ $-\omega_m$ O ω_m $\omega_b+\omega_m$ $2\omega_b+\omega_m$ $2(\omega_b+\omega_m)$

则低通滤波器的输出 $y(t)$ 的傅里叶变换为

$$Y(j\omega) = \{\frac{1}{2}X[j(\omega+\omega_b+\omega_m)]+\frac{1}{2}X[j(\omega-\omega_b-\omega_m)]\}\cdot H_2(j\omega)$$

$$=\begin{cases}\dfrac{1}{2}\{X[j(\omega+\omega_0+\omega_m)]+X[j(\omega-\omega_0-\omega_m)]\}, & |\omega|<\omega_m \\ 0, & |\omega|>\omega_m\end{cases}$$

其频谱图为

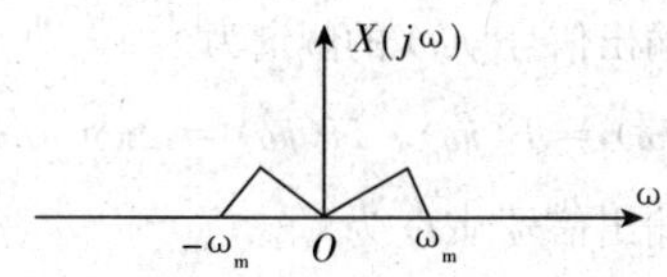

4.41 知识点窍 周期信号的频谱为

$$F(j\omega)=2\pi\sum_{n=-\infty}^{\infty}F_n\delta(\omega-n\Omega)$$

式中 $\Omega=\dfrac{2\pi}{T}$ 为基波角频率，$F_n=\dfrac{1}{T}\int_{-\frac{T}{2}}^{\frac{T}{2}}f(t)\mathrm{e}^{-jn\Omega t}\mathrm{d}t$ 为傅里叶系数。

$$Y(j\omega)=F(j\omega)\cdot H(j\omega)$$

逻辑推理 根据 $f(t)$ 的波形可得其傅里叶系数 F_n，则 $f(t)$ 的傅里叶变换为 $F(j\omega)=2\pi\sum\limits_{n=-\infty}^{\infty}F_n\delta(\omega-n\Omega)$，由此可得输出信号的频谱 $Y(j\omega)=F(j\omega)\cdot H(j\omega)$，求其傅里叶逆变换得输出信号 $y(t)$。

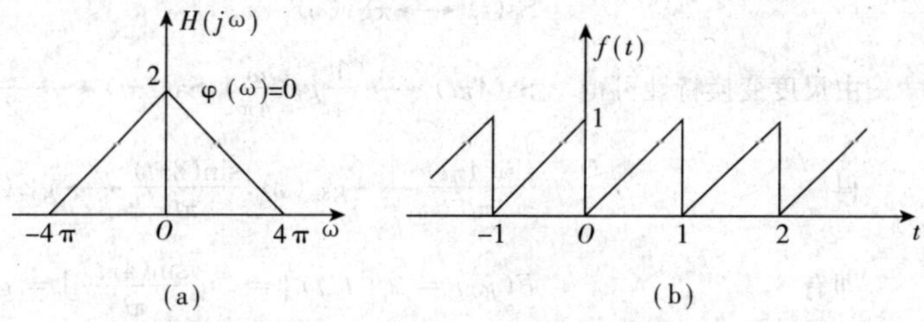

题 4.41 图

解题过程 由 $f(t)$ 的波形可得其周期 $T=1$，则其基波角频率为 $\Omega=\dfrac{2\pi}{T}=2\pi$，其傅里叶系数为

$$F(n)=\int_{-\frac{1}{2}}^{\frac{1}{2}}f(t)\mathrm{e}^{-jn2\pi t}\mathrm{d}t=\int_{-\frac{1}{2}}^{0}(t+1)\mathrm{e}^{-jn2\pi t}\mathrm{d}t+\int_{0}^{\frac{1}{2}}t\mathrm{e}^{-jn2\pi t}\mathrm{d}t$$

$$=\begin{cases}\dfrac{1}{2}, & n=0 \\ \dfrac{j}{2n\pi}, & n=\pm1,\pm2,\cdots\end{cases}$$

则 $f(t)$ 的傅里叶变换为

$$F(j\omega)=2\pi\sum_{n=-\infty}^{\infty}F_n\delta(\omega-n\cdot2\pi)$$

又由已知 $H(j\omega)$ 的波形图可得

$$H(j\omega)=\begin{cases}2[1-\frac{|\omega|}{4\pi}], & |\omega|<4\pi \\ 0, & |\omega|>4\pi\end{cases}$$

则输出信号 $y(t)$ 的频谱为

$$Y(j\omega)=F(j\omega)\cdot H(j\omega)=2\pi\delta(\omega)+j[\delta(\omega-2\pi)-\delta(\omega+2\pi)]$$

则输出信号 $y(t)$ 为

$$y(t)=\mathscr{F}^{-1}[Y(j\omega)]=1-\frac{1}{\pi}\sin(2\pi t)$$

4.42 **知识点窍** 傅里叶变换对称性和尺度变换特性 $Y(j\omega)=F(j\omega)\cdot H(j\omega)$。

逻辑推理 利用傅里叶变换的基本性质求出 $\mathscr{F}[f(t)]$，将其代入公式 $Y(j\omega)=F(j\omega)\cdot H(j\omega)$ 可得输出信号的傅里叶变换 $Y(j\omega)$，求 $\mathscr{F}^{-1}[Y(j\omega)]$ 得输出信号 $y(t)$。

解题过程 幅度为 $\frac{1}{2}$、宽度为 2 的门函数的傅里叶变换为 $\mathrm{Sa}(\omega)$，即

$$\frac{1}{2}g_2(t)\longleftrightarrow \mathrm{Sa}(\omega)$$

由傅里叶变换对称性可得

$$\mathrm{Sa}(t)\longleftrightarrow \pi g_2(\omega)$$

由尺度变换特性可得 $\mathrm{Sa}(4\pi t)\longleftrightarrow \frac{1}{4}g_2(\frac{\omega}{4\pi}),\mathrm{Sa}(2\pi t)\longleftrightarrow \frac{1}{2}g_2(\frac{\omega}{2\pi})$

得 $\frac{\sin(4\pi t)}{\pi t}\longleftrightarrow g_{8\pi}(\omega),\frac{\sin(2\pi t)}{\pi t}\longleftrightarrow g_{4\pi}(\omega)$

即有 $F(j\omega)=\mathscr{F}[f(t)]=\mathscr{F}[\frac{\sin(4\pi t)}{\pi t}]=g_{8\pi}(\omega)$

则输出信号的傅里叶变换为

$$Y(j\omega)=F(j\omega)\cdot H(j\omega)=g_{8\pi}(\omega)\cdot H(j\omega)$$

又由已知可得 $H(j\omega)=\begin{cases}2[1-\frac{|\omega|}{4\pi}], & |\omega|<4\pi \\ 0, & |\omega|>4\pi\end{cases}$

将 $H(j\omega)$ 的表示式代入上式得

$$Y(j\omega)=H(j\omega)=\frac{1}{2\pi}\cdot g_{4\pi}(\omega)*g_{4\pi}(\omega)$$

则由傅里叶变换频域卷积定理可得输出信号为

$$y(t)=\mathscr{F}^{-1}[g_{4\pi}(\omega)]\cdot\mathscr{F}^{-1}[g_{4\pi(\omega)}]=[\frac{\sin(2\pi t)}{\pi t}]^2$$

4.43 逻辑推理 基波幅度及三次谐波幅度均可由 $H(\mathrm{j}\omega)$ 表达式及 $I_s(\mathrm{j}\omega)$ 得出，进而列不等式解题。

解题过程 这里不考虑电流单位 mA 进行运算

$$i_s(t)=[10+12\cos(\omega t)+5\cos(3\omega t)]$$

$$I_s(\mathrm{j}\omega)=20\pi\delta(\mathrm{j}\omega)+12\pi[\delta(\mathrm{j}\omega-\omega)+\delta(\mathrm{j}\omega+\omega)]+5\pi[\delta(\mathrm{j}\omega-3\omega)+\delta(\mathrm{j}\omega+3\omega)]$$

$$H(\mathrm{j}\omega)=\frac{H_0}{1+\mathrm{j}Q\left(\frac{\omega}{\omega_0}-\frac{\omega_0}{\omega}\right)}\qquad \omega_0=3\omega$$

基波幅度 $$a_1=12\pi\left|\frac{H_0}{1+\mathrm{j}Q\left(\frac{1}{3}-3\right)}\right|=\frac{H_0}{\sqrt{1+\frac{65}{9}Q^2}}\cdot 12\pi$$

三次谐波幅度 $$a_3=5\pi\left|\frac{H_0}{1+\mathrm{j}Q\left(\frac{3\omega}{3\omega}-\frac{3\omega}{3\omega}\right)}\right|=H_0\cdot 5\pi$$

要求 $a_1<a_3\cdot 1\%$ 得

$$1+\frac{64}{9}Q^2>240^2\Rightarrow Q>90$$

4.44 知识点窍 $Y(j\omega)=F(j\omega)H(j\omega)$ 傅里叶变换对称性及频域卷积定理。

逻辑推理 首先根据 $f(t)$ 的表示式求出 $F(j\omega)=\mathscr{F}[f(t)]$，再利用 $Y(j\omega)=F(j\omega)H(j\omega)$ 及频域卷积定理求出各乘法器输出信号的傅里叶变换，易得输出信号 $y(t)$ 的傅里叶变换，求其傅里叶逆变换即可。

解题过程 因

$$\frac{1}{2}g_2(t)\longleftrightarrow \mathrm{Sa}(\omega)$$

由对称性，可得

$$\mathrm{Sa}(t)\longleftrightarrow \pi g_2(\omega)$$

又由尺度变换性可得

$$\mathrm{Sa}(2t)\longleftrightarrow \frac{\pi}{2}g_2\left(\frac{\omega}{2}\right)$$

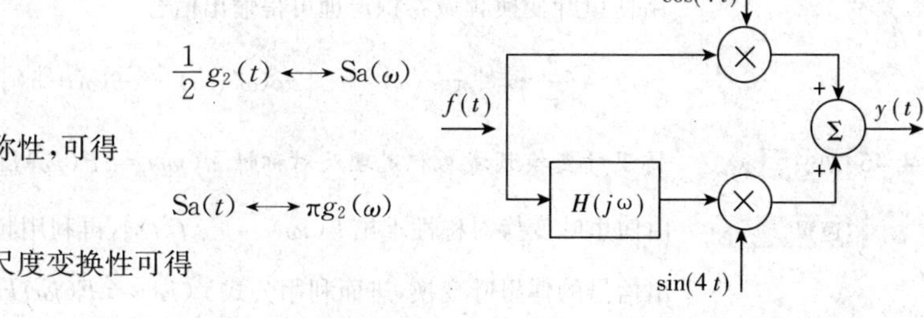

题 4.44 图

则有

$$F(j\omega)=\mathscr{F}[f(t)]=\mathscr{F}\left[\frac{2}{\pi}\mathrm{Sa}(2t)\right]=g_4(\omega)$$

则图中下面加法器输入信号的傅里叶变换为

$$F(j\omega)\cdot H(j\omega)=g_4(\omega)\cdot \mathrm{j}\,\mathrm{sgn}(\omega)=jg_4(\omega)\mathrm{sgn}(\omega)$$

又有

$$\mathscr{F}[\cos(4t)]=\pi[\delta(\omega+4)+\delta(\omega-4)]$$

$$\mathscr{F}[\sin(4t)]=j\pi[\delta(\omega+4)-\delta(\omega-4)]$$

则由傅里叶变换频域卷积定理可知上、下两个乘法器输出信号的傅里叶变换分别为

$$Y_1(j\omega)=\mathscr{F}[f(t)\cos(4t)]=\frac{1}{2\pi}\mathscr{F}[f(t)]*\mathscr{F}[\cos(4t)]$$

$$=\frac{1}{2}[g_4(\omega+4)+g_4(\omega-4)]$$

$$Y_2(j\omega)=\frac{1}{2\pi}[F(j\omega)H(j\omega)]*\mathscr{F}[\sin(4t)]$$

$$=\frac{1}{2\pi}[jg_4(\omega)\mathrm{sgn}(\omega)]*j\pi[\delta(\omega+4)-\delta(\omega-4)]$$

$$=\frac{1}{2}[g_2(\omega+5)+g_2(\omega-5)-g_2(\omega+3)-g_2(\omega-3)]$$

则加法器输出信号的傅里叶变换为

$$Y(j\omega)=Y_1(j\omega)+Y_2(j\omega)$$

$$=\frac{1}{2}[g_4(\omega+4)+g_4(\omega-4)+g_2(\omega+5)+g_2(\omega-5)-g_2(\omega+3)-g_2(\omega-3)]$$

$$=g_2(\omega+5)+g_2(\omega-5)$$

$$=\frac{2}{\pi}\cdot\frac{1}{2\pi}[\pi g_2(\omega)]*\pi[\delta(\omega+5)+\delta(\omega-5)]$$

由傅里叶变换频域卷积定理可得输出信号

$$y(t)=\frac{2}{\pi}\mathscr{F}^{-1}[\pi g_2(\omega)]\mathscr{F}^{-1}[\pi\delta(\omega+5)+\pi\delta(\omega-5)]=\frac{2\sin t}{\pi t}\cdot\cos(5t)$$

4.45 **知识点窍** 傅里叶变换频域卷积定理及对称性 $Y(j\omega)=F(j\omega)H(j\omega)$。

逻辑推理 由傅里叶变换对称性求出 $F(j\omega)=\mathscr{F}[f(t)]$，再利用频域卷积定理求出乘法器输出信号的傅里叶变换，进而利用公式 $Y(j\omega)=F(j\omega)H(j\omega)$ 得系统输出信号的傅里叶变换，求其逆变换得输出信号 $y(t)$。

解题过程 因

$$\frac{1}{2}g_2(t)\longleftrightarrow \mathrm{Sa}(\omega)$$

由傅里叶变换对称性可得

$$\mathrm{Sa}(t)\longleftrightarrow \pi g_2(\omega)$$

由傅里叶变换尺度变换特性可得

$$\mathrm{Sa}(2t) \longleftrightarrow \frac{\pi}{2} g_2\left(\frac{\omega}{2}\right)$$

则有

$$F(j\omega) = \mathscr{F}[f(t)] = \mathscr{F}\left[\frac{\sin(2t)}{2\pi t}\right] = \frac{1}{2} g_4(\omega)$$

又有

$$\mathscr{F}[\cos(1000t)] = \pi[\delta(\omega + 1000) + \delta(\omega - 1000)]$$

根据傅里叶变换频域卷积定理可得乘法器输出信号的傅里叶变换为

$$\mathscr{F}[f(t)\cos(1000t)] = \frac{1}{2\pi} \cdot \mathscr{F}[F(t)] * \mathscr{F}[\cos(1000t)]$$

$$= \frac{1}{4}[g_4(\omega + 1000) + g_4(\omega - 1000)]$$

则系统输出信号的傅里叶变换为

$$Y(j\omega) = \mathscr{F}[f(t)\cos(1000t)]H(j\omega)$$

由 $H(j\omega)$ 的波形图及相频特性可得

$$H(j\omega) = g_2(\omega + 1000) + g_2(\omega - 1000)$$

将 $H(j\omega)$ 代入上式,可得

$$Y(j\omega) = \frac{1}{4}[g_2(\omega + 1000) + g_2(\omega - 1000)]$$

$$= \frac{1}{4} g_2(\omega) * [\delta(\omega + 1000) + \delta(\omega - 1000)]$$

$$= \frac{1}{2\pi} \cdot \frac{1}{2\pi}[\pi g_2(\omega)] * \pi[\delta(\omega + 1000) + \delta(\omega - 1000)]$$

由傅里叶变换频域卷积定理可得输出信号为

$$y(t) = \mathscr{F}^{-1}[Y(j\omega)] = \frac{1}{2\pi}\mathrm{Sa}(t)\cos(1000t)$$

4.46 解题过程 因 $\frac{1}{2} g_2(t) \longleftrightarrow \mathrm{Sa}(\omega)$

则由傅里叶变换对称性可得 $\mathrm{Sa}(t) \longleftrightarrow \pi g_2(\omega)$

又

$\mathscr{F}[\cos(1000t)] = \pi[\delta(\omega + 1000) + \delta(\omega - 1000)]$

则由傅里叶变换频域卷积定理可得低通滤波器输入信号的傅里叶变换为

$F(j\omega) = \mathscr{F}[f(t)s(t)] = \frac{1}{2\pi}\mathscr{F}[f(t)] * \mathscr{F}[s(t)]$

$$= \frac{1}{2\pi}\mathscr{F}\left[\frac{1}{\pi}\mathrm{Sa}(t)\right] * \mathscr{F}[\cos(1000)t] * \mathscr{F}[\cos(1000t)]$$

$$= \frac{1}{4\pi^3}\pi g_2(\omega) * \pi[\delta(\omega+1000)+\delta(\omega-1000)] *$$

$$\pi[\delta(\omega+1000)+(\omega-1000)]$$

$$= \frac{1}{4}[g_2(\omega+2000)+g_2(\omega-2000)+2g_2(\omega)]$$

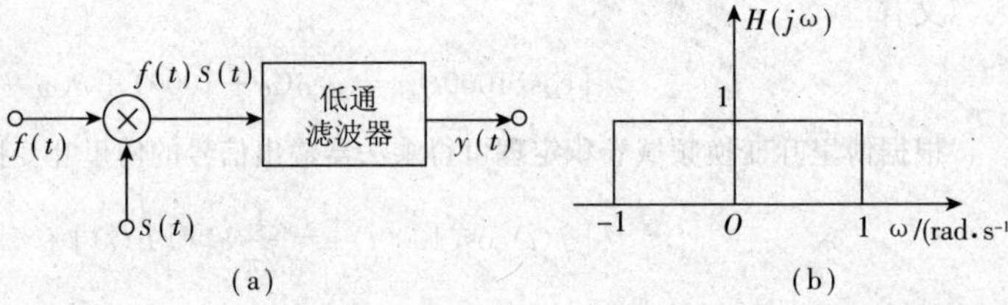

题 4.46 图

又由 $H(j\omega)$ 的波形图及相频特性可得

$$H(j\omega) = g_2(\omega)$$

则可得系统输出信号的傅里叶变换为

$$Y(j\omega) = F(j\omega)H(j\omega) = \frac{1}{2}g_2(\omega)$$

求其傅里叶逆变换可得系统的输出信号为

$$y(t) = \mathscr{F}^{-1}[Y(j\omega)] = \mathscr{F}^{-1}\left[\frac{1}{2}g_2(\omega)\right] = \frac{1}{2\pi}\mathrm{Sa}(t) = \frac{\sin t}{2\pi t}$$

4.47 **知识点窍** 傅里叶变换时移和频移定理、对称性、频域卷积定理，$Y(j\omega) = F(j\omega)\cdot H(j\omega)$。

逻辑推理 根据 $f(t)$ 的表达式可得其傅里叶变换为 $F(j\omega) = \mathscr{F}[f(t)]$，由傅里叶频域卷积定理可得乘法器的输出信号的傅里叶变换 $\mathscr{F}[f(t)s(t)]$，则系统输出信号的傅里叶变换为 $Y(j\omega) = \mathscr{F}[f(t)s(t)]\cdot H(j\omega)$，求其逆变换可得 $y(t)$。

解题过程 由傅里叶变换频移定理可得

$$F(j\omega) = \mathscr{F}[f(t)] = \mathscr{F}\left[\sum_{n=-\infty}^{\infty} e^{jn\Omega t}\right] = 2\pi\sum_{n=-\infty}^{\infty}\delta(\omega - n\Omega)$$

将 $\Omega = 1$ rad/s 代入，可得

$$F(j\omega) = 2\pi\sum_{n=-\infty}^{\infty}\delta(\omega - n)$$

又 $$S(j\omega) = \mathscr{F}[s(t)] = \mathscr{F}[\cos t] = \pi[\delta(\omega+1)-\delta(\omega-1)]$$

由傅里叶变换频域卷积定理得乘法器输出信号的傅里叶变换为

$$\mathscr{F}[f(t)s(t)] = \frac{1}{2\pi}\mathscr{F}[f(t)] * \mathscr{F}[s(t)] = \frac{1}{2\pi}\cdot F(j\omega) * S(j\omega)$$

$$= \pi\sum_{n=-\infty}^{\infty}[\delta(\omega-n+1)+\delta(\omega-n-1)]$$

则系统输出信号 $y(t)$ 的傅里叶变换为

$$Y(j\omega)=\mathscr{F}[f(t)s(t)]H(j\omega)$$

由 $H(j\omega)$ 的表示式可知

$$H(j\omega)=g_3(\omega)\mathrm{e}^{-j\frac{\pi}{3}\omega}$$

则可得

$$\begin{aligned}Y(j\omega)&=\pi\sum_{n=-\infty}^{\infty}[\delta(\omega-n+1)+\delta(\omega-n-1)]\cdot g_3(\omega)\mathrm{e}^{-j\frac{\pi}{3}\omega}\\&=2\pi[\delta(\omega)+\delta(\omega+1)+\delta(\omega-1)]\mathrm{e}^{-j\frac{\pi}{3}\omega}\end{aligned}$$

由傅里叶变换时移定理可得系统输出为

$$y(t)=\mathscr{F}^{-1}[Y(j\omega)]=1+2\cos(t-\frac{\pi}{3})$$

4.48 知识点窍　傅里叶变换的基本性质、时域取样定理。

逻辑推理　根据傅里叶变换的基本性质可以求得各信号的傅里叶变换，从而可以确定信号的最高频率，根据时域取样定理可以确定最小取样频率 f_S。

解题过程　令有限频带信号 $f(t)$ 的傅里叶变换为 $F(j2\pi f)$，即有

$$F(j2\pi f)=\mathscr{F}[f(t)]$$

则由已知可得 $f_m=100\text{Hz}$。

(1) 由傅里叶变换的尺度变换特性可得 $\mathscr{F}[f(3t)]=\frac{1}{3}F(j2\pi\frac{f}{3})$

则有$\frac{f_{m_1}}{3}=f_m$，即 $f_{m_1}=3f_m=300\text{Hz}$

由时域取样定理可知，最小取样频率 f_S 满足

$$f_S\geqslant 2f_{m_1}=600\text{Hz}$$

(2) 由傅里叶变换频域卷积定理可知

$$\mathscr{F}[f^2(t)]=\frac{1}{2\pi}\mathscr{F}[f(t)]*\mathscr{F}[f(t)]=\frac{1}{2\pi}F(j2\pi f)*F(j2\pi f)$$

由卷积性质可知最高频率 $f_{m_2}=2f_m=200\text{Hz}$，则由时域取样定理可知，最小取样频率 f_S 应满足　$f_S\geqslant 2f_{m_2}=400\text{Hz}$

(3) 由傅里叶变换尺度变换特性可知 $\mathscr{F}[f(2t)]=\frac{1}{2}F(j2\pi\frac{f}{2})$

又由傅里叶变换时域卷积定理可知

$$\mathscr{F}[f(t)*f(2t)]=\mathscr{F}[f(t)]\cdot\mathscr{F}[f(2t)]=F(j2\pi f)\cdot\frac{1}{2}F(j2\pi\frac{f}{2})$$

则最高频率应为 $f_{m_3}=f_m=100\text{Hz}$，由时域取样定理可知最高取样频率 f_S 应满足

$$f_S\geqslant 2f_{m_3}=200\text{Hz}$$

(4) 由傅里叶变换的线性性质可知

$$\mathscr{F}[f(t)+f^2(t)]=\mathscr{F}[f(t)]+\mathscr{F}[f^2(t)]=F(j2\pi f)+\frac{1}{2\pi}F(j2\pi f)*F(j2\pi f)$$

则由(2) 中的结果可知信号 $f(t)+f^2(t)$ 的最高频率为 $f_{m_4}=2f_m=200\text{Hz}$，由时域取样定理可知最高取样频率 f_S 应满足

$$f_S \geqslant 2f_{m_4}=400\text{Hz}$$

4.49 知识点窍 $f_S(t)=f(t)\cdot\delta_{T_S}(t)$，傅里叶变换频域卷积定理。若由 $f_S(t)$ 恢复原信号，理想低通滤波器的截止频率 f_c 应满足 $f_m<f_c<f_S-f_m$，其中 f_m 为信号最高频率，f_S 为取样频率。

逻辑推理 由傅里叶变换性质可以求出 $f(t)$ 及取样信号 $f_S(t)$ 的傅里叶变换，由 $f_m<f_c<f_S-f_m$ 可以确定 f_c 如何选择。

解题过程 (1) 由已知可得

$$\begin{aligned}F(j2\pi f)&=\mathscr{F}[f(t)]=\mathscr{F}[5+2\cos(2\pi f_1 t)+\cos(4\pi f_1 t)]\\&=10\pi\delta(2\pi f)+2\pi[\delta(2\pi f+2\pi f_1)+\delta(2\pi f-2\pi f_1)]+\pi[\delta(2\pi f+4\pi f_1)+\delta(2\pi f\\&\quad-4\pi f_1)]\end{aligned}$$

$$\begin{aligned}S(j2\pi f)&=\mathscr{F}[S(t)]=\mathscr{F}[\delta_{T_S}(t)]=\mathscr{F}[\sum_{n=\infty}^{\infty}\delta(t-nT_S)]\\&=2\pi f_S\sum_{n=\infty}^{\infty}\delta(2\pi f-n2\pi f_S)\end{aligned}$$

由傅里叶变换频域卷积定理得取样信号的频谱函数

$$\begin{aligned}F_S(j2\pi f)&=\frac{1}{2\pi}F(j2\pi f)*S(j2\pi f)\\&=\frac{1}{2\pi}[10\pi\delta(2\pi f)+2\pi\delta(2\pi f+2\pi f_1)+2\pi\delta(2\pi f-2\pi f_1)+\pi\delta(2\pi f+4\pi f_1)\\&\quad+\pi\delta(2\pi f-4\pi f_2)]*2\pi f_S\sum_{n=-\infty}^{\infty}\delta(2\pi f-n2\pi f_S)\\&=f_S\sum_{n=\infty}^{\infty}[10\pi\delta(2\pi f-n2\pi f_S)+2\pi\delta(2\pi f+2\pi f_1-n2\pi f_S)+2\pi\delta(2\pi f\\&\quad-2\pi f_1-n2\pi f_S)+\pi\delta(2\pi f+4\pi f_1-n2\pi f_S)+\pi\delta(2\pi f-4\pi f_1\\&\quad-n2\pi f_S)]\end{aligned}$$

又由已知 $f_1=1\text{kHz}$，$f_S=5\text{kHz}$，可知 $f(t)$ 及取样信息 $f_S(t)$ 在频率区间$(-10\text{kHz},10\text{kHz})$ 的频谱图分别为

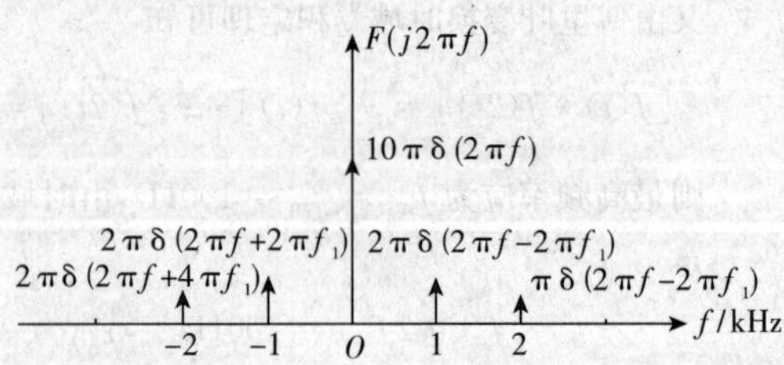

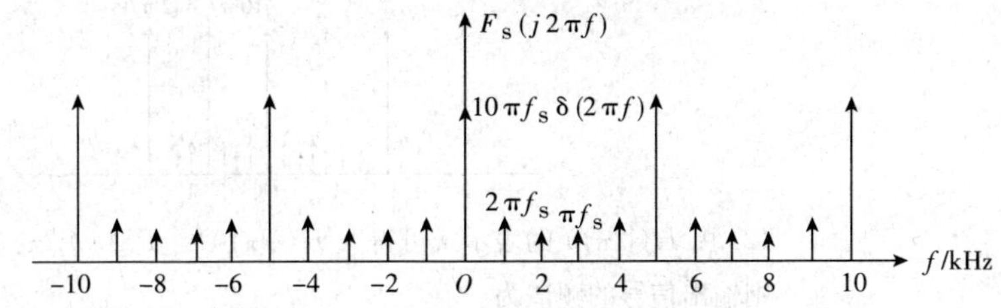

(2) 若由 $f_S(t)$ 恢复原信号，理想低通滤波器的截止频率 f_C 应满足

$$f_m < f_C < f_S - f_m$$

即

$$2f_1 < f_C < f_S - 2f_1$$

得 $2\text{kHz} < f_C < 3\text{kHz}$

4.50 知识点窍 $f_S(t) = f(t)\cdot\delta_{T_S}(t)$，傅里叶变换频域卷积定理 $Y(j\omega) = F(j\omega)\cdot H(j\omega)$。

逻辑推理 由傅里叶变换性质可以求出 $f(t)$ 及取样信号 $f_S(t)$ 的傅里叶变换，由公式 $Y(j\omega) = F(j\omega)\cdot H(j\omega)$ 可以得出滤波器输出信号的频谱，求其傅里叶逆变换得输出信号 $y(t)$。

解题过程 由已知可得

$$F(j2\pi f) = \mathscr{F}[f(t)]$$
$$= 10\pi\delta(2\pi f) + 2\pi[\delta(2\pi f + 2\pi f_1) + \delta(2\pi f - 2\pi f_1)] + \pi[\delta(2\pi f + 4\pi f_1) + \delta(2\pi f - 4\pi f_1)]$$

$$S(j2\pi f) = \mathscr{F}[\delta_{T_S}(t)] = \mathscr{F}[\sum_{n=-\infty}^{\infty}\delta(t - nT_S)] = 2\pi f_S\sum_{n=-\infty}^{\infty}\delta(2\pi f - n2\pi f_S)$$

由傅里叶变换频域卷积定理得取样信号的频谱函数

$$F_S(j2\pi f) = \frac{1}{2\pi}F(j2\pi f) * S(j2\pi f)$$

$$= f_S\sum_{n=\infty}^{\infty}[10\pi\delta(2\pi f - n2\pi f_S) + 2\pi\delta(2\pi f + 2\pi f_1 - n2\pi f_S) + 2\pi\delta(2\pi f - 2\pi f_1 - n2\pi f_S) + \pi\delta(2\pi f + 4\pi f_1 - n2\pi f_S) + \pi\delta(2\pi f - 4\pi f_1 - n2\pi f_S)]$$

又由已知 $f_1 = 1\text{kHz}$，$f_S = 800\text{Hz}$，可知 $f(t)$ 及取样信号 $f_S(t)$ 在区间 $(-2\text{kHz}, 2\text{kHz})$ 的频谱图为

$F(j2\pi f)$

$10\pi\delta(2\pi f)$

$2\pi\delta(2\pi f+2\pi f_1)$ $2\pi\delta(2\pi f-2\pi f_1)$

$\pi\delta(2\pi f+4\pi f_1)$ $\pi\delta(2\pi f-4\pi f_1)$

−2 −1 O 1 2 f/kHz

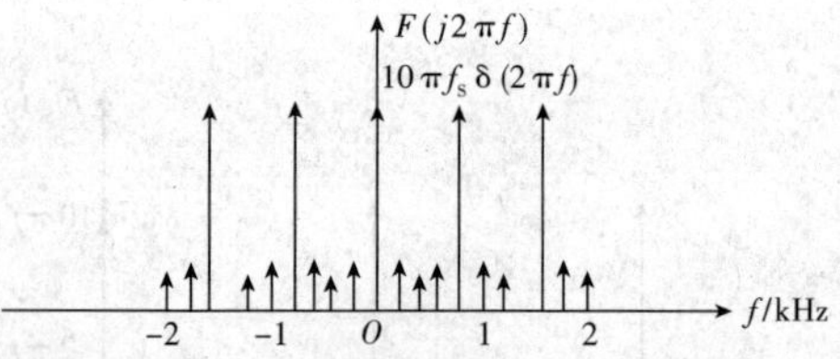

(2) 由 $H(\mathrm{j}2\pi f)$ 的表示式可得 $\quad H(\mathrm{j}2\pi f) = T_S g_{f_1}(\mathrm{j}2\pi f)$

则输出信号的频谱为

$$\begin{aligned}Y(\mathrm{j}2\pi f) &= F_S(\mathrm{j}2\pi f)\cdot H(\mathrm{j}2\pi f)\\ &= 10\pi\delta(2\pi f)+2\pi\left[\delta(2\pi f+2\pi\cdot\frac{f_1}{5})+\delta(2\pi f-2\pi\frac{f_1}{5})\right]+\pi\left[\delta(2\pi f+2\pi\frac{2f_1}{5})+\delta(2\pi f-2\pi\frac{2f_1}{5})\right]\end{aligned}$$

则其频谱图为

Y(j2πf)
10π δ(2πf)
2π δ(2πf+2π f₁/5) 2π δ(2πf−2π f₁/5)
π δ(2πf+2π 2f₁/5) π δ(2πf−2π 2f₁/5)
−2/5 −1/5 O 1/5 2/5 f/kHz

滤波器的输出信号为

$$\begin{aligned}y(t) &= \mathscr{F}^{-1}[Y(j2\pi f)]\\ &= 5+2\cos(2\pi\frac{f_1}{5}t)+\cos(2\pi\frac{2f_1}{5}t)\\ &= 5+2\cos(2\pi f_2 t)+\cos(4\pi f_2 t)\end{aligned}$$

式中 $f_2 = \frac{1}{5}f_1 = 200\mathrm{Hz}$。

4.51 逻辑推理 本题利用傅里叶变换的对称性及卷积定理即可证明。

解题过程 假设 $\varepsilon(\omega)$ 对应时域信号为 $e(t)$，由于 $\varepsilon(t)$ 的傅里叶变换为 $\pi\delta(\omega)+\frac{1}{\mathrm{j}\omega}$，根据对称性，有

$$e(t) = \frac{1}{2\pi}\left[\pi\delta(-t)-\frac{1}{\mathrm{j}t}\right] = \frac{1}{2}\delta(-t)+\frac{\mathrm{j}}{2\pi}\cdot\frac{1}{t}$$

又有 $\qquad Y(\mathrm{j}\omega) = 2F(\mathrm{j}\omega)E(\omega)$

因此 $y(t) = 2f(t)*e(t) = f(t)+\frac{\mathrm{j}}{\pi}\int_{-\infty}^{\infty}\frac{f(\tau)}{t-\tau}\mathrm{d}\tau$

得证。

4.52 逻辑推理 分别求出上下路的输出频谱后相加即可得 $Y(\mathrm{j}\omega)$。

解题过程 $\cos(\omega_0 t)$ 的频谱为 $\pi[\delta(\omega+\omega_0)+\delta(\omega-\omega_0)]$，因此，经过上支路后，信号的频谱为

$Y_1(\mathrm{j}\omega) = F(\mathrm{j}\omega)*\pi[\delta(\omega+\omega_0)+\delta(\omega-\omega_0)] = \pi F[\mathrm{j}(\omega+\omega_0)]+\pi F[\mathrm{j}(\omega-\omega_0)]$

$\sin(\omega_0 t)$ 的频谱为 $\mathrm{j}\pi[\delta(\omega+\omega_0)-\delta(\omega-\omega_0)]$

因此下支路的输出信号频谱为

$Y_2(\mathrm{j}\omega) = -\mathrm{j}\,\mathrm{sgn}(\omega)F(\mathrm{j}\omega)*\mathrm{j}\pi[\delta(\omega+\omega)-\delta(\omega-\omega_0)]$

$$= \pi \mathrm{sng}(\omega+\omega_0)F[\mathrm{j}(\omega+\omega_0)]-\pi \mathrm{sgn}(\omega-\omega_0)F[(\omega-\omega_0)]$$

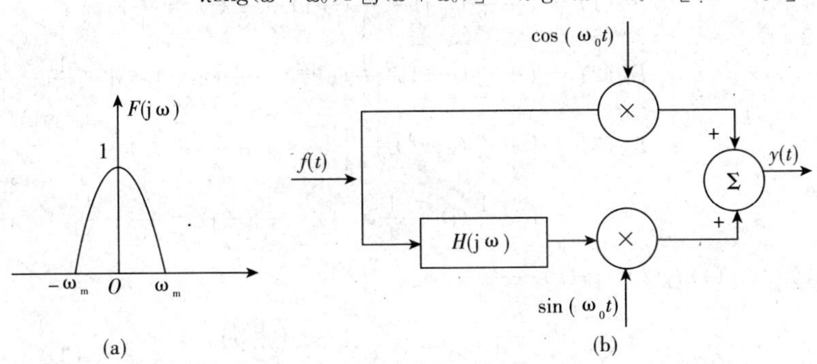

题 4.52 图

所以输出信号频谱为

$$Y(\mathrm{j}\omega)=Y_1(\mathrm{j}\omega)+Y_2(\mathrm{j}\omega)=F[\mathrm{j}(\omega+\omega_0)]\omega(\omega+\omega_0)+F[\mathrm{j}(\omega-\omega_0)]\varepsilon(-\omega+\omega_0)$$

其频谱图如图解 4.52 所示。

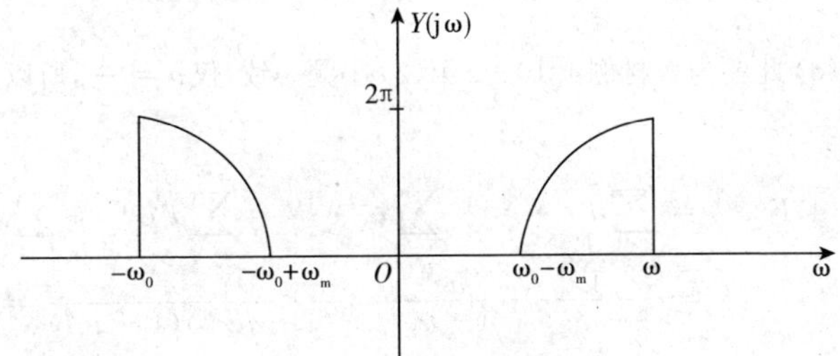

图解 4.52

4.53 解题过程 $f(k)\sin\left[\frac{(k-1)\pi}{6}\right]$周期 $N=12$

$$f(k)=-\frac{\mathrm{j}}{2}[\mathrm{e}^{\mathrm{j}\frac{(k-1)}{6}\pi}-\mathrm{e}^{-\mathrm{j}\frac{(k-1)}{6}\pi}]$$

$$F_N(n)=\sum_{k=0}^{N-1}f_N(k)\cdot \mathrm{e}^{-\mathrm{j}\frac{n\pi}{6}k}$$

对应 $f(k)$ 表达式,有

$$F_N(1)=12\cdot\left(-\frac{\mathrm{j}}{2}\right)\cdot \mathrm{e}^{-\mathrm{j}\frac{\pi}{6}}=6\mathrm{e}^{-\mathrm{j}\frac{2}{3}\pi}=-6\mathrm{j}\mathrm{e}^{-\mathrm{j}\frac{\pi}{6}}$$

$$F_N(-1)=6\mathrm{e}^{\mathrm{j}\frac{2}{3}\pi}F_N(11)=6\mathrm{j}\mathrm{e}^{-\mathrm{j}\frac{\pi}{6}}$$

$$F_N(n)=0 \qquad n\in 0,\cdots,N-1,n\neq\pm 1$$

$$(2)F_N(n)=\sum_{k=0}^{3}\left(\frac{1}{2}\right)^k \mathrm{e}^{\mathrm{j}\frac{\pi}{2}nk}=\frac{15}{16}\frac{1}{1-\frac{1}{2}\mathrm{e}^{-\mathrm{j}\frac{\pi}{2}n}}$$

计算得$F_N(0)=\frac{15}{8}$

$$F_N(1)=1+\frac{1}{2}(-\mathrm{j})+\frac{1}{4}(-1)+\frac{1}{8}(\mathrm{j})=\frac{3}{4}-\frac{3}{8}\mathrm{j}$$

$$F_N(2)=1+\frac{1}{2}(\mathrm{e}^{-\mathrm{j}\pi})+\frac{1}{4}(\mathrm{e}^{-\mathrm{j}2\pi})+\frac{1}{8}(\mathrm{e}^{-\mathrm{j}3\pi})=1-\frac{1}{2}+\frac{1}{4}-\frac{1}{8}=\frac{5}{8}$$

$$F_N(3)=1+\frac{1}{2}(\mathrm{e}^{-\mathrm{j}\frac{3}{2}\pi})+\frac{1}{4}(\mathrm{e}^{-\mathrm{j}3\pi})+\frac{1}{8}(\mathrm{e}^{-\mathrm{j}\frac{9}{2}\pi})$$

$$=1-\frac{1}{2}(\mathrm{j})+\frac{1}{4}(-1)-\frac{1}{8}(-\mathrm{j})=\frac{3}{4}+\frac{3}{8}\mathrm{j}$$

4.54 解题过程 (1) $f_1(k)=\varepsilon(k)-\varepsilon(k-6)$

$$F(\mathrm{e}^{\mathrm{j}\theta})=\sum_{k=0}^{5}\mathrm{e}^{-\mathrm{j}\theta k}=\frac{1-\mathrm{e}^{-6\mathrm{j}\theta}}{1-\mathrm{e}^{-\mathrm{j}\theta}}=\frac{\mathrm{e}^{-\frac{6}{2}\mathrm{j}\theta}}{\mathrm{e}^{-\frac{\mathrm{j}}{2}\theta}}\frac{\sin\left(\frac{6}{2}\theta\right)}{\sin\left(\frac{\theta}{2}\right)}=\mathrm{e}^{-\mathrm{j}\frac{5}{2}\theta}\frac{\sin(3\theta)}{\sin\left(\frac{\theta}{2}\right)}$$

(2)
$$F(\mathrm{e}^{\mathrm{j}\theta})=\sum_{k=0}^{3}k\mathrm{e}^{-\mathrm{j}\theta k}=\mathrm{e}^{-\mathrm{j}\theta}+2\mathrm{e}^{-2\mathrm{j}\theta}+3\mathrm{e}^{-3\mathrm{j}\theta}$$

$$=6\cos\left(\frac{\theta}{2}\right)\mathrm{e}^{-\mathrm{j}\frac{5}{2}\theta}+\mathrm{j}2\sin\left(\frac{\theta}{2}\right)\mathrm{e}^{-\mathrm{j}\frac{3}{2}\theta}$$

(3) 此题与教材例4.10－2第(2)小题一致,仅$a=\frac{1}{2}$,所以$F_3(\mathrm{e}^{\mathrm{j}\theta})=\dfrac{1}{1-\frac{1}{2}\mathrm{e}^{-\mathrm{j}\theta}}$

(4)
$$F(\mathrm{e}^{\mathrm{j}\theta})=\sum_{k=0}^{+\infty}a^k\mathrm{e}^{-\mathrm{j}\theta k}=+\sum_{k=-\infty}^{-1}a^{-k}\mathrm{e}^{-\mathrm{j}\theta k}=\sum_{k=0}^{+\infty}a^k\mathrm{e}^{-\mathrm{j}\theta k}+\sum_{k=1}^{+\infty}a^k\mathrm{e}^{\mathrm{j}\theta k}$$

$$=\frac{1}{1-a\mathrm{e}^{-\mathrm{j}\theta}}+\frac{a\mathrm{e}^{\mathrm{j}\theta}}{1-a\mathrm{e}^{\mathrm{j}\theta}}=\frac{1-a^2}{(1-a\mathrm{e}^{-\mathrm{j}\theta})(1-a\mathrm{e}^{\mathrm{j}\theta})}=\frac{1-a^2}{1-2a\cos\theta+a^2}$$

4.55 解题过程 (1)
$$F(n)=\sum_{k=0}^{N-1}\delta(k)W^{kn}=1$$

(2)
$$F(n)=\sum_{k=0}^{N-1}\delta(k-k_0)W^{kn}=W^{k_0n}=\mathrm{e}^{-\mathrm{j}\frac{2\pi}{n}k_0n}$$

(3)
$$F(n)=\sum_{k=0}^{N-1}W^{kn}=\begin{cases}N, & n=0\\0, & 0<n\leqslant N-1\end{cases}=N\delta(n)$$

(4)
$$F(n)=\sum_{k=0}^{N-1}a^kW^{kn}=\frac{1-a^NW^{Nn}}{1-aW^n}=\frac{1-a^N}{1-a\mathrm{e}^{\mathrm{j}\frac{2\pi}{N}n}}$$
,若$a=1$,则$F(n)$同(3)

(5)
$$F(n)=\sum_{k=0}^{N-1}\mathrm{e}^{\mathrm{j}\theta_0k}W^{kn}=\sum_{k=0}^{N-1}\mathrm{e}^{\mathrm{j}(\theta_0-\frac{2\pi}{N})k}=\frac{1-\mathrm{e}^{\mathrm{j}N\theta_0}}{1-\mathrm{e}^{\mathrm{j}(\theta_0-\frac{2\pi}{N})}}$$

存在一种特殊情况,在$\theta_0=\frac{2\pi i}{N}+2\pi\mathrm{j}$的情况下,$\mathrm{j}\in N,i\in0,\cdots,N-1$,则

$$F(n)=\begin{cases}N, & N=8\\0, & \text{其他}\end{cases}$$

4.56 逻辑推理 本题利用公式可以解出。

解题过程
$$F(n)=\sum_{k=0}^{N-1}f(k)W^{kn}=1+2\mathrm{e}^{-\mathrm{j}\frac{2\pi}{N}n}-\mathrm{e}^{-\mathrm{j}\frac{4\pi}{N}n}+3\mathrm{e}^{-\mathrm{j}\frac{6\pi}{N}n}$$

$$f(k)=\frac{1}{N}\sum_{n=0}^{N-1}F(n)W^{-kn}=\frac{1}{N}\sum_{n=0}^{N-1}F(n)e^{j\frac{2\pi kn}{N}}$$

由于性质
$$\sum_{n=0}^{N-1}e^{j\frac{2\pi kn}{N}}=\begin{cases}N, & k=0\\0, & k\neq 0\end{cases}$$

所以可以得到

$$f(k)=\frac{1}{N}\sum_{n=0}^{N-1}e^{j\frac{2\pi kn}{N}}+\frac{2}{N}\sum_{n=0}^{N-1}e^{j\frac{2\pi(k-1)}{N}\cdot n}-\frac{1}{N}\sum_{n=0}^{N-1}e^{j\frac{2\pi(k-2)}{N}\cdot n}+\frac{3}{N}\sum_{n=0}^{N-1}e^{j\frac{2\pi(k-3)}{N}\cdot n}$$

$\therefore f(0)=1$　　$\therefore f(1)=2$　　$\therefore f(2)=-1$　　$\therefore f(3)=3$

进一步展开 $F(n)$ 各项,有

$\therefore f(0)=5$　　$\therefore f(0)=2+j$　　$\therefore f(2)=-5$　　$\therefore f(3)=2-j$

4.57 解题过程　(1) $f_1(k)=f((k-2))_4G_4(k)$ 的波形为图解 4.57(a) 所示。

(2) $f_2(k)=f((-k))_4G_4(k)$ 的波形为图解 4.57(b) 所示。

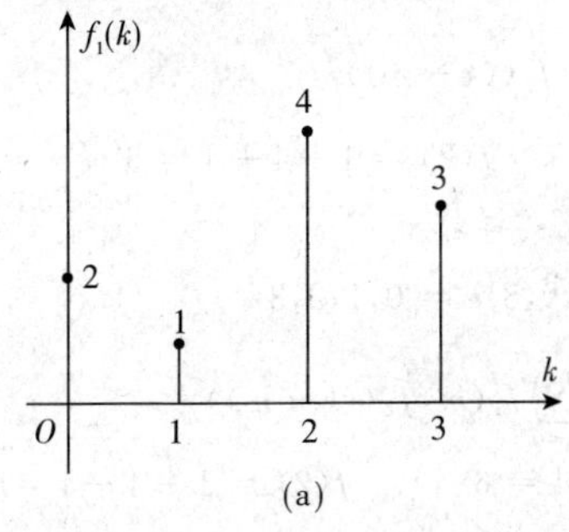

(a)

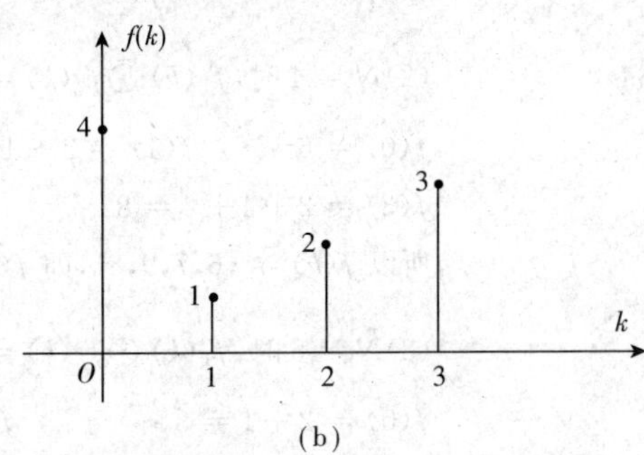

(b)

图解 4.57

4.58 解题过程

$$f(k)=\frac{1}{N}\sum_{n=0}^{N-1}F(n)W^{-kn}=\frac{N}{2}\cdot\frac{1}{N}\cdot e^{j\varphi}\cdot e^{j\frac{2\pi}{N}kn}+\frac{N}{2}\cdot\frac{1}{N}\cdot e^{-j\varphi}\cdot e^{j\frac{2\pi}{N}k(N-m)}$$

$$=\cos\left(\frac{2\pi}{N}km+\varphi\right)\qquad \leqslant k\leqslant N-1$$

4.59 解题过程　$f_{(}k)$ 与 $f_2(k)$ 的长度均为 4,所以循环卷积长度为 4。

$$f(0)=\sum_{m=0}^{3}f_1(m)f_2((-m))_4G_4(0)=8$$

$$f(1)=\sum_{m=0}^{3}f_1(m)f_2((1-m))_4G_4(1)=12$$

$$f(2)=\sum_{m=0}^{3}f_1(m)f_2((2-m))_4G_4(2)=12$$

$$f(3)=\sum_{m=0}^{3}f_1(m)f_2((3-m))_4G_4(3)=8$$

所以 $f(k)=\{8,12,12,8\}$

4.60 逻辑推理　本题主要考查线卷积和圆卷积的求法。

解题过程　(1) $f(k)=f_1(k)*f_2(k)=\sum\limits_{k=-\infty}^{+\infty}f_1(m)f_2(k-m)$

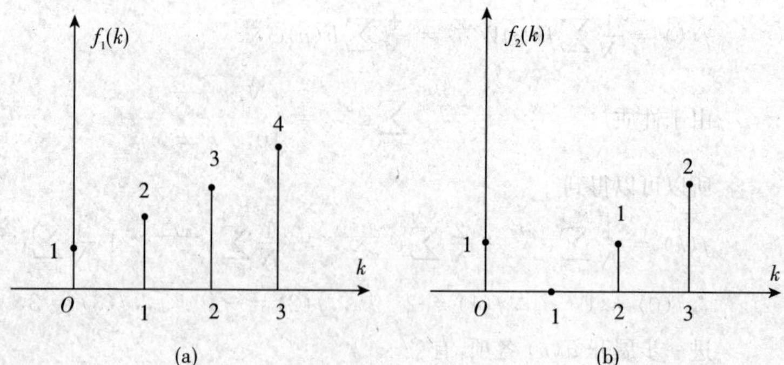

题 4.59 图

$f(0)=2$　　$f(1)=6$　　$f(2)=9$　　$f(3)=8$

$f(4)=4$　　$f(5)=1$　　$f(k)=0$

(2)$N=4$ 时，$f_1(k)\circledast f_2(k)=\sum_{m=0}^{3}f_1(m)f_2((k-m))_4$

$f(0)=6$　　$f(1)=2+4+1=7$　　$f(2)=1+4+4=9$

$f(3)=2+4+2=8$

所以 $f(k)=\{6,7,9,8\}$，即 $f(k)=\{6,7,9,8\}k=0,1,2,3$

(3)$N=5$ 时，$f_1(k)\circledast f_2(k)=f(k)=\sum_{m=0}^{4}f_1(m)f_2((k-m))_5$

$f(0)=2+1=3$　　$f(1)=2+4=6$　　$f(2)=1+4+4=9$

$f(3)=2+4+2=8$　　$f(3)=2+2=4$

所以 $f(k)=\{3,6,9,8,4\}$，$K=0,1,2,3,4$

$f_1(k)$ 长度为 4，$f_2(k)$ 长度为 3

所以线卷积长度为 $4+3-1=6$，若要圆卷积与线卷积相同，则 L 的最小值为 $L=6$。

第 5 章

连续系统的 S 域分析

考试要求

掌握拉普拉斯变换的定义以及基本性质，熟练使用部分分式展开法求拉普拉斯逆变换，理解傅里叶变换与拉普拉斯变换的区别与联系，掌握线性连续系统的复频域分析方法。

知识点归纳

1. 拉普拉斯变换

(1) 定义。

双边拉普拉斯变换对
$$F(s)=\int_{-\infty}^{\infty} f(t)\mathrm{e}^{-st}\,\mathrm{d}t$$

$$f(t)=\frac{1}{2\pi j}\int_{\sigma-\mathrm{j}\infty}^{\sigma+\mathrm{j}\infty} F(s)\mathrm{e}^{-st}\,\mathrm{d}s$$

(2) 收敛域。

在以 σ 为横轴、$\mathrm{j}\omega$ 为纵轴的 s 平面(复平面)，拉普拉斯变换式收敛的区域称为拉普拉斯变换式的收敛域或象函数的收敛域。

(3) 单边拉普拉斯变换。

单边拉普拉斯变换对 $F(s)=\mathscr{L}[f(t)]\overset{\text{def}}{=\!=}\int_{0_-}^{\infty} f(t)\mathrm{e}^{-st}\,\mathrm{d}t$

$$f(t)=\mathscr{L}^{-1}[F(s)]\stackrel{\text{def}}{=}\begin{cases}0, & t<0\\ \dfrac{1}{2\pi \mathrm{j}}\displaystyle\int_{\sigma-\mathrm{j}\infty}^{\sigma+\mathrm{j}\infty}F(s)\mathrm{e}^{st}\mathrm{d}s, & t>0\end{cases}$$

简记作 $f(t)\longleftrightarrow F(s)$

2. 拉普拉斯变换的性质

(1) 线性。

若 $f_1(t)\longleftrightarrow F_1(s),\mathrm{Re}[s]>\sigma_1$

$f_2(t)\longleftrightarrow F_2(s),\mathrm{Re}[s]>\sigma_2$

且有常数 a_1、a_2，则 $a_1f_1(t)+a_2f_2(t)\longleftrightarrow a_1F_1(s)+a_2F_2(s),\mathrm{Re}[s]>\max(\sigma_1,\sigma_2)$

(2) 尺度变换。

若 $f(t)\longleftrightarrow F(s),\mathrm{Re}[s]>\sigma_0$ 且有实常数 $a>0$，则 $f(at)\longleftrightarrow\dfrac{1}{a}F(\dfrac{s}{a}),\mathrm{Re}[s]>a\sigma_0$

(3) 时移(延时) 特性。

若 $f(t)\varepsilon(t)\longleftrightarrow F(s),\mathrm{Re}[s]>\sigma_0$ 且有实常数 t_0，则 $f(t-t_0)\varepsilon(t-t_0)\longleftrightarrow \mathrm{e}^{-st_0}F(s),\mathrm{Re}[s]>\sigma_0$

(4) 复频移(S 域平移) 特性。

若 $f(t)\longleftrightarrow F(s),\mathrm{Re}[s]>\sigma_0$ 且有复常数 $s_a=\sigma_a+\mathrm{j}\omega_a$，则 $f(t)\mathrm{e}^{s_at}\longleftrightarrow F(s-s_a),\mathrm{Re}[s]>\sigma_0+\sigma_a$

(5) 时域微分特性(定理)。

若 $f(t)\longleftrightarrow F(s),\mathrm{Re}[s]>\sigma_0$

则 $f^{(1)}(t)\longleftrightarrow sF(s)-f(0_-)$

$f^{(2)}(t)\longleftrightarrow s^2F(s)-sf(0_-)-f^{(1)}(0_-)$

……

$$f^{(n)}(t)\longleftrightarrow s^nF(s)-\sum_{m=0}^{n-1}s^{n-1-m}f^{(m)}(0_-)$$

上列各象函数的收敛域至少是 $\mathrm{Re}[s]>\sigma_0$。

(6) 时域积分特性(定理)。

若 $f(t)\longleftrightarrow F(s),\mathrm{Re}[s]>\sigma_0$，则 $(\int_0^{\sigma})^nf(x)\mathrm{d}x\longleftrightarrow\dfrac{1}{s^n}F(s)$

$f^{(-1)}(t)=\int_{-\infty}^{t}f(x)\mathrm{d}x\longleftrightarrow\dfrac{1}{s}F(s)+\dfrac{1}{s}f^{(-1)}(0_-)$

……

$$f^{(-n)}(t)=\left(\int_{-\infty}^{t}\right)^{n}f(x)\mathrm{d}x \longleftrightarrow \frac{1}{s^{n}}F(s)+\sum_{m=1}^{n}\frac{1}{s^{n-m+1}}f^{(-m)}(0_{-})$$

(7) 卷积定理。

若因果函数 $f_1(t) \longleftrightarrow F_1(s), \mathrm{Re}[s]>\sigma_1$

$$f_2(t) \longleftrightarrow F_2(s), \mathrm{Re}[s]>\sigma_2$$

则有时域卷积定理 $f_1(t)*f_2(t) \longleftrightarrow F_1(s)F_2(s)$

其收敛域至少为 $F_1(s)$ 收敛域与 $F_2(s)$ 收敛域的公共部分。

复频域(S 域) 卷积定理 $f_1(t)f_2(t) \longleftrightarrow \frac{1}{2\pi\mathrm{j}}\int_{c-\mathrm{j}\infty}^{c+\mathrm{j}\infty}F_1(\eta)F_2(s-\eta)\mathrm{d}\eta$

$$\mathrm{Re}[s]>\sigma_1+\sigma_2\sigma_1<C<\mathrm{Re}[s]-\sigma_2$$

(8)S 域微分和积分。

若 $f(t) \longleftrightarrow F(s), \mathrm{Re}[s]>\sigma_0$

则

$$(-t)f(t) \longleftrightarrow \frac{\mathrm{d}}{\mathrm{d}s}F(s)$$

$$, \mathrm{Re}[s]>\sigma_0$$

$$(-t)^{n}f(t) \longleftrightarrow \frac{\mathrm{d}^{n}}{\mathrm{d}s^{n}}F(s)$$

$$\frac{f(t)}{t} \longleftrightarrow \int_{s}^{\infty}F(\eta)d\eta, \mathrm{Re}[s]>\sigma_0$$

(9) 初值定理和终值定理。

1) 初值定理。

设函数 $f(t)$ 不包含 $\delta(t)$ 及其各阶导数,且 $f(t) \longleftrightarrow F(s), \mathrm{Re}[s]>\sigma_0$

则有

$$f(0_+)=\lim_{t\to 0_+}f(t)=\lim_{s\to\infty}sF(s)$$

$$f'(0_+)=\lim_{s\to\infty}s[sF(s)-f(0_+)]$$

$$f''(0_+)=\lim_{s\to\infty}s[s^{2}F(s)-sf(0_+)-f'(0_+)]$$

2) 终值定理。

若函数 $f(t)$ 当 $t\to\infty$ 时极限存在,即 $f(\infty)=\lim_{t\to\infty}f(t)$ 存在,且

$$f(t) \longleftrightarrow F(s), \mathrm{Re}[S]>\sigma_0, \sigma_0<0$$

则 $$f(\infty)=\lim_{s\to 0}sF(s)$$

3. 拉普拉斯逆变换

对于单边拉普拉斯变换象函数 $F(s)$ 的拉普拉斯逆变换为

$$f(t)=\begin{cases}0, & t<0\\ \cdots\cdots\cdots\cdots\cdots\cdots\cdots\cdots\cdots & \\ \dfrac{1}{2\pi j}\displaystyle\int_{\sigma-j\infty}^{\sigma+j\infty}F(s)e^{st}ds, & t>0\end{cases}$$

通常用部分分式展开法求 $F(s)$ 的原函数。

4. 复频域分析

(1) 微分方程的变换解。

设 LTI 系统的激励为 $f(t)$，响应为 $y(t)$，描述系统的微分方程为

$$\sum_{n=0}^{n}a_i y^{(i)}(t)=\sum_{j=0}^{m}b_j f^{(j)}(t)$$

式中 $a_i(i=0,1,\cdots,n)$、$b_j(j=0,1,\cdots,m)$ 均为实数，设系统的初始状态为 $y(0_-)$，$y'(0_-)$，$\cdots$，$y^{(n-1)}(0_-)$，对方程两边做拉普拉斯变换得

$$\left[\sum_{i=0}^{n}a_i s^i\right]Y(s)-\sum_{i=0}^{n}a_i\left[\sum_{p=0}^{i-1}s^{i-1-p}y^{(p)}(0_-)\right]=\left[\sum_{j=0}^{m}b_j s^j\right]F(s)$$

由上式解得

$$Y(s)=\frac{M(s)}{A(s)}+\frac{B(s)}{A(s)}F(s)$$

式中 $A(s)=\sum_{i=0}^{n}a_i s^i$，$B(s)=\sum_{j=0}^{m}b_j s^j$，其系数仅与微分方程的系数 a_i、b_j 有关；$M(s)=\sum_{i=0}^{n}a_i\left[\sum_{p=0}^{i-1}s^{i-1-p}y^{(p)}(0_-)\right]$，其系数与 a_i 和响应的各初始状态 $y^{(p)}(0_-)$ 有关而与激励无关，则有

$$Y(s)=Y_x(s)+Y_f(s)=\frac{M(s)}{A(s)}+\frac{B(s)}{A(s)}F(s)$$

式中 $Y_x(s)=\dfrac{M(s)}{A(s)}$，$Y_f(s)=\dfrac{B(s)}{A(s)}F(s)$。取上式逆变换，得系统的全响应

$$y(t)=y_x(t)+y_f(t)$$

(2) 系统函数。

系统零状态响应的象函数 $Y_f(s)$ 与激励的象函数 $F(s)$ 之比称为系统函数，用 $H(s)$ 表示，即

$$H(s)\xlongequal{\text{def}}\frac{Y_f(s)}{F(s)}=\frac{B(s)}{A(s)}$$

系统冲激响应 $h(t)$ 的拉普拉斯变换　$\mathscr{L}[h(t)]=H(s)$

系统阶跃响应 $y(t)$ 的拉普拉斯变换　$\mathscr{L}[g(t)]=\dfrac{1}{s}H(s)$

(3) 系统框图。

直接按 S 域框图列写有关象函数的代数方程，然后写出响应的象函数，取其逆变换求得系统的

响应。

(4) 电路的 S 域模型。

KVL 和 KCL 在 S 域中形式分别为 $\sum U(s)=0$ 和 $\sum I(s)=0$。

基本电路元件在 S 域中有：

1) 电阻。

串联形式　$U(s)=RI(s)$

2) 电感。

串联形式　$U(s)=sLI(s)-Li_L(0_-)$

并联形式　$I(s)=\frac{1}{sL}U(s)+\frac{i_L(0_-)}{s}$

3) 电容。

串联形式　$U(s)=\frac{1}{sC}I(s)+\frac{u_C(0_-)}{s}$

并联形式　$I(s)=sCU(s)-Cu_C(0_-)$

(5) 拉普拉斯变换与傅里叶变换。

设拉普拉斯变换的收敛域为 $\mathrm{Re}[s]>\sigma_0$，依据收敛坐标 σ_0 的值可分为以下 3 种情况：

1) $\sigma_0>0$。

此时收敛域在虚轴以右，因而 $s=\mathrm{j}\omega$ 处不收敛，则函数 $f(t)$ 的傅里叶变换不存在。

2) $\sigma_0<0$。

此时函数 $f(t)$ 的傅里叶变换为

$$F(\mathrm{j}\omega)=F(s)\Big|_{s=\mathrm{j}\omega}$$

3) $\sigma_0=0$。

此时函数 $f(t)$ 的傅里叶变换为

$$F(\mathrm{j}\omega)=F(s)\Big|_{s=\mathrm{j}\omega}+\sum_{i=1}^{N}\pi K_i\delta(\omega-\omega_i)$$

式中 $\mathrm{j}\omega_i$ 为 $A(s)=0$ 的 N 个虚根。

重要公式

$\mathscr{L}[\delta(t)]=1, \mathscr{L}[\varepsilon(t)]=\frac{1}{s}, \mathscr{L}[b_0\mathrm{e}^{-\alpha t}]=\frac{b}{s+\alpha}, \mathscr{L}[\delta'(t)]=s,$

$$\mathscr{L}[\sin(\beta t)]=\frac{\beta}{s^2+\beta^2},\mathscr{L}[\cos(\beta t)]=\frac{s}{s^2+\beta^2}$$

以上各式中均有 $t\geqslant 0$。

课后习题全解

5.1 知识点窍　拉普拉斯变换的基本性质。

逻辑推理　直接利用拉普拉斯变换的性质求解。

解题过程　(1) $\mathscr{L}[1-\mathrm{e}^{-t}]=\mathscr{L}[1]-\mathscr{L}[\mathrm{e}^{-t}]=\frac{1}{s}-\frac{1}{s+1}=\frac{1}{s(s+1)},\mathrm{Re}[s]>0$

(2) $\mathscr{L}[1-2\mathrm{e}^{-t}+\mathrm{e}^{-2t}]=\mathscr{L}[1]-2\mathscr{L}[\mathrm{e}^{-t}]+\mathscr{L}[\mathrm{e}^{-2t}]$

$$=\frac{1}{s}-\frac{2}{s+1}+\frac{1}{s+2}=\frac{2}{s(s+1)(s+2)},\mathrm{Re}[s]>0$$

(3) $\mathscr{L}[3\sin t+2\cos t]=3\mathscr{L}[\sin t]+2\mathscr{L}[\cos t]=\frac{3}{s^2+1}+\frac{2s}{s^2+1}$

$$=\frac{2s+3}{s^2+1},\mathrm{Re}[s]>0$$

(4) $\mathscr{L}[\cos(2t+45^\circ)]=\frac{\sqrt{2}}{2}\mathscr{L}[\cos 2t]-\frac{\sqrt{2}}{2}\mathscr{L}[\sin 2t]=\frac{\frac{\sqrt{2}}{2}s}{s^2+4}-\frac{\sqrt{2}}{s^2+4}$

$$=\frac{s-2}{\sqrt{2}(s^2+4)},\mathrm{Re}[s]>0$$

(5) $\mathscr{L}[\mathrm{e}^{t}+\mathrm{e}^{-t}]=\mathscr{L}[\mathrm{e}^{t}]+\mathscr{L}[\mathrm{e}^{-t}]=\frac{1}{s-1}+\frac{1}{s+1}=\frac{2s}{s^2-1},\mathrm{Re}[s]>1$

(6) $\mathscr{L}[\mathrm{e}^{-t}\sin(2t)]\xlongequal{\text{复频移特性}}\frac{2}{(s+1)^2+4},\mathrm{Re}[s]>-1$

(7) $\mathscr{L}[t\mathrm{e}^{-2t}]\xlongequal{\text{复频移特性}}\frac{1}{(s+2)^2},\mathrm{Re}[s]>-2$

(8) $\mathscr{L}[2\delta(t)-\mathrm{e}^{-t}]=\mathscr{L}[2\delta(t)]-\mathscr{L}[\mathrm{e}^{-t}]=2-\frac{1}{s+1}=\frac{2s+1}{s+1},\mathrm{Re}[s]>-1$

5.2 知识点窍　函数 $f(t)$ 的拉普拉斯变换为 $F(s)=\mathscr{L}[f(t)]=\int_{0_-}^{\infty}f(t)\mathrm{e}^{-st}\mathrm{d}\sigma$。

逻辑推理　由 $f(t)$ 的波形可得其闭合表达式，直接利用拉普拉斯变换式求解。

解题过程　(1) 由 $f(t)$ 的图形得

$$f(t)=\begin{cases}1, & 0<t<1 \text{ 或 } 2<t<3 \\ 2, & 1<t<2 \\ 0, & \text{其他}\end{cases}$$

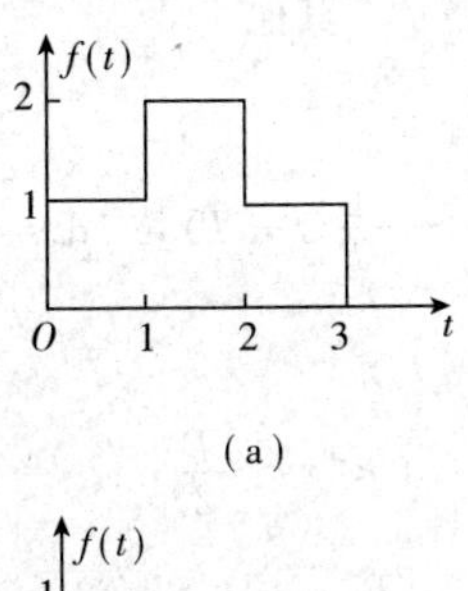

(a)

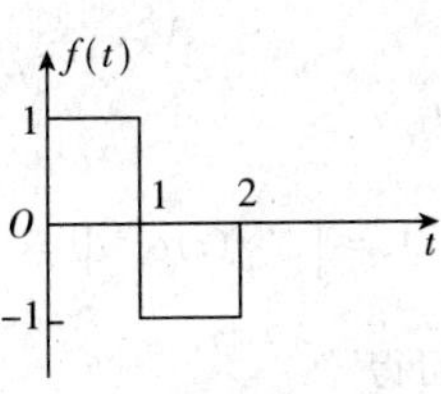

(b)

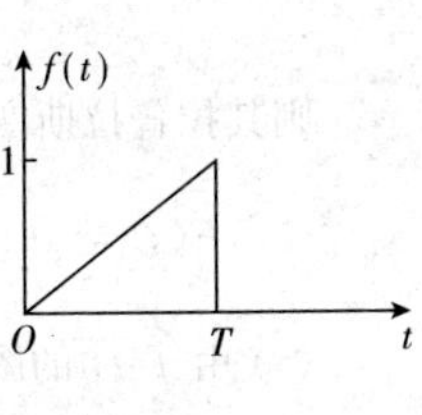

(c)

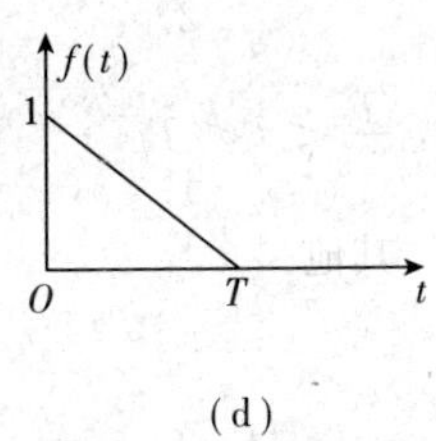

(d)

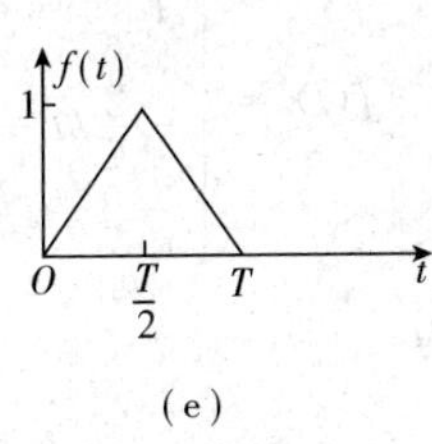

(e)

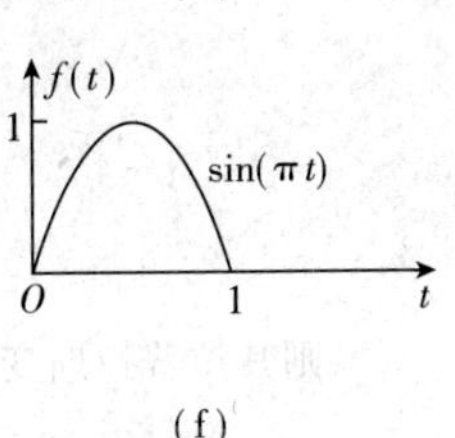

(f)

题 5.2 图

则其拉普拉斯变换为

$$F(s)=\mathscr{L}[f(t)]=\int_{0_-}^{\infty}f(t)e^{-st}dt=\int_0^1 e^{-st}dt+\int_1^2 2e^{-st}dt+\int_2^3 e^{-st}dt$$

$$=\frac{1-e^{-s}}{s}+\frac{2e^{-s}-2e^{-2s}}{s}+\frac{e^{-2s}-e^{-3s}}{s}=\frac{1}{s}(1+e^{-s})(1-e^{-2s})$$

(2) 由 $f(t)$ 的图形可得

$$f(t)=\begin{cases}1, & 0<t<1 \\ -1, & 1<t<2 \\ 0, & \text{其他}\end{cases}$$

则其拉普拉斯变换为

$$F(s)=\mathscr{L}[f(t)]=\int_{0_-}^{\infty}f(t)e^{-st}dt=\int_0^1 e^{-st}dt-\int_1^2 e^{-st}dt$$

$$=\frac{1-e^{-s}}{s}-\frac{e^{-s}-e^{-2s}}{s}=\frac{1}{s}(1-e^{-s})^2$$

(3) 由 $f(t)$ 的图形可得 $f(t)=\begin{cases}\frac{1}{T}t, & 0<t<T \\ 0, & \text{其他}\end{cases}$

则其拉普拉斯变换为

$$F(s)=\mathscr{L}[f(t)]=\int_{0_-}^{\infty}f(t)\mathrm{e}^{-st}\mathrm{d}t=\int_0^T\frac{1}{T}t\mathrm{e}^{-st}\mathrm{d}t=\frac{1-\mathrm{e}^{-Ts}-Ts\mathrm{e}^{-Ts}}{Ts^2}$$

(4) 由 $f(t)$ 的图形可得 $f(t)=\begin{cases}-\dfrac{1}{T}(t-T), & 0<t<T\\ 0, & 其他\end{cases}$

则其拉普拉斯变换为

$$F(s)=\mathscr{L}[f(t)]=\int_{0_-}^{\infty}f(t)\mathrm{e}^{-st}\mathrm{d}t=\int_0^T\left[-\frac{1}{T}(t-T)\right]\mathrm{e}^{-st}\mathrm{d}t=\frac{Ts-1+\mathrm{e}^{-Ts}}{Ts^2}$$

(5) 由 $f(t)$ 的图形可得

$$f(t)=\begin{cases}\dfrac{2}{T}t, & 0<t<\dfrac{T}{2}\\ -\dfrac{2}{T}(t-T), & \dfrac{T}{2}<t<T\\ 0, & 其他\end{cases}$$

则其拉普拉斯变换为

$$F(s)=\mathscr{L}[f(t)]=\int_{0_-}^{\infty}f(t)\mathrm{e}^{-st}\mathrm{d}t=\int_0^{\frac{T}{2}}\frac{2}{T}t\mathrm{e}^{-st}\mathrm{d}t-\int_{\frac{T}{2}}^{T}\frac{2}{T}(t-T)\mathrm{e}^{-st}\mathrm{d}t$$

$$=\frac{2(1-\mathrm{e}^{-\frac{T}{2}s})^2}{Ts^2}$$

(6) 由 $f(t)$ 的图形可得

$$f(t)=\begin{cases}\sin(\pi t), & 0<t<1\\ 0, & 其他\end{cases}$$

则其拉普拉斯变换为

$$F(s)=\mathscr{L}[f(t)]=\int_{0_-}^{\infty}f(t)\mathrm{e}^{-st}\mathrm{d}t=\int_0^1\sin(\pi t)\mathrm{e}^{-st}\mathrm{d}t=\frac{\pi(1+\mathrm{e}^{-s})}{s^2+\pi^2}$$

5.3 解题过程

(1) $f(t)=\mathrm{e}^{-t}\varepsilon(t)-\mathrm{e}^{-(t-2)}\varepsilon(t-2)$

$$F(s)=\frac{1}{s+1}-\frac{1}{s+1}\mathrm{e}^{-2s}=\frac{1-\mathrm{e}^{-2s}}{s+1}$$

(2) $f(t)=\mathrm{e}^{-t}[\varepsilon(t)-\varepsilon(t-2)]=\mathrm{e}^{-t}\varepsilon(t)-\mathrm{e}^{-2}\cdot\mathrm{e}^{-(t-2)}\varepsilon(t-2)$

$$F(s)=\frac{1}{s+1}-\frac{\mathrm{e}^{-2}}{s+1}\mathrm{e}^{-2s}=\frac{1-\mathrm{e}^{-2(s+1)}}{s+1}$$

(3) $f(t)=\sin(\pi t)[\varepsilon(t)-\varepsilon(t-1)]=\sin(\pi t)\varepsilon(t)+\sin\pi(t-1)\varepsilon(t-1)$

$$F(s)=\frac{\pi}{s^2+\pi^2}+\frac{\pi}{s^2+\pi^2}\mathrm{e}^{-s}=\frac{\pi(1+\mathrm{e}^{-s})}{s^2+\pi^2}$$

(4) $f(t)=\sin(\pi t)\varepsilon(t)-\sin[\pi(t-1)]\varepsilon(t-1)$

$$F(s)=\frac{\pi}{s^2+\pi^2}-\frac{\pi}{s^2+\pi^2}\mathrm{e}^{-s}=\frac{\pi}{s^2+\pi^2}(1-\mathrm{e}^{-s})$$

(5)$\delta(4t-2)$

因为 $\delta(t)\leftrightarrow 1$

根据拉氏变换的尺度变换和时移性质，得到

$$\delta(4t-2)=\delta\left[4\left(t-\frac{1}{2}\right)\right]\leftrightarrow\frac{1}{4}\mathrm{e}^{-\frac{1}{2}s}$$

(6)$\cos(3t-2)\varepsilon(3t-2)$

$$\cos(t)\varepsilon(t)\leftrightarrow\frac{s}{s^2+1}$$

$$\cos(3t-2)\varepsilon(3t-2)=\cos\left[3\left(t-\frac{2}{3}\right)\right]\varepsilon\left[3\left(t-\frac{2}{3}\right)\right]\leftrightarrow\frac{1}{3}\cdot\frac{\frac{s}{3}}{\left(\frac{s}{3}\right)^2+1}\mathrm{e}^{-\frac{2}{e}s}$$

$$=\frac{s}{s^2+9}\mathrm{e}^{-\frac{2}{3}s}$$

(7)$f(t)=\sin\left(2t-\frac{\pi}{4}\right)\varepsilon(t)=\frac{\sqrt{2}}{2}\sin 2t\varepsilon(t)-\frac{\sqrt{2}}{2}\cos 2t\varepsilon(t)$

$$F(s)=\frac{\sqrt{2}}{2}\left[\frac{2}{s^2+4}-\frac{s}{s^2+4}\right]=\frac{2-s}{\sqrt{2}(s^2+4)}$$

(8)$f(t)=\sin\left(2t\quad\frac{\pi}{4}\right)\varepsilon\left(2t-\frac{\pi}{4}\right)=\sin\left[2\left(t-\frac{\pi}{8}\right)\right]\varepsilon\left[2\left(t-\frac{\pi}{8}\right)\right]$

因为 $\sin 2t\varepsilon(2t)=\sin(2t)\varepsilon(t)$，其拉氏变换为$\frac{2}{s^2+4}$

所以 $F(s)=\frac{2}{s^2+4}\mathrm{e}^{-\frac{\pi}{8}s}$

(9)$f(t)=\int_0^t\sin(\pi x)\mathrm{d}x$　　　$\mathscr{L}[\sin(\pi t)\varepsilon(t)]=\frac{\pi}{s^2+\pi^2}$

$$F(s)=\frac{1}{s}\mathscr{L}[\sin(\pi t)\varepsilon(t)]=\frac{\pi}{s(s^2+\pi^2)}$$

(10)$f(t)=\int_0^t\int_0^\tau\sin(\pi x)\mathrm{d}x\cdot\mathrm{d}\tau$

$$F(s)=\frac{1}{s^2}\mathscr{L}[\sin(\pi t)\varepsilon(t)]=\frac{\pi}{s^2(s^2+\pi^2)}$$

(11)$f(t)=\frac{\mathrm{d}^2}{\mathrm{d}t^2}[\sin(\pi t)\varepsilon(t)]$

$$F(s)=s^2\mathscr{L}[\sin(\pi t)\varepsilon(t)]=\frac{s^2\pi}{s^2+\pi^2}$$

(12) $f(t)=\frac{d^2\sin(\pi t)}{dt^2}\varepsilon(t)=-\pi^2\sin(\pi t)\varepsilon(t)$

$F(s)=\frac{-\pi^3}{s^2+\pi^2}$

(13) $f(t)=t^2e^{-2t}\varepsilon(t)$

$F(s)=\frac{d^2}{ds^2}\mathscr{L}[e^{-2t}\varepsilon(t)]=\frac{d^2}{ds^2}\left(\frac{1}{s+2}\right)=\frac{2}{(s+2)^3}$

(14) $t^2\cos t\varepsilon(t)=f(t)$

$F(s)=\frac{d^2}{ds^2}\mathscr{L}[\cos\varepsilon(t)]=\frac{d^2}{ds^2}\left(\frac{s}{s^2+1}\right)=\frac{2s^3-6s}{(s^2+1)^3}$

(15) $f(t)=te^{-(t-3)}\varepsilon(t-1)=te^2e^{-(t-1)}\varepsilon(t-1)=-e^2\frac{d}{ds}\mathscr{L}[e^{-(t-1)}\varepsilon(t-1)]$

$F(s)=e^2\frac{d}{ds}\left(\frac{1}{s+1}e^{-s}\right)\times(-1)=\frac{s+2}{(s+1)^2}e^{-(s-2)}$

(16) $f(t)=te^{-at}\cos(\beta t)\varepsilon(t)$

$F(s)=-\frac{d}{ds}\mathscr{L}[e^{-at}\cos(\beta t)\varepsilon(t)]=\frac{d}{ds}\left[\frac{s+\alpha}{(a+\alpha)^2+\beta^2}\right]=\frac{(s+\alpha)^2-\beta^2}{[(s+\alpha)^2+\beta^2]^2}$

5.4 知识点窍 拉普拉斯变换的基本性质。

逻辑推理 直接利用已知，根据拉普拉斯变换的性质求解。

解题过程 (1) 由尺度变换特性可得

$$f(\frac{t}{2})\longleftrightarrow 2F(2s)$$

由 S 域平移特性得 $\quad e^{-t}f(\frac{t}{2})\longleftrightarrow 2F[2(s+1)]$

即 $\mathscr{F}[e^{-t}f(\frac{t}{2})]=2F[2(s+1)]=2\frac{1}{2^2(s+1)^2-2(s+1)+1}=\frac{2}{4s^2+6s+3}$

(2) 由时移性质得 $\quad f(t-1)\longleftrightarrow e^{-s}F(s)$

由尺度变换性质得 $\quad f(2t-1)\longleftrightarrow \frac{1}{2}e^{-\frac{s}{2}}F(\frac{s}{2})$

由 S 域平移性质得 $e^{-3t}f(2t-1)\longleftrightarrow \frac{1}{2}e^{-\frac{1}{2}(s+3)}F\left(\frac{s+3}{2}\right)$

即 $\mathscr{F}[e^{-3t}f(2t-1)]=\frac{1}{2}e^{-\frac{1}{2}(s+3)}F(\frac{s+3}{2})=\frac{2e^{-\frac{s+3}{2}}}{s^2+4s+7}$

(3) 由尺度变换性质得 $\quad f(3t)\longleftrightarrow \frac{1}{3}F(\frac{s}{3})$

由 S 域平移性质得 $\quad e^{-2t}f(3t)\longleftrightarrow \frac{1}{3}F\left(\frac{s+2}{3}\right)$

由 S 域微分性质得 $\quad -te^{-2t}f(3t) \longleftrightarrow \dfrac{1}{3}\dfrac{\mathrm{d}}{\mathrm{d}s}F\left(\dfrac{s+2}{3}\right)$

即 $\quad \mathscr{F}[te^{-2t}f(3t)] = -\dfrac{1}{3}\dfrac{\mathrm{d}}{\mathrm{d}s}F\left(\dfrac{s+2}{3}\right) = \dfrac{3(2s+1)}{(s^2+s+7)^2}$

(4) 由时移性质得 $\quad f(t-1) \longleftrightarrow e^{-s}F(s)$

由尺度变换性质可得 $\quad f(2t-1) \longleftrightarrow \dfrac{1}{2}e^{-\frac{s}{2}}F\left(\dfrac{s}{2}\right)$

又由 S 域微分特性可得 $\quad -tf(2t-1) \longleftrightarrow \dfrac{1}{2}\dfrac{\mathrm{d}}{\mathrm{d}s}\left[e^{-\frac{s}{2}}F\left(\dfrac{s}{2}\right)\right]$

即 $\quad \mathscr{L}[tf(2t-1)] = -\dfrac{1}{2}\dfrac{\mathrm{d}}{\mathrm{d}s}\left[e^{-\frac{s}{2}}F\left(\dfrac{s}{2}\right)\right] = \dfrac{s(s+2)e^{-\frac{s}{2}}}{(s^2-2s+4)^2}$

5.5 知识点窍 拉普拉斯变换对 $F(s)=\int_{0_-}^{\infty} f(t)e^{-st}\mathrm{d}t, f(t)=\dfrac{1}{2\pi j}\int_{\sigma-j\infty}^{\sigma+j\infty} F(s)e^{st}\mathrm{d}s$

逻辑推理 利用拉普拉斯变换和逆变换公式，作变量替换 $x=at-b$ 和 $x=as+b$，则分别有 $t=\dfrac{x+b}{a}$ 和 $s=\dfrac{x-b}{a}$，代入公式求证。

解题过程 (1) 已知 $F(s)=\int_{-\infty}^{\infty} f(t)\varepsilon(t)e^{-st}\mathrm{d}t$

令 $x=at-b$，因 $a>0,b>0$，则有 $t=\dfrac{x+b}{a}$，$\mathrm{d}t=\dfrac{1}{a}\mathrm{d}x$，得

$$\int_{-\infty}^{\infty} f(at-b)\varepsilon(at-b)e^{-st}\mathrm{d}t = \int_{-\infty}^{\infty} f(x)\varepsilon(x)e^{-s\cdot\frac{x+b}{a}}\frac{1}{a}\mathrm{d}x$$

$$= \frac{1}{a}e^{-\frac{b}{a}s}\int_{-\infty}^{\infty} f(x)\varepsilon(x)e^{-\frac{s}{a}\cdot x}\mathrm{d}x = \frac{1}{a}e^{-\frac{b}{a}s}F\left(\frac{s}{a}\right)$$

即有 $\quad f(at-b)\varepsilon(at-b) \longleftrightarrow \dfrac{1}{a}e^{-\frac{b}{a}s}F\left(\dfrac{s}{a}\right)$

(2) 已知 $\quad f(t)\varepsilon(t)=\dfrac{1}{2\pi j}\int_{\sigma-j\infty}^{\sigma+j\infty} F(s)e^{st}\mathrm{d}s$

令 $x=as+b$，因 $a>0,b>0$，则有 $s=\dfrac{x-b}{a}$，$\mathrm{d}s=\dfrac{1}{a}\mathrm{d}x$，得

$$\frac{1}{2\pi j}\int_{\sigma-j\infty}^{\sigma+j\infty} F(as+b)e^{st}\mathrm{d}s = \frac{1}{2\pi j}\int_{a\sigma+b-j\infty}^{a\sigma+b+j\infty} F(x)e^{\frac{x-b}{a}\cdot t}\frac{1}{a}\mathrm{d}x$$

$$= \frac{1}{a}e^{-\frac{b}{a}t}\int_{a\sigma+b-j\infty}^{a\sigma+b+j\infty} F(s)e^{s\cdot\frac{t}{a}}\mathrm{d}s$$

$$= \frac{1}{a}e^{-\frac{b}{a}t}f\left(\frac{t}{a}\right)\varepsilon\left(\frac{t}{a}\right) = \frac{1}{a}e^{-\frac{b}{a}t}f\left(\frac{t}{a}\right)\varepsilon(t)$$

即有 $\quad \dfrac{1}{a}e^{-\frac{b}{a}t}f\left(\dfrac{t}{a}\right)\varepsilon(t) \longleftrightarrow F(as+b)$

5.6 知识点窍 初值定理和终值定理。

逻辑推理 利用初值定理和终值定理求解。

解题过程 (1) 因 $F(s)$ 的分母次数高于分子次数,则其原函数 $f(t)$ 中不含 $\delta(t)$ 及其各阶导数,则由初值定理可得

$$f(0_+)=\lim_{t\to 0_+}f(t)=\lim_{s\to\infty}sF(s)=\lim_{s\to\infty}\frac{s(2s+3)}{(s+1)^2}=2$$

$F(s)$ 的极点 $s=-1$ 在左半平面,故终值存在。

$$f(\infty)=\lim_{t\to\infty}f(t)=\lim_{s\to 0}sF(s)=\lim_{s\to 0}\frac{s(2s+3)}{(s+1)^2}=0$$

(2) 因 $F(s)$ 为 s 的实系数有理真分式,则其原函数 $f(t)$ 中不含 $\delta(t)$ 及其各阶导数,则由初值定理可得

$$f(0_+)=\lim_{t\to 0_+}f(t)=\lim_{s\to\infty}sF(s)=\lim_{s\to\infty}\frac{s(3s+1)}{s(s+1)}=3$$

由于极点 $s=-1$ 在左半平面,原点上的极点 $s=0$ 为一阶,故终值存在,即

$$f(\infty)=\lim_{t\to\infty}f(t)=\lim_{s\to 0}sF(s)=\lim_{s\to 0}\frac{s(3s+1)}{s(s+1)}=1$$

5.7 知识点窍 拉普拉斯变换时域卷积定理,即若 $f_1(t)\longleftrightarrow F_1(s),\mathrm{Re}[s]>\sigma_1,f_2(t)\longleftrightarrow F_2(s),\mathrm{Re}[s]>\sigma_2$,则 $f_1(t)*f_2(t)\longleftrightarrow F_1(s)F(s)$。其收敛域至少是 $F_1(s)$ 收敛域与 $F_2(s)$ 收敛域的公共部分。

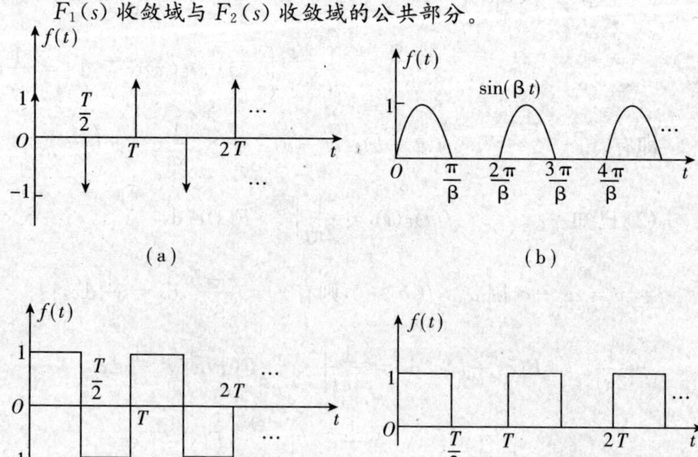

题 5.7 图

逻辑推理　根据 $f(t)$ 的波形可以得出其在第一周期($0\leqslant t<T$)内的表示式 $f_0(t)$，即

$$f_0(t)=\begin{cases}0, & t<0,t>T\\ f(t), & 0\leqslant t<T\end{cases}$$

其象函数为 $F_0(s)$，则有始周期函数 $f(t)$ 可写为

$$f(t)=f_0(t)*\sum_{n=0}^{\infty}\delta(t-nT)$$

由卷积定理得

$$\mathscr{L}[f(t)]=\mathscr{L}[f_0(t)*\sum_{n=0}^{\infty}\delta(t-nT)]=\frac{F_0(s)}{1-\mathrm{e}^{-Ts}}$$

解题过程　(1) 由 $f(t)$ 的波形图可得

$$\begin{aligned}f(t)&=\delta(t)-\delta(t-\frac{T}{2})+\delta(t-T)-\delta(t-\frac{3}{2}T)+\cdots\\&=\sum_{n=0}^{\infty}[\delta(t-nT)-\delta(t-\frac{nT}{2})]\\&=[\delta(t)-\delta(t-\frac{T}{2})]*\sum_{n=0}^{\infty}\delta(t-nT)\end{aligned}$$

令第一周期内的信号以 $f_0(t)$ 表示，则

$$f_0(t)=\delta(t)-\delta(t-\frac{T}{2})$$

$$F_0(s)=1-\mathrm{e}^{-\frac{T}{2}s}$$

由图可知重复周期为 T，于是由时域卷积定理得

$$F(s)=F_0(s)\cdot\frac{1}{1-\mathrm{e}^{-Ts}}=(1-\mathrm{e}^{-\frac{T}{2}s})\cdot\frac{1}{1-\mathrm{e}^{-Ts}}=\frac{1}{1+\mathrm{e}^{-\frac{T}{2}s}}$$

(2) 由 $f(t)$ 的波形图可得

$$\begin{aligned}f(t)&=\sin(\beta t)\{[\varepsilon(t)-\varepsilon(t-\frac{\pi}{\beta})]+[\varepsilon(t-\frac{2\pi}{\beta})-\varepsilon(t-\frac{3\pi}{\beta})]+\cdots\}\\&=\sin(\beta t)\cdot\sum_{n=0}^{\infty}[\varepsilon(t-\frac{2n\pi}{\beta})-\varepsilon(t-\frac{2n+1}{\beta}\cdot\pi)]\\&=\sin(\beta t)[\varepsilon(t)-\varepsilon(t-\frac{\pi}{\beta})]*\sum_{n=0}^{\infty}\delta(t-\frac{2n\pi}{\beta})\end{aligned}$$

令第一周期内信号以 $f_0(t)$ 表示，则

$$f_0(t)=\sin(\beta t)[\varepsilon(t)-\varepsilon(t-\frac{\pi}{\beta})]$$

$$F_0(s)=\mathscr{L}[f_0(t)]=\frac{\beta(1-\mathrm{e}^{-\frac{\pi}{\beta}s})}{\pi^2+\beta^2}$$

由图可知重复周期为$\frac{2\pi}{\beta}$，于是由时域卷积定理得

$$F(s)=F_0(s)\cdot\frac{1}{1-e^{-Ts}}=\frac{\beta(1-e^{-\frac{\pi}{\beta}s})}{\pi^2+\beta^2}\cdot\frac{1}{1-e^{-\frac{2\pi}{\beta}}}=\frac{\beta}{\pi^2+\beta^2}\cdot\frac{1}{1+e^{-\frac{\pi}{\beta}s}}$$

(3) 由 $f(t)$ 的波形图可得

$$f(t)=\varepsilon(t)-2\varepsilon(t-\frac{T}{2})+2\varepsilon(t-T)-2\varepsilon(t-\frac{3}{2}T)+2\varepsilon(t-2T)-\cdots$$

$$=\sum_{n=0}^{\infty}[\varepsilon(t-nT)-2\varepsilon(t-nT-\frac{1}{2}T)+\varepsilon(t-nT-T)]$$

$$=[\varepsilon(t)-2\varepsilon(t-\frac{T}{2})+\varepsilon(t-T)]*\sum_{n=0}^{\infty}\delta(t-nT)$$

令第一周期内信号以 $f_0(t)$ 表示，则

$$f_0(t)=\varepsilon(t)-2\varepsilon(t-\frac{T}{2})+\varepsilon(t-T)$$

$$F_0(s)=\mathscr{L}[f_0(t)]=\frac{1}{s}-\frac{2}{s}e^{-\frac{T}{2}s}+\frac{1}{s}e^{-T}s=\frac{(1-e^{-\frac{T}{2}s})^2}{s}$$

由图可知重复周期为 T，于是由时域卷积定理得

$$F(s)=F_0(s)\cdot\frac{1}{1-e^{-Ts}}=\frac{(1-e^{-\frac{T}{2}s})^2}{s(1-e^{-Ts})}=\frac{1-e^{-\frac{T}{2}s}}{s(1+e^{-\frac{T}{2}s})}$$

(4) 由 $f(t)$ 的波形图可得

$$f(t)=\varepsilon(t)-\varepsilon(t-\frac{T}{2})+\varepsilon(t-T)-\varepsilon(t-\frac{3}{2}T)+\cdots$$

$$=\sum_{n=0}^{\infty}\left[\varepsilon(t-nT)-\varepsilon(t-nT-\frac{T}{2})\right]$$

$$=[\varepsilon(t)-\varepsilon(t-\frac{T}{2})]*\sum_{n=0}^{\infty}\delta(t-nT)$$

令第一周期内信号以 $f_0(t)$ 表示，则

$$f_0(t)=\varepsilon(t)-\varepsilon(t-\frac{T}{2})$$

$$F_0(s)=\mathscr{L}[f_0(t)]=\frac{1}{s}-\frac{1}{s}e^{-\frac{T}{2}s}=\frac{1}{s}(1-e^{-\frac{T}{2}s})$$

由图可知重复周期为 T，于是由时域卷积定理得

$$F(s)=F_0(s)\cdot\frac{1}{1-e^{-Ts}}=\frac{1}{s}(1-e^{-\frac{T}{2}s})\cdot\frac{1}{1-e^{-Ts}}=\frac{1}{s(1+e^{-\frac{T}{2}s})}$$

5.8 解题过程 (1)$F(s)=\frac{1}{(s+2)(s+4)}=\frac{1}{2}\left[\frac{1}{s+2}-\frac{1}{s+4}\right]$

$$f(t)=\left(\frac{1}{2}\mathrm{e}^{-2t}-\frac{1}{2}\mathrm{e}^{-4t}\right)\varepsilon(t)=\frac{1}{2}(\mathrm{e}^{-2t}-\mathrm{e}^{-4t})\varepsilon(t)$$

(2) $F(s)=\dfrac{s}{(s+2)(s+4)}=\dfrac{k_1}{s+2}+\dfrac{k_2}{s+4}$

$$k_1=\left.\frac{s}{s+4}\right|_{s=-2}=-1 \qquad k_2=\left.\frac{s}{s+2}\right|_{s=-4}=2$$

$$F(s)=-\frac{1}{s+2}+\frac{2}{s+4} \qquad f(t)=[-\mathrm{e}^{-2t}+2\mathrm{e}^{-4t}]\varepsilon(t)$$

(3) $F(s)=\dfrac{s^2+4s+5}{s^2+3s+2}=1+\dfrac{s+3}{s^2+3s+2}=1+\dfrac{k_1}{s+2}+\dfrac{k_2}{s+1}$

$$k_1=\left.\frac{s+3}{s+1}\right|_{s=-2}=1 \qquad k_2=\left.\frac{s+3}{s+2}\right|_{s=-1}=2$$

$$F(s)=1-\frac{1}{s+2}+\frac{2}{s+1} \qquad f(t)=[\delta(t)-\mathrm{e}^{-2t}+2\mathrm{e}^{-t}]\varepsilon(t)$$

(4) $F(s)=\dfrac{(s+1)(s+4)}{s(s+2)(s+3)}=\dfrac{k_1}{s}+\dfrac{k_2}{s+2}+\dfrac{k_3}{s+3}$

$$k_1=\left.\frac{(s+1)(s+4)}{(s+2)(s+3)}\right|_{s=0}=\frac{2}{3} \qquad k_2=\left.\frac{(s+1)(s+4)}{s(s+3)}\right|_{s=-2}=1$$

$$k_3=\left.\frac{(s+1)(s+4)}{s(s+2)}\right|_{s=-3}=-\frac{2}{3}$$

$$F(s)=\frac{2}{3}\cdot\frac{1}{s}+\frac{1}{s+2}-\frac{2}{3}\,\frac{1}{s+3}$$

$$f(t)=\left[\frac{2}{3}+\mathrm{e}^{-2t}-\frac{2}{3}+\mathrm{e}^{-3t}\right]\varepsilon(t)$$

(5) $F(s)=\dfrac{2s+4}{s(s+2\mathrm{j})(s-2\mathrm{j})}=\dfrac{k_1}{s}+\dfrac{k_2}{s+2\mathrm{j}}+\dfrac{k_3}{s-2\mathrm{j}}$

$$k_1=\left.\frac{2s+4}{s^2+4}\right|_{s=0}=1 \qquad k_2=\left.\frac{2s+4}{s(s-2\mathrm{j})}\right|_{s=-2\mathrm{j}}=-\frac{1}{2}+\frac{1}{2}\mathrm{j}$$

$$k_3=-\frac{1}{2}-\frac{1}{2}\mathrm{j}$$

$$F(s)=\frac{1}{s}+\left(-\frac{1}{2}+\frac{1}{2}\mathrm{j}\right)\frac{1}{s+2\mathrm{j}}+\left(-\frac{1}{2}-\frac{1}{2}\mathrm{j}\right)\frac{1}{s-2\mathrm{j}}$$

$$f(t)=\left[1+\sqrt{2}\cos\left(2t+\frac{3}{4}\pi\right)\right]\varepsilon(t)=[1+\sqrt{2}\sin(2t-45^\circ)]\varepsilon(t)$$

(6) $F(s)=\dfrac{s^2+4s}{(s+1)(s^2-4)}=\dfrac{s^2+4s}{(s+1)(s+2)(s-2)}=\dfrac{k_1}{s+1}+\dfrac{k_2}{s+2}+\dfrac{k_3}{s-2}$

$$k_1=\left.\frac{s^2+4s}{s^2-4}\right|_{s=-1}=1 \quad k_2=\left.\frac{s^2+4s}{(s+1)(s-2)}\right|_{s=-2}=-1 \quad k_3=1$$

$$F(s)=\frac{1}{s+1}-\frac{1}{s+2}+\frac{1}{s-2}$$

$$f(t)=[\mathrm{e}^{-t}-\mathrm{e}^{-2t}+\mathrm{e}^{2t}]\varepsilon(t)=[\mathrm{e}^{-t}+2\sinh(2t)]\varepsilon(t)$$

(7) $F(s)=\dfrac{1}{s(s-1)^2}=\dfrac{1}{s}-\dfrac{s-2}{(s-1)^2}$

$$f(t)=\varepsilon(t)-(-t+1)\mathrm{e}^{t}\varepsilon(t)=[1-(1-t)\mathrm{e}^{t}]\varepsilon(t)$$

(8) $F(s)=\dfrac{1}{s^2(s+1)}=\dfrac{1}{s+1}+\dfrac{1}{s^2}-\dfrac{1}{s}=\dfrac{1}{s+1}-\dfrac{s-1}{s^2}$

$$f(t)=\mathrm{e}^{-t}\varepsilon(t)-(-t+1)\varepsilon(t)=(t-1+\mathrm{e}^{-t})\varepsilon(t)$$

(9) $F(s)=\dfrac{s+5}{s(s^2+2s+5)}=\dfrac{1}{s}-\dfrac{s+1}{(s+1)^2+2^2}$

$$f(t)=\varepsilon(t)-\mathrm{e}^{-t}\cos 2t\varepsilon(t)=[1-\mathrm{e}^{-t}\cos(2t)]\varepsilon(t)$$

(10) $F(s)=\dfrac{s^2-4}{(s^2+4)^2}=-\dfrac{\mathrm{d}}{\mathrm{d}s}\left[\dfrac{s}{s^2+4}\right]$

$$f(t)=-(-t)\cos(2t)\varepsilon(t)=t\cos(2t)\varepsilon(t)$$

(11) $F(s)=\dfrac{1}{s^3+2s^2+2s+1}=\dfrac{1}{(s+1)(s^2+s+1)}=\dfrac{1}{s+1}-\dfrac{s}{s^2+s+1}$

$$=\frac{1}{s+1}-\frac{s}{\left(s+\frac{1}{2}\right)^2+\left(\frac{\sqrt{3}}{2}\right)^2}$$

$$f(t)=\mathrm{e}^{-t}\varepsilon(t)-\frac{2}{\sqrt{3}}\mathrm{e}^{-\frac{t}{2}}\sin\left(\frac{\sqrt{3}}{2}t+\frac{2}{3}\pi\right)=\left[\mathrm{e}^{-t}\varepsilon(t)-\frac{\sqrt{2}}{3}\mathrm{e}^{-\frac{t}{2}}\cos\left(\frac{\sqrt{3}}{2}t+\frac{\pi}{6}\right)\right]\varepsilon(t)$$

(12) $F(s)=\dfrac{5}{s^3+s^2+4s+4}=\dfrac{5}{(s+1)(s^2+4)}=\dfrac{1}{s+1}-\dfrac{s-1}{s^2+4}$

$$f(t)=\mathrm{e}^{-t}\varepsilon(t)-\frac{\sqrt{5}}{2}\sin(2t+116.6^\circ)\varepsilon(t)=\mathrm{e}^{-t}\varepsilon(t)-\frac{\sqrt{5}}{2}\cos(2t+26.6^\circ)\varepsilon(t)$$

$$=\left[\mathrm{e}^{-t}-\frac{\sqrt{5}}{2}\cos(2t+26.6^\circ)\right]\varepsilon(t)$$

5.9 **知识点窍** 拉普拉斯变换的基本性质以及常用信号的拉普拉斯变换。

逻辑推理 直接利用拉普拉斯变换的性质，结合常用信号的拉普拉斯变换求解。

解题过程 (1) 已知 $\mathrm{e}^{-t}\varepsilon(t)\longleftrightarrow\dfrac{1}{s+1}$

由时移性质可知 $\mathrm{e}^{-(t-T)}\varepsilon(t-T)\longleftrightarrow\dfrac{\mathrm{e}^{-Ts}}{s+1}$

于是 $f(t)=\mathscr{F}^{-1}\left[\dfrac{1-\mathrm{e}^{-Ts}}{s+1}\right]=\mathscr{F}^{-1}\left[\dfrac{1}{s+1}\right]-\mathscr{F}^{-1}\left[\dfrac{\mathrm{e}^{-Ts}}{s+1}\right]$

$$= e^{-t}\varepsilon(t) - e^{-(t-T)}\varepsilon(t-T)$$

其图形为

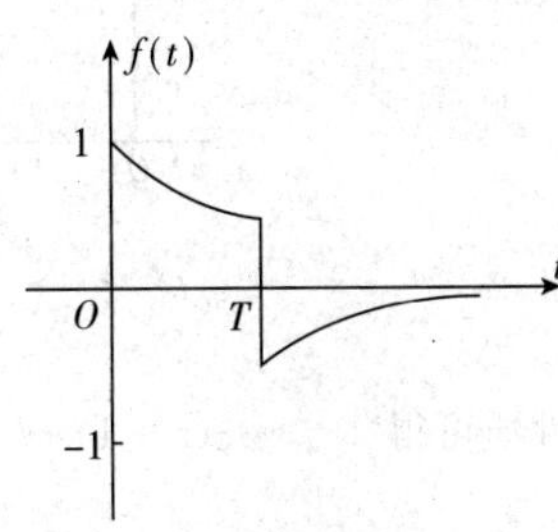

(2) 已知 $$t\varepsilon(t) \longleftrightarrow \frac{1}{s^2}$$

由时移性质可知

$$2(t-1)\varepsilon(t-1) \longleftrightarrow \frac{2e^{-s}}{s^2}$$

$$(t-2)\varepsilon(t-2) \longleftrightarrow \frac{e^{-2s}}{s^2}$$

于是 $$f(t) = \mathscr{L}^{-1}\left[\left(\frac{1-e^{-s}}{2}\right)^2\right] = \mathscr{L}^{-1}\left[\frac{1-2e^{-s}+e^{-2s}}{s^2}\right]$$

$$= t\varepsilon(t) - 2(t-1)\varepsilon(t-1) + (t-2)\varepsilon(t-2)$$

其图形为

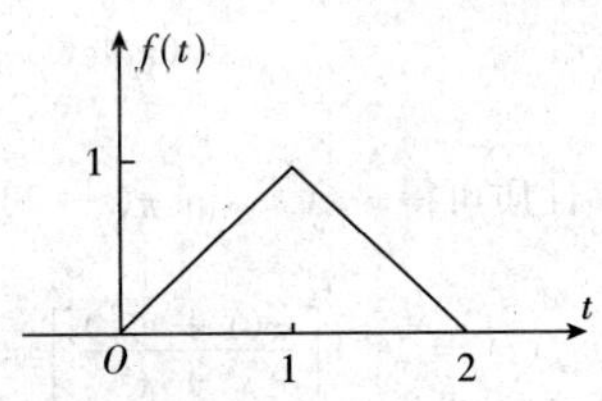

(3) 已知 $$\varepsilon(t) \longleftrightarrow \frac{1}{s}$$

由时移性质得 $$\varepsilon(t-2) \longleftrightarrow \frac{e^{-2s}}{s}$$

由 s 域平移性质得 $$e^{-3t}\varepsilon(t-2) \longleftrightarrow \frac{e^{-2(s+3)}}{s+3}$$

于是 $$f(t) = \mathscr{F}^{-1}\left[\frac{e^{-2}(s+3)}{s+3}\right] = e^{-3t}\varepsilon(t-2)$$

其图形为

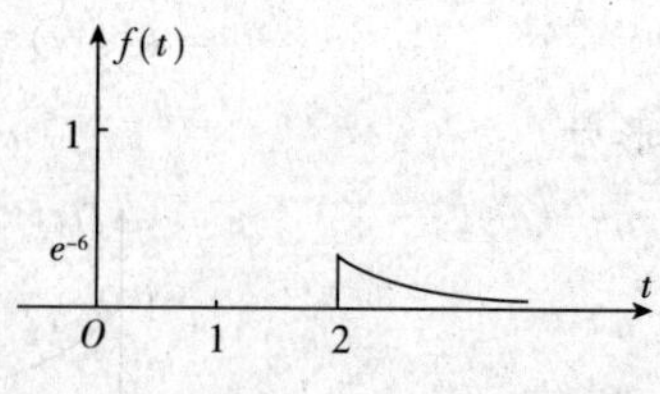

(4) 已知 $\varepsilon(t) \longleftrightarrow \dfrac{1}{s}$

由时移性质可得 $\varepsilon(t-1) \longleftrightarrow \dfrac{e^{-s}}{s}$

由 s 域平移性质可得 $e^{t}\varepsilon(t-1) \longleftrightarrow \dfrac{e^{-(s-1)}}{s-1}$

于是 $f(t)=\mathscr{F}^{-1}\left[\dfrac{e^{-(s-1)}}{s-1}\right]=e^{t}\varepsilon(t-1)$

其图形为

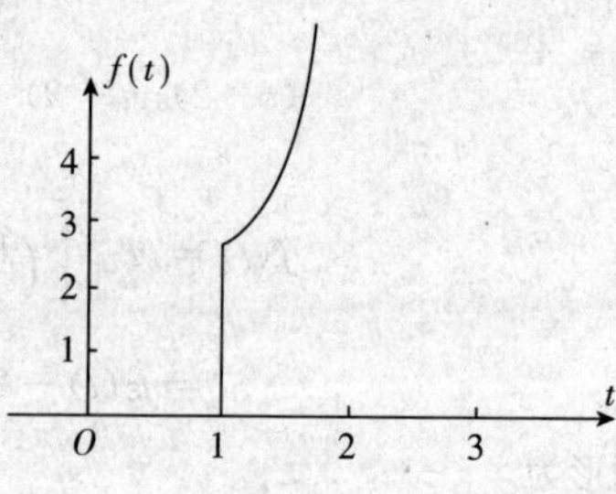

(5) 已知 $\sin(\pi t)\varepsilon(t) \longleftrightarrow \dfrac{\pi}{s^2+\pi^2}$

由时移性质可得 $\sin[\pi(t-1)]\varepsilon(t-1) \longleftrightarrow \dfrac{\pi e^{-s}}{s^2+\pi^s}$

于是 $f(t)=\mathscr{L}^{-1}\left[\dfrac{\pi(1+e^{-2})}{s^2+\pi^2}\right]=\mathscr{L}^{-1}\left[\dfrac{\pi}{s^2+\pi^2}\right]+\mathscr{L}^{-1}\left[\dfrac{\pi e^{-s}}{s^2+\pi^2}\right]$

$$=\sin(\pi t)\varepsilon(t)+\sin[\pi(t-1)]\varepsilon(t-1)=\sin\pi t[\varepsilon(t)-\varepsilon(t-1)]$$

其图形为

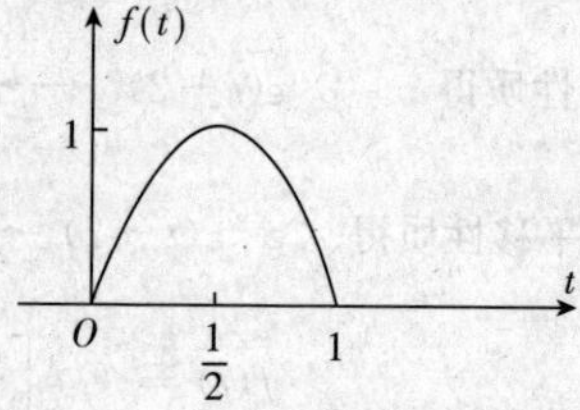

(6) 已知 $\sin(\pi t)\varepsilon(t) \longleftrightarrow \dfrac{\pi}{s^2+\pi^2}$

由时移性质可得 $\sin[\pi(t-2)]\varepsilon(t-2) \longleftrightarrow \dfrac{\pi e^{-2s}}{s^2+\pi^2}$

于是 $f(t)=\mathscr{L}^{-1}\left[\dfrac{\pi(1-e^{-2s})}{s^2+\pi^2}\right]=\mathscr{L}^{-1}\left[\dfrac{\pi}{s^2+\pi^2}\right]-\mathscr{L}^{-1}\left[\dfrac{\pi e^{-2s}}{s^2+\pi^2}\right]$

$$=\sin(\pi t)\varepsilon(t)-\sin[\pi(t-2)]\varepsilon(t-2)=\sin(\pi t)[\varepsilon(t)-\varepsilon(t-2)]$$

其图形为

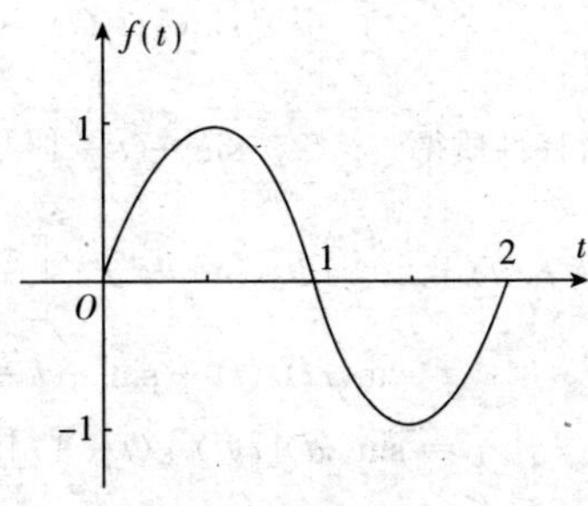

5.10 知识点窍 有始周期函数可写为 $f(t)=f_0(t)*\sum\limits_{n=0}^{\infty}\delta(t-nT)$，式中 $f_0(t)$ 为 $f(t)$ 在第一周期内的表示式，令 $F_0(s)=\mathscr{L}[f_0(t)]$，则有 $F(s)=\mathscr{L}[f(t)]=\mathscr{L}[f_0(t)]\cdot\mathscr{L}\left[\sum\limits_{n=0}^{\infty}\delta(t-nT)\right]=\dfrac{F_0(s)}{1-e^{-Ts}}$。

逻辑推理 将 $F(s)$ 展开成 $\dfrac{F_0(s)}{1-e^{-Ts}}$ 的形式，由此可确定周期 T，对 $F_0(s)$ 求逆变换得 $f_0(t)$。

解题过程 (1) $F(s)=\dfrac{1}{1+e^{-s}}=\dfrac{1-e^{-s}}{1-e^{-2s}}$

由此可知周期 $T=2$s，且有

$$F_0(s)=\mathscr{L}[f_0(t)]$$

又 $\mathscr{L}[\delta(t)]=1$

$$\mathscr{L}[\delta(t-1)]=e^{-s}$$

则

$f_0(t)=\mathscr{L}^{-1}[F_0(s)]=\mathscr{L}^{-1}[1-e^{-s}]=\delta(t)-\delta(t-1)$

(2) $F(s)=\dfrac{1}{s(1+e^{-2s})}=\dfrac{\dfrac{1-e^{-2s}}{s}}{1-e^{-4s}}$

由此可知周期 $T=4$s，且有 $F_0(s)=\mathscr{L}[f_0(t)]=\dfrac{1-e^{-2s}}{s}$

又 $\varepsilon(t)\longleftrightarrow\dfrac{1}{s}$

由时移性质得 $\varepsilon(t-2)\longleftrightarrow\dfrac{e^{-2s}}{s}$

则 $f_0(t)=\mathscr{L}^{-1}[F_0(s)]=\mathscr{L}^{-1}\left[\dfrac{1}{s}(1-e^{-2s})\right]=\varepsilon(t)-\varepsilon(t-2)$

(3)$F(s)=\dfrac{\pi(1+e^{-s})}{(s^2+\pi^2)(1-e^{-2s})}=\dfrac{\pi(1+e^{-s})}{s^2+\pi^2}\cdot\dfrac{1}{1-e^{-2s}}$

由此可知周期 $T=2s$，且有 $F_0(s)=\mathscr{L}[f_0(t)]=\dfrac{\pi(1+e^{-s})}{s^2+\pi^2}$

又 $$\sin(\pi t)\varepsilon(t)\longleftrightarrow\frac{\pi}{s^2+\pi^2}$$

由时移性质得 $$\sin[\pi(t-1)]\varepsilon(t-1)\longleftrightarrow\frac{\pi e^{-s}}{s^2+\pi^2}$$

则 $$\begin{aligned}f_0(t)&=\mathscr{L}^{-1}[F_0(s)]=\mathscr{L}^{-1}\left[\frac{\pi(1+e^{-s})}{s^2+\pi^2}\right]\\&=\sin(\pi t)\varepsilon(t)+\sin[\pi(t-1)]\varepsilon(t-1)\\&=\sin(\pi t)[\varepsilon(t)-\varepsilon(t-1)],0\leqslant t<2\end{aligned}$$

(4)$F(s)=\dfrac{\pi(1+e^{-s})}{(s^2+\pi^2)(1-e^{-s})}=\dfrac{\pi(1+e^{-s})}{s^2+\pi^2}\cdot\dfrac{1}{1-e^{-s}}$

由此可知周期 $T=1s$，且有 $F_0(s)=\mathscr{L}[f_0(t)]=\dfrac{\pi(1+e^{-s})}{s^2+\pi^2}$

又 $$\sin(\pi t)\varepsilon(t)\longleftrightarrow\frac{\pi}{s^2+\pi^2}$$

由时移性质得 $$\sin[\pi(t-1)]\varepsilon(t-1)\longleftrightarrow\frac{\pi e^{-s}}{s^2+\pi^2}$$

则 $$\begin{aligned}f_0(t)&=\mathscr{L}^{-1}[F_0(s)]=\mathscr{L}^{-1}\left[\frac{\pi(1+e^{-s})}{s^2+\pi^2}\right]\\&=\sin(\pi t)\varepsilon(t)+\sin[\pi(t-1)]\varepsilon(t-1)=\sin(\pi t)[\varepsilon(t)-\varepsilon(t-1)]\end{aligned}$$

5.11 **知识点窍** 拉普拉斯变换法。拉普拉斯变换微分特性，即若 $f(t)\longleftrightarrow F(s)$，则有 $f'(t)\longleftrightarrow sF(s)-f(0_-)$。

逻辑推理 利用拉普拉斯变换法解出微分方程响应的拉普拉斯变换，求其逆变换得 $y(t)$。

解题过程 对方程两边进行拉普拉斯变换，由微分特性可得

$$sY(s)-y(0_-)+2Y(s)=F(s)\qquad ①$$

(1)$F(s)=\mathscr{L}[f(t)]=\mathscr{L}[\varepsilon(t)]=\dfrac{1}{s}$，连同 $y(0_-)=1$ 一起代入 ① 式，得

$$Y(s)=\frac{s+1}{s(s+2)}=\frac{k_1}{s}+\frac{k_2}{s+2}$$

$$k_1=sY(s)\Big|_{s=0}=\frac{1}{2}$$

$$k_2=(s+2)Y(s)\Big|_{s=-2}=\frac{1}{2}$$

于是 $Y(s)=\dfrac{\frac{1}{2}}{s}+\dfrac{\frac{1}{2}}{s+2}$

$$y(t)=\mathscr{L}^{-1}[Y(s)]=\mathscr{L}^{-1}\left[\frac{\frac{1}{2}}{s}+\frac{\frac{1}{2}}{s+2}\right]=\frac{1}{2}\varepsilon(t)+\frac{1}{2}e^{-2t}\varepsilon(t)$$

$$=\frac{1}{2}(1+e^{-2t})\varepsilon(t)$$

(2)$F(s)=\mathscr{L}[f(t)]=\mathscr{L}[\sin(2t)\varepsilon(t)]=\frac{2}{s^2+4}$

连同 $y(0_-)=0$ 一起代入 ① 式，得

$$Y(s)=\frac{2}{(s+2)(s^2+4)}=\frac{k_1}{s+2}+\frac{k_{21}}{s-j2}+\frac{k_{22}}{s+j2}$$

$$k_1=(s+2)Y(s)\Big|_{s=-2}=\frac{1}{4}$$

$$k_{21}=(s-j2)Y(s)\Big|_{s=j2}=\frac{\sqrt{2}}{8}e^{-j\frac{3\pi}{4}}$$

于是

$$Y(s)=\frac{\frac{1}{4}}{s+2}+\frac{\frac{\sqrt{2}}{8}e^{-j\frac{3\pi}{4}}}{s-j2}+\frac{\frac{\sqrt{2}}{8}e^{j\frac{3\pi}{4}}}{s+j2}$$

$$y(t)=\mathscr{L}^{-1}[Y(s)]=\frac{1}{4}\left[e^{-2t}+\sqrt{2}\cos(2t-\frac{3\pi}{4})\right]\varepsilon(t)$$

5.12 知识点窍 $Y(s)=Y_x(s)+Y_f(s)=\frac{M(s)}{A(s)}+\frac{B(s)}{A(s)}F(s)$

则有

$$y_x(t)=\mathscr{L}^{-1}[Y_x(s)]=\mathscr{L}^{-1}\left[\frac{M(s)}{A(s)}\right]$$

$$y_f(t)=\mathscr{L}^{-1}[Y_f(s)]=\mathscr{L}^{-1}\left[\frac{B(s)}{A(s)}F(s)\right]$$

逻辑推理 用拉普拉斯变换法，可解得系统的零输入响应和零状态响应的拉普拉斯变换，求其逆变换得 $y_x(t)$ 和 $y_f(t)$。

解题过程 对方程两边进行拉普拉斯变换，由时域微分特性可得

$$s^2Y(s)-sy(0_-)-y'(0_-)+5sY(s)-5y(0_-)+6Y(s)=3F(s)$$

整理可得

$$Y(s)=Y_x(s)+Y_f(s)=\frac{sy(0_-)+y'(0_-)+5y(0_-)}{s^2+5s+6}+\frac{3}{s^2+5s+6}F(s) \qquad ①$$

(1) 将 $F(s)=\mathscr{L}[f(t)]=\mathscr{L}[\varepsilon(t)]=\frac{1}{s}$，连同 $y(0_-)=1, y'(0_-)=2$ 代入 ① 式可得

$$Y(s)=Y_x(s)=\frac{s+7}{s^2+5s+6}=\frac{5}{s+2}-\frac{4}{s+3}$$

$$Y_f(s)=\frac{3}{s^2+5s+6}\cdot\frac{1}{s}=\frac{\frac{1}{2}}{s}-\frac{\frac{3}{2}}{s+2}+\frac{1}{s+3}$$

对以上两式取逆变换，得零输入响应和零状态响应分别为

$$y_x(t)=\mathscr{L}^{-1}[Y_x(s)]=(5e^{-2t}-4e^{-3t})\varepsilon(t)$$

$$y_f(t)=\mathscr{L}^{-1}[Y_f(s)]=(\frac{1}{2}-\frac{3}{2}e^{-2t}+e^{-3t})\varepsilon(t)$$

(2) 将 $F(s)=\mathscr{L}[f(t)]=\mathscr{L}[e^{-t}\varepsilon(t)]=\frac{1}{s+1}$ 和各初始值代入 ① 式，得

$$Y_x(s)=\frac{1}{s^2+5s+6}=\frac{1}{s+2}-\frac{1}{s+3}$$

$$Y_f(s)=\frac{3}{s^2+5s+6}\cdot\frac{1}{s+1}=\frac{\frac{3}{2}}{s+1}-\frac{3}{s+2}+\frac{\frac{3}{2}}{s+3}$$

对以上两式取逆变换，得零输入响应和零状态响应分别为

$$y_x(t)=\mathscr{L}^{-1}[Y_x(s)]=(e^{-2t}-e^{-3t})\varepsilon(t)$$

$$y_f(t)=\mathscr{L}^{-1}[Y_f(s)]=\frac{3}{2}\left[e^{-t}-3e^{-2t}+\frac{3}{2}e^{-3t}\right]\varepsilon(t)$$

5.13 **逻辑推理** 对两个微分方程进行拉普拉斯变换，然后联立求解可得系统的零输入响应和零状态响应的拉普拉斯变换，求其逆变换得 $y_x(t)$ 和 $y_f(t)$。

解题过程 对两个方程进行拉普拉斯变换，由时域微分特性可得

$$sY_1(s)-y_1(0_-)+Y_1(s)-2Y_2(s)=4F(s)$$

$$sY_2(s)-y_2(0_-)-Y_1(s)+2Y_2(s)=-F(s)$$

联立两个方程可解得

$$Y_1(s)=Y_{1x}(s)+_{1f}(s)=\left[\frac{(s+2)}{s(s+3)}y_1(0_-)+\frac{2}{s(s+3)}y_2(0_-)\right]+\frac{2s+3}{s(s+3)}F(s)$$

$$Y_2(s)=Y_{2x}(s)+Y_{2f}(s)=\frac{(s+1)y_2(0_-)+y_1(0_-)}{s(s+3)}+\frac{-s+3}{s(s+3)}F(s)$$

(1) 将 $F(s)=\mathscr{L}[f(t)]=0$ 和各初始值代入以上两式，得

$$Y_{1x}(s)=\frac{s+6}{s(s+3)}=\frac{2}{s}-\frac{1}{s+3}$$

$$Y_{2x}(s)=\frac{2s+3}{s(s+3)}=\frac{1}{s}+\frac{1}{s+3}$$

对以上两式取逆变换，得零输入响应分别为

$$y_{1x}(t)=\mathscr{L}^{-1}[Y_{1x}(s)]=(2-e^{-3t})\varepsilon(t)$$

$$y_{2x}(t)=\mathscr{L}^{-1}[Y_{2x}(s)]=(1+e^{-3t})\varepsilon(t)$$

(2) 将 $F(s)=\mathscr{L}[f(t)]=\frac{1}{s+1}$ 和各初始值代入以上两式，得

$$Y_{1f}(s)=\frac{4s+6}{s(s+1)(s+3)}=\frac{2}{s}-\frac{1}{s+1}-\frac{1}{s+3}$$

$$Y_{2f}(s)=\frac{-s+3}{s(s+1)(s+3)}=\frac{1}{s}-\frac{2}{s+1}+\frac{1}{s+3}$$

对以上两式取逆变换，得零状态响应分别为

$$y_{1f}(t)=\mathscr{L}^{-1}[Y_{1f}(s)]=(2-\mathrm{e}^{-t}-\mathrm{e}^{-3t})\varepsilon(t)$$

$$y_{2f}(t)=\mathscr{L}^{-1}[Y_{2f}(s)]=(1-2\mathrm{e}^{-t}+\mathrm{e}^{-3t})\varepsilon(t)$$

5.14 知识点窍 系统的零状态响应只与系统输入有关，与系统的初始状态无关，即零状态响应的初始状态均为零。拉普拉斯变换法解方程。

逻辑推理 利用拉普拉斯变换法求解。

解题过程 令零状态响应的象函数为 $Y_f(s)$，对方程取拉普拉斯变换（注意到初始状态为零），得

$$sY_f(s)+2Y_f(s)=sF(s)+F(s)$$

于是得

$$Y_f(s)=\frac{s+1}{s+2}F(s) \qquad ①$$

(1) 将 $F(s)=\mathscr{L}[f(t)]=\mathscr{L}[\varepsilon(t)]=\frac{1}{s}$ 代入 ① 式，得

$$Y_f(s)=\frac{s+1}{s+2}\cdot\frac{1}{s}=\frac{\frac{1}{2}}{s}+\frac{\frac{1}{2}}{s+2}$$

对上式取逆变换，得输入为 $f(t)=\varepsilon(t)$ 时系统的零状态响应

$$y_f(t)=\mathscr{L}^{-1}[Y_f(s)]=\frac{1}{2}(1+\mathrm{e}^{-2t})\varepsilon(t)$$

(2) 将 $F(s)=\mathscr{L}[f(t)]=\frac{1}{s+1}$ 代入 ① 式，得

$$Y_f(s)=\frac{s+1}{s+2}\cdot\frac{1}{s+1}=\frac{1}{s+2}$$

对上式取逆变换，得输入为 $f(t)=\mathrm{e}^{-t}\varepsilon(t)$ 时系统的零状态响应

$$y_f(t)=\mathscr{L}^{-1}[Y_f(s)]=\mathrm{e}^{-2t}\varepsilon(t)$$

(3) 将 $F(s)=\mathscr{L}[\mathrm{e}^{-2t}\varepsilon(t)]=\frac{1}{s+2}$ 代入 ① 式，得

$$Y_f(s)=\frac{s+1}{s+2}\cdot\frac{1}{s+2}=\frac{1}{s+2}-\frac{1}{(s+2)^2}$$

对上式取逆变换，得输入为 $f(t)=\mathrm{e}^{-2t}\varepsilon(t)$ 时系统的零状态响应

$$y_f(t)=\mathscr{L}^{-1}[Y_f(s)]=(1-t)\mathrm{e}^{-2t}\varepsilon(t)$$

(4) 将 $F(s)=\mathscr{L}[f(t)]=\mathscr{L}[t\varepsilon(t)]=\frac{1}{s^2}$ 代入 ① 式，得

$$Y_f(s)=\frac{s+1}{s+2}\cdot\frac{1}{s^2}=\frac{\frac{1}{4}}{s}+\frac{\frac{1}{2}}{s^2}-\frac{\frac{1}{4}}{s+2}$$

对上式取逆变换，得输入为 $f(t)=t\varepsilon(t)$ 时系统的零状态响应

$$y_f(t)=\mathscr{L}^{-1}[Y_f(s)]=(\frac{1}{4}+\frac{1}{2}t-\frac{1}{4}\mathrm{e}^{-2t})\varepsilon(t)$$

描述某 LTI 系统的微分方程为

$$y''(t)+3y'(t)+2y(t)=f'(t)+4f(t)$$

求在下列条件下的零输入响应和零状态响应：

(1) $f(t)=\varepsilon(t),y(0_-)=0,y'(0_-)=1$。

(2) $f(t)=\mathrm{e}^{-2t}\varepsilon(t),y(0_-)=1,y'(0_-)=1$。

知识点窍 系统的零输入响应只与系统的初始状态有关，与系统输入无关，而系统的零状态响应只与系统输入有关，与系统的初始状态无关。

$$Y(s)=Y_x(s)+Y_f(s)=\frac{M(s)}{A(s)}+\frac{B(s)}{A(s)}F(s)$$

逻辑推理 利用拉普拉斯变换法解方程得 $Y(s)=Y_x(s)+Y_f(s)$，求逆变换得零输入响应 $y_x(t)=\mathscr{L}^{-1}[Y_x(s)]$ 和零状态响应 $y_f(t)=\mathscr{L}^{-1}[Y_f(s)]$。

解题过程 对微分方程取拉普拉斯变换，有

$$s^2Y(s)-sy(0_-)-y'(0_-)+3sY(s)-3y(0_-)+2Y(s)=sF(s)+4F(s)$$

即

$$(s^2+3s+2)Y(s)-[sy(0_-)+y'(0_-)+3y(0_-)]=(s+4)F(s)$$

可解得

$$Y(s)=Y_x(s)+Y_f(s)=\frac{sy(0_-)+y'(0_-)+3y(0_-)}{s^2+3s+2}+\frac{s+4}{s^2+3s+2}F(s) \qquad ①$$

(1) 将 $F(s)=\mathscr{L}[f(t)]=\mathscr{L}[\varepsilon(t)]=\frac{1}{s}$ 和各初始值代入 ① 式，得

$$Y_x(s)=\frac{1}{s^2+3s+2}=\frac{1}{s+1}-\frac{1}{s+2}$$

$$Y_f(s)=\frac{s+4}{s^2+35+2}\cdot\frac{1}{s}=\frac{2}{s}-\frac{3}{s+1}+\frac{1}{s+2}$$

对以上二式取逆变换，得零输入响应和零状态响应分别为

$$y_x(t)=\mathscr{L}^{-1}[Y_x(s)]=(\mathrm{e}^{-t}-\mathrm{e}^{-2t})\varepsilon(t)$$

$$y_f(t)=\mathscr{L}^{-1}[Y_f(x)]=(2-3\mathrm{e}^{-t}+\mathrm{e}^{-2t})\varepsilon(t)$$

(2) 将 $F(s)=\mathscr{L}[f(t)]=\mathscr{L}[\mathrm{e}^{-2t}\varepsilon(t)]=\frac{1}{s+2}$ 和各初始值代入 ① 式，得

$$Y_x(s)=\frac{s+4}{s^2+3s+2}=\frac{3}{s+1}-\frac{2}{s+2}$$

$$Y_f(s)=\frac{s+4}{s^2+3s+2}\cdot\frac{1}{s+2}=\frac{3}{s+1}-\frac{2}{(s+2)^2}-\frac{3}{s+2}$$

对以上二式取逆变换，得零输入响应和零状态响应分别为

$$y_x(t)=\mathscr{L}^{-1}[Y_x(s)]=(3\mathrm{e}^{-t}-2\mathrm{e}^{-2t})\varepsilon(t)$$

$$y_f(t)=\mathscr{L}^{-1}[Y_f(s)]=[3\mathrm{e}^{-t}-(2t+3)\mathrm{e}^{-2t}]\varepsilon(t)$$

5.16 知识点窍 系统的零输入响应只与系统的初始状态有关，零状态响应只与系统的输入有关。

$$Y(s)=Y_x(s)+Y_f(s)=\frac{M(s)}{A(s)}+\frac{B(s)}{A(s)}F(s)$$

$$y^{(i)}(0_-)=y_x^{(i)}(0_-)=y_x^{(i)}(0_+)=y^{(i)}(0_+)-y_f^{(i)}(0_+),i=0,1$$

逻辑推理 由拉普拉斯变换法求解系统的零状态响应的拉普拉斯变换，求其逆变换可得 $y_f(t)$，由 $y^{(i)}(0_-)=y^{(i)}(0_+)-y_f^{(i)}(0_+)(i=0,1)$ 可得系统的初始状态，由此可求系统的零输入响应。

解题过程 对微分方程取拉普拉斯变换，有

$$s^2Y(s)-sy(0_-)-y'(0_-)+3sY(s)-3y(0_-)+2y(s)=sF(s)+4F(s)$$

即

$$(s^2+3s+2)Y(s)-[sy(0_-)+y'(0_-)+3y(0_-)]=(s+4)F(s)$$

可解得

$$Y(s)=Y_x(s)+Y_f(s)=\frac{sy(0_-)+y'(0_-)+3y(0_-)}{s^2+3s+2}+\frac{s+4}{s^2+3s+2}F(s) \quad ①$$

(1) 将 $F(s)=\mathscr{L}[f(t)]=\mathscr{L}[\varepsilon(t)]=\frac{1}{s}$ 代入①式，得

$$Y_f(s)=\frac{s+4}{s^2+3s+2}\cdot\frac{1}{s}=\frac{2}{s}-\frac{3}{s+1}+\frac{1}{s+2}$$

对上式取逆变换，得零状态响应为

$$y_f(t)=\mathscr{L}^{-1}[Y_f(s)]=(2-3\mathrm{e}^{-t}+\mathrm{e}^{-2t})\varepsilon(t)$$

由此可得 $y_f(0_+)=0,y'_f(0_+)=1$，则有

$$y(0_-)=y(0_+)-y_f(0_+)=1$$

$$y'(0_-)=y'(0_+)-y'_f(0_+)=2$$

将各初始值代入①式，得

$$Y_x(s)=\frac{s+5}{s^2+3s+2}=\frac{4}{s+1}-\frac{3}{s+2}$$

对上式取逆变换，得零输入响应为

$$y_x(t)=\mathscr{L}^{-1}[Y_x(s)]=(4\mathrm{e}^{-t}-3\mathrm{e}^{-2t})\varepsilon(t)$$

(2) 将 $F(s)=\mathscr{L}[f(t)]=\mathscr{L}[\mathrm{e}^{-2t}\varepsilon(t)]=\frac{1}{s+2}$ 代入①式，得

$$Y_f(s)=\frac{s+4}{s^2+3s+2}\cdot\frac{1}{s+2}=\frac{3}{s+1}-\frac{3}{s+2}-\frac{2}{s+2}$$

对上式取逆变换，得零状态响应为

$$y_f(t)=\mathscr{L}^{-1}[Y_f(s)]=[3e^{-t}-(2t+3)e^{-2t}]\varepsilon(t)$$

由此可得 $y_f(0_+)=0, y'_f(0_+)=1$，则有

$$y(0_-)=y(0_+)-y_f(0_+)=1$$

$$y'(0_-)=y'(0_+)-y'_f(0_+)=1$$

将各初始值代入 ① 式，得

$$Y_x(s)=\frac{s+4}{s^2+3s+2}=\frac{3}{s+1}-\frac{2}{s+2}$$

对上式取逆变换，得零输入响应

$$y_x(t)=\mathscr{L}^{-1}[Y_x(s)]=(3e^{-t}-2e^{-2t})\varepsilon(t)$$

5.17 **知识点窍** $h(t)\longleftrightarrow H(s), g(t)\longleftrightarrow \frac{1}{s}H(s)$。

逻辑推理 由拉普拉斯变换法可求得系统函数 $H(s)$，求其逆可得 $h(t)=\mathscr{F}^{-1}[H(s)], g(t)=\mathscr{F}^{-1}[\frac{1}{s}H(s)]$。

解题过程 (1) 令零状态响应的象函数为 $Y_f(s)$，对方程取拉普拉斯变换(注意到初始状态为零)得

$$s^2Y(s)+4sY(s)+3Y(s)=sF(s)-3F(s)$$

于是得系统函数

$$H(s)=\frac{Y_f(s)}{F(s)}=\frac{s-3}{s^2+4s+3}=\frac{-2}{s+1}+\frac{3}{s+3}$$

$$\frac{1}{s}H(s)=\frac{s-3}{s(s^2+4s+3)}=\frac{-1}{s}+\frac{s}{s+1}+\frac{-1}{s+3}$$

对以上二式取逆变换，得系统的冲激响应和阶跃响应分别为

$$h(t)=\mathscr{F}^{-1}[H(s)]=(-2e^{-t}+3e^{-3t})\varepsilon(t)$$

$$g(t)=\mathscr{F}^{-1}[\frac{1}{s}H(s)]=(-1+2e^{-t}-e^{-3t})\varepsilon(t)$$

(2) 令零状态响应的象函数为 $Y_f(s)$，对方程取拉普拉斯变换(注意到初始状态为零)得

$$s^2Y(s)+sY(s)+Y(s)=sF(s)+F(s)$$

于是得系统函数

$$H(s)=\frac{Y_f(s)}{F(s)}=\frac{s+1}{s^2+s+1}=\frac{\frac{\sqrt{3}}{3}e^{-j\frac{\pi}{6}}}{s+\frac{1}{2}-j\frac{\sqrt{3}}{2}}+\frac{\frac{\sqrt{3}}{3}e^{j\frac{\pi}{6}}}{s+\frac{1}{2}+j\frac{\sqrt{3}}{2}}$$

$$\frac{1}{s}H(s)=\frac{s+1}{s(s^2+s+1)}=\frac{1}{s}+\frac{\frac{1}{\sqrt{3}}e^{-j\frac{5}{6}\pi}}{s+\frac{1}{2}-j\frac{\sqrt{3}}{2}}+\frac{\frac{1}{\sqrt{3}}e^{j\frac{5}{6}\pi}}{s+\frac{1}{2}+j\frac{\sqrt{3}}{2}}$$

对以上二式取逆变换，得系统的冲激响应和阶跃响应分别为

$$h(t)=\mathscr{F}^{-1}[H(s)]=\frac{2}{\sqrt{3}}e^{-\frac{1}{2}t}\cos(\frac{\sqrt{3}}{2}t-\frac{\pi}{6})\varepsilon(t)$$

$$g(t)=\mathscr{F}^{-1}[\frac{1}{s}H(s)]=[1-\frac{2}{\sqrt{3}}e^{-\frac{1}{2}t}\cos(\frac{\sqrt{3}}{2}t-\frac{5}{6}\pi)]\varepsilon(t)$$

5.18 知识点窍 $H(s)$ 的分母、分子多项式的系数与系统微分方程的系数一一对应。

$$Y(s)=Y_x(s)+Y_f(s)=\frac{M(s)}{A(s)}+\frac{B(s)}{A(s)}F(s)$$

逻辑推理 由 $H(s)$ 的表示式可得系统的微分方程，用拉普拉斯变换法求解。

解题过程 (1) 由于 $H(s)$ 的分母、分子多项式的系数与系统微分方程的系数一一对应，故得描述系统的微分方程为

$$y''(t)+5y'(t)+6y(t)=f'(t)+6f(t)$$

对上式取拉普拉斯变换，有

$$s^2Y(s)-sy(0_-)-y'(0_-)+5sY(s)-5y(0_-)+6Y(s)=sF(s)+6F(s)$$

即

$$(s^2+5s+5)Y(s)-[sy(0_-)+y'(0_-)+5y(0_-)]=(s+6)F(s)$$

可解得

$$Y(s)=Y_x(s)+Y_f(s)=\frac{sy(0_-)+y'(0_-)+5y(0_-)}{s^2+5s+6}+\frac{s+6}{s^2+5s+6}F(s)$$

将各初始值代入上式，得

$$Y_x(s)=\frac{s+6}{(s+2)(s+3)}=\frac{4}{s+2}-\frac{3}{s+3}$$

对上式取逆变换，得零输入响应为

$$y_x(t)=\mathscr{L}^{-1}[Y_x(s)]=(4e^{-2t}-3e^{-3t})\varepsilon(t)$$

(2) 由于 $H(s)$ 的分母、分子多项式的系数与系统微分方程的系数一一对应，故得描述系统的微分方程为

$$y''(t)+4y(t)=f'(t)$$

对上式取拉普拉斯变换，有

$$s^2Y(s)-sy(0_-)-y'(0_-)+4Y(s)=SF(s)$$

即

$$(s^2+4)Y(s)-[sy(0_-)+y'(0_-)]=sF(s)$$

可解得

$$Y(s)=Y_x(s)+Y_f(s)=\frac{sy(0_-)+y'(0_-)}{s^2+4}+\frac{s}{s^2+4}F(s)$$

将各初始值代入，得

$$Y_x(s)=\frac{1}{s^2+4}=\frac{1}{2}\cdot\frac{2}{s^2+2^2}$$

对上式取逆变换，由正弦函数变换对得零输入响应为

$$y_x(t)=\mathscr{L}^{-1}[Y_x(s)]=\frac{1}{2}\sin(2t)\varepsilon(t)$$

(3) 由于 $H(s)$ 的分母、分子多项式的系数与系统微分方程的系数一一对应，故得描述系统的微分方程为

$$y'''(t)+3y''(t)+2y'(t)=f'(t)+4f(t)$$

对上式取拉普拉斯变换，有

$s^3Y(s)-s^2y(0_-)-sy'(0_-)-y''(0_-)+3s^2Y(s)-3sy(0_-)-3y'(0_-)+2sY(s)-2y(0_-)=sF(s)+4F(s)$

即

$(s^3+3s^2+2s)Y(s)-[s^2y(0_-)+sy'(0_-)+3sy(0_-)+y''(0_-)+3y'(0_-)+2y(0_-)]=(s+4)F(s)$

可解得

$$Y(s)=\frac{1}{s^3+3s^2+2s}[s^2y(0_-)+sy'(0_-)+3sy(0_-)+y''(0_-)+3y'(0_-)+2y(0_-)]+\frac{s+4}{s^3+3s^2+2s}F(s)$$

将各初始值代入，得

$$Y_x(s)=\frac{1}{s^3+3s^2+2s}(s^2+4s+6)=\frac{3}{s}-\frac{3}{s+1}+\frac{1}{s+2}$$

对上式取逆变换，得零输入响应为

$$y_x(t)=\mathscr{L}^{-1}[Y_x(s)]=(3-3e^{-t}+e^{-2t})\varepsilon(t)$$

5.19 **知识点窍** $g(t)\longleftrightarrow\frac{1}{s}H(s)$，$H(s)=\frac{Y_f(s)}{F(s)}$。

逻辑推理 取阶跃响应拉普拉斯变换得$\frac{1}{s}H(s)$，即可得系统函数 $H(s)$，则输入信号的拉普拉斯变换 $F(s)=\frac{Y_f(s)}{H(s)}$，求其逆变换得输入信号 $f(t)$。

解题过程 由已知可得 $\qquad \frac{1}{s}H(s)=\mathscr{L}[g(t)]=\frac{1}{s}-\frac{1}{s+2}=\frac{2}{s(s+2)}$

即有 $\qquad H(s)=\frac{2}{s+2}$

零状态响应的象函数为

$$Y_f(s)=\mathscr{L}[y_f(t)]=\mathscr{L}[1-e^{-2t}+te^{-2t}\varepsilon(t)]=\frac{1}{s}-\frac{1}{s+2}+\frac{1}{(s+2)^2}=\frac{3s+4}{s(s+2)^2}$$

则输入信号的象函数为

$$F(s)=\frac{Y_f(s)}{H(s)}=\frac{\frac{3}{2}s+2}{s(s+2)}=\frac{1}{s}+\frac{\frac{1}{2}}{s+2}$$

对上式取逆变换，得输入信号

$$f(t)=\mathscr{L}^{-1}[F(s)]=(1+\frac{1}{2}e^{-2t})\varepsilon(t)$$

5.20 **知识点窍** $H(s)=\dfrac{Y_f(s)}{F(s)}, g(t)\longleftrightarrow\dfrac{1}{s}H(s)$。

逻辑推理 根据输入信号 $f(t)$ 和零状态响应的表示式可分别求得其象函数 $F(s)$ 和 $Y_f(s)$，可得系统函数 $H(s)=\dfrac{Y_f(s)}{F(s)}$，对$\dfrac{1}{s}H(s)$ 求逆变换可得阶跃响应 $g(t)$。

解题过程 输入信号和零状态响应的象函数分别为

$$F(s)=\mathscr{L}[f(t)]=[e^{-t}\varepsilon(t)]=\frac{1}{s+1}$$

$$Y_f(s)=\mathscr{L}[y_f(t)]=\mathscr{L}[(e^{-t}-2e^{-2t}+3e^{-3t})\varepsilon(t)]$$

$$=\frac{1}{s+1}-\frac{2}{s+2}+\frac{3}{s+3}=\frac{2(s^2+3s+3)}{(s+1)(s+2)(s+3)}$$

于是得系统函数

$$H(s)=\frac{Y_f(s)}{F(s)}=\frac{2(s^2+3s+3)}{(s+2)(s+3)}$$

则阶跃响应的象函数为

$$\mathscr{L}[g(t)]=\frac{1}{s}H(s)=\frac{2(s^2+3s+3)}{s(s+2)(s+5)}=\frac{1}{s}-\frac{1}{s+2}+\frac{2}{s+3}$$

对上式取逆变换，得阶跃响应为 $g(t)=\mathscr{L}^{-1}[\frac{1}{s}H(s)]=(1-e^{-2t}+2e^{-3t})\varepsilon(t)$。

5.21 **逻辑推理** 本题由系统函数 $H(s)=\dfrac{Y(s)}{F(s)}$ 解题。

解题过程 (1) 设第二个积分器$\dfrac{1}{s}$ 输出为 $X(s)$

则有 $s^2x(s)=-5sx(s)-6X(s)+F(s)$

即 $(s^2+5s+6)X(s)=F(s)$

$$Y(s)=2s^2X(s)+(-3)sX(s)-4X(s)=(2s^2-3s-4)X(s)$$

$$\therefore Y(s)=\frac{2s^2-3s-4}{s^2+5s+6}F(s)\qquad\therefore H(s)=\frac{2s^2-3s-4}{s^2+5s+6}$$

(2) 设第二个积分器$\frac{1}{s}$输出为$X(s)$

则有$s^2X(s) = -4X(s) + F(s)$，即$(s^2+4)X(s) = F(s)$

$$Y(s) = sX(s) + 2X(s) = \frac{s+2}{s^2+4}F(s) \qquad \therefore H(s) = \frac{s+2}{s^2+4}$$

(3) 设第三个积分器$\frac{1}{s}$输出为$X(s)$

$s^2X(s) = -4X(s) + F(s)$，即$(s^2+4)X(s) = F(s)$

$Y(s) = s^2X(s) + 4X(s) = \frac{s^2+4}{s^3+3s^2+2s}F(s) \quad \therefore H(s) = \frac{s^2+4}{s^3+3s^2+2s}$

(4)$Y(s) = F(s) + e^{-Ts}Y(s)$

$(1-e^{-Ts})Y(s) = F(s) \qquad \therefore H(s) = \frac{1}{1-e^{-Ts}}$

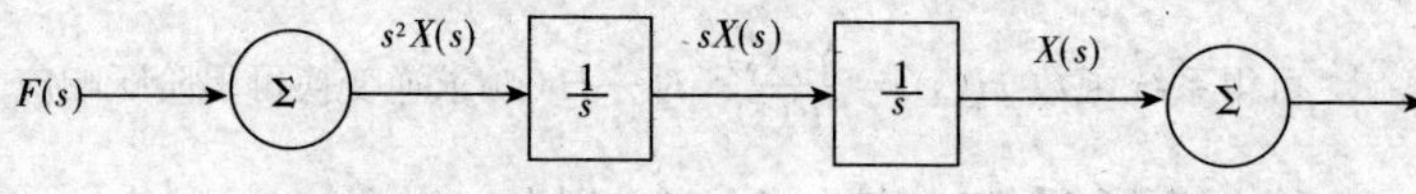

(a)

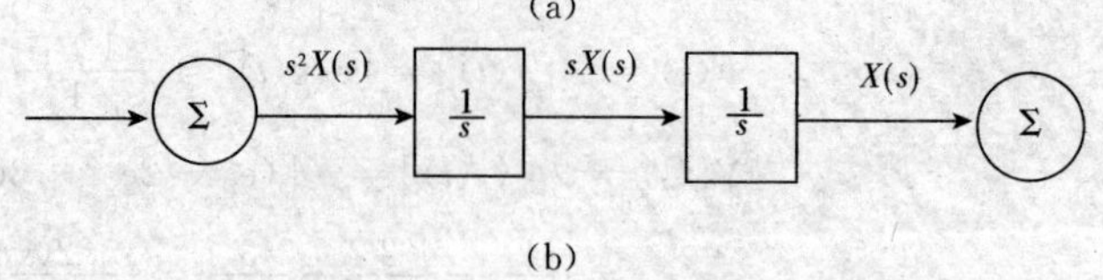

(b)

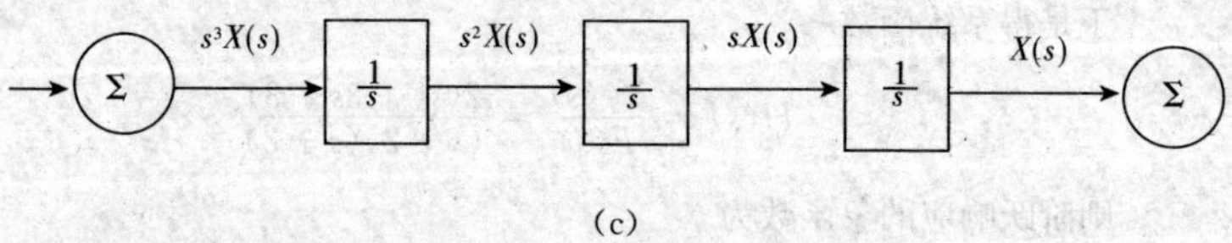

(c)

图解 5.21

5.22 **知识点窍** 时域卷积定理，即若

$$f_1(t) \longleftrightarrow F_1(s)$$

$$f_2(t) \longleftrightarrow F_2(s)$$

则有 $$f_1(t) * f_2(t) \longleftrightarrow F_1(s)F_2(s)$$

线性系统并联和级联的性质及$\mathscr{L}[h(t)] = H(s)$。

逻辑推理 由线性系统并联和级联的性质可得系统函数$H(s)$，则系统输出的象函数为$Y(s) = F(s)H(s)$，其逆变换即为系统的冲激响应。

解题过程 由已知可得子系统的系统函数为

$$H_3(s) = \mathscr{L}[h_3(t)] = \frac{1}{s}$$

$$H_4(s)=\mathscr{L}[h_4(t)]=\frac{1}{s+2}$$

则由系统级联和并联的性质可知复合系统的系统函数为

$$H(s)=H_1(s)\cdot[H_2(s)\cdot H_3(s)-H_4(s)]=\frac{1}{s+1}\cdot\left[\frac{1}{s+2}\cdot\frac{1}{s}-\frac{1}{s+2}\right]$$

$$=\frac{1-s}{s(s+1)(s+2)}=\frac{\frac{1}{2}}{s}-\frac{2}{s+1}+\frac{\frac{3}{2}}{s+2}$$

对上式取逆变换，得复合系统的冲激响应为

$$h(t)=\mathscr{L}^{-1}[H(s)]=(\frac{1}{2}-2\mathrm{e}^{-t}+\frac{3}{2}\mathrm{e}^{-2t})\varepsilon(t)$$

5.23 知识点窍 同上题。

逻辑推理 由 $H(s)=\mathscr{L}[h(t)]$ 可求得复合系统的系统函数 $H(s)$，由系统 s 域框图亦可求得复合函数的系统函数 $H(s)$，比较二者即可得出 $H_3(s)$，求逆变换得 $h_3(t)$。

解题过程 复合系统的系统函数为

$$H(s)=\mathscr{L}[h(t)]=\frac{2}{s}-\frac{1}{s+1}-\frac{1}{s+4}=\frac{5s+8}{s(s+1)(s+4)}$$

由线性系统并联和级联的性质可得复合系统的系统函数

$$H(s)=H_1(s)[H_2(s)H_3(s)-H_4(s)]$$

将 $H_4(s)=\mathscr{L}[h_4(t)]=\dfrac{1}{s+4}$ 和 $H_1(s)=\dfrac{1}{s+1}$，$H_2(s)=\dfrac{2}{s}$ 代入上式得

$$H(s)-\frac{1}{s+1}[\frac{2}{s}H_3(s)-\frac{1}{s+4}]$$

则有 $$\frac{5s+8}{s(s+1)(s+4)}=\frac{1}{s+1}[\frac{2}{s}H_3(s)-\frac{1}{s+4}]$$

可解得 $$H_3(s)=3-\frac{8}{s+4}$$

对上式取逆变换得子系统的冲激响应

$$h_3(t)=\mathscr{L}^{-1}[H_3(s)]=3\delta(t)-8\mathrm{e}^{-4t}\varepsilon(t)$$

5.24 知识点窍 $h(t)\longleftrightarrow H(s)$，$H(s)=\dfrac{Y_f(s)}{F(s)}$，拉普拉斯变换和复合系统级联与并联的性质。

逻辑推理 由系统框图可得系统输入和输出象函数的关系，由 $H(s)=\dfrac{Y_f(s)}{F(s)}$ 可求得复合系统的系统函数 $H(s)$，求其逆变换得复合系统的冲激响应。

解题过程 (1) 由已知可得 $H_2(s)=\mathscr{L}[h_2(t)]=\dfrac{2}{s+2}$

由加法器的输出可列出方程 $\dfrac{Y_f(s)}{H_1(s)}=Y_f(s)\cdot H_2(s)+F(s)$

解得 $H(s)=\dfrac{Y_f(s)}{F(s)}=\dfrac{H_1(s)}{1-H_1(s)H_2(s)}$

将 $H_1(s)$ 和 $H_2(s)$ 代入上式，得系统函数 $H(s)=\dfrac{s+2}{s(s+3)}=\dfrac{\frac{2}{3}}{s}+\dfrac{\frac{1}{3}}{s+3}$

对上式求逆变换，得复合系统冲激响应 $h(t)=\mathscr{L}^{-1}[H(s)]=\dfrac{1}{3}(2+e^{-3t})\varepsilon(t)$

(2) 由已知可得 $H_2(s)=\mathscr{L}[h_2(t)]=e^{-Ts}$

由加法器的输出可列出方程

$$\frac{Y_f(s)}{H_1(s)}=Y_f(s)H_2(s)+F(s)$$

解得 $H(s)=\dfrac{Y_f(s)}{F(s)}=\dfrac{H_1(s)}{1-H_1(s)H_2(s)}$

将 $H_1(s)$ 和 $H_2(s)$ 代入上式，得系统函数 $H(s)=\dfrac{1}{1-e^{-Ts}}=\sum\limits_{n=0}^{\infty}e^{-nTs}$

对上式求逆变换得复合系统冲激响应为 $h(t)=\mathscr{L}^{-1}[H(s)]=\sum\limits_{n=0}^{\infty}\delta(t-nT)$

5.25 知识点窍 同上题。

逻辑推理 由 $\mathscr{L}[h(t)]=H(s)$ 和系统框图可分别求出 $H(s)$，比较两者即可得出 $H_2(s)$，求其逆变换即可得 $h_2(t)$。

解题过程 由已知可知 $H(s)=\mathscr{L}[h(t)]=\dfrac{1}{s+3}$

由加法器的输出可列出方程

$$\frac{Y_f(s)}{H_1(s)}=Y_f(s)H_2(s)+F(s)$$

解得

$$H(s)=\frac{Y_f(s)}{F(s)}=\frac{H_1(s)}{1-H_1(s)H_2(s)}$$

将 $H_1(s)=\dfrac{1}{s-2}$ 代入上式，得

$$H(s)=\frac{1}{s-2-H_2(s)}$$

则有 $\dfrac{1}{s+3}=\dfrac{1}{s-2-H_2(s)}$

解得

$$H_2(s)=-5$$

求逆变换，得

$$h_2(t)=\mathscr{L}^{-1}[H_2(s)]=-5\delta(t)$$

5.26 知识点窍 $H(s)=\dfrac{Y_f(s)}{F(s)}$

逻辑推理 由系统框图可得系统函数 $H(s)$（含有待定系数 a、b、c），由系统输入和输出信号的象函数 $F(s)$ 和 $Y_f(s)$ 可求得系统函数 $H(s)=\dfrac{Y_f(s)}{F(s)}$，比较二者即可确定待定系数 a、b、c。

解题过程 设图中右端积分器的输出为 $X(s)$，则两个积分器的输入分别为 $s^2X(s)$、$sX(s)$。由左端加法器的输出可列出象函数方程

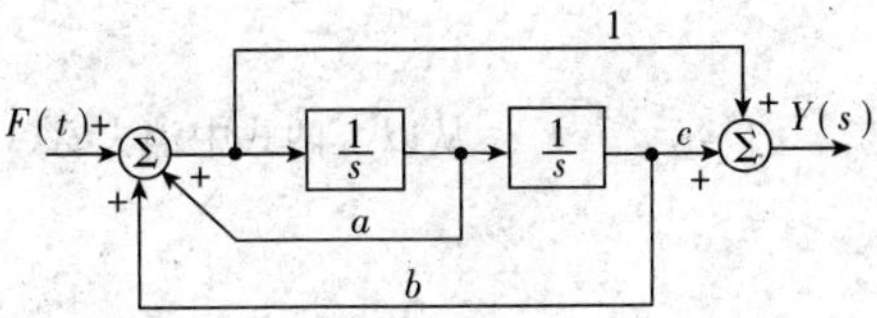

题 5.26 图

$$s^2X(s)=asX(s)+bX(s)+F(s)$$

即 $$(s^2-as-b)X(s)=F(s)$$

由右端加法器输出可列出方程

$$Y_f(s)=s^2X(s)+cX(s)=(s^2+c)X(s)$$

从以上两式中消去 $X(s)$，可得系统函数

$$H(s)=\frac{Y_f(s)}{F(s)}=\frac{s^2+c}{s^2-as-b}$$

又由已知可得

$$F(s)=\mathscr{L}[f(t)]=\frac{1}{s}$$

$$Y_f(s)=\mathscr{L}[y_f(t)]=\frac{1}{s}-\frac{5}{s+2}+\frac{5}{s+3}=\frac{s^2+6}{s(s+2)(s+3)}$$

则系统函数为

$$H(s)=\frac{Y_f(s)}{F(s)}=\frac{s^2+6}{s^2+5s+6}$$

即有

$$\frac{s^2+c}{s^2-as-b}=\frac{s^2+6}{s^2+5s+6}$$

比较两边系数可得

$$a=-5,b=-6,c=6$$

5.27 知识点窍 $Y(s)=Y_x(s)+Y_f(s)=\dfrac{M(s)}{A(s)}+\dfrac{B(s)}{A(s)}F(s)$

$H(s)$ 的分母、分子多项式的系数与系统微分方程的系数一一对应。

逻辑推理 由系统框图可求得含有待定系数 a、b、c 的系统函数，由此可得描述系统的微分方程，用拉普拉斯变换法求解可得系统全响应的象函数 $Y(s)=Y_x(s)+Y_f(s)$，与 $Y(s)=\mathscr{L}[y(t)]$ 比较可确定 a、b、c，同时可得零输入响应 $y_x(t)$。

解题过程 设图中右端积分器的输出为 $X(s)$，则两个积分器输入分别为 $s^2X(s)$、$sX(s)$。由左

端加法器的输出可列出象函数方程

$$s^2X(s) = asX(s) + bX(s) + F(s)$$

即
$$(s^2 - as - b)X(s) = F(s)$$

由右端加法器输出可列出方程

$$Y_f(s) = s^2X(s) + cX(s) = (s^2 + c)X(s)$$

从以上两式中消去 $X(s)$,可得系统函数

$$H(s) = \frac{Y_f(s)}{F(s)} = \frac{s^2 + c}{s^2 - as - b}$$

又系统函数 $H(s)$ 的分母、分子多项式的系数与系统微分方程的系数一一对应,则可得描述系统的微分方程为

$$y''(t) - ay'(t) - by(t) = f''(t) + cf(t)$$

对上式进行拉普拉斯变换,得

$$s^2Y(s) - sy(0_-) - y'(0_-) - a[sY(s) - y(0_-)] - bY(s) = s^2F(s) + cF(s)$$

即

$$(s^2 - as - b)Y(s) - [sy(0_-) + y'(0_-) - ay(0_-)] = (s^2 + c)F(s)$$

可解得

$$Y(s) = Y_x(s) + Y_f(s) = \frac{sy(0_-) + y'(0_-) - ay(0_-)}{s^2 - as - b} + \frac{s^2 + c}{s^2 - as - b}F(s) \qquad ①$$

又由已知可得

$$F(s) = \mathscr{L}[f(t)] = \frac{1}{s}$$

$$y(0_-) = 1$$

$$y'(0_-) = 0$$

$$Y(s) = \mathscr{L}[y(t)] = \frac{1}{s} - \frac{1}{s+1} + \frac{2}{s+2} = \frac{2s^2 + 3s + 2}{s^3 + 3s + 2s}$$

将以上四式代入 ① 式,可得

$$\frac{2s^2 + 3s + 2}{s^3 + 3s^2 + 2s} = \frac{2s^2 - as + c}{s^3 - as^2 - bs}$$

比较系数可得 $a = -3, b = -2, c = 2$。代入 ① 式可得

$$Y_x(s) = \frac{s+3}{s^2 + 3s + 2} = \frac{2}{s+1} - \frac{1}{s+2}$$

对上式取逆变换,得零输入响应

$$y_{zi}(t) = \mathscr{L}^{-1}[Y_x(s)] = (2e^{-t} - e^{-2t})\varepsilon(t)$$

5.28 知识点窍 $Y(s) = Y_x(s) + Y_f(s) = \dfrac{M(s)}{A(s)} + \dfrac{B(s)}{A(s)}F(s) = \dfrac{M(s)}{A(s)} + H(s)F(s)$

LTI 系统的齐次性和可加性。

逻辑推理 系统的初始状态相同,由 LTI 系统的齐次性和可加性可知

$$Y_1(s)-Y_2(s)=Y_{f_1}(s)-Y_{f_2}(s)=H(s)[F_1(s)-F_2(s)]$$

由此可得系统函数 $H(s)$,进而可求得 $Y_x(s)$,再根据系统输入的象函数可求出系统全响应的象函数,求其逆变换得系统全响应。

解题过程 由已知可得 $F_1(s)=\mathscr{L}[f_1(t)]=1$

$$F_2(s)=\mathscr{L}[f_2(t)]=\frac{1}{s}$$

$$Y_1(s)=\mathscr{L}[y_1(t)]=Y_{x_1}(s)+Y_{f_2}(s)=\frac{s+2}{s+1}$$

$$Y_2(s)=\mathscr{L}[y_2(t)]=Y_{x_2}(s)+Y_{f_2}(s)=\frac{3}{s+1}$$

由系统初始状态相同,则有 $Y_{x_1}(s)=Y_{x_2}(s)$,可得

$$Y_1(s)-Y_2(s)=Y_{f_1}(s)-Y_{f_2}(s)=H(s)[F_1(s)-F_2(s)]=\frac{s-1}{s+1}$$

由此可得系统函数

$$H(s)=\frac{s-1}{s+1}\cdot\frac{1}{F_1(s)-F_2(s)}=\frac{s}{s+1}$$

则系统零输入响应为

$$Y_{x_1}(s)=Y_1(s)-Y_{f_2}(s)-Y_1(s)-H(s)F_1(s)=\frac{2}{s+1}$$

(1) $$F_3(s)=\mathscr{L}[f_3(t)]=\frac{1}{s+2}$$

则系统全响应的象函数

$$Y_3(s)=Y_{x_1}(s)+H(s)F_3(s)=\frac{2}{s+1}+\frac{s}{s+1}\cdot\frac{1}{s+2}$$

$$=\frac{1}{s+1}+\frac{2}{s+2}$$

对上式取逆变换得系统全响应

$$y_3(t)=\mathscr{L}^{-1}[Y_3(s)]=(e^{-t}+2e^{-2t})\varepsilon(t)$$

(2) $$F_4(s)=\mathscr{L}[f_4(t)]=\frac{1-(s+1)e^{-s}}{s^2}$$

则系统全响应的象函数

$$Y_4(s)=Y_{x_1}(s)+H(s)F_4(s)=\frac{2}{s+1}+\frac{s}{s+1}\cdot\frac{1-(s+1)e^{-s}}{s^2}=\frac{1}{s}+\frac{1}{s+1}-\frac{e^{-s}}{s}$$

对上式取逆变换得系统全响应

$$y_4(t)=\mathscr{L}^{-1}[Y_4(s)]=(1+e^{-t})\varepsilon(t)-\varepsilon(t-1)$$

5.29 知识点窍 KVL 和 KCL,在 s 域中形式分别为 $\sum U(s)=0$ 和 $\sum I(s)=0$。电路元件的 s 域

模型：电阻 $U(s)=RI(s)$；电容 $U(s)=\frac{1}{sC}I(s)+\frac{u_C(0_-)}{s}$；电感 $U(s)=sLI(s)-Li_L(0_-)$。

逻辑推理 根据 KVL 和 KCL 在 s 域中求解电压 $u(t)$ 的象函数，取逆变换得 $u(t)$ 的零状态响应。

解题过程 (1) 考虑到零状态响应，则有 $u_C(0_-)=0, i_L(0_-)=0$，则 s 域电路模型与原电路形式相同。电压 $u(t)$ 的象函数

$$U(s)=\frac{sL\cdot\frac{1}{sC}}{sL+\frac{1}{sC}}\cdot I(s)=\frac{\frac{1}{C}sI(s)}{s^2+\frac{1}{LC}}$$

将 $I(s)=\mathscr{L}[i(s)]=\frac{1}{s}$ 和各元件数值代入上式，得

$$U(s)=\frac{2}{s^2+4}$$

取上式的逆变换，得电压 $u(t)$ 的零状态响应

$$u(t)=\sin(2t)\varepsilon(t)V$$

(2) 考虑到零状态响应，则有 $u_C(0_-)=0, i_L(0_-)=0$，则 s 域电路模型与原电路形式相同。

电压 $u(t)$ 的象函数

$$U(s)=\frac{\dfrac{sL\cdot\frac{1}{sC}}{sL+\frac{1}{sC}}}{R+\dfrac{sL\cdot\frac{1}{sC}}{sL+\frac{1}{sC}}}U_S(s)=\frac{\frac{1}{RC}s}{s^2+\frac{1}{RC}s+\frac{1}{LC}}U_S(s)$$

将 $U_S(s)=\mathscr{L}[u_S(t)]=\frac{1}{s}$ 和各元件数值代入上式，得

$$U(s)=\frac{2}{s^2+2s+4}=\frac{\frac{1}{\sqrt{3}}e^{j\frac{\pi}{2}}}{s+1+j\sqrt{3}}+\frac{\frac{1}{\sqrt{3}}e^{-j\frac{\pi}{2}}}{s+1-j\sqrt{3}}$$

取上式的逆变换，得电压 $u(t)$ 的零状态响应

$$u(t)=\frac{2}{\sqrt{3}}e^{-t}\cos(\sqrt{3}t-\frac{\pi}{2})\varepsilon(t)=\frac{2}{\sqrt{3}}e^{-t}\sin(\sqrt{3}t)\varepsilon(t)V$$

5.30 解题过程 在并联情况下，有

$$I_s(s)=(G+\frac{1}{sL}+sC)U_c(s)$$

即 $$H(s)=\frac{U_c(s)}{I_s}=\frac{1}{G+\frac{1}{sL}+sC}=\frac{sL}{s^2CL+sLG+1}$$

(1) $H(s)=\dfrac{0.1s}{0.01s^2+0.25s+1}=\dfrac{10s}{s^2+25s+100}$

$I_s(s)=\dfrac{1}{s}\quad \therefore U_c(s)=\dfrac{10}{s^2+25s+100}=-\dfrac{2}{3}\dfrac{1}{s+20}+\dfrac{2}{3}\dfrac{1}{s+5}$

$\therefore U_c(t)=\dfrac{2}{3}[e^{-5t}-e^{-20t}]\varepsilon(t)\mathrm{V}$

$$I_s(s)=(G+\frac{1}{sL}+sC)U_c(s)$$

$\therefore \dfrac{U_c(s)}{I_s(s)}=\dfrac{1}{G+\dfrac{1}{sL}+sC}$ 当 $I_s(s)=\dfrac{1}{s}$ 时，有 $U_c(s)=\dfrac{1}{sG\dfrac{1}{L}+s^2c}$

(2) $L=0.1\quad G=2\quad C=0.1$

$$U_c(s)=\frac{1}{2s+10+0.1s^2}=\frac{10}{(s+10)^2}$$

$$\therefore U_c(t)=10te^{-10t}\varepsilon(t)\mathrm{V}$$

(3) $L=0.1\quad G=0.1\quad C=1.2$

$$U_c(s)=\frac{1}{2s+10+0.1s^2}=\frac{10}{s^2+12s+100}=\frac{10}{(s+6)^2+8^2}$$

$$=\frac{10}{8}\cdot\frac{8}{(s+6)^2+8^2}$$

$$\therefore U_c(t)=\frac{10}{8}e^{-65}\sin(8t)\varepsilon(t)$$

5.31 逻辑推理 只考虑零输入响应，所以不考虑 $is(t)$，或令 $i_s(t)=0$ 将初始状态等效为电流源，s 域等效模型为

$$U_C(s)\left(\frac{1}{R}+\frac{1}{sL}+sC\right)=CU_C(0^-)-\frac{i_L(0^-)}{s}$$

解题过程 (1) $$U_C(s)[G+\frac{1}{sL}+Sc]=CU_C(0_-)-\frac{i_L(0_-)}{s}$$

代入整理得 $$U_C(s)=\frac{s-10}{s^2+25s+100}=\frac{2}{s+20}-\frac{1}{s+5}$$

$$\therefore U_C(t)=[2e^{-20t}-e^{-5t}]\varepsilon(t)$$

(2) $$U_C(s)\left(2+\frac{10}{s}+0.1s\right)=0.1-\frac{1}{s}$$

$$U_C(s)=\frac{s-10}{s^2+20s+100}=\frac{-20}{(s+10)^2}+\frac{1}{s+10}$$

$$\therefore U_C(t)=(-20te^{-10t}+e^{-10t})\varepsilon(t)=(1-20t)e^{-10t}\varepsilon(t)$$

(3) $$U_C(s)\left(1.2+\frac{10}{s}+0.1s\right)=0.1-\frac{1}{s}$$

$$U_C(s)=\frac{s-10}{s^2+12s+100}=\frac{s-10}{(s+6)^2+8^2}$$

$$= \frac{s+6}{(s+6)^2+8^2} - 2 \cdot \frac{8}{(s+6)^2+8^2}$$

$$\therefore U_C(t) = [e^{-6t}\cos(8t) - e^{-6t})\sin(8t)]\varepsilon(t)$$

$$= \sqrt{5}e^{-6t}\sin(8t+63.4°)\varepsilon(t)$$

5.32 **知识点窍** KCL。$h(t) = \mathscr{L}^{-1}[H(s)]$。

逻辑推理 冲激响应 $h(t)$ 与电路的初始状态无关，则电路 s 域模型与时域形式相同。对电路应用 KCL 求解系统函数 $H(s)$，取逆变换即得冲激响应 $h(t)$。

解题过程 考虑到冲激响应，电路 s 域模型与时域中形式相同，对 a 节点用 KCL 可得

$$\frac{U_1(s)-U_a(s)}{R_1} = \frac{U_a(s)-U_2(s)}{\frac{1}{sC_1}} + \frac{U_a(s)}{R_2+\frac{1}{sC_2}} \quad ①$$

又由电路可得

$$U_a(s) = \frac{U_0(s)}{\frac{1}{sC_2}} \cdot (R_2+\frac{1}{sC_2}) = \frac{U_2(s)}{k} \cdot \frac{R_2+\frac{1}{sC_2}}{\frac{1}{sC_2}} \quad ②$$

将 ② 式代入 ① 式，得

$$\frac{U_1(s) - \frac{U_2(s)}{k} \cdot \frac{R_2+\frac{1}{sC_2}}{\frac{1}{sC_2}}}{R_1} = \frac{\frac{U_2(s)}{k} \cdot \frac{R_2+\frac{1}{sC_2}}{\frac{1}{sC_2}} - U_2(s)}{\frac{1}{sC_1}} + \frac{\frac{U_2(s)}{k}}{\frac{1}{sC_2}}$$

方程两边除以 $U_1(s)$，由系统函数 $H(s) = \frac{U_2(s)}{U_1(s)}$ 可得

$$\frac{1 - \frac{H(s)}{k} \cdot \frac{R_2+\frac{1}{sC_2}}{\frac{1}{sC_2}}}{R_1} = \frac{\frac{H(s)}{k} \cdot \frac{R_2+\frac{1}{sC_2}}{\frac{1}{sC_2}} - H(s)}{\frac{1}{sC_1}} + \frac{\frac{H(s)}{k}}{\frac{1}{sC_2}}$$

将各元件数值及 $k=2$ 代入上式，得

$$1 - H(s) \cdot \frac{s+1}{2} = H(s)\frac{s^2-5}{2} + \frac{s}{2}H(s)$$

解得

$$H(s) = \frac{2}{s^2+s+1} = \frac{\frac{4}{\sqrt{3}} \cdot \frac{\sqrt{3}}{2}}{(s+\frac{1}{2})^2 + (\frac{\sqrt{3}}{2})^2}$$

对上式取逆变换可得冲激响应

$$h(t)=\mathscr{L}^{-1}[H(s)]=\frac{4}{\sqrt{3}}\mathrm{e}^{-\frac{t}{2}}\sin(\frac{\sqrt{3}}{2}t)\varepsilon(t)$$

5.33 知识点窍 $H(s)=\dfrac{Y_f(s)}{F(s)}$

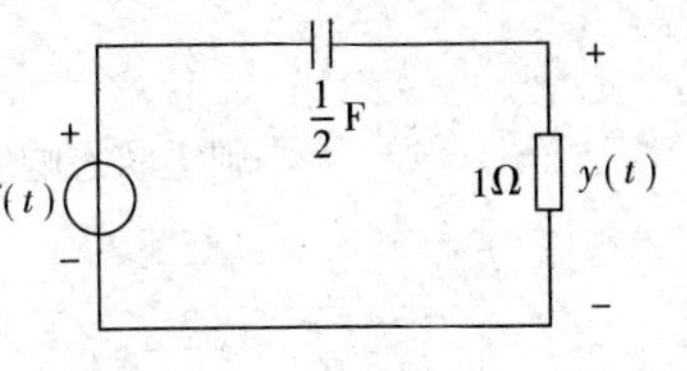

题 5.33 图

逻辑推理 由电路图求得系统函数 $H(s)$，代入 $Y_f(s)=F(s)H(s)$ 得 $Y_f(s)$，取逆变换可求得 $y_f(t)$。

解题过程 考虑到零状态响应，则 s 域中电路模型与时域中形式相同。由电路图可得

$$Y_f(s)=F(s)\cdot\frac{R}{R+\frac{1}{sC}}$$

可得系统函数 $$H(s)=\frac{Y_f(s)}{F(s)}=\frac{R}{R+\frac{1}{sC}}$$

将各元件数据代入，得

$$H(s)=\frac{s}{s+2}$$

(1) $$F(s)=\mathscr{L}[f(t)]=\frac{1}{s}$$

则零状态响应象函数

$$Y_{zs}(s)=F(s)\cdot H(s)=\frac{1}{s+2}$$

对上式取逆变换得零状态响应

$$y_f(t)=\mathrm{e}^{-2t}\varepsilon(t)$$

(2) $$F(s)=\mathscr{L}[f(t)]=\frac{1}{s}-\frac{1}{s+1}=\frac{1}{s(s+1)}$$

则零状态响应象函数

$$Y_f(s)=F(s)H(s)=\frac{1}{(s+1)(s+2)}=\frac{1}{s+1}-\frac{1}{s+2}$$

对上式取逆变换得零状态响应

$$y_{zs}(t)=(\mathrm{e}^{-t}-\mathrm{e}^{-2t})\varepsilon(t)$$

(3) $$F(s)=\mathscr{L}[f(t)]=\frac{1}{T}\cdot\frac{1}{s^2}(1-\mathrm{e}^{-Ts})$$

则零状态响应象函数

$$Y_f(s)=F(s)H(s)=\frac{1}{2T}(\frac{1}{s}-\frac{1}{s+2})(1-\mathrm{e}^{-Ts})$$

对上式取逆变换得零状态响应

$$y_{zs}(t)=\frac{1}{2T}[(1-e^{-2t})\varepsilon(t)-(1-e^{-2(t-T)})\varepsilon(t-T)]$$

(4) $$F(s)=\mathscr{L}[f(t)]=\frac{2}{s^2+4}$$

则零状态响应象函数

$$Y_f(s)=F(s)H(s)=\frac{2s}{(s+2)(s^2+4)}=\frac{-\frac{1}{2}}{s+2}+\frac{\frac{1}{2}s}{s^2+4}+\frac{1}{s^2+4}$$

对上式取逆变换得零状态响应

$$y_f(t)=[-\frac{1}{2}e^{-2t}+\frac{1}{2}\cos(2t)+\frac{1}{2}\sin(2t)]\varepsilon(t)$$

$$=\frac{1}{2}[\sqrt{2}\cos(2t-\frac{\pi}{4})-e^{-2t}]\varepsilon(t)$$

(5) $F(s)=\mathscr{L}[f(t)]=\frac{1}{T}\cdot\frac{1}{S^2}(1-e^{-Ts})-\frac{1}{s}e^{-Ts}$

则零状态响应的象函数

$$Y_f(s)=F(s)H(s)=\frac{1}{2T}\left(\frac{1}{s}-\frac{1}{s+2}\right)(1-e^{-Ts})-\frac{1}{s+2}e^{-Ts}$$

对上式取逆变换得零状态响应

$$y_{zs}(t)=\frac{1}{2T}[(1-e^{-2t})\varepsilon(t)-(1-e^{-2(t-T)})\varepsilon(t-T)]-e^{-2(t-T)}\varepsilon(t-T)$$

$$=\frac{1}{2T}(1-e^{-2t})\varepsilon(t)-\frac{1}{2T}[1+(2T-1)e^{-2(t-T)}]\varepsilon(t-T)$$

5.34 **知识点窍** 由互感耦合电路的时域图得出其 s 域等效图,然后列 s 域方程,求解即可。

解题过程 s 域等效图如图解 5.34 所示。

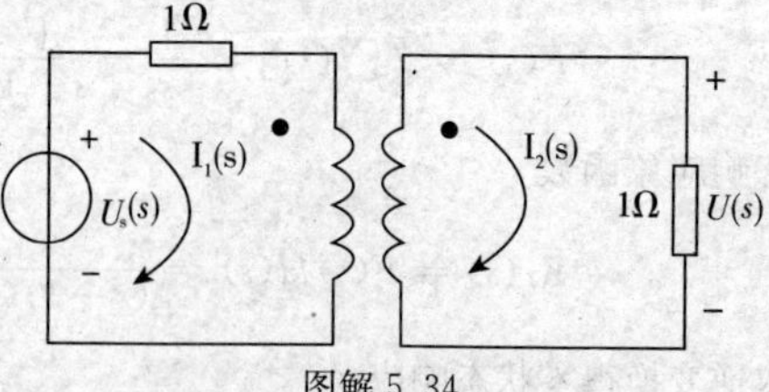

图解 5.34

$$\begin{cases}(1+2s)I_1(s)-sI_2(s)=u_s(s)\\-sI_1(s)+(1-2s)I_2(s)=0\end{cases}$$

解得 $I_2(s)=\frac{sUs(s)}{(1+s)(1+3s)}$

$\therefore U(s)=I_2(s)=\frac{s}{(1+s)(1+3s)}U_s(s)$

(1) 当 $U_s(s)=1$ 时,即 $U_s(t)=\delta(t)$

$$U(s)=\frac{s}{(1+s)(1+3s)}=\frac{1}{2}\cdot\frac{1}{s+1}+\frac{\left(-\frac{1}{2}\right)}{3s+1}=\frac{1}{2}\frac{1}{s+1}-\frac{1}{6}\frac{1}{(s+\frac{1}{3})}$$

∴ 冲激响应 $h(t)=\left(\frac{1}{2}e^{-t}-\frac{1}{6}e^{-\frac{1}{3}t}\right)\varepsilon(t)=\frac{1}{6}(3e^{-t}-e^{-\frac{t}{3}})\varepsilon(t)$

(2) 当 $U_s(s)=\frac{1}{s}$，即 $U_s(t)=\varepsilon(t)$ 时

$$U(s)=\frac{1}{(1+s)(1+3s)}=\frac{-\frac{1}{2}}{s+1}+\frac{\frac{1}{2}}{s+\frac{1}{3}}$$

∴ 阶跃响应 $g(t)=\frac{1}{2}(e^{-\frac{1}{3}t}-e^{-t})\varepsilon(t)$

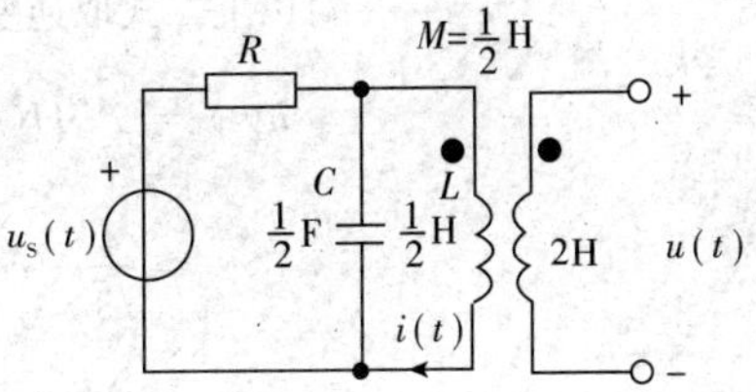

5.35 知识点窍 $h(t)=\mathscr{L}^{-1}[H(s)]$，$g(t)=\mathscr{L}^{-1}[\frac{1}{s}H(s)]$，$H(s)=\frac{Y_f(s)}{F(s)}$。

题 5.35 图

逻辑推理 由电路图可得系统函数 $H(s)=\frac{U(s)}{U_S(s)}$，对 $H(s)$ 和 $\frac{1}{s}H(s)$ 取逆变换可得冲激响应 $h(t)$ 和阶跃响应 $g(t)$。

解题过程 考虑到零状态响应，s 域中电路模型与时域中相同。由电路图可得

$$U_S(s)=\left(R+\frac{\frac{1}{sC}\cdot sL}{\frac{1}{sC}+sL}\right)\cdot\frac{sL\cdot I(s)}{\frac{\frac{1}{sC}\cdot sL}{\frac{1}{sC}+sL}}$$

可解得 $\quad U_S(s)=(RLCs^2+Ls+R)I(s)$

又由电路图可得

$$U(s)=sMI(s)$$

由以上两式可得系统函数

$$H(s)=\frac{U(s)}{U_S(s)}=\frac{sM}{RLCs^2+Ls+R}$$

$$\frac{1}{s}H(s)=\frac{M}{RLCs^2+Ls+R} \qquad ①$$

将 R、L、C 值及 $M=\frac{1}{2}$ H 代入 ① 式，可得

(1) $H(s)=\frac{4s}{(s+2)^2}=\frac{-8}{(s+2)^2}+\frac{4}{s+2}$

$$\frac{1}{s}H(s)=\frac{4}{(s+2)^2}$$

对以上二式取逆变换，得 $R=0.5\Omega$ 时系统的冲激响应和阶跃响应分别为

$$h(t)=\mathscr{L}^{-1}[H(s)]=4(1-2t)\mathrm{e}^{-2t}\varepsilon(t)$$

$$g(t)=\mathscr{L}^{-1}[\frac{1}{s}H(s)]=4t\mathrm{e}^{-2t}\varepsilon(t)$$

(2) $H(s)=\dfrac{2s}{s^2+2s+4}=\dfrac{2(s+1)}{(s+1)^2+(\sqrt{3})^2}-\dfrac{2}{(s+1)^2+(\sqrt{3})^2}$

$$\frac{1}{s}H(s)=\frac{2}{s^2+2s+4}=\frac{2}{(s+1)^2+(\sqrt{3})^2}$$

对以上二式取逆变换，得 $R=1\Omega$ 时系统的冲激响应和阶跃响应分别为

$$h(t)=\mathscr{L}[\ H(s)]=[2\mathrm{e}^{-t}\cos(\sqrt{3}t)-\frac{2}{\sqrt{3}}\mathrm{e}^{-t}\sin(\sqrt{3}t)]\varepsilon(t)$$

$$=\frac{4}{\sqrt{3}}\mathrm{e}^{-t}\cos(\sqrt{3}t+\frac{\pi}{6})\varepsilon(t)$$

$$y(t)=\mathscr{L}^{-1}[\frac{1}{s}H(s)]=\frac{2}{\sqrt{3}}\mathrm{e}^{-t}\sin(\sqrt{3}t)\varepsilon(t)$$

5.36 **知识点窍** 电容 s 域模型 $U(s)=\dfrac{1}{sC}I(s)+\dfrac{u_C(0_-)}{s}$。

逻辑推理 根据各元件的初始状态，作出 s 域模型，求解即可。

解题过程 已知 $u_{C_1}(0_-)=U_0$，$u_{C_2}(0_-)=0$，由此可得电路 s 域中的模型如图解 5.36 所示，则由图可知，电路中 s 闭合时有

$$\frac{U_{C_1}(0_-)}{s}=(\frac{1}{sC_1}+\frac{R\cdot\frac{1}{sC_2}}{R+\frac{1}{sC_2}})I(s)$$

$$U_R(s)=\frac{R\cdot\frac{1}{sC_2}}{R+\frac{1}{sC_2}}\cdot I(s)$$

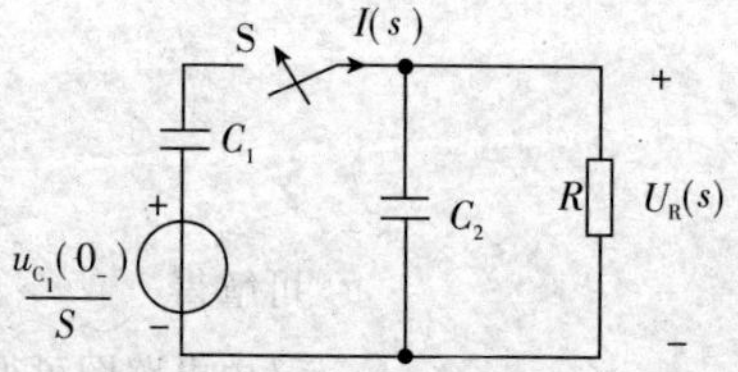

图解 5.36

将 R、C_1、C_2 以及各初始值代入以上两式，得

$$\frac{U_0}{s}=(\frac{1}{s}+\frac{1}{2s+1})I(s)$$

$$U_R(s)=\frac{1}{2s+1}I(s)$$

由以上两式可解得 $\qquad I(s)=\dfrac{1}{3}U_0(2+\dfrac{\frac{1}{3}}{s+\frac{1}{3}})$

$$U_R(s)=\frac{\frac{1}{3}U_0}{s+\frac{1}{3}}$$

对以上两式取逆变换，得

$$i(t)=\mathscr{L}^{-1}[I(s)]=\frac{1}{3}U_0[2\delta(t)+\frac{1}{3}e^{-\frac{1}{3}t}]\varepsilon(t)\text{A}$$

$$u_R(t)=\mathscr{L}^{-1}[U_R(s)]=\frac{1}{3}U_0 e^{-\frac{t}{3}}\varepsilon(t)\text{V}$$

5.37 知识点窍　KCL。$H(s)=\dfrac{Y_f(s)}{F(s)}$。

$h(t)=\mathscr{F}^{-1}[H(s)],g(t)=\mathscr{F}^{-1}[\frac{1}{s}H(s)]$。

逻辑推理　由 KCL 可列出 $U(s)$ 与 $I_S(s)$ 的方程，可得系统函数 $H(s)=\dfrac{U(s)}{I_S(s)}$ 及 $\dfrac{1}{s}H(s)$，求其逆变换可得冲激响应和阶跃响应。

解题过程　考虑到零状态响应，电路在 s 域中的模型与时域中形式相同，则由电路图可得

$$I_S(s)=\left[\frac{sL_1\cdot(R+sL_2)}{sL_1+R+sL_2}\right]^{-1}\cdot\frac{R+sL_2}{sL_2}\cdot U(s)$$

可解得系统函数

$$H(s)=\frac{U(s)}{I_S(s)}=\left[\frac{R+sL_1+sL_2}{s^2L_1L_2}\right]^{-1}=\frac{s^2L_1L_2}{R+s(L_1+L_2)}$$

将 R、L_1、L_2 数据代入上式可得

$$H(s)=\frac{2s^2}{s+1}=2s-2+\frac{2}{s+2}$$

$$\frac{1}{s}H(s)=\frac{2s}{s+1}=2-\frac{2}{s+1}$$

对以上两式取逆变换，得冲激响应和阶跃响应分别为

$$h(t)=\mathscr{L}^{-1}[H(s)]=2\delta'(t)-2\delta(t)+2e^{-t}\varepsilon(t)$$

$$g(t)=\mathscr{L}^{-1}[\frac{1}{s}H(s)]=2\delta(t)-2e^{-t}\varepsilon(t)$$

5.38 知识点窍　$Y_f(s)=F(s)H(s),h(t)=\mathscr{L}^{-1}[H(s)],g(t)=\mathscr{L}^{-1}[\frac{1}{s}H(s)]$。

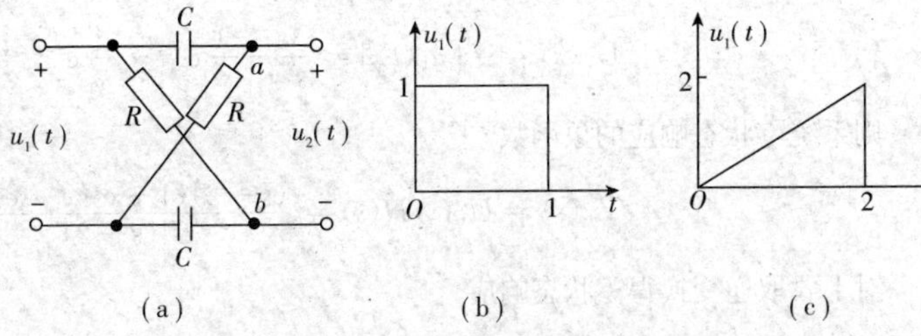

题 5.38 图

逻辑推理 由 s 域电路模型可知系统函数 $H(s)$，从而可得 $h(t)$ 和 $g(t)$，由 $Y_f(s)=F(s)H(s)$ 可得系统的零状态响应的象函数，对其取逆变换可得系统的零状态响应。

解题过程 (1) 考虑到零状态响应，系统 s 域模型与时域中形式相同。由电路图可得

$$U_2(s)=\frac{R}{R+\frac{1}{sC}}U_1(s)-\frac{\frac{1}{sC}}{R+\frac{1}{sC}}U_1(s)$$

由上式可解得系统函数

$$H(s)=\frac{U_2(s)}{U_1(s)}=\frac{R-\frac{1}{sC}}{R+\frac{1}{sC}}$$

将 R、C 数据代入上式，得

$$H(s)=\frac{s-2}{s+2}$$

(2) 冲激响应

$$h(t)=\mathscr{L}^{-1}[H(s)]=\mathscr{L}^{-1}\left[\frac{s-2}{s+2}\right]=\delta(t)-4\mathrm{e}^{-2t}\varepsilon(t)$$

阶跃响应

$$g(t)=\mathscr{L}^{-1}[\frac{1}{s}H(s)]=\mathscr{L}^{-1}[\frac{s-2}{s(s+2)}]=(-1+2\mathrm{e}^{-2t})\varepsilon(t)$$

(3) 由 $u_1(t)$ 的波形图(b) 可得

$$u_1(t)=\varepsilon(t)-\varepsilon(t-1)$$

$$U_1(s)=\mathscr{L}[u_1(t)]=\frac{1}{s}(1-\mathrm{e}^{-s})$$

则系统零状态响应的象函数

$$Y_f(s)=U_1(s)H(s)=\frac{s-2}{s(s+2)}(1-\mathrm{e}^{-s})$$

对上式取逆变换得零状态响应

$$y_f(t)=\mathscr{L}^{-1}[Y_f(t)]=(-1+2\mathrm{e}^{-2t})\varepsilon(t)-[-1+2\mathrm{e}^{-(t-1)}]\varepsilon(t-1)$$

(4) 由 $u_1(t)$ 的波形图(c) 可得

$$u_1(t)=t[\varepsilon(t)-\varepsilon(t-2)]$$

$$U_1(s)=\mathscr{L}[u_1(t)]=\frac{1}{s^2}-\frac{1}{s^2}\mathrm{e}^{-2s}-\frac{1}{s}\mathrm{e}^{-2s}=\frac{1-\mathrm{e}^{-2s}-s\mathrm{e}^{-2s}}{s^2}$$

则系统零状态响应的象函数

$$Y_f(s)=U_1(s)H(s)=\frac{(s-2)(1-\mathrm{e}^{-2s}-s\mathrm{e}^{-2s})}{s^2(s+2)}$$

对上式取逆变换得零状态响应

$$y_f(t)=\mathscr{L}^{-1}[Y_f(s)]=\begin{cases}1-t-e^{-2t}, & 0\leqslant t\leqslant 2\\ -(3+e^{-4})e^{-2(t-2)}, & t>2\end{cases}$$

5.39 知识点窍 阶跃响应 $g(t)=\mathscr{L}^{-1}[\frac{1}{s}H(s)]$。

逻辑推理 由 s 域电路模型可直接求得系统函数 $H(s)$，进而可得阶跃响应 $g(t)=\mathscr{L}^{-1}[\frac{1}{s}H(s)]$。

解题过程 考虑到零状态响应，s 域中电路模型与时域中形式相同。由电路可得

$$U(s)=\left(R_1+sL_1+\frac{R_2\cdot\frac{1}{sC}}{R_2+\frac{1}{sC}}\right)\cdot\frac{U_2(s)}{\frac{R_2\cdot\frac{1}{sC}}{R_2+\frac{1}{sC}}}$$

可解得系统函数

$$H(s)=\frac{U_2(s)}{U(s)}=\frac{R_2}{s^2R_2LC+s(L+R_1R_2C)+R_1+R_2}$$

将 R_1、R_2、L、C 的数据代入上式，得

$$H(s)=\frac{1}{2(s^2+\sqrt{2}s+1)}$$

则阶跃响应为 $g(t)=\mathscr{L}^{-1}[\frac{1}{s}H(s)]=\mathscr{L}^{-1}\left[\frac{1}{2s(s^2+\sqrt{2}s+1)}\right]$

$$=\frac{1}{2}\left[1-\sqrt{2}e^{-\frac{t}{\sqrt{2}}}\cos\left(\frac{t}{\sqrt{2}}-\frac{\pi}{4}\right)\right]\varepsilon(t)$$

5.40 知识点窍 KCL。$H(s)=\frac{Y_f(s)}{F(s)}$，$g(t)=\mathscr{L}^{-1}[\frac{1}{s}H(s)]$。

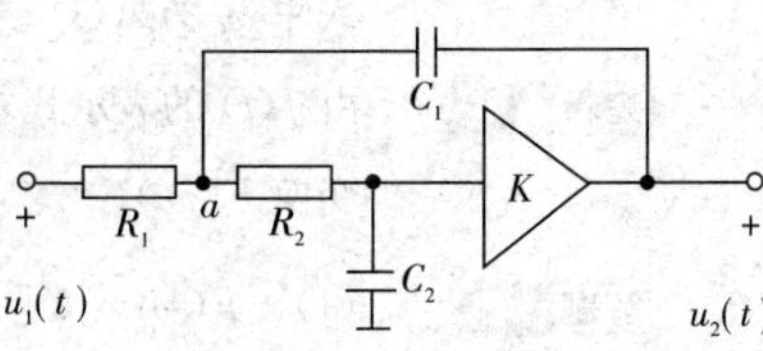

题 5.40 图

逻辑推理 由 KCL 可列写电路输入输出关系式，由此可得 $H(s)=\frac{U_2(s)}{U_1(s)}$，阶跃响应为 $g(t)=\mathscr{L}^{-1}[\frac{1}{s}H(s)]$。

解题过程 考虑到零状态响应，s 域中电路模型与时域中形式相同。对 a 节点使用 KCL 可得

$$\frac{U_1(s)-U_a(s)}{R_1}=\frac{U_a(s)-U_2(s)}{\frac{1}{sC_1}}+\frac{U_a(s)}{R_2+\frac{1}{sC_2}}$$

又由电路图可得

$$U_a(s)=\frac{U_2(s)}{K}\cdot sC_2\cdot(R_2+\frac{1}{sC_2})$$

联立以上两式可解得

$$\frac{U_1(s)-U_2(s)\left(\frac{sR_2C_2+1}{K}\right)}{R_1}=\frac{U_2(s)\left(\frac{sR_2C_2+1}{K}\right)-U_2(s)}{\frac{1}{sC_1}}+\frac{U_2(s)\left(\frac{sR_2C_2+1}{K}\right)}{R_2+\frac{1}{sC_2}}$$

将已知数据代入上式，可得

$$U_1(s)-U_2(s)\frac{s+1}{K}=U_2(s)\frac{s^2+(1-K)s}{K}+\frac{s}{K}U_2(s)$$

可解得系统函数

$$H(s)=\frac{U_2(s)}{U_1(s)}=\frac{K}{s^2+(3-K)s+1}=\frac{3-\sqrt{2}}{s^2+\sqrt{2}s+1}$$

则阶跃响应为

$$\begin{aligned}g(t)&=\mathscr{L}^{-1}[\frac{1}{s}H(s)]=\mathscr{L}^{-1}\left[\frac{3-\sqrt{2}}{s^2+\sqrt{2}s+1}\right]\\&=(3-\sqrt{2})[1-\sqrt{2}e^{-\frac{t}{\sqrt{2}}}\cos(\frac{t}{\sqrt{2}}-\frac{\pi}{4})]\varepsilon(t)\end{aligned}$$

5.41 **知识点窍** 设 $F(s)$ 的收敛域为 $R_e[s]>\sigma_0$，依据收敛坐标 σ_0 的值可分三种情况：

(1)$\sigma_0>0$，此时傅里叶变换不存在　　(2)$\sigma_0<0$，此时 $F(j\omega)=F(s)\Big|_{s=j\omega}$

(3)$\sigma_0=0$，此时 $F(j\omega)=F(s)\Big|_{s=j\omega}+\sum_{i=1}^{N}\pi k_i\delta(\omega-\omega_i)$

式中 ω_i 为 $A(s)=0$ 的 N 个单虚根。

逻辑推理 由 $f(t)$ 的表示式求出其象函数 $F(s)$ 及其收敛域，依据收敛域的情况求其傅里叶变换 $F(j\omega)$。

解题过程 (1)　$F(s)=\mathscr{L}[f(t)]=\frac{1}{s}(1-e^{-2s})$，$\mathrm{Re}[s]>-\infty$

则 $f(t)$ 的傅里叶变换为

$$F(j\omega)=F(s)\Big|_{s=j\omega}=\frac{1-e^{j2\omega}}{j\omega}$$

(2)　$F(s)=\mathscr{L}[f(t)]=\frac{1}{s^2}(1-e^{-s}-se^{-s})$，$\mathrm{Re}[s]>-\infty$

则 $f(t)$ 的傅里叶变换为

$$F(j\omega)=F(s)\Big|_{s=j\omega}=\frac{1-e^{-j\omega}-j\omega e^{-j\omega}}{-\omega^2}$$

(3)　$F(s)=\mathscr{L}[f(t)]=\frac{s}{s^2+\beta^2}$，$\mathrm{Re}[s]>0$

由 $s^2+\beta^2=0$ 可得 $F(s)$ 的两个单极点 $s_{1,2}=\pm j\beta$，则 $F(s)$ 可写为

$$F(s)=\frac{\frac{1}{2}}{s-j\beta}+\frac{\frac{1}{2}}{s+j\beta}$$

则可得 $f(t)$ 的傅里叶变换 $F(j\omega)$ 为

$$F(j\omega)=F(s)\Big|_{s=j\omega}+\pi[\frac{1}{2}\delta(\omega-\omega_1)+\frac{1}{2}\delta(\omega-\omega_2)]$$

$$=-\frac{j\omega}{\omega^2-\beta^2}+\frac{\pi}{2}[\delta(\omega+\beta)+\delta(\omega-\beta)]$$

(4) $F(s)=\mathscr{L}[f(t)]=\frac{1}{s^2}(1-e^{-s})$

$F(s)$ 两一个双重极点 $s_{1,2}=0$。可得

$$F(j\omega)=F(s)\Big|_{s=j\omega}+\pi\delta(\omega)=\pi\delta(\omega)-\frac{1-e^{-j\omega}}{\omega^2}$$

5.42 知识点窍 $H(s)=H(j\omega)\Big|_{j\omega=s}$，$Y_f(s)=F(s)H(s)$。

逻辑推理 根据系统频率响应可得系统函数 $H(s)=H(j\omega)\Big|_{j\omega=s}$，连同 $F(s)=\mathscr{L}[f(t)]$ 一起代入 $Y_f(s)=F(s)H(s)$，求得 $Y_f(s)$，取逆变换即可得到零状态响应 $y_f(t)$。

解题过程 由已知可得系统函数

$$H(s)=H(j\omega)\Big|_{j\omega=s}=\frac{1-s}{1+s}$$

(1) $F(s)=\mathscr{L}[f(t)]=\frac{1}{s}$

则零状态响应象函数为

$$Y_f(s)=F(s)H(s)=\frac{1-s}{s(s+1)}=\frac{1}{s}-\frac{2}{s+1}$$

对上式取逆变换，得零状态响应为

$$y_f(t)=\mathscr{L}^{-1}[Y_f(s)]=(1-2e^{-s})\varepsilon(t)$$

(2) $F(s)=\mathscr{L}[f(t)]=\frac{1}{s^2+1}$

则零状态响应的象函数为

$$Y_f(s)=F(s)H(s)\frac{1-s}{(s^2+1)(s+1)}=\frac{1}{s+1}-\frac{s}{s^2+1}$$

对上式取逆变换，得零状态响应为

$$y_f(t)=\mathscr{L}^{-1}[Y_f(s)]=(e^{-t}-\cos t)\varepsilon(t)$$

5.43 知识点窍 KCL。$g(t)=\mathscr{L}^{-1}[\frac{1}{s}H(s)]$，$H(j\omega)=H(s)\Big|_{s=j\omega}$，$\mathrm{Re}[s]>\sigma_0$，$\sigma_0<0$。

逻辑推理 由 KCL 可得系统函数 $H(s)$，则阶跃响应 $g(t)=\mathscr{L}^{-1}[\frac{1}{3}H(s)]$。系统频率响应 $H(j\omega)=H(s)\Big|_{s=j\omega}$，由此可求得幅频特性 $|H(j\omega)|$ 和相频特性 $\varphi(\omega)$。

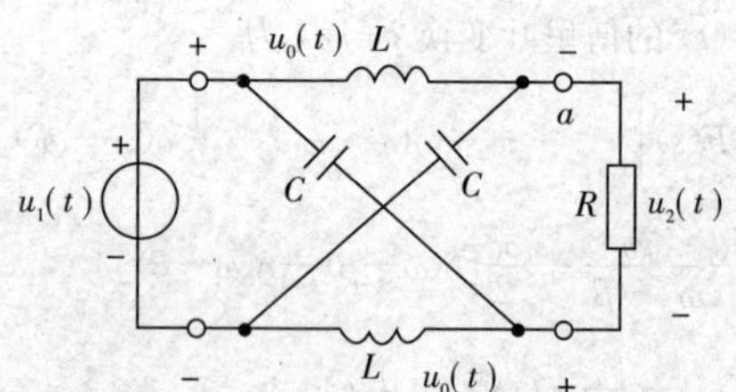

题 5.43 图

解题过程 (1) 如题 5.43 图，根据电路对称性，可设电感端电压均为 $u_0(t)$。考虑到零状态响应，s 域中电路模型与时域中形式相同。对节点 a，由 KCL 可得

$$\frac{U_0(s)}{sL}=\frac{U_1(s)-U_0(s)}{\frac{1}{sC}}+\frac{U_1(s)-2U_0(s)}{R}$$

又由电路图可得 $\quad U_1(s)=2U_0(s)+U_2(s)$

联立以上两式可解得 $\dfrac{\frac{1}{2}[U_1(s)-U_2(s)]}{sL}=\dfrac{\frac{1}{2}[U_1(s)-U_2(s)]}{\frac{1}{sC}}+\dfrac{U_2(s)}{R}$

等式两边同除以 $U_1(s)$，由 $H(s)=\dfrac{U_2(s)}{U_1(s)}$ 可得系统函数

$$\frac{\frac{1}{2}[1-H(s)]}{sL}=\frac{\frac{1}{2}[1-H(s)]}{\frac{1}{sC}}+\frac{H(s)}{R}$$

可解得
$$H(s)=\frac{\frac{1}{LC}-s^2}{s^2+\frac{2s}{RC}+\frac{1}{LC}}$$

将 $R=\sqrt{\frac{L}{C}}$ 代入上式，令 $\beta=\frac{1}{\sqrt{LC}}$，可得 $H(s)=-\dfrac{s^2-\beta^2}{(s+\beta)^2}$

(2) 阶跃响应为 $\quad g(t)=\mathscr{L}^{-1}\left[\frac{1}{s}H(s)\right]=\mathscr{L}^{-1}\left[\frac{1}{s}-\frac{1}{s+\beta}\right]=(1-2\mathrm{e}^{-\beta t})\varepsilon(t)$

(3) $H(s)$ 的收敛域为 $\mathrm{Re}[s]>-\beta$，则系统频率响应为

$$H(j\omega)=H(s)\Big|_{s=j\omega}=\frac{\beta-j\omega}{\beta+j\omega}=\mathrm{e}^{-j2\arctan(\frac{\omega}{\beta})}$$

可得系统的幅频特性

$$|H(j\omega)|=\left|\frac{\beta-j\omega}{\beta+j\omega}\right|=1$$

相频特性

$$\varphi(\omega)=-2\arctan(\frac{\omega}{\beta})$$

5.44 逻辑推理 本题从 s 域入手，再作反拉氏变换即可求得。

解题过程 设 $f(t)$ 的拉氏变换为 $F(s)$，再有 $\mathscr{L}[f'(t)]=sF(s)$

$\therefore \mathscr{L}[f(t)*f'(t)]=sF(s)^2$ 　　而等式右端拉氏变换为$\frac{s}{(s+1)^2}$

$\therefore sF(s)^2=\frac{s}{(s+1)^2}$ 　　$\therefore F(s)=\frac{1}{s+1}$ 或 $F(s)=-\frac{1}{s+1}$

$\therefore f(t)=e^{-t}\varepsilon(t)$ 或 $f(t)=-e^{-t}\varepsilon(t)$

5.45 逻辑推理 本题从 s 域入手，再作反拉氏变换即可求得。

解题过程 $f(t)=[\varepsilon(t)-\varepsilon(t-1)]-[\varepsilon(t-2)-\varepsilon(t-3)]$

$$F_1(s)=\frac{1}{s}(1-e^{-s}-e^{-2s}+e^{-3s})=\frac{1}{s}[(1-e^{-s})^2(1+e^{-s})]$$

$f_2(t)=\varepsilon(t)+0.5\varepsilon(t-1)$ 　$F_2(s)=\left(1+\frac{1}{2}e^{-s}\right)\frac{1}{s}$

$$y_{1zs}(t)=(t-1)[\varepsilon(t-1)-\varepsilon(t-2)]+\left(2-\frac{t}{2}\right)[\varepsilon(t-2)-\varepsilon(t-3)]+$$
$$(3.5-t)[\varepsilon(t-3)-\varepsilon(t-4)]+\frac{t-5}{2}[\varepsilon(t-4)-\varepsilon(t-5)]$$

首先设中间变量 $g(t)-t[\varepsilon(t)-\varepsilon(t-1)]$。

$$G(s)=\mathscr{L}[g(t)]=\frac{1}{s^2}(1-e^{-s})-\frac{1}{s}e^{-s}=\frac{1-(1+s)e^{-s}}{s^2}$$

有 $y_{1zs}(t)=g(t-1)+[\varepsilon(t-2)-\varepsilon(t-3)]+\left(-\frac{1}{2}\right)g(t-2)+\frac{1}{2}[\varepsilon(t-3)-$
$\varepsilon(t-4)]-g(t-3)+\left(-\frac{1}{2}\right)[\varepsilon(t-4)-\varepsilon(t-5)]+\frac{1}{2}g(t-4)$

$$\therefore Y_{1zs}(s)=G(s)[e^{-s}-\frac{1}{2}e^{-2s}-e^{-3s}+\frac{1}{2}e^{-4s}]+\frac{1}{s}[e^{-2s}-e^{-3s}+\frac{1}{2}e^{-3s}-\frac{1}{2}e^{-4s}$$
$$+\frac{1}{2}e^{-5s}]$$
$$=G(s)(1-e^{-2s})e^{-s}\left(1-\frac{1}{2}e^{-s}\right)+\frac{1}{2}e^{-2s}\left(1-\frac{1}{2}e^{-s}\right)(1-e^{-2s})$$
$$=[G(s)+\frac{e^{-s}}{s}]e^{-s}\left(1-\frac{1}{2}e^{-s}\right)(1-e^{-2s})$$
$$=\frac{(1-e^{-s})}{s^2}\left(e^{-s}(1-\frac{1}{2}e^{-s})(1-e^{-2s})\right)$$

由 $F_1(s)$ 与 $F_2(s)$ 的关系可知

$$Y_{2zs}(s)=\frac{Y_{1zs}(s)}{(1-e^{-s})^2(1+e^{-s})\cdot\left(1+\frac{1}{2}e^{-s}\right)}$$

$$\therefore Y_{2zs}(s)=\frac{e^{-s}}{s^2}\left(1-\frac{1}{4}e^{-2s}\right)$$

$$\therefore y_{2zs}(t)=(t-1)\varepsilon(t-1)-\frac{1}{4}(t-3)\varepsilon(t-3)$$

5.46 逻辑推理 从 s 域入手，再作反拉氏变换计算较简单。

解题过程

$$g(t)\leftrightarrow\frac{1}{s}H(s+a)$$

$$g_a(t)\leftrightarrow\frac{1}{s}H(s+a)$$

$$G_a(s)=\frac{1}{s}H(s+a)=\frac{1}{s}\cdot\frac{s+a}{s+a}H(s+a)$$

$$=\frac{a}{s}\cdot\frac{1}{s+a}H(s+a)+\frac{1}{s+a}H(s+a)$$

设 $k(t)=e^{-at}g(t)$，则有 $k(s)=G(s+a)=\frac{1}{s+a}H(s+a)$

且 $g_a(t)=k(t)+a\int_0^t k(\tau)d\tau$

其中 $a\int_0^t k(\tau)d\tau=\frac{a}{s}k(s)=\frac{a}{s}\cdot\frac{1}{s+a}H(s+a)$

$\therefore$ 有 $G_a(s)=\frac{a}{s}\cdot k(s)+k(s)$

$$\therefore g_a(t)=k(t)+a\int_0^t k(\tau)d\tau=e^{-at}g(t)+a\int_0^t e^{-a\tau}g(\tau)d\tau$$

5.47 逻辑推理 从 s 域入手，再作反拉氏变换可解。

解题过程

$$F(s)=\frac{(1+e^{-s})(1+e^{-2s})}{s}$$

$$Y_{zs}(s)=\frac{\pi(1+e^{-s})(1+e^{-s})}{s^2+\pi^2}$$

$$\therefore G(s)=\frac{Y_{zs}(s)}{F(s)}\cdot\frac{1}{s}=\frac{\pi}{s^2+\pi^2}\cdot\frac{1}{1-e^{-s}}=\sum_{n=0}^{+\infty}\frac{\pi}{s^2+\pi^2}\cdot e^{-ns}$$

$$\therefore g(t)=\sum_{n=0}^{+\infty}\sin\pi(t-n)\varepsilon(t-n)$$

波形图如图解 5.48 所示。

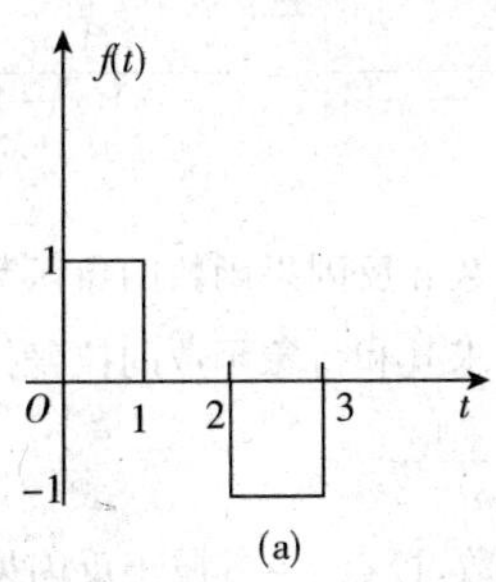

(a)

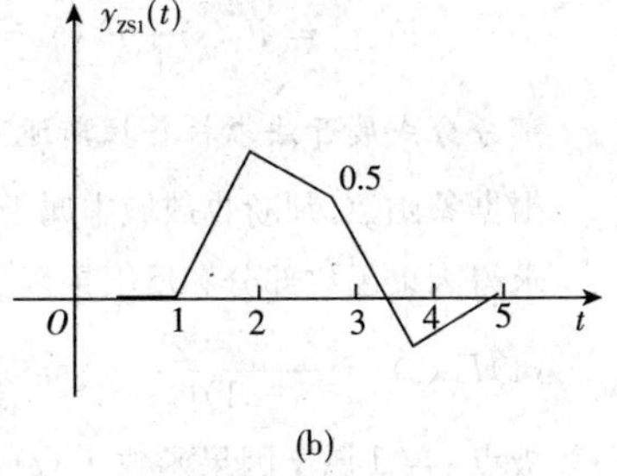

(b)

图解 5.48

5.48 知识点窍　$F_b(s)=\int_{-\infty}^{\infty}f(t)e^{-st}dt$。

逻辑推理　将 $f(t)$ 分为因果函数和反因果函数两部分，分别求其单边拉普拉斯变换，可得 $f(t)$ 的双边拉普拉斯变换。

解题过程　(1) $F_b(s)=\int_{-\infty}^{\infty}f(t)e^{-st}dt=\int_{-\infty}^{\infty}\delta(t)e^{-st}dt=1,\mathrm{Re}[s]>-\infty$

(2) $F_b(s)=\int_{-\infty}^{\infty}f(t)e^{-st}dt=\int_{-\infty}^{\infty}\varepsilon(t)e^{-st}dt=\int_{0}^{\infty}e^{-st}dt=\frac{1}{s},\mathrm{Re}[s]>0$

(3) $F_b(s)=\int_{-\infty}^{\infty}f(t)e^{-st}dt=\int_{-\infty}^{\infty}-\varepsilon(-t)^{-st}dt=-\int_{-\infty}^{0}e^{-st}dt=\frac{1}{s},\mathrm{Re}[s]<0$

(4) 双边函数 $f(t)$ 的因果函数部分 $f_1(t)=e^{-3t}d\varepsilon(t)$，其象函数

$$F_1(s)=\frac{1}{s+3},\mathrm{Re}[s]>-3$$

$f(t)$ 的反因果函数部分 $f_2(t)=e^{2t}\varepsilon(-t)$，从而 $f_2(-t)=e^{-2t}\varepsilon(t)$，其象函数为

$$F_3(s)=\frac{1}{s+2},\mathrm{Re}[s]>-2$$

则 $f_2(t)$ 的象函数为

$$F_2(s)=F_3(-s)=\frac{1}{-s+2},\mathrm{Re}[s]<2$$

最后得 $f(t)$ 的双边拉普拉斯变换

$$F_b(s)=F_1(s)+F_2(s)=\frac{1}{s+3}+\frac{1}{-s+2}=\frac{-5}{(s+3)(s-2)},-3<\mathrm{Re}[s]<2$$

(5) 双边函数 $f(t)$ 的因果函数部分 $f(t)=e^{3t}\varepsilon(t)$，其象函数

$$F_1(s)=\frac{1}{s-3},\mathrm{Re}[s]>3$$

$f(t)$ 的反因果函数部分 $f_2(t)=e^{4t}\varepsilon(-t)$，从而 $f_2(-t)=e^{-4t}\varepsilon(t)$，其象函数为

$$F_3(s)=\frac{1}{s+4},\mathrm{Re}[s]>-4$$

则 $f_2(t)$ 的象函数

$$F_2(s)=F_3(-s)=\frac{1}{-s+4},\mathrm{Re}[s]<4$$

最后得 $f(t)$ 的双边拉普拉斯变换

$$F_b(s)=F_1(s)+F_2(s)=\frac{1}{s-3}+\frac{1}{-s+4}=\frac{-1}{(s-3)(s-4)},3<\mathrm{Re}[s]<4$$

5.49 知识点窍 部分分式展开法求拉普拉斯逆变换。

逻辑推理 根据象函数，判断收敛域中属于因果函数和反因果函数的象函数的极点，进而可求得因果函数部分和反因果函数部分，求其和得象函数的拉普拉斯逆变换。

解题过程 (1)$F_b(s)=\frac{-2}{(s-1)(s-3)}=\frac{1}{s-1}-\frac{1}{s-3}$

极点 $s=1$ 属于因果函数 $f_1(t)$ 的象函数，极点 $s=3$ 属于反因果函数 $f_2(t)$ 的象函数。分别求它们的逆变换得

$$f_1(t)=e^{t}\varepsilon(t)$$

$$f_2(t)=e^{3t}\varepsilon(-t)$$

于是得原函数

$$f(t)=f_1(t)+f_2(t)=e^{t}\varepsilon(t)+e^{3t}(-t)$$

(2)$F_b(s)=\frac{2}{(s+1)(s+3)}=\frac{1}{s+1}-\frac{1}{s+3}$

极点 $s=-3$ 属于因果函数 $f_1(t)$ 的象函数，极点 $s=-1$ 属于反因果函数 $f_2(t)$ 的象函数。分别求它们的逆变换得

$$f_1(t)=-e^{-3t}\varepsilon(t)$$

$$f_2(t)=-e^{-t}\varepsilon(-t)$$

于是得原函数

$$f(t)=f_1(t)+f_2(t)=-e^{-3t}\varepsilon(t)-e^{-t}\varepsilon(-t)$$

(3) 由 $F_b(s)=\frac{4}{s^2+4},\mathrm{Re}[s]<0$ 可得

$$F_b(-s)=\frac{4}{s^2+4},\mathrm{Re}[s]>0$$

其拉普拉斯逆变换为

$$f_1(t)=2\sin(2t)\varepsilon(t)$$

则原函数为

$$f(t)=f_1(-t)=-2\sin(2t)\varepsilon(-t)$$

(4)$F_b(s)=\frac{-s+4}{(s^2+4)(s+1)}=\frac{1}{s+1}-\frac{s}{s^2+4}$

极点 $s=-1$ 属于因果函数 $f_1(t)$ 的象函数，极点 $s_{1,2}=\pm j$ 属于反因果函数 $f_2(t)$ 的象函数。分别求它们的逆变换得

$$f_1(t)=e^{-t}\varepsilon(t)$$

$$f_2(t)=\cos(2t)\varepsilon(-t)$$

于是得原函数

$$f(t)=f_1(t)+f_2(t)=e^{-t}\varepsilon(t)+\cos(2t)\varepsilon(-t)$$

第 6 章

离散系统的 z 域分析

考试要求

掌握 z 变换的定义及基本性质，熟练使用幂级数展开法和部分分式展开法求逆 z 变换，深刻理解并掌握线性离散系统的 z 域分析法。

知识点归纳

1. z 变换

序列 $f(kT)$ 的 z 变换就等于取样信号 $f_S(t)$ 的拉普拉斯变换，即

$$F(z)\Big|_{z=e^{sT}} = F(s)$$

序列 $f(k)$ 的双边 z 变换为

$$F(z) = \sum_{k=-\infty}^{\infty} f(k)z^{-k}$$

序列 $f(k)$ 的单边 z 变换为

$$F(z) = \sum_{k=0}^{\infty} f(k)z^{-k} = \sum_{k=-\infty}^{\infty} f(k)\varepsilon(k)z^{-k}$$

有限长序列 z 变换的收敛域一般为 $0<|z|<\infty$，有时它在 0 或 ∞ 也收敛。

因果序列 $f(k)$ 的象函数 $F(z)$ 的收敛域为 $|z|>\alpha$ 的圆外区域。$|z|=\alpha$ 的圆称为收敛圆。

反因果序列 $f(k)$ 的象函数 $F(z)$ 的收敛域为 $|z|<\beta$ 的圆内区域，$|z|=\beta$ 的圆称为收敛圆。

2. z 变换的性质

(1) 线性。

若

$$f_1(k) \longleftrightarrow F_1(z), \alpha_1 < |z| < \beta_1$$

$$f_2(k) \longleftrightarrow F_2(z), \alpha_2 < |z| < \beta_2$$

且有任意常数 a_1、a_2，则

$$a_1 f_1(k) + a_2 f_2(k) \longleftrightarrow a_1 F_1(z) + a_2 F_2(z)$$

其收敛域至少是 $F_1(z)$ 与 $F_2(z)$ 收敛域的相交部分。

(2) 移位（移序）特性。

1) 双边 z 变换的移位。

若 $f(k) \longleftrightarrow F(z)$，$\alpha < |z| < \beta$

且有整数 $m > 0$，则

$$f(k \pm m) \longleftrightarrow z^{\pm m} F(z), \ \alpha < |z| < \beta$$

2) 单边 z 变换的移位。

若 $f(k) \longleftrightarrow F(z)$，$|z| > \alpha$

且有整数 $m > 0$，则

$$f(k-m) \longleftrightarrow z^{-m} F(z) + \sum_{k=0}^{m-1} f(k-m) z^{-k}$$

和

$$f(k+m) \longleftrightarrow z^{m} F(z) - \sum_{k=0}^{m-1} f(k) z^{m-k}$$

其收敛域为 $|z| > \alpha_0$。

(3) 序列乘 a^k（z 域尺度变换）。

若 $f(k) \longleftrightarrow F(z)$，$\alpha < |z| < \beta$

且有常数 $a \neq 0$，则

$$a^k f(k) \longleftrightarrow F\left(\frac{z}{a}\right), \alpha |a| < |z| < \beta |a|$$

(4) 卷积定理。

若 $f_1(k) \longleftrightarrow F_1(z)$，$\alpha_1 < |z| < \beta_1$

$f_2(k) \longleftrightarrow F_2(z), \alpha_2 < |z| < \beta_2$

则

$$f_1(k) * f_2(k) \longleftrightarrow F_1(z) F_2(z)$$

其收敛域至少是 $F_1(z)$ 与 $F_2(z)$ 收敛域的相交部分。

(5) 序列乘 k(z 域微分)。

若 $f(k) \longleftrightarrow F(z)$，$\alpha<|z|<\beta$

则

$$kf(k) \longleftrightarrow -z\frac{\mathrm{d}}{\mathrm{d}z}F(z)$$

$$k^2 f(k) \longleftrightarrow -z\frac{\mathrm{d}}{\mathrm{d}z}\left[-z\frac{\mathrm{d}}{\mathrm{d}z}F(z)\right]$$

(6) 序列除$(k+m)$(z 域积分)。

若 $f(k) \longleftrightarrow F(z),\alpha<|z|<\beta$

设有整数 $m,k+m>0$,则

$$\frac{f(k)}{k+m} \longleftrightarrow z^m\int_z^{\infty}\frac{F(\eta)}{\eta^{m+1}}\mathrm{d}\eta,\alpha<|z|<\beta$$

若 $m=0$ 且 $R>0$,则

$$\frac{f(k)}{k} \longleftrightarrow \int_z^{\infty}\frac{F(\eta)}{\eta}\mathrm{d}\eta,\alpha<|z|<\beta$$

(7)k 域反转。

若 $f(k) \longleftrightarrow F(z)$，$\alpha<|z|<\beta$

则 $$f(-k) \longleftrightarrow F(z^{-1}),\frac{1}{\beta}<|z|<\frac{1}{\alpha}$$

(8) 部分和。

若 $f(k) \longleftrightarrow F(z),\alpha<|z|<\beta$

则

$$g(k)=\sum_{i=-\infty}^{k}f(k) \longleftrightarrow \frac{z}{z-1}F(z),\max(\alpha,1)<|z|<\beta$$

(9) 初值定理和终值定理。

1) 初值定理。

如果序列在 $k<M$ 时,$f(k)=0$,它与象函数的关系为

$$f(k) \longleftrightarrow F(z),\alpha<|z|<\infty$$

则序列初值

$$f(M)=\lim_{z\to\infty}z^M F(z)$$

$$f(M+1)=\lim_{z\to\infty}[z^{M+1}F(z)-zf(M)]$$

$$f(M+2)=\lim_{z\to\infty}[z^{M+2}F(z)-z^2 f(M)-zf(M+1)]$$

如果 $M=0$，即 $f(k)$ 为因果序列，这时序列的初值

$$f(0)=\lim_{z\to\infty}F(z)$$

$$f(1)=\lim_{z\to\infty}[zF(z)-zf(0)]$$

$$f(2)=\lim_{z\to\infty}[z^2F(z)-z^2F(0)-zf(1)]$$

2) 终值定理。

如果序列在 $k<M$ 时 $f(k)=0$，设

$$f(k)\longleftrightarrow F(z),\alpha<|z|<\beta$$

且 $0\leqslant\alpha<1$，则序列的终值

$$f(\infty)=\lim_{k\to\infty}f(k)=\lim_{z\to 1}(z-1)F(z)$$

3. 逆 z 变换

双边序列 $f(k)$ 可分为因果序列 $f_1(k)$ 和反因果序列 $f_2(k)$ 两部分，即

$$f(k)=f_2(k)+f_1(k)=f(k)\varepsilon(-k-1)+f(k)\varepsilon(k)$$

式中因果序列和反因果序列分别为

$$f_1(k)=f(k)\varepsilon(k)$$

$$f_2(k)=f(k)\varepsilon(-k-1)$$

相应地，其 z 变换也可分为两部分

$$F(z)=F_2(z)+F_1(z),\ \alpha<|z|<\beta$$

其中

$$F_1(z)=\mathscr{Z}[f(k)\varepsilon(k)]=\sum_{k=0}^{\infty}f(k)z^{-k},\ |z|>\alpha$$

$$F_2(z)=\mathscr{Z}[f(k)\varepsilon(-k-1)]=\sum_{k=-\infty}^{-1}f(k)z^{-k},\ |z|<\beta$$

当已知象函数 $F(z)$ 时，根据给定的收敛域可由 $F(z)$ 求得 $F_1(z)$ 和 $F_2(z)$，并分别求得它们所对应的原序列 $f_1(k)$ 和 $f_2(k)$，由线性性质，将二者相加即得到 $F(z)$ 所对应的原序列 $f(k)$。

求 $F(z)$ 的逆 z 变换通常采用幂级数展开法和部分分式展开法。

4. z 域分析

(1) 差分方程变换解。

设 LTI 系统的激励为 $f(k)$，响应为 $y(k)$，描述 n 阶系统的后向差分方程的一般形式可写为

$$\sum_{i=0}^{n}a_{n-i}y(k-i)=\sum_{i=0}^{m}b_{m-j}f(k-j)$$

式中 $a_{n-i}(i=0,1,\cdots,n)$、$b_{m-j}(j=0,1,\cdots,m)$ 均为实数，设 $f(k)$ 是 $k=0$ 时接入的，系统的初始状态为 $y(-1),y(-2),\cdots,y(-n)$。上式的单边 z 变换为

$$\left(\sum_{i=0}^{n}a_{n-i}z^{-i}\right)Y(z)+\sum_{i=0}^{n}a_{n-i}\left[\sum_{k=0}^{i-1}y(k-i)z^{-k}\right]=\left(\sum_{z=0}^{m}b_{m-j}z^{-j}\right)F(z)$$

由上式可解得

$$Y(z)=\frac{M(z)}{A(z)}+\frac{B(z)}{A(z)}F(z)$$

式中

$$M(z)=-\sum_{1=0}^{n}a_{n-i}\left[\sum_{k=0}^{i-1}y(k-i)z^{-k}\right]$$

$$A(z)=\sum_{i=0}^{n}a_{n-i}z^{-i}$$

$$B(z)=\sum_{j=0}^{m}b_{m-j}z^{-j}$$

取上式的逆变换得系统全响应

$$y(k)=y_x(k)+y_f(k)$$

式中

$$y_x(k)=\mathscr{Z}^{-1}[Y_x(z)]=\mathscr{Z}^{-1}\left[\frac{M(z)}{A(z)}\right]$$

$$y_f(k)=\mathscr{Z}^{-1}[Y_f(z)]=\mathscr{Z}^{-1}\left[\frac{B(z)}{A(z)}F(z)\right]$$

(2) 系统函数 $H(z)$。

系统零状态响应的象函数 $Y_f(z)$ 与激励象函数 $F(z)$ 之比称为系统函数，用 $H(z)$ 表示，即

$$H(z)=\frac{Y_f(z)}{F(z)}=\frac{B(z)}{A(z)}$$

单位序列(样值) 响应 $h(k)$ 是输入为 $\delta(k)$ 时系统的零状态响应，它与系统函数 $H(z)$ 的关系是

$$h(k)\longleftrightarrow H(z)$$

(3) 系统的 z 域框图。

根据系统的 k 域框图画出其相应的 z 域框图，即可直接按 z 域框图列写有关的象函数代数方程，然后解出响应的象函数，取其逆变换求得系统的 k 域响应。

(4) s 域与 z 域的关系。

s 平面的左平面映射到 z 平面的单位圆内部，s 平面的右平面映射到 z 平面的单位圆外部，s 平面的 z 轴映射为 z 平面中的单位圆。

(5) 系统的频率响应。

当 LTI 离散系统的输入是角频率为 w、取样周期为 T_S 的复指数序列(或正弦序列) 时，系统的稳态响应也是同频率、同取样周期的复指数序列(或正弦序列)。离散系统的正弦稳态响应函数称为离

散系统的频率响应,记为 $H(e^{j\theta})$,有

$$H(e^{j\theta}) = H(e^{j\omega T_S}) = |H(e^{j\theta})| e^{j\varphi(\theta)}$$

式中 $|H(e^{j\theta})|$ 称为幅频响应,$\varphi(\theta)$ 称为相频响应。

在离散系统中,若 $H(z)$ 在单位圆上收敛,则 $H(z)$ 在单位圆上的函数就是系统的频率响应,即

$$H(e^{j\theta}) = |H(e^{j\theta})| e^{j\varphi(\theta)} = H(z)\Big|_{z=e^{j\theta}}, \alpha < |z| < \beta$$

式中 $\alpha < 1, \beta > 1$。

重要公式

1. 离散信号的 z 变换

单边 z 变换

$$X(z) = \mathscr{Z}[x(n)] = \sum_{n=0}^{+\infty} x(n) z^{-n}$$

双边 z 变换

$$X(z) = \mathscr{Z}[x(n)] = \sum_{n=-\infty}^{+\infty} x(n) z^{-n}$$

z 反变换

$$x(m) = \mathscr{Z}^{-1}[X(z)] = \frac{1}{2\pi j}\oint_c X(z) z^{n-1} \mathrm{d}z = \sum_i R_{es}[X(z) z^{n-1}]_{z=z_i}$$

2. 常用序列的 z 变换

$\delta(k) \longleftrightarrow 1$

$(\sin w_0 k)\varepsilon(k) \longleftrightarrow \dfrac{(\sin w_0) z^{-1}}{1-(2\cos w_0) z^{-1} + z^{-2}} \quad |z| > 1$

$\varepsilon(k) \longleftrightarrow \dfrac{1}{1-z^{-1}} \quad |z| > 1$

$-\varepsilon(-k-1) \longleftrightarrow \dfrac{1}{1-z^{-1}} \quad |z| > 1$

$a^k \varepsilon(k) \longleftrightarrow \dfrac{1}{1-az^{-1}} \quad |z| > |a|$

$ka^k \varepsilon(k) \longleftrightarrow \dfrac{az^{-1}}{(1-az^{-1})^2} \quad |z| > |a|$

$\cos(w_0 k)\varepsilon(k) \longleftrightarrow \dfrac{1-(\cos w_0) z^{-1}}{1-(2\cos w_0) z^{-1} + z^{-2}} \quad |z| > 1$

课后习题全解

6.1 知识点窍　双边 z 变换 $X(z)=\mathscr{Z}[x(k)]=\sum_{n=-\infty}^{\infty}x(k)z^{-k}$

逻辑推理　直接利用双边 z 变换定义式,结合常用序列 z 变换求解。

解题过程　(1)

$$F(z)=\sum_{k=-\infty}^{\infty}f(k)z^{-k}=\sum_{k=-\infty}^{-1}(\frac{1}{2})^k z^{-k}$$

令 $m=-k$ 代入上式,得

$$F(z)=\sum_{m=1}^{\infty}(2z)^m=\frac{-2z}{2z-1},|z|<\frac{1}{2}$$

(2) 由常用序列 z 变换可知

$$2^k\varepsilon(-k-1)\longleftrightarrow\frac{-z}{z-2},\quad |z|<2$$

$$(\frac{1}{3})^k\varepsilon(k)\longleftrightarrow\frac{z}{z-\frac{1}{3}},\quad |z|>\frac{1}{3}$$

根据线性性质,得

$$f(k)-(\frac{1}{3})^k\varepsilon(k)+2^k\varepsilon(-k-1)\longleftrightarrow\frac{-z}{z-2}+\frac{z}{2-\frac{1}{3}}$$

$$=\frac{-5z}{(z-1)(3z-1)},\frac{1}{3}<|z|<2$$

即

$$F(z)=\sum_{k=-\infty}^{\infty}f(k)z^{-k}=\frac{-5z}{(z-2)(3z-1)},\frac{1}{3}<|z|<2$$

(3) 由常用序列 z 变换可知

$$(\frac{1}{2})^k\varepsilon(k)\longleftrightarrow\frac{z}{z-\frac{1}{2}},\quad |z|>\frac{1}{2}$$

$$(\frac{1}{2})^{-k}\varepsilon(-k-1)\longleftrightarrow\frac{-z}{z-2},\quad |z|<2$$

根据线性性质,得

$$f(k)=(\frac{1}{2})^k\varepsilon(k)+(\frac{1}{2})^{-k}\varepsilon(-k-1)\longleftrightarrow\frac{z}{z-\frac{1}{2}}+\frac{-z}{z-2}$$

$$= \frac{-3z}{(z-2)(2z-1)}, \quad \frac{1}{2} < |z| < 2$$

即

$$F(z) = \sum_{k=-\infty}^{\infty} f(k)z^{-k} = \frac{-3z}{(z-2)(2z-1)}, \quad \frac{1}{2} < |z| < 2$$

(4) 令 $f_1(k) = \begin{cases} 0, & k < 0 \\ (\frac{1}{2})^k, & k \geqslant 0 \end{cases}$

则有 $$F_1(z) = \frac{2z}{2z-1}, |z| > \frac{1}{2}$$

根据线性性质，得

$$F(z) = \mathscr{Z}[f(k)] = F_1(z) + \sum_{k=-1}^{-4} f(k)z^{-k}$$

$$= \frac{2z}{2z-1} + \frac{2z-32z^5}{1-2z} = \frac{32z^5}{2z-1}, \quad \frac{1}{2} < |z| < \infty$$

6.2 知识点窍 因果序列的 z 变换 $F(z) = \sum_{k=0}^{\infty} f(k)z^{-k}z$ 变换的基本性质。

逻辑推理 利用 z 变换的基本性质结合常用序列的 z 变换求解。

解题过程 (1)$F(z) = \sum_{k=-\infty}^{\infty} f(k)z^{-k} = \sum_{k=0}^{\infty} (\frac{1}{3})^k z^{-k} = \frac{3z}{3z-1}, \quad |z| > \frac{1}{3}$

(2)$F(z) = \sum_{k=-\infty}^{\infty} f(k)z^{-k} = \sum_{k=0}^{\infty} (-\frac{1}{3})^{-k} z^{-k} = \frac{z}{z+3}, \quad |z| > 3$

(3) 由常用序列的 z 变换可知

$$(\frac{1}{2})^k \varepsilon(k) \longleftrightarrow \frac{2z}{2z-1}, |z| > \frac{1}{2}$$

$$(\frac{1}{3})^{-k} \varepsilon(k) \longleftrightarrow \frac{z}{z-3}, |z| > 3$$

根据线性性质可知 $f(k)$ 的 z 变换为

$$F(z) = \mathscr{Z}[f(k)] = \mathscr{Z}[(\frac{1}{2})^k \varepsilon(k) + (\frac{1}{3})^{-k} \varepsilon(k)]$$

$$= \frac{2z}{2z-1} + \frac{z}{z-3} = \frac{4z^2-7z}{(2z-1)(z-3)}, |z| > 3$$

(4) $f(k) = \cosh(2k)\varepsilon(k) = \frac{e^{2k}+e^{-2k}}{2}\varepsilon(k)$，由常用序列 z 变换可知

$$e^{2k}\varepsilon(k) \longleftrightarrow \frac{z}{z-e^2}, \quad |z| > e^2$$

$$e^{-2k}\varepsilon(k) \longleftrightarrow \frac{z}{z-e^{-2}}, \quad |z| > e^{-2}$$

根据线性性质，得

$$F(z)=\mathscr{Z}[f(k)]=\frac{1}{2}\left(\frac{z}{z-\mathrm{e}^{2}}+\frac{z}{z-\mathrm{e}^{-2}}\right)=\frac{z^{2}-z\cosh^{2}}{z^{2}-2z\cosh^{2}+1},\ |z|>\mathrm{e}^{2}$$

(5) $f(k)=\cos(\frac{k\pi}{4})\varepsilon(k)$，由常用序列 z 变换可知

$$F(z)=\mathscr{Z}[f(k)]=\frac{z^{2}-z\cos\frac{\pi}{4}}{z^{2}-2z\cos\frac{\pi}{4}+1}=\frac{z^{2}-\frac{1}{\sqrt{2}}z}{z^{2}-\sqrt{2}z+1},\quad |z|>1$$

(6) $f(k)=\sin(\frac{k\pi}{2}+\frac{\pi}{4})\varepsilon(k)=\frac{1}{\sqrt{2}}[\sin(\frac{k\pi}{2})+\cos(\frac{k\pi}{2})]\varepsilon(k)$，由常用序列 z 变换可知

$$\sin(\frac{k\pi}{2})\varepsilon(k)\longleftrightarrow\frac{z\sin\frac{\pi}{2}}{z^{2}-2z\cos\frac{\pi}{2}+1}=\frac{z}{z^{2}+1},\ |z|>1$$

$$\cos(\frac{k\pi}{2})\varepsilon(k)\longleftrightarrow\frac{z^{2}-z\cos\frac{\pi}{2}}{z^{2}-2z\cos\frac{\pi}{2}+1}=\frac{z^{2}}{z^{2}+1},\ |z|>1$$

根据线性性质可知

$$F(z)=\mathscr{Z}[f(k)]=\frac{1}{\sqrt{2}}\left(\frac{z}{z^{2}+1}+\frac{z^{2}}{z^{2}+1}\right)=\frac{\frac{1}{\sqrt{2}}(z^{2}+z)}{z^{2}+1},\ |z|>1$$

6.3 **知识点窍** 因果序列的 z 变换 $F(z)=\sum\limits_{k=0}^{\infty}f(k)z^{-k}$。

逻辑推理 由 $f(k)$ 的表达式可得其图形，利用 $F(z)=\sum\limits_{k=0}^{\infty}f(k)z^{-k}$ 可得其 z 变换。

解题过程 (1) $f(k)$ 的波形图为

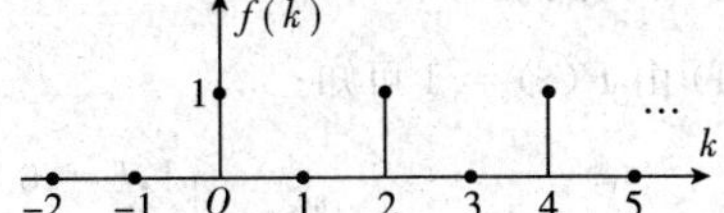

则 $f(k)$ 的 z 变换为

$$F(z)=\sum_{k=0}^{\infty}f(k)z^{-k}\xlongequal{\text{令}k=2i}\sum_{k=0}^{\infty}f(2i)z^{-2j}=\sum_{j=0}^{\infty}z^{-2i}=\frac{z^{2}}{z^{2}-1}$$

(2) $f(k)$ 的波形图为

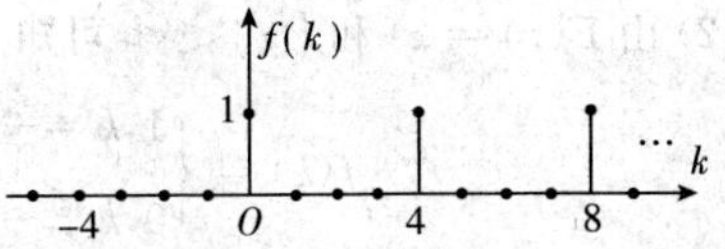

则 $f(k)$ 的 z 变换为

$$F(z)=\sum_{k=0}^{\infty}f(k)z^{-k}\xlongequal{\text{令 }k=4i}\sum_{i=0}^{\infty}f(4i)z^{-4i}=\sum_{i=0}^{\infty}z^{-4i}=\frac{z^4}{z^4-1}$$

(3) $f(k)$ 的波形图为

则 $f(k)$ 的 z 变换为

$$F(z)=\sum_{k=0}^{\infty}f(k)z^{-k}=\sum_{k=0}^{3}z^{-k}+\sum_{k=4}^{7}(-1)z^{-k}=\frac{z}{z-1}\left(\frac{z^4-1}{z^4}\right)^2$$

(4) $f(k)$ 的波形图为

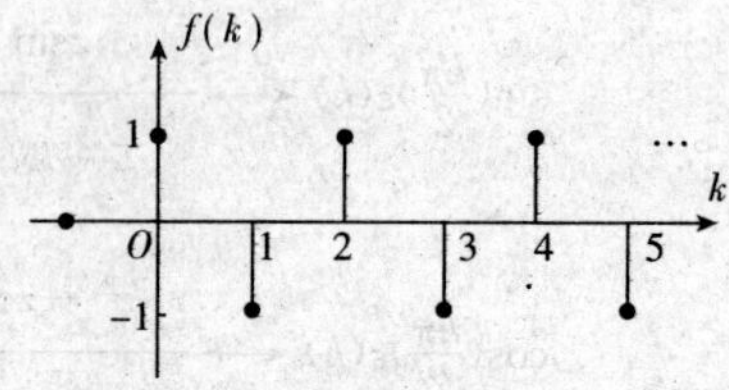

则 $f(k)$ 的 z 变换为

$$F(z)=\sum_{k=0}^{\infty}f(k)z^{-k}\xlongequal[\text{令 }k=2j+1]{\text{令 }k=2i}\sum_{i=0}^{\infty}z^{-2i}+\sum_{j=0}^{\infty}z^{-(2j+1)}=\frac{z^2}{z^2-1}-\frac{z}{z^2-1}$$

$$=\frac{z}{z+1}$$

6.4 知识点窍 $f(k)$ 的 z 变换 $F(z)=\sum\limits_{k=-\infty}^{\infty}f(k)z^{-k}$。

逻辑推理 将 $F(z)$ 写成关于 z 的多项式，比较 $F(z)=\sum\limits_{k=-\infty}^{\infty}f(k)z^{-k}$ 即可得到 $f(k)$ 在 k 点的值，即得到 $f(k)$。

解题过程 (1) 由 $F(z)=1$ 可知

$$f(k)=\begin{cases}1, k=0\\0, k\neq 0\end{cases}$$

即得

$$f(k)=\delta(k)$$

(2) 由 $F(z)=z^3$ 和 $|z|<\infty$ 可知

$$f(k)=\begin{cases}1, k=-3\\0, k\neq -3\end{cases}$$

即得

$$f(k)=\delta(k+3)$$

(3) 由 $F(z)=z^{-1}$ 和 $|z|>0$ 可知

$$f(k)=\begin{cases}1,k=1\\0,k\neq 1\end{cases}$$

即得

$$f(k)=\delta(k-1)$$

(4) 由 $F(z)=2z+1-2z^{-2}$ 和 $0<|z|<\infty$ 可知

$$f(k)=\begin{cases}-2,k=2\\1,k=0\\2,k=-1\\0,\text{其他}\end{cases}$$

即得

$$f(k)=2\delta(k+1)+\delta(k)-2\delta(k-2)$$

(5) 由 $|z|>|a|$ 可知 $f(k)$ 为因果序列，则可得

$$F(z)=\frac{1}{1-az^{-1}}=\sum_{k=0}^{\infty}(a^k)z^{-k}=\sum_{k=-\infty}^{\infty}a^k\varepsilon(k)\cdot z^{-k}$$

即得

$$f(k)=a^k\varepsilon(k)$$

(6) 由 $|z|<|\alpha|$ 可知，$f(k)$ 为反因果序列，由常用序列的 z 变换可知

$$a^k\varepsilon(-k-1)\leftrightarrow\frac{-z}{z-a}=-\frac{1}{1-az^{-1}}$$

则可得

$$f(k)=\mathscr{Z}^{-1}[F(z)]=-a^k\varepsilon(-k-1)$$

6.5 解题过程 (1) $f(k)=\frac{1}{2}[1+(-1)^k]\varepsilon(k)$ $\because a^k\varepsilon(k)\leftrightarrow\frac{z}{z-a}$

$$\therefore F(z)=\frac{1}{2}\left(\frac{z}{z-1}+\frac{z}{z+1}\right)=\frac{z}{2}\cdot\frac{2z}{z^2-1}=\frac{z^2}{z^2-1}$$

收敛域为 $|z|>1$。

(2) $f(k)=\varepsilon(k)-2\varepsilon(k-4)+\varepsilon(k-8)$

$\because \varepsilon(k)\leftrightarrow\frac{z}{z-1}$

$$\therefore F(z)=\frac{z}{z-1}(1-2z^{-4}+z^{-8})=\frac{z}{z-1}(1-z^{-4})^2=\frac{z}{z-1}\left(\frac{z^4-1}{z^4}\right)^2$$

收敛域为 $|z|>0$。

(3) $f(k)=(-1)^k k\varepsilon(k)$　　$\because (-1)^{k-1}k\varepsilon(k)\leftrightarrow \dfrac{z}{(z+1)^2}$

$\therefore (-1)^k k\varepsilon(k)$ 对应变换为 $-\dfrac{z}{(z+1)^2}$

收敛域为 $|z|>1$。

(4) $f(k)=(k-1)\varepsilon(k-1)$　　$\because k\varepsilon(k)\leftrightarrow \dfrac{z}{(z+1)^2}$

$$\therefore F(z)=z^{-1}\cdot\frac{z}{(z-1)^2}=\frac{1}{(z-1)^2}$$

收敛域为 $|z|>1$。

(5) $f(k)=k(k-1)\varepsilon(k-1)=k(k-1)\varepsilon(k)$

$$\therefore F(z)=\frac{2z}{(z-1)^3}$$

收敛域为 $|z|>1$。

(6) $f(k)=(k-1)^2\varepsilon(k-1)=k(k-1)\varepsilon(k-1)-(k-1)\varepsilon(k-1)$

$$\therefore F(z)=\frac{2z}{(z-1)^3}-\frac{1}{(z-1)^2}=\frac{z+1}{(z-1)^3}$$

收敛域为 $|z|>1$。

(7) $f(k)=k[\varepsilon(k)-\varepsilon(k-4)]=k\varepsilon(k)-(k-4)\varepsilon(k-4)-4\varepsilon(k-4)$

$$\therefore F(z)=\frac{z}{(z-1)^2}-\frac{z}{(z-1)^2}z^{-4}-\frac{4z}{z-1}z^{-4}=\frac{z^4-4z+3}{z^3(z-1)^2}$$

收敛域为 $|z|>1$。

(8) $f(k)=\cos\left(\dfrac{k\pi}{2}\right)\varepsilon(k)$

$$\therefore F(z)=\frac{z\left[z-\cos\dfrac{\pi}{2}\right]}{z^2-2z\cos\dfrac{\pi}{2}+1}=\frac{z^2}{z^2+1}$$

收敛域为 $|z|>1$。

(9) $f(k)=\left(\dfrac{1}{2}\right)^k\cos\left(\dfrac{k\pi}{2}\right)\varepsilon(k)$

$$\therefore F(z)=\frac{z\left[z-\dfrac{1}{2}\cos\dfrac{\pi}{2}\right]}{z^2-2z\cos\dfrac{\pi}{2}+\dfrac{1}{4}}=\frac{z^2}{z^2+\dfrac{1}{4}}=\frac{4z^2}{4z^2+1}$$

收敛域为 $|z|>\dfrac{1}{2}$。

$$(10) f(k)=\left(\frac{1}{2}\right)^{k}\cos\left(\frac{\pi}{2}k+\frac{\pi}{4}\right)\varepsilon(k)$$

$$=\frac{\sqrt{2}}{2}\cdot\left(\frac{1}{2}\right)^{K}\cos\left(\frac{\pi}{2}k\right)\varepsilon(k)+\left(-\frac{\sqrt{2}}{2}\right)\left(\frac{1}{2}\right)^{k}\sin\left(\frac{\pi}{2}k\right)\varepsilon(k)$$

$$\therefore F(z)=\frac{\sqrt{2}}{2}\frac{z^2}{z^2+\frac{1}{4}}+\left(-\frac{\sqrt{2}}{2}\right)\frac{\frac{1}{2}z\sin\frac{\pi}{2}}{z^2-2\cdot\frac{1}{2}\cos\frac{\pi}{2}+\frac{1}{4}}$$

$$\therefore F(z)=\frac{\sqrt{2}}{2}\frac{z^2}{z^2+\frac{1}{4}}-\frac{\sqrt{2}}{2}\frac{\frac{1}{2}z}{z^2+\frac{1}{4}}=\frac{\sqrt{2}}{2}\frac{z\left(z-\frac{1}{2}\right)}{z^2+\frac{1}{4}}=\sqrt{2}\frac{z(2z-1)}{4z^2+1}$$

收敛域为 $|z|>\frac{1}{2}$。

6.6 知识点窍 z 变换的基本性质、常用序列的 z 变换。

逻辑推理 根据 z 变换的性质，结合常用序列的 z 变换求解。

解题过程 (1) 已知

$$\sin\left(\frac{k\pi}{2}\right)\varepsilon(k)\leftrightarrow\frac{z\sin\frac{\pi}{2}}{z^2-2z\cos\frac{\pi}{2}+1}=\frac{z}{z^2+1}$$

根据 z 域微分特性得

$$k\sin\left(\frac{k\pi}{2}\right)\varepsilon(k)\leftrightarrow -z\frac{\mathrm{d}}{\mathrm{d}z}\left(\frac{z}{z^2+1}\right)=\frac{z(z^2-1)}{(z^2+1)^2}$$

即

$$F(z)=\frac{z(z^{2'}-1)}{(z^2+1)^2}$$

(2) 已知

$$\varepsilon(k)\leftrightarrow\frac{z}{z-1}$$

根据移位特性可得

$$\varepsilon(k-1)\leftrightarrow z^{-1}\frac{z}{z-1}+\varepsilon(-1)=\frac{1}{z-1}$$

根据 z 域尺度变换特性可得

$$a^k\varepsilon(k-1)\leftrightarrow\frac{a}{z-a}$$

$$b^k\varepsilon(k-1)\leftrightarrow\frac{b}{z-a}$$

根据 z 域积分特性可得

$$\frac{a^k-b^k}{k}\varepsilon(k-1)\leftrightarrow\int_z^{\infty}\left(\frac{a}{\eta-a}-\frac{b}{\eta-b}\right)\cdot\frac{1}{\eta}d\eta=\ln\left(\frac{z-b}{z-a}\right)$$

即有

$$F(z)=\ln\left(\frac{z-b}{z-a}\right)$$

(3) 已知

$$a^k\varepsilon(k)\leftrightarrow\frac{z}{z-a}$$

根据 z 域积分特性可得

$$\frac{a^k}{k+1}\varepsilon(k)\leftrightarrow z\int_z^{\infty}\frac{\eta}{\eta-a}\cdot\frac{1}{\eta^2}d\eta=\frac{z}{a}\ln\left(\frac{z}{z-a}\right)$$

即有

$$F(z)=\frac{z}{a}\ln\left(\frac{z}{z-a}\right)$$

(4) $f(k)=\sum_{i=0}^{k}(-1)^i=\begin{cases}1, & k=2i\\0, & k=2i+1\end{cases}\quad i=0,1,2,\cdots$

可得 $F(z)=\mathscr{Z}[f(k)]=\sum_{k=0}^{\infty}f(k)z^{-k}=\sum_{i=0}^{\infty}z^{-2i}=\frac{z^2}{z^2-1}$

6.7 知识点窍 初值定理

如果序列在 $k<0$ 时，$f(k)=0$，它与象函数的关系为

$$f(k)\leftrightarrow F(z),\alpha<|z|<\infty$$

则序列的初值

$$f(0)=\lim_{z\to\infty}F(z)$$

$$f(1)=\lim_{z\to\infty}[zF(z)-zf(0)]$$

$$f(2)=\lim_{z\to\infty}[z^2F(z)-z^2f(0)-zf(1)]$$

逻辑推理 直接利用初值定理求解即可。

解题过程 (1) 由初值定理可得

$$f(0)=\lim_{z\to\infty}F(z)=\lim_{z\to\infty}\frac{z^2}{(z-2)(z-1)}=1$$

$$f(1)=\lim_{z\to\infty}[zF(z)-zf(0)]=\lim_{z\to\infty}\left[\frac{z^3}{(z-2)(z-1)}-z\right]=3$$

$$f(2)=\lim_{z\to\infty}[z^2F(z)-z^2f(0)-zf(1)]=\lim_{z\to\infty}\left[\frac{4}{(z-2)(z-1)}-z^2-3z\right]=7$$

(2) 由初值定理可得

$$f(0)=\lim_{z\to\infty}F(z)=\lim_{z\to\infty}\frac{z^2+z+1}{(z-1)(z+\frac{1}{2})}=1$$

$$f(1)=\lim_{z\to\infty}[zF(z)-zf(0)]=\lim_{z\to\infty}[\frac{z^3+z^2+z}{(z-1)(z+\frac{1}{2})}-z]=\frac{3}{2}$$

$$f(2)=\lim_{z\to\infty}[z^2F(z)-z^2f(0)-zf(1)]=\lim_{z\to\infty}[\frac{z^4+z^3+z^2}{(z-1)(z+\frac{1}{2})}-z^2-\frac{3}{2}z]=\frac{9}{4}$$

(3) 由初值定理可得

$$f(0)=\lim_{z\to\infty}F(z)=\lim_{z\to\infty}\frac{z^2-z}{(z-1)^3}=0$$

$$f(1)=\lim_{z\to\infty}[zF(z)-zf(0)]=\lim_{z\to\infty}\frac{z^3-z^2}{(z-1)^3}=1$$

$$f(3)=\lim_{z\to\infty}[z^2F(z)-z^2f(0)-zf(1)]=\lim_{z\to\infty}[\frac{z^4-z^3}{(z-1)^3}-z]=2$$

6.8 知识点窍　终值定理。如果序列在 $k<M$ 时 $f(k)=0$，设 $f(k)\leftrightarrow F(z)$，$\alpha<|z|<\infty$ 且 $0\leqslant\alpha<1$，则序列的终值 $f(\infty)=\lim\limits_{k\to\infty}f(k)=\lim\limits_{z\to 1}(z-1)\cdot F(z)$。

逻辑推理　根据 $F(z)$ 的表达式求出其收敛域，判断 $z=1$ 是否在其收敛域内，应用终值定理即可。

解题过程　(1) $f(k)$ 为因果序列，由 $F(z)$ 的表示式可知其收敛域为

$$|z|>\frac{1}{2}$$

即 $z=1$ 在其收敛域内，应用终值定理得

$$f(\infty)=\lim_{z\to 1}(z-1)F(z)=\lim_{z\to 1}\frac{(z^2+1)(z-1)}{(z-\frac{1}{2})(z+\frac{1}{3})}=0$$

(2) $f(k)$ 为因果序列，由 $F(z)$ 的表示式可知其收敛域为 $|z|>1$

又因 $z=1$ 为 $A(z)$ 的单根，应用终值定理得

$$f(\infty)=\lim_{z\to 1}(z-1)F(z)=\lim_{z\to 1}\frac{z^2+z+1}{z+\frac{1}{2}}=2$$

(3) $f(k)$ 为因果序列，由 $F(z)$ 的表示式可知其收敛域为 $|z|>2$

$z=1$ 不在其收敛域内，则不能应用终值定理求 $f(\infty)$。

6.9 知识点窍　因果序列 $f(k)$ 的象函数 $F(z)$ 的收敛域为 $|z|>\alpha$ 的圆外区域。

逻辑推理　用部分分式展开法求逆 z 变换。

解题过程　(1) 由 $|z|>0.5$ 可知 $f(k)$ 为右边序列（或因果序列），则由常用序列 z 变换可知

$$f(k)=\mathscr{Z}^{-1}[F(z)]=(0.5)^k\varepsilon(k)$$

(2) 由 $|z|>\dfrac{1}{2}$ 可知 $f(k)$ 为右边序列（或因果序列），由已知可得

$$F(z)=2+\frac{z}{z+\frac{1}{2}}$$

由常用序列的 z 变换可知

$$f(k)=\mathscr{Z}^{-1}[F(z)]=2\delta(k)+(-\frac{1}{2})^k\varepsilon(k)$$

(3) 由 $|z|>|a|$ 可知 $f(k)$ 为右边序列（或因果序列），由已知可得

$$F(z)=a\cdot\frac{z}{z-a}-\frac{1}{z-a}$$

由常用序列的 z 变换可知

$$f(k)=\mathscr{Z}^{-1}[F(z)]=a\cdot a^k\varepsilon(k)-a^{k-1}\varepsilon(k-1)=a^{k+1}\varepsilon(k)-a^{k-1}\varepsilon(k-1)$$

(4) 由 $|z|>|a|$ 可知 $f(k)$ 为右边序列（或因果序列），由已知可得

$$F(z)=\frac{2z}{z+2}-\frac{z}{z+1}$$

由常用序列的 z 变换可知

$$f(k)=2\cdot(-2)^k\varepsilon(k)-(-1)^k\varepsilon(k)=[2(2)^k-(-1)^k]\varepsilon(k)$$

(5) 由 $|z|>|a|$ 可知 $f(k)$ 为右边序列（或因果序列），由已知可得

$$F(z)=-\frac{1}{2}+\frac{\frac{1}{2}z}{z+2}+\frac{z}{z-1}$$

由常用序列的 z 变换可知

$$f(k)=-\frac{1}{2}\delta(k)+[1+\frac{1}{2}(-2)^k]\varepsilon(k)$$

(6) 由 $|z|>0.5$ 可知 $f(k)$ 为右边序列（或因果序列），由已知可得

$$F(z)=\frac{2z}{z-\frac{1}{2}}-\frac{z}{z-\frac{1}{4}}$$

由常用序列的 z 变换可知

$$f(k)=[2(\frac{1}{2})^k-(\frac{1}{4})^k]\varepsilon(k)$$

6.10 知识点窍　部分分式展开法。因果序列 $f(k)$ 的象函数 $F(z)$ 的收敛域为 $|z|>\alpha$ 的圆外区域。

反因果序列 $f(k)$ 的象函数 $F(z)$ 的收敛域为 $|z|<\beta$ 的圆内区域。

逻辑推理 直接利用部分分式展开法求解。

解题过程 (1) 由已知可得

$$\frac{F(z)}{z}=\frac{z}{(z-\frac{1}{2})(z-\frac{1}{3})}=\frac{K_1}{z-\frac{1}{2}}+\frac{K_2}{z-\frac{1}{3}}$$

$$K_1=(z-\frac{1}{2})\frac{F(z)}{z}\bigg|_{z=\frac{1}{2}}=3$$

$$K_2=(z-\frac{1}{3})\frac{F(z)}{z}\bigg|_{z=\frac{1}{3}}=-2$$

于是得

$$F(z)=\frac{3z}{z-\frac{1}{2}}-\frac{2z}{z-\frac{1}{3}}$$

收敛域为 $|z|<\frac{1}{3}$,故 $f(k)$ 为反因果序列,则可得

$$f(k)=\mathscr{Z}^{-1}[F(z)]=[-3(\frac{1}{2})^k+2(\frac{1}{3})^k]\varepsilon(-k-1)$$

(2) 由上题知

$$F(z)=\frac{3z}{z-\frac{1}{2}}-\frac{2z}{z-\frac{1}{3}}$$

收敛域为 $|z|>\frac{1}{2}$,故 $f(k)$ 为因果序列,则可得

$$f(k)=\mathscr{Z}^{-1}[F(z)]=[3(\frac{1}{2})^k-2(\frac{1}{3})^k]\varepsilon(k)$$

(3) 由已知可得

$$\frac{F(z)}{z}=\frac{z^2}{(z-\frac{1}{2})^2(z-1)}=\frac{k_1}{z-1}+\frac{k_{21}}{(z-\frac{1}{2})^2}+\frac{k_{22}}{z-\frac{1}{2}}$$

$$k_1=(z-1)\frac{F(z)}{z}\bigg|_{z=1}=4$$

$$k_{21}=(z-\frac{1}{2})^2\frac{F(z)}{z}\bigg|_{z=\frac{1}{2}}=-\frac{1}{2}$$

$$k_{22}=\frac{\mathrm{d}}{\mathrm{d}z}[(z-\frac{1}{2})^2\frac{F(z)}{z}]\bigg|_{z=\frac{1}{2}}=-3$$

于是得

$$F(z)=\frac{4z}{z-1}+\frac{-\frac{1}{2}z}{(z-\frac{1}{2})^2}+\frac{-3z}{z-\frac{1}{2}}$$

收敛域为 $|z|<\frac{1}{2}$，故 $f(k)$ 为反因果序列，则可得

$$f(k)=\mathscr{L}^{-1}[f(Z)]=-4\varepsilon(-k-1)+\frac{1}{2}k(\frac{1}{2})^{k-1}\varepsilon(-k-1)+3(\frac{1}{2})^k\varepsilon(-k-1)$$

$$=[(k+3)(\frac{1}{2})^k-4]\varepsilon(-k-1)$$

(4) 由上题可知 $\quad F(z)=\frac{4}{z-1}+\frac{-\frac{1}{2}z}{(z-\frac{1}{2})^2}+\frac{-3z}{z-\frac{1}{2}}$

收敛域为 $\frac{1}{3}<|z|<\frac{1}{2}$，故上式中第一项为反因果序列，后两项为因果序列，则可得

$$f(k)=\mathscr{L}^{-1}[F(z)]$$

$$=-4\varepsilon(-k-1)-\frac{1}{2}k(\frac{1}{2})^{k-1}\varepsilon(k)-3(\frac{1}{2})^k\varepsilon(k)$$

$$=-4\varepsilon(-k-1)-(k+3)(\frac{1}{2})^k\varepsilon(k)$$

6.11 **解题过程**

(1) $F(z)=\frac{1}{z^2+1}=\frac{z^{-2}}{z+x^{-2}}=1-\frac{1}{1+z^{-2}}=1-\frac{1}{(\mathrm{j}-z^{-1})(-\mathrm{j}-z^{-1})}$

$$=1-\frac{-\frac{1}{2\mathrm{j}}}{\mathrm{j}-z^{-1}}-\frac{\frac{1}{2\mathrm{j}}}{-\mathrm{j}-z^{-1}}=1-\frac{\frac{1}{2}}{1+\mathrm{j}z^{-1}}+\frac{-\frac{1}{2}}{1-\mathrm{j}z^{-1}}(|z|>1)$$

$$\therefore f(k)=\delta(k)-\left[\frac{1}{2}(-\mathrm{j})^k+\frac{1}{2}(\mathrm{j})^k\right]\varepsilon(k)$$

$$=\delta(k)-\frac{1}{2}\left[\cos\left(\frac{k\pi}{2}\right)-\mathrm{j}\sin\left(\frac{k\pi}{2}\right)+\cos\left(\frac{k\pi}{2}\right)+\mathrm{j}\sin\left(\frac{k\pi}{2}\right)\right]\varepsilon(k)$$

$$=\delta(k)-\cos\left(\frac{k\pi}{2}\right)\varepsilon(k)$$

(2) $\frac{F(z)}{z}=\frac{z+1}{(z-1)(z^2-z+1)}=\frac{k_1}{z-1}+\frac{k_{21}}{z-\mathrm{e}^{\mathrm{j}\frac{\pi}{3}}}+\frac{k_{22}}{z-\mathrm{e}^{-\mathrm{j}\frac{\pi}{3}}}$

$$\therefore f(k)=\delta(k)-\left[\frac{1}{2}(-\mathrm{j})^k+\frac{1}{2}(\mathrm{j})^k\right]\varepsilon(k)$$

$$=\delta(k)-\frac{1}{2}\left[\cos\left(\frac{k\pi}{2}\right)-\mathrm{j}\sin\left(\frac{k\pi}{2}\right)+\cos\left(\frac{k\pi}{2}\right)+\mathrm{j}\sin\left(\frac{k\pi}{2}\right)\right]\varepsilon(k)$$

$$=\delta(k)-\cos\left(\frac{k\pi}{2}\right)\varepsilon(k)$$

$$K_1=\left[\frac{z+1}{(z^2-z+1)}\right]\bigg|_{z=1}=2$$

$$K_{21}=\frac{z+1}{(z-1)(z-\mathrm{e}^{\mathrm{j}\frac{\pi}{3}})}\bigg|_{z=\mathrm{e}^{\mathrm{j}\frac{\pi}{3}}}=-1$$

$$K_{22}=-1$$

$$\therefore F(z)=\frac{2z}{z-1}+\frac{(-1)z}{z-\mathrm{e}^{\mathrm{j}\frac{\pi}{3}}}+\frac{(-1)z}{z-\mathrm{e}^{-\mathrm{j}\frac{\pi}{3}}}\qquad |z|>1$$

$$\therefore f(k)=2\varepsilon(k)-\mathrm{e}^{\mathrm{j}\frac{k\pi}{3}}\varepsilon(k)-\mathrm{e}^{\mathrm{j}\left(-\frac{k\pi}{3}\right)}\varepsilon(k)=\left[2-2\cos\left(\frac{\pi}{3}k\right)\right]\varepsilon(k)$$

$$(3)F(z)=\frac{z}{z^2-\sqrt{3}z+1}=\frac{z}{\left(z-\frac{\sqrt{3}}{2}\right)^2+\left(\frac{1}{2}\right)^2}=2\cdot\frac{z\sin\frac{\pi}{6}}{z^2-2z\cos\frac{\pi}{6}+1}$$

$$\therefore f(k)=2\sin\left(\frac{\pi}{6}k\right)\varepsilon(k)$$

$$(4)F(z)=\frac{z^2}{z^2+\sqrt{2}z+1}=\frac{z\left[z-\left(-\frac{\sqrt{2}}{2}\right)\right]}{z^2-2z\left(-\frac{\sqrt{2}}{2}\right)+1}+\frac{z\left(-\frac{\sqrt{2}}{2}\right)}{z^2-2z\left(-\frac{\sqrt{2}}{2}\right)+1}$$

$$f(k)=\left[\cos\left(\frac{5}{4}\pi k\right)+\sin\left(-\frac{5}{4}\pi k\right)\right]\varepsilon(k)=\left[\cos\left(\frac{3}{4}\pi k\right)+\sin\left(\frac{3}{4}\pi k\right)\right]\varepsilon(k)$$

$$=\sqrt{2}\cos\left(\frac{3}{4}\pi k+\frac{\pi}{4}\right)\varepsilon(k)$$

$$(5)\ \frac{F(z)}{z}=\frac{1}{(z-1)^2(z+1)}=\frac{K_{11}}{(z-1)^2}+\frac{K_{12}}{(z-1)}+\frac{K_2}{z+1}$$

$$K_{11}=\left[\frac{1}{z+1}\right]\bigg|_{z=1}=\frac{1}{2}$$

$$K_{12}=\frac{\mathrm{d}}{\mathrm{d}z}\left[\frac{1}{(z-1)^2}\right]\bigg|_{z=1}=-\frac{1}{4}$$

$$K_2=\left[\frac{1}{(z-1)^2}\right]\bigg|_{z=-1}=\frac{1}{4}$$

$$\therefore F(z)=\frac{1}{2}\cdot\frac{z}{(z-1)^2}-\frac{1}{4}\frac{z}{z-1}+\frac{1}{4}\frac{z}{z+1}$$

$$\therefore f(k)=\frac{k}{2}\varepsilon(k)-\frac{1}{4}\varepsilon(k)+\frac{1}{4}(-1)^k\varepsilon(k)$$

$$=\left[\frac{k}{2}-\frac{1}{4}+\frac{1}{4}(-1)^k\right]\varepsilon(k)$$

$$=\frac{1}{4}[(-1)^k+2k-1]\varepsilon(k)$$

$$(6)F(z)=\frac{z^2+az}{(z-a)^3}=\frac{1}{a}\cdot\frac{az^2+a^2z}{(z-a)^3}$$

$$\therefore f(k)=\frac{1}{a}\cdot k^2a^k\varepsilon(k)=k^2a^{k-1}\varepsilon(k)$$

6.12 知识点窍　若 $f(k)\longleftrightarrow F(z)$，由 z 域尺度变换特性，可得 $a^kf(k)\longleftrightarrow F(\frac{z}{a})$；由 z 域微分特性，可得 $kf(k)\longleftrightarrow -z\frac{d}{dz}F(z)$。卷积定理，即若 $f_1(k)\longleftrightarrow F_1(z)$，$f_2(k)\longleftrightarrow F_2(z)$，则有 $f_1(k)*f_2(k)\longleftrightarrow F_1(z)F_2(z)$。

逻辑推理　利用 z 变换的性质，分别求出等式两边的值，再验证是否相等即可。

解题过程　已知 $f(k)\longleftrightarrow F(z)$，$g(k)\longleftrightarrow G(z)$

(1) 由 z 域尺度变换特性可知

$$a^kf(k)\leftrightarrow F(\frac{z}{a})$$

$$a^kg(k)\leftrightarrow G(\frac{z}{a})$$

根据卷积定理可得

$$[a^kf(k)]*[a^kg(k)]\longleftrightarrow F(\frac{z}{a})G(\frac{z}{a})$$

$$f(k)*g(k)\longleftrightarrow F(z)G(z)$$

再根据 z 域、尺度变换特性可知

$$a^k[f(k)*g(k)]\longleftrightarrow F(\frac{z}{a})G(\frac{z}{a})$$

由此可知

$$[a^kf(k)]*[a^kg(k)]=a^k[f(k)*g(k)]$$

(2) 根据 z 域微分特性可知

$$kf(k)\longleftrightarrow -z\frac{d}{dz}F(z)$$

$$kg(k)\longleftrightarrow -z\frac{d}{dz}G(z)$$

根据卷积定理可得

$$[kf(k)*g(k)]\longleftrightarrow -zG(Z)\frac{d}{dz}F(z)$$

$$f(k)*[kg(k)]\longleftrightarrow ZF(Z)\frac{\mathrm{d}}{\mathrm{d}z}G(z)$$

$$f(k)*g(k)\longleftrightarrow F(z)G(z)$$

根据 z 域微分性质，可得

$$k[f(k)*g(k)]\longleftrightarrow z\frac{\mathrm{d}}{\mathrm{d}z}[F(z)G(z)]=-z[F(z)\frac{\mathrm{d}}{\mathrm{d}z}G(z)+G(z)\frac{\mathrm{d}}{\mathrm{d}z}F(z)]$$

则可知 $k[f(k)*g(k)]=[kf(k)]*g(k)+f(k)*[kg(k)]$

6.13 知识点窍　若 $f(k)\longleftrightarrow F(z)$

则 $g(k)=\sum\limits_{i=-\infty}^{k}f(i)\longleftrightarrow\frac{z}{z-1}F(z)$，$a^kf(k)\longleftrightarrow F(\frac{z}{a})$。

逻辑推理　利用部分和与 z 域尺度变换特性求解。

解题过程　(1) 由已知，根据 z 域尺度变换特性可知

$$a^kf(k)\leftrightarrow F(\frac{z}{a})$$

根据部分和特性，可得

$$\sum_{i=-\infty}^{k}a^if(i)\leftrightarrow\frac{z}{z-1}F(\frac{z}{a})$$

因 $f(k)$ 为因果序列，则有 $\sum\limits_{i=-\infty}^{k}a^if(i)$，即有

$$\mathscr{Z}[\sum_{i=-\infty}^{k}a^if(i)]=\frac{z}{z-1}F(\frac{z}{a})$$

(2) 由于 $f(k)$ 为因果序列，则由部分和特性可得

$$\sum_{i=0}^{k}f(i)=\sum_{i=-\infty}^{k}f(i)\longleftrightarrow\frac{z}{z-1}F(z)$$

根据 z 域尺度变换特性可得

$$a^k\sum_{i=0}^{k}f(i)\longleftrightarrow\frac{z}{z-a}F(\frac{z}{a})$$

即

$$[a^k\sum_{i=0}^{k}f(i)]=\frac{z}{z-a}F(\frac{z}{a})$$

6.14 知识点窍　卷积定理、移位特性及常用序列的 z 变换。

逻辑推理　根据 z 变换的性质结合常用序列的变换求得 $f(k)$ 与 $h(k)$ 的 z 变换 $F(z)$ 和 $H(z)$，由卷积定理可得 $\mathscr{Z}[y(k)]=\mathscr{Z}[f(k)*h(k)]=F(z)\cdot H(z)$，求逆变换可得 $y(k)$。

解题过程 (1) $$F(z)=\mathscr{Z}[f(k)]=\mathscr{Z}[a^k\varepsilon(k)]=\frac{z}{z-a}$$

$$H(z)=\mathscr{Z}[h(k)]=\mathscr{Z}[\delta(k-2)]=\frac{1}{z^2}$$

由卷积定理可得

$$\mathscr{Z}[y(k)]=\mathscr{Z}[f(k)*h(k)]=F(z)H(z)=\frac{1}{z(z-a)}=\frac{\frac{1}{a}}{z-a}-\frac{\frac{1}{a}}{z}$$

对上式取逆变换,可得

$$y(k)=a^{k-2}\varepsilon(k-1)-\frac{1}{a}\delta(k-1)=a^{k-2}\varepsilon(k-2)$$

(2) $$F(z)=\mathscr{Z}[f(k)]=\mathscr{Z}[a^k\varepsilon(k)]=\frac{z}{z-a}$$

$$H(z)=\mathscr{Z}[h(k)]=\mathscr{Z}[\varepsilon(k-1)]=\frac{1}{z-1}$$

由卷积定理,可得

$$\mathscr{Z}[y(k)]=\mathscr{Z}[f(k)*h(k)]=F(z)H(z)=\frac{z}{(z-1)(z-a)}$$

$$=\frac{1}{1-a}\cdot\frac{1}{z-1}-\frac{a}{1-a}\cdot\frac{1}{z-a}$$

对上式取逆变换得

$$y(k)=\frac{1}{1-a}\varepsilon(k-1)-\frac{a}{1-a}\cdot a^{k-1}\varepsilon(k-1)=\frac{1-a^k}{1-a}\varepsilon(k-1)$$

(3) $$F(z)=\mathscr{Z}[f(k)]=\mathscr{Z}[a^k\varepsilon(k)]=\frac{z}{z-a}$$

$$H(z)=\mathscr{Z}[h(k)]=\mathscr{Z}[b^k\varepsilon(k)]=\frac{z}{z-a}$$

由卷积定理,可得

$$\mathscr{Z}[y(k)]=\mathscr{Z}[f(k)*h(k)]=F(z)H(z)=\frac{z}{z-a}\cdot\frac{z}{z-b}$$

$$=\frac{a}{a-b}\cdot\frac{z}{z-a}-\frac{b}{a-b}\frac{z}{z-b}$$

取上式取逆变换,得

$$y(k)=\frac{1}{a-b}a^{k+1}\varepsilon(k)-\frac{1}{a-b}b^{k+1}\varepsilon(k)=\frac{a^{k+1}-b^{k+1}}{a-b}\varepsilon(k)$$

6.15 知识点窍 z 变换移位特性。

逻辑推理 用 z 变换法求解。

解题过程 (1) 令 $y(k)\leftrightarrow Y(z)$。对差分方程取 z 变换，得

$$Y(z)-0.9[z^{-1}Y(z)+y(-1)]=0$$

可以解得

$$Y(z)=\frac{0.9y(-1)}{1-0.9z^{-1}}$$

将初始值代入，得

$$Y(z)=\frac{0.9}{1-0.9z^{-1}}$$

对上式取 z 逆变换，可得

$$y(k)=\mathscr{Z}[Y(z)]=(0.9)^{k+1}\varepsilon(k)$$

(2) 令 $y(k)\leftrightarrow Y(z)$。对差分方程取 z 变换，得

$$Y(z)-[z^{-1}Y(z)+y(-1)]-2[z^{-2}Y(z)+y(-2)+y(-1)z^{-1}]=0$$

可以解得

$$Y(z)=\frac{y(-1)+2y(-2)+2y(-1)z^{-1}}{1-z^{-1}-2z^{-2}}$$

将初始值代入，得

$$Y(z)=\frac{6z^2}{z^2-z-2}=\frac{2z}{z+1}+\frac{4z}{z-2}$$

对上式取 z 逆变换，可得

$$y(k)=[Y(z)]=[2(-1)^k+4\cdot 2^k]\varepsilon(k)$$

(3) 令 $y(k)\leftrightarrow Y(z)$。对差分方程取 z 变换，得

$$[z^2Y(z)-y(0)z^2-y(1)z]-[zY(z)-y(0)]-2Y(z)=0$$

可以解得

$$Y(z)=\frac{y(0)z^2+y(1)z-y(0)}{z^2-z-2}$$

将初始值代入，得

$$Y(z)=\frac{3z}{z^2-z-2}=\frac{z}{z-2}-\frac{z}{z+1}$$

对上式取 z 逆变换，得

$$y(k)=[2^k-(-1)^k]\varepsilon(k)$$

(4) 差分方程可改写为

$$y(k-2)=\frac{1}{2}[y(k)-y(k-1)]$$

则有

$$y(-1)=\frac{1}{2}[y(1)-y(0)]=\frac{3}{2}$$

$$y(-2)=\frac{1}{2}[y(0)-y(-1)]=-\frac{3}{4}$$

令 $y(k)\leftrightarrow Y(z)$。对差分方程作 z 变换，得

$$Y(z)-[z^{-1}Y(z)+y(-1)]-2[z^{-2}Y(z)+y(-2)+y(-1)z^{-1}]=0$$

可以解得

$$Y(z)=\frac{y(-1)+2y(-2)+2y(-1)z^{-1}}{1-z^{-1}-2z^{-2}}$$

将初始值代入，得

$$Y(z)=\frac{3z^{-1}}{1-z^{-1}-2z^{-2}}=\frac{3z}{z^2-z-2}=\frac{z}{z-2}-\frac{z}{z+1}$$

对上式取 z 逆变换，得

$$y(k)=[2^k-(-1)^k]\varepsilon(k)$$

6.16 **知识点窍** z 变换移位特性：$Y(z)=Y_x(z)+Y_f(z)=\dfrac{M(z)}{A(z)}+\dfrac{B(z)}{A(z)}F(z)$。

逻辑推理 用 z 变换法求解即可。

解题过程 (1) 令 $y(k)\leftrightarrow Y(z)$。对差分方程作 z 变换，得

$$Y(z)-0.9[z^{-1}Y(z)+y(-1)]=\frac{0.1z}{z-1}$$

可以解得

$$Y(z)=\frac{0.9y(-1)}{1-0.9z^{-1}}+\frac{1}{1-0.9z^{-1}}\cdot\frac{0.1z}{z-1}$$

将初始值代入，得

$$Y(z)=\frac{1.9z^2-1.8z}{(z-0.9)(z-1)}=\frac{0.9z}{z-0.9}+\frac{z}{z-1}$$

对上式取 z 逆变换，得方程全解

$$y(k)=[1+0.9\cdot(0.9)^k]\varepsilon(k)$$

(2) 令 $y(k)\leftrightarrow Y(z)$。对差分方程作 z 变换，得

$$Y(z)+3[z^{-1}Y(z)+y(-1)]+2[z^{-2}Y(z)+y(-2)+y(-1)z^{-1}]=\frac{z}{z-1}$$

即$(1+3z^{-1}+2z^{-2})Y(z)+[3y(-1)+2y(-2)+2y(-1)z^{-1}]=\dfrac{z}{z-1}$

可以解得

$$Y(z)=-\frac{3y(-1)+2y(-2)+2y(-1)z^{-1}}{1+3z^{-1}+2z^{-2}}+\frac{1}{1+3z^{-1}+2z^{-2}}\cdot\frac{z}{z-1}$$

将初始值代入上式，得

$$Y(z)=\frac{z^2}{(z-1)(z+1)(z+2)}=\frac{\frac{1}{6}z}{z-1}+\frac{\frac{1}{2}z}{z+1}+\frac{-\frac{2}{3}z}{z+2}$$

对上式取 z 逆变换，得方程全解

$$y(k)=[\frac{1}{6}+\frac{1}{2}(-1)^k-\frac{2}{3}(-2)^k]\varepsilon(k)$$

(3) 令 $y(k)\leftrightarrow Y(z)$。对差分方程作 z 变换，得

$$[z^2Y(z)-y(0)z^2-y(1)z]-[zY(z)-y(0)z]-2Y(z)=\frac{z}{z-1}$$

即 $(z^2-z-2)Y(z)-[y(0)z^2+(y(1)-y(0))z]=\frac{z}{z-1}$

可以解得

$$Y(z)=\frac{y(0)z^2+[y(1)-y(0)]z}{z^2-z-2}+\frac{1}{z^2-z-2}\cdot\frac{z}{z-1}$$

将初始值代入，得

$$Y(z)=\frac{z(z^2-z+1)}{(z+1)(z-1)(z-2)}=\frac{\frac{1}{2}z}{z+1}+\frac{-\frac{1}{2}z}{z-1}+\frac{1}{z-2}$$

对上式取 z 逆变换，得方程全解

$$y(k)=[\frac{1}{2}(-1)^k+2^k-\frac{1}{2}]\varepsilon(k)$$

6.17 知识点窍 $Y(z)=Y_x(z)+Y_f(z)=\frac{M(z)}{A(z)}+\frac{B(z)}{A(z)}F(z)$

$$y_x(k)=\mathscr{Z}^{-1}[Y_x(z)]=\mathscr{Z}^{-1}\left[\frac{M(z)}{A(z)}\right]$$

$$y_f(k)=\mathscr{Z}^{-1}[Y_f(z)]=\mathscr{Z}^{-1}\left[\frac{B(z)}{A(z)}F(z)\right]$$

逻辑推理 用 z 变换法求解即可。

解题过程 令 $y(k)\longleftrightarrow Y(z)$，$f(k)\longleftrightarrow F(z)$，对方程作 z 变换，得

$$Y(z)-[z^{-1}Y(z)+y(-1)]-2[z^{-2}Y(z)+y(-2)+y(-1)z^{-1}]=F(z)$$

即 $(1-z^{-1}-2z^{-2})Y(z)-[(1+2z^{-1})y(-1)+2y(-2)]=F(z)$

可以解得

$$Y(z)=Y_x(z)+Y_f(z)=\frac{(1+2z^{-1})y(-1)+2y(-2)}{1-z^{-1}-2z^{-2}}+\frac{1}{1-z^{-1}-2z^{-2}}F(z)$$

将初始状态及 $F(z)=\mathscr{Z}[\varepsilon(k)]=\dfrac{z}{z-1}$ 代入得

$$Y_x(z)=\frac{-2z-\frac{1}{2}z^2}{z^2-z-2}=\frac{\frac{1}{2}z}{z+1}+\frac{-z}{z-2}$$

$$Y_f(z)=\frac{z^3}{(z+1)(z-1)(z-2)}=\frac{\frac{1}{6}z}{z+1}+\frac{-\frac{1}{2}z}{z-1}+\frac{\frac{4}{3}z}{z-2}$$

对以上二式作 z 逆变换，得系统的零输入响应和零状态响应分别为

$$y_x(k)=\mathscr{Z}^{-1}[Y_x(z)]=[\frac{1}{2}(-1)^k-2^k]\varepsilon(k)$$

$$y_F(k)=\mathscr{Z}^{-1}[Y_f(k)]=[\frac{1}{6}(-1)^k-\frac{1}{2}+\frac{4}{3}\cdot 2^k]\varepsilon(k)$$

系统的全响应

$$y(k)=y_x(k)+y_f(k)=[-\frac{1}{2}+\frac{1}{3}\cdot 2^k+\frac{1}{2}(-1)^k]\varepsilon(k)$$

6.18 逻辑推理　本题从 z 域进行分析，再反变换即可。

解题过程　改写方程为　$y(k)-0.7y(k-1)+0.1y(k-2)=7f(k-1)-2f(k-2)$

$$Y(z)-0.7[z^{-1}Y(Z)+y(-1)]+0.1[z^{-2}Y(z)+y(-2)+y(-1)z^{-1}]$$

$$=7z^{-1}F(z)-2\cdot z^{-2}F(z)$$

$$\therefore Y(z)=\frac{0.7y(-1)-0.1y(-2)-0.1y(-1)z^{-1}}{1-0.7z^{-1}+0.1z^{-2}}+\frac{7z^{-1}-2z^{-2}}{1-0.7z^{-1}+0.1z^{-2}}F(z)$$

将 $F(z)\dfrac{z}{z-0.4}$ 及 $y(-1)=-4,y(-z)=-38$ 代入得

$$Y_{zi}(z)=\frac{(z+0.4)z}{z^2-0.7+0.1}=\frac{2z}{z-0.2}+\frac{3z}{z-0.5}$$

$\therefore y_{zi}(k)$ 零输入响应为

$$y_{zi}=[-2(0.2)^k+3\cdot(0.5)^k]\varepsilon(k)$$

$$y_{zs}(k)=\frac{(7z-2)z}{(z-0.2)(z-0.5)(z-0.5)}=-\frac{10z}{z-0.2}+\frac{50z}{z-0.5}-\frac{40z}{z-0.5}$$

$$\therefore y_{zs}(k)=[-10\cdot(0.2)^k+50\cdot(0.5)^k-40\cdot(0.4)^k]\varepsilon(k)$$

$$\therefore y(k)=[-12\cdot(0.2)^k+53\cdot(0.5)^k-40\cdot(0.4)^k]\varepsilon(k)$$

6.19 知识点窍　$H(z)=\dfrac{Y_f(z)}{F(z)},h(z)=\mathscr{Z}^{-1}[H(z)]$，部分分式展开法。

逻辑推理　由系统框图可得系统在零状态下的 z 域框图，由此可得系统函数 $H(z)$，进而可求得单位序列响应 $h(k)$ 和阶跃响应 $y(k)$。

解题过程　(1) 该系统在零状态下的 z 域框图如题 6.19 图(c)所示。图中延迟单元(z^{-1})的输入信号为 $Y(z)$，则输出为 $z^{-1}Y(z)$。由加法器输出可列出方程 $Y(z)=\frac{1}{3}z^{-1}Y(z)+F(z)$。

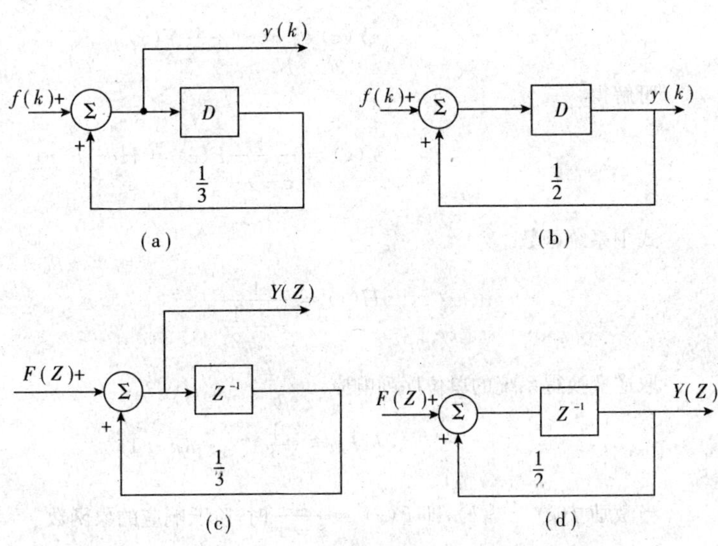

题 6.19 图

可解得

$$Y(z)=\frac{z}{z-\frac{1}{3}}F(z)=H(z)F(z)$$

式中系统函数

$$H(z)=\frac{z}{z-\frac{1}{3}}$$

取逆变换得系统的单位序列响应

$$h(k)=(\frac{1}{3})^{k}\varepsilon(k)$$

当激励 $f(k)=\varepsilon(k)$ 时，零状态响应的象函数($F(z)=\mathscr{Z}[\varepsilon(k)]=\frac{z}{z-1}$)

$$Y_f(z)=H(z)F(z)=\frac{z}{z-\frac{1}{3}}\cdot\frac{z}{z-1}=\frac{\frac{3}{2}z}{z-1}-\frac{\frac{1}{2}z}{z-\frac{1}{3}}$$

取上式的逆变换得零状态响应即阶跃响应

$$y(k)=[\frac{3}{2}-\frac{1}{2}(\frac{1}{3})^{k}]\varepsilon(k)$$

(2) 该系统在零状态下的 z 域框图如题 6.19 图(d)所示，图中延迟单元(z^{-1})的输出信号为 $Y(z)$，则输入为 $zY(z)$。由加法器输出可列出方程

$$zY(z)=F(z)+\frac{1}{2}Y(z)$$

可解得

$$Y(z)=\frac{1}{z-\frac{1}{2}}F(z)=H(z)F(z)$$

式中系统函数

$$H(z)=\frac{1}{z-\frac{1}{2}}$$

取逆变换得系统的单位序列响应

$$h(k)=(\frac{1}{2})^{k-1}\cdot\varepsilon(k-1)$$

当激励 $f(k)=\varepsilon(k)$，即 $F(z)=\dfrac{z}{z-1}$ 时，阶跃响应的象函数

$$Y_f(z)=H(z)F(z)=\frac{1}{z-\frac{1}{2}}\cdot\frac{z}{z-1}=\frac{2z}{z-1}-\frac{2z}{z-\frac{1}{2}}$$

取上式的逆变换得阶跃响应

$$y(k)=2[1-(\frac{1}{2})^{k}]\varepsilon(k)$$

6.20 **逻辑推理** 由系统框图列写方程，从 z 域解，再反 z 变换即可解得。

解题过程 $y(k)=\frac{1}{2}y(k-1)+f(k-1)\qquad H(z)=\dfrac{1}{z-\frac{1}{2}}$

(1) $F(z)=\dfrac{z}{(z-1)^2}\qquad Y(z)=H(z)F(z)=\dfrac{z}{(z-1)^2(z-\frac{1}{2})}$

$$Y(z)=\frac{2z}{(z-1)^2}-\frac{4z}{z-1}+\frac{4z}{z-\frac{1}{2}}$$

$\therefore y(k)=[2k-4+4\cdot\left(\frac{1}{2}\right)^{k}]\varepsilon(k)$

(2) $F(z)=\dfrac{z}{z\ \frac{1}{2}}\quad Y(z)=H(z)F(z)=\dfrac{z}{(z-\frac{1}{2})^2}$

$$\therefore y(k)=k\cdot\left(\frac{1}{2}\right)^{k-1}\varepsilon(k)=2k\left(\frac{1}{2}\right)^{k}\varepsilon(k)$$

$$(3)F(z)=\frac{z}{z\ \frac{1}{2}}\quad Y(z)=\frac{z}{(z-\frac{1}{2}(z-\frac{1}{3})}=\frac{6z}{z-\frac{1}{2}}-\frac{6z}{z-\frac{1}{3}}$$

$$\therefore y(k)=\left[6\cdot\left(\frac{1}{2}\right)^{k}-6\cdot\left(\frac{1}{3}\right)^{k}\right]\varepsilon(k)=6\left[\left(\frac{1}{2}\right)^{k}-\left(\frac{1}{3}\right)^{k}\right]\varepsilon(k)$$

6.21 **知识点窍** $Y_f(z)=F(s)H(s)$。

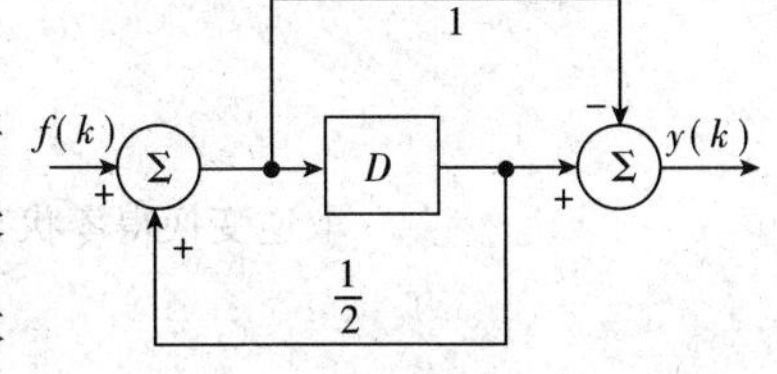

题 6.21 图

逻辑推理 根据系统 z 域框图可得系统函数 $H(z)$，将激励 $F(z)$ 代入 $Y_f(z)=F(z)H(z)$ 得零状态响应象函数 $Y_f(z)$，求逆变换得零状态响应 $y_f(k)$。

解题过程 该系统零状态响应下的 z 域框图如图解 6.21 所示设延迟器的输入信号为 $x(z)$，相应输出 $z^{-1}x(z)$。由左端加法器输出可得象函数方程

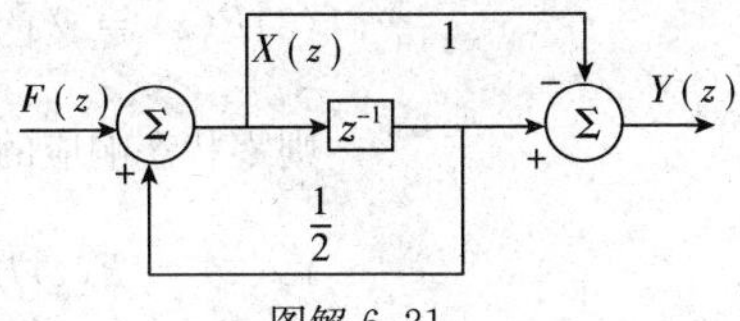

图解 6.21

$$X(z)=\frac{1}{2}z^{-1}X(z)+F(z)$$

即

$$(1-\frac{1}{2}z^{-1})X(z)=F(z)$$

由右端加法器输出可列出方程

$$Y_f(z)=-X(z)+z^{-1}X(z)=(-1+z^{-1})X(z)$$

从以上二式消去中间变量 $X(z)$，得

$$Y_f(z)=(-1+z^{-1})\cdot\frac{1}{1-\frac{1}{2}z^{-1}}\cdot F(z)=H(z)F(z)$$

式中系统函数

$$H(z)=\frac{-1+z^{-1}}{1-\frac{1}{2}z^{-1}}=\frac{-z+1}{z-\frac{1}{2}}$$

$$(1)F(z)=\mathscr{Z}[f(k)]=1$$

则零状态响应的象函数

$$Y_f(z)=F(z)H(z)=\frac{-z+1}{z-\frac{1}{2}}=-2+\frac{z}{z-\frac{1}{2}}$$

取逆变换得零状态响应

$$y_f(k) = -2\delta(k) + \left(\frac{1}{2}\right)^k \varepsilon(k)$$

(2)$F(z) = \mathscr{Z}[f(k)] = \dfrac{z}{z-1}$

则零状态响应的象函数

$$Y_f(z) = F(z)H(z) = \frac{-z+1}{z-\frac{1}{2}} \cdot \frac{z}{z-1} = -\frac{z}{z-\frac{1}{2}}$$

取逆变换得零状态的响应

$$y_f(k) = -\left(\frac{1}{2}\right)^k \varepsilon(k)$$

(3)$F(z) = \mathscr{Z}[f(k)] = \dfrac{z}{(z-1)^2}$

则零状态响应的象函数

$$Y_f(z) = F(z)H(z) = \frac{-z+1}{z-\frac{1}{2}} \cdot \frac{z}{(z-1)^2} = \frac{2z}{z-\frac{1}{2}} + \frac{-2z}{z-1}$$

取逆变换得零状态响应

$$y_f(k) = 2\left[\left(\frac{1}{2}\right)^k - 1\right]\varepsilon(k)$$

(4)$F(z) = \mathscr{Z}[f(k)] = \dfrac{z\sin\frac{\pi}{3}}{z^2 - 2z\cos\frac{\pi}{3} + 1} = \dfrac{\frac{\sqrt{3}}{2}z}{z^2 - z + 1}$

则零状态响应的象函数

$$Y_f(z) = F(z)H(z) = \frac{\frac{\sqrt{3}}{2}z}{z^2 - z + 1} \cdot \frac{-z+1}{z-\frac{1}{2}} = \frac{\frac{1}{\sqrt{3}}z}{z-\frac{1}{2}} - \frac{\frac{1}{\sqrt{3}}e^{-j\frac{\pi}{3}}}{z-e^{j\frac{\pi}{3}}} - \frac{\frac{1}{\sqrt{3}}e^{j\frac{\pi}{3}}}{z+e^{-j\frac{\pi}{3}}}$$

对上式取逆变换得零状态响应

$$Y_f(k) = \left[\frac{1}{\sqrt{3}}\left(\frac{1}{2}\right)^k - \frac{2}{\sqrt{3}}\cos\left(\frac{k\pi}{3} - \frac{\pi}{3}\right)\right]\varepsilon(k)$$

(5)$F(z) = \mathscr{Z}[f(k)] = \dfrac{\sqrt{2}z\sin\frac{\pi}{2}}{z^2 - 2\sqrt{2}z\cos\frac{\pi}{2} + 2} = \dfrac{\sqrt{2}z}{z^2 + 2}$

则零状态响应的象函数

$$Y_f(z)=F(z)H(z)=\frac{\sqrt{2}z}{z^2+2}\cdot\frac{-z+1}{z-\frac{1}{2}}$$

$$=\frac{2\sqrt{2}}{9}\cdot\frac{z}{z-\frac{1}{2}}-\frac{\frac{1}{\sqrt{3}}e^{-j74.2^\circ}}{z-\sqrt{2}e^{-j\frac{\pi}{2}}}-\frac{\frac{1}{\sqrt{3}}e^{j74.2^\circ}}{z+\sqrt{2}e^{-j\frac{\pi}{2}}}$$

对上式取逆变换得零状态响应

$$y_f(k)=\left[\frac{2\sqrt{2}}{9}\left(\frac{1}{2}\right)^k-\frac{2}{\sqrt{3}}(\sqrt{2})^k\cos\left(\frac{k\pi}{2}-74.2^\circ\right)\right]\varepsilon(k)$$

6.22 知识点窍　系统函数 $H(z)$ 分母、分子多项式的系数与差分方程系数一一对应。

$$H(z)=\frac{Y_f(z)}{F(z)}\qquad h(k)=\mathscr{Z}^{-1}[H(z)]$$

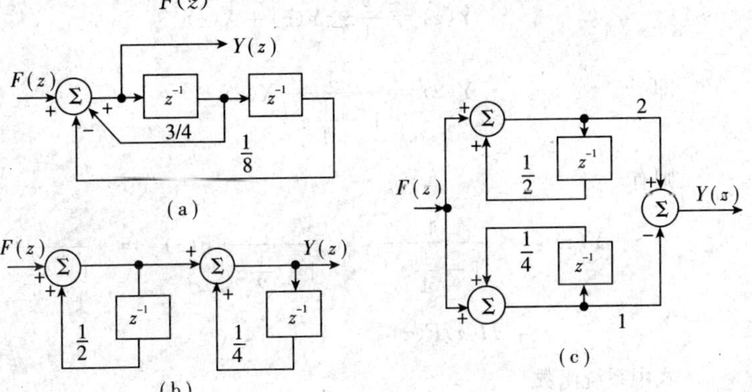

题 6.22 图

逻辑推理　分别求出各图示系统的系统函数 $H(z)$，若相等则可知均满足相同的差分方程。$h(k)=\mathscr{Z}^{-1}[H(z)]$。由 $Y_f(z)=H(z)F(z)$ 可知系统输入为 $F(z)=\mathscr{Z}[f(k)]$ 时系统的零状态响应的象函数取逆变换得系统的零状态响应。

解题过程　(1)

1) 左端延迟器输入为 $Y(z)$，相应的输出分别为 $z^{-1}Y(z)$、$z^{-2}Y(z)$，由加法器输出可列出方程

$$Y(z)=\frac{3}{4}z^{-1}Y(z)-\frac{1}{8}z^{-2}Y(z)+F(z)$$

即

$$Y(z)=\frac{1}{1-\frac{3}{4}z^{-1}+\frac{1}{8}z^{-2}}\cdot F(z)=H(z)F(z)$$

式中系统函数

$$H(z)=\frac{1}{1-\frac{3}{4}z^{-1}+\frac{1}{8}z^{-2}}$$

2) 设左端延迟器的输出为 $X(z)$，则延迟器的输出分别为 $z^{-1}X(z)$、$z^{-1}Y(z)$。由左端加法器输出可列出方程

$$X(z)=\frac{1}{2}z^{-1}X(z)+F(z)$$

即
$$X(z)=\frac{1}{1-\frac{1}{2}z^{-1}}F(z)$$

由右端加法器输出可列出方程

$$Y(z)=\frac{1}{4}z^{-1}Y(z)+X(z)$$

即
$$Y(z)=\frac{1}{1-\frac{1}{4}z^{-1}}X(z)$$

则有

$$Y(z)=\frac{1}{1-\frac{1}{4}z^{-1}}\cdot\frac{1}{1-\frac{1}{2}z^{-1}}F(z)=\frac{1}{1-\frac{3}{4}z^{-1}+\frac{1}{8}z^{-2}}F(z)$$
$$=H(z)F(z)$$

式中系统函数

$$H(z)=\frac{1}{1-\frac{3}{4}z^{-1}+\frac{1}{8}z^{-2}}$$

3) 设上下两个延迟器的输入分别为 $X_1(z)$、$X_2(z)$，相应的输出分别为 $z^{-1}X_1(z)$、$z^{-2}X_2(z)$。由上下两个加法器的输出可列出方程

$$X_1(z)=\frac{1}{2}z^{-1}X_1(z)+F(z)$$

$$X_2(z)=\frac{1}{4}z^{-1}X_2(z)+F(z)$$

即
$$X_1(z)=\frac{1}{1-\frac{1}{2}z^{-1}}F(z)\qquad X_2(z)=\frac{1}{1-\frac{1}{4}z^{-1}}F(z)$$

由右端加法器输出可列出方程

$$Y(z)=2X_1(z)-X_2(z)=\left(\frac{2}{1-\frac{1}{2}z^{-1}}-\frac{1}{1-\frac{1}{4}z^{-1}}\right)F(z)$$

$$=\frac{1}{1-\frac{3}{4}z^{-1}+\frac{1}{8}z^{-2}}F(z)=H(z)F(z)$$

式中系统函数

$$H(z)=\frac{1}{1-\frac{3}{4}z^{-1}+\frac{1}{8}z^{-2}}$$

由此可知图示 3 个系统的系统函数相等,即各系统满足相同的差分方程。

(2) 系统函数

$$H(z)=\frac{1}{1-\frac{3}{4}z^{-1}+\frac{1}{8}z^{-2}}=\frac{2z}{z-\frac{1}{2}}-\frac{z}{z-\frac{1}{4}}$$

对上式取逆变换得单位序列响应

$$h(k)=\left[2\left(\frac{1}{2}\right)^k-\left(\frac{1}{4}\right)^k\right]\varepsilon(k)$$

(3) 系统输入信号的象函数

$$F(z)=\mathscr{Z}[f(k)]=\frac{z}{z-1}$$

则系统零状态响应即阶跃响应的象函数为

$$Y_f(z)=F(z)H(z)=\frac{z}{z-1}\cdot\frac{1}{1-\frac{3}{4}z^{-1}+\frac{1}{8}z^{-2}}=\frac{\frac{8}{3}z}{z-1}-\frac{2z}{z-\frac{1}{2}}+\frac{\frac{1}{3}z}{z-\frac{1}{4}}$$

对上式取逆变换得阶跃响应为

$$y_f(k)=\left[\frac{8}{3}-2\left(\frac{1}{2}\right)^k+\frac{1}{3}\left(\frac{1}{4}\right)^k\right]\varepsilon(k)$$

6.23 逻辑推理 由 $H(z)=\frac{Y(z)}{F(z)}$ 得 $H(z)$ 表达式,再反 z 变换即可。

解题过程 (1)
$$\begin{cases}y(k)=y_1(k)+y_2(k)\\ y_1(k)=f(k)-\frac{1}{4}y_1(k-1)\\ y_2(k)=f(k)+\frac{1}{3}y_2(k-1)\end{cases}$$

$$Y_1(z)=\frac{z}{z+\frac{1}{4}}F(z)\quad Y_2(z)=\frac{z}{z-\frac{1}{3}}F(z)$$

$$Y(z)=Y_1(z)+Y_2(z)=\left[\frac{z}{z+\frac{1}{4}}+\frac{z}{z-\frac{1}{3}}\right]F(z)$$

$$\therefore H(z)=\frac{z}{z+\frac{1}{4}}+\frac{z}{z-\frac{1}{3}}=\frac{z\left(2z-\frac{1}{12}\right)}{\left(z+\frac{1}{4}\right)\left(z-\frac{1}{3}\right)}$$

$$\therefore h(k)=\left[\left(-\frac{1}{4}\right)^k+\left(\frac{1}{3}\right)^k\right]\varepsilon(k)$$

$$(2)F(z)=\frac{z}{z-\frac{1}{2}}$$

$$\therefore Y(z)=H(z)F(z)=\frac{z^2}{\left(z+\frac{1}{4}\right)\left(z-\frac{1}{2}\right)}+\frac{z^2}{\left(z-\frac{1}{3}\right)\left(z-\frac{1}{2}\right)}$$

$$=\frac{1}{3}\frac{z}{z+\frac{1}{4}}+\frac{2}{3}\frac{z}{z-\frac{1}{2}}-\frac{2z}{z-\frac{1}{3}}+\frac{3z}{z-\frac{1}{2}}=\frac{1}{3}\frac{z}{z+\frac{1}{4}}+\frac{11}{3}\frac{z}{z-\frac{1}{2}}-\frac{2z}{z-\frac{1}{3}}$$

所以 $y_{zs}(k)=\left[\frac{1}{3}(-\frac{1}{4})^k+\frac{11}{3}(\frac{1}{2})^k-2\cdot(\frac{1}{3})^k\right]\varepsilon(k)$

6.24 **知识点窍** $h(k)=\mathscr{Z}^{-1}[H(z)]$ 系统函数分母、分子多项式的系数与差分方程系数一一对应。

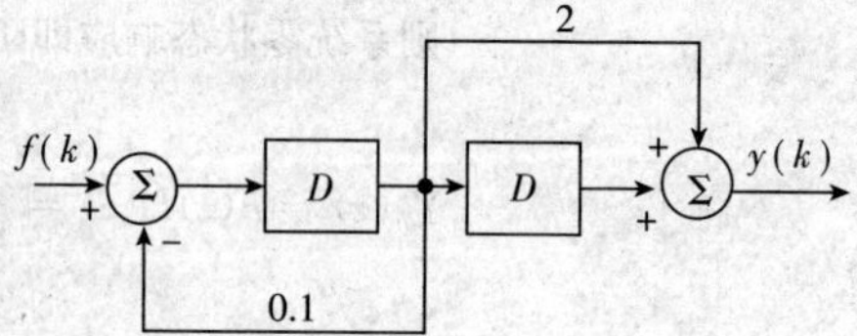

题 6.24 图

逻辑推理 由系统框图可以得到零状态下的 z 域框图，由此框图可得系统函数 $H(z)$，进而可得系统单位序列响应和输入输出的差分方程。

解题过程 该系统零状态条件下的系统框图如图解 6.24 所示。设左端延迟器的输入为 $X(z)$，则两个延迟器的输出分别为 $z^{-1}X(z)$、$z^{-2}X(z)$。由左端加法器输出可列出方程

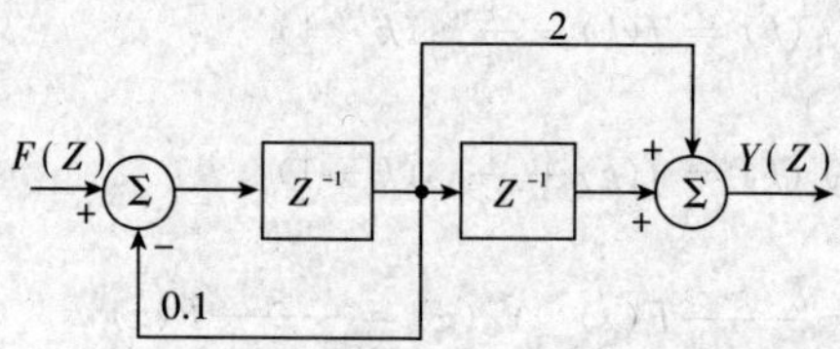

图解 6.24

$$X(z)=F(z)-0.1z^{-1}X(z)$$

即 $$X(z)=\frac{1}{1+0.1z^{-1}}F(z)$$

由右端加法器可列出方程

$$Y(z)=2z^{-1}X(z)+z^{-2}X(z)=(2z^{-1}+z^{-2})X(z)$$

由以上两式消去中间变量 $X(z)$ 得

$$Y(z)=(2z^{-1}+z^{-2})\cdot\frac{1}{1+0.1z^{-1}}F(z)=H(z)F(z)$$

式中系统函数

$$H(z)=\frac{2z^{-1}+z^{-2}}{z(z+0.1)}$$

(1) 系统函数为

$$H(z)=\frac{2z+1}{z(z+0.1)}$$

(2) $H(z)=\dfrac{2z+1}{z(z+0.1)}=\dfrac{10}{z}-\dfrac{8}{z+0.1}$

对上式取 z 逆变换得单位序列响应

$$h(k)=10\delta(k-1)-8(-0.1)^{k-1}\varepsilon(k-1)$$

(3) 由系统函数表达式可知系统输入输出差分方程为

$$y(k)+0.1y(k-1)=2f(k-1)+f(k-2)$$

6.25 逻辑推理 由 $Y(z)=H(z)\cdot F(z)$ 可得 $Y(z)$ 表达式，反 z 变换可得 $y(k)$ 表达式。

解题过程 $y(k)-f(k-1)-y(k-2)\qquad H(z)=\dfrac{Y(z)}{F(z)}=\dfrac{z}{z^2+1}$

$$F(z)=\frac{\frac{1}{2}^{z}}{z^2+\frac{1}{4}}\quad\therefore Y(z)=H(z)=H(z)F(z)=\frac{\frac{1}{2}z^2}{(z^2+1)(z^2+\frac{1}{4})}$$

$$Y(z)=\frac{2}{3}\,\frac{1}{z^2+1}-\frac{1}{6}\,\frac{1}{z^2+\frac{1}{4}}$$

$\dfrac{1}{z^2+1}$ 的逆变换为 $\delta(k)-\cos\left(\dfrac{k\pi}{2}\right)\varepsilon(k)$

$\dfrac{1}{z^2+\frac{1}{4}}$ 的逆变换为 $4\delta(k)-\dfrac{1}{2^{n-2}}\cos\left(\dfrac{k\pi}{2}\right)\varepsilon(k)$

$$\therefore y(k)=\frac{2}{3}\delta(k)-\frac{2}{3}\cos\left(\frac{k\pi}{2}\right)\varepsilon(k)-\frac{2}{3}\delta(k)+\frac{1}{3}\cdot\frac{1}{2^{n-1}}\cos\left(\frac{k\pi}{2}\right)\varepsilon(k)$$

$$=\left[-\frac{2}{3}+\frac{1}{3}\cdot\frac{1}{2^{n-1}}\right]\cos\left(\frac{k\pi}{2}\right)\varepsilon(k)=\frac{2}{3}\left[\left(\frac{1}{2}\right)^{k}-1\right]\cos\left(\frac{\pi}{2}k\right)\varepsilon(k)$$

6.26 **知识点窍** $H(z)=\dfrac{Y_f(z)}{F(z)}$。

逻辑推理 由已知 LTI 因果系统的输入和输出可得 $F(z)$ 和 $Y_f(z)$，则系统函数为 $H(z)=\dfrac{Y_f(z)}{F(z)}$，由 $H(z)$ 可作出系统模拟框图。

解题过程 由已知可得

$$F(z)=\mathscr{Z}[f(k)]=\frac{z}{z-\frac{1}{2}}$$

$$Y_f(z)=\frac{3z}{z-\frac{1}{2}}+\frac{2z}{z-\frac{1}{3}}=\frac{5z^2-2z}{(z-\frac{1}{2})(z-\frac{1}{3})}$$

则系统函数为

$$H(z)=\frac{Y_f(z)}{F(z)}=\frac{5z-2}{z-\frac{1}{3}}$$

即 $$H(z)=\frac{5-2z^{-1}}{1-\frac{1}{3}z^{-1}}$$

则系统的模拟框图为

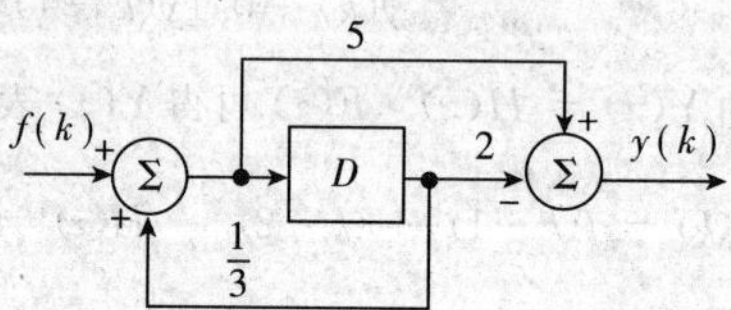

6.27 **知识点窍** $H(z)=\dfrac{Y_f(z)}{F(z)}$。

逻辑推理 根据系统的输入和输出可得其象函数 $F(z)$ 和 $Y_f(z)$，则系统函数 $H(z)=\dfrac{Y_f(z)}{F(z)}$，根据系统函数分母、分子多项式系数可得系统的差分方程。

解题过程 由已知可得

$$F(z)=\mathscr{Z}[f(k)]=\frac{z}{z-1}$$

$$Y_f(z)=\mathscr{Z}[y_f(k)]=\frac{2z}{z-1}-\frac{z}{z-0.5}+\frac{z}{z+1.5}=\frac{z(2z^2+0.5)}{(z-1)(z-0.5)(z+1.5)}$$

则系统函数

$$H(z)=\frac{Y_f(z)}{F(z)}=\frac{2z^2+0.5}{(z-0.5)(z+1.5)}=\frac{2z^2+0.5}{z^2+z-0.75}$$

可化为

$$H(z)=\frac{2+0.5z^{-2}}{1+z^{-1}-0.75z^{-2}}$$

由系统函数分母、分子多项式的系数与描述系统差分方程的系数一一对应可得描述系统的差分方程为

$$y(k)+y(k-1)-0.75y(k-2)=2f(k)+0.5f(k-2)$$

6.28 知识点窍 $H(z)=\dfrac{Y_F(z)}{F(z)}$。

逻辑推理 可以由LTI离散系统的输入和零状态响应的象函数$F(z)$和$Y_f(z)$求出系统函数$H(z)$,代入$Y_F(z)=F(z)H(z)$中,可以求得在输入改变时系统的零状态响应的象函数,求逆变换得系统的零状态响应。

解题过程 由已知可得

$$F_1(z)=\mathscr{Z}[f_1(k)]=\frac{z}{z-1}$$

$$Y_{f_1}=\mathscr{Z}[y_{f_1}(k)]=\frac{2z}{z-1}-\frac{2z}{z-0.5}=\frac{z}{(z-1)(z-0.5)}$$

则可得该系统的系统函数

$$H(z)=\frac{Y_{f_1}z}{F_1(z)}=\frac{1}{z-0.5}$$

当系统输入为$f(k)=0.5^k\varepsilon(k)$时,有

$$F(z)=\mathscr{Z}[f(k)]=\frac{z}{z-0.5}$$

则系统零状态响应的象函数为

$$Y_f(z)=F(z)H(z)=\frac{z}{(z-0.5)^2}$$

对上式取逆变换得系统的零状态响应

$$y_{zs}(k)=k(0.5)^k\varepsilon(k)$$

6.29 知识点窍 LTI系统零状态响应和零输入响应分别具有线性性质。

$$Y_f(z)=F(z)H(z)\qquad Y(z)=Y_x(z)+Y_f(z)=Y_x(z)+H(z)F(z)$$

逻辑推理 根据LTI性质可知,系统输入为$f_1(k)+f_2(k)$时系统的全响应也就是零状态响应。由此可以求得系统的系统函数$H(z)$,由$Y_f(z)=F_3(z)H(z)$可以求出此时系统零状态响应的象函数,求逆变换可得系统的零状态响应。

解题过程 考虑到零输入响应,一阶LTI系统的差分方程可以写为

$$y_x(k)+ay_x(k-1)=0$$

取上式的 z 变换，令 $y(k)\longleftrightarrow Y(z)$，得

$$Y_x(z)+az^{-1}Y_x(z)-y_x(-1)=0$$

即

$$Y_x(z)=\frac{y_x(-1)}{1+az^{-1}}$$

当初始状态为 $y_{x_1}(-1)=1$，输入 $f_1(k)=\varepsilon(k)$ 时，有

$$y_1(k)=y_{x_1}(k)+y_{f_1}(k)=2\varepsilon(k)$$

当初始状态为 $y_{x_2}(-1)=-1$，输入 $f_2(k)=\frac{1}{2}k\varepsilon(k)$ 时，有

$$y_2(k)=y_{x_2}(k)+y_{f_2}(k)=(k-1)\varepsilon(k)$$

对以上两式取 z 变换

$$Y_{x_1}(z)+Y_{f_1}(z)=\frac{1}{1+az^{-1}}+H(z)F_1(z)=\frac{2z}{z-1}+\frac{1}{1+az^{-1}} \quad ①$$

$$Y_{x_2}(z)+Y_{f_2}(z)=\frac{-1}{1+az^{-1}}+H(z)F_2(z)=\frac{z}{(z-1)^2}-\frac{z}{z-1} \quad ②$$

又由已知可得

$$F_1(z)=\mathscr{Z}[f_1(k)]=\frac{z}{z-1}$$

$$F_2(z)=\mathscr{Z}[f_2(k)]=\frac{\frac{1}{2}z}{(z-1)^2}$$

则 ①、② 两式相加，可得

$$H(z)[F_1(z)+F_2(z)]=H(z)\cdot\frac{z^2-\frac{1}{2}z}{(z-1)^2}=\frac{z^2}{(z-1)^2}$$

可以解得系统函数

$$H(z)=\frac{z}{z-\frac{1}{2}}$$

又有
$$F_3(z)=\mathscr{Z}[f_3(k)]=\frac{z}{z-\frac{1}{2}}$$

则可得输入为 $f_3(k)$ 时系统零状态响应的象函数

$$Y_{f_3}(z)=F_3(3)H(3)=\frac{z}{z-\frac{1}{2}}\cdot\frac{2}{z-\frac{1}{2}}=\frac{z}{\left(z-\frac{1}{2}\right)^2}+\frac{z}{z-\frac{1}{2}}$$

对上式取逆变换得系统零状态响应

$$y_{f_3}(k)=(k+1)\left(\frac{1}{2}\right)^k\varepsilon(k)$$

6.30 知识点窍 $Y_f(z)=F(z)H(z)$。

逻辑推理 由复合系统的框图可以得到系统函数 $H(z)$，将 $F(z)=\mathscr{Z}[f(k)]$ 代入到 $Y_f(z)=F(z)H(z)$ 可以得到系统零状态响应的象函数 $Y_f(z)$，求其逆变换可得系统零状态响应 $y_f(k)$。

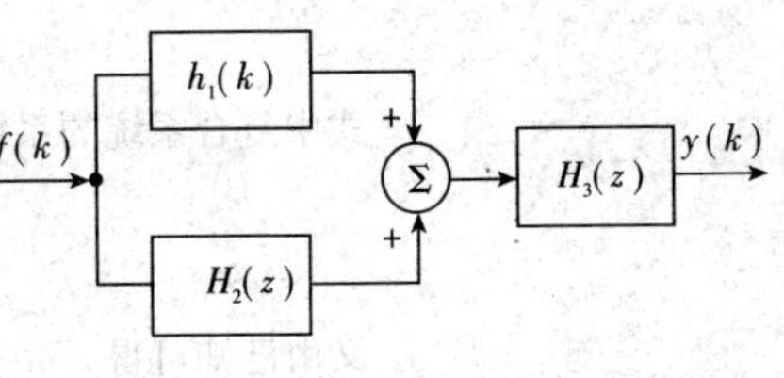

题 6.30 图

解题过程 由已知可得

$$H_1(z)=\mathscr{Z}[h_1(k)]=\frac{z}{z-1}$$

$$F(z)=\mathscr{Z}[f(k)]=\frac{z}{z-1}-\frac{z}{z-1}\cdot z^{-2}=1+\frac{1}{z}$$

由系统框图可得复合系统函数

$$H(z)=[H_1(z)+H_2(z)]\cdot H_3(z)=\frac{2z}{(z-1)(z+1)}$$

则系统零状态响应的象函数

$$Y_f(z)=F(z)H(z)=\frac{2}{z-1}$$

对上式取逆变换得系统零状态响应

$$y_{zs}(k)=2\varepsilon(k-1)$$

6.31 知识点窍 $Y_f(z)=F(z)H(z)$。

逻辑推理 由系统框图可以得出复合系统的系统函数，又由系统输入输出也可得复合系统的系统函数，比较二者即可得子系统1的系统函数 $H_1(z)$，求其逆变换得单位序列响应 $h_1(k)$。

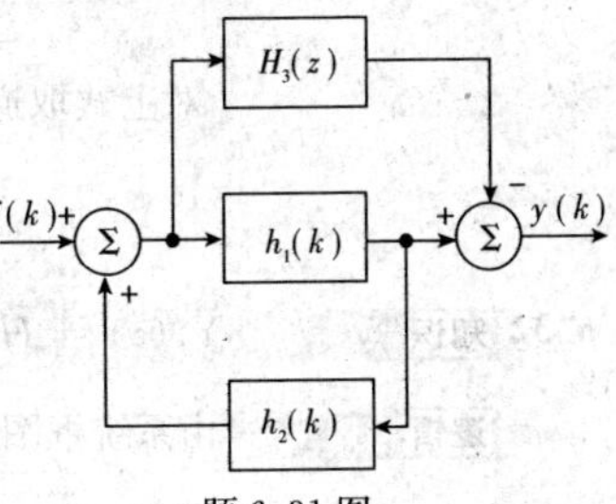

题 6.31 图

解题过程 令 $f(k)\leftrightarrow F(z)$，$y(k)\leftrightarrow Y(z)$，$h_1(k)\leftrightarrow h_1(z)$，$h_2(k)\leftrightarrow h_2(z)$，$h_3(k)\leftrightarrow H_3(z)$。设子系统1的输入为 $X(z)$，由左端加法器可列出方程

$$X(z)=F(z)+H_1(z)H_2(z)X(z)$$

即

$$X(z)=\frac{1}{1-H_1(z)H_2(z)}F(z)$$

由右端加法器可列出方程

$$Y(z)=X(z)H_1(z)-X(z)H_3(z)=[H_1(z)-H_3(z)]X(z)$$

从以上两式中消去中间变量 $X(z)$，可得

$$Y(z)=\frac{H_1(z)-H_3(z)}{1-H_1(z)H_2(z)}X((z)=H(z)X(z)$$

式中复合系统的系统函数

$$H(z)=\frac{H_1(z)-H_3(z)}{1-H_1(z)H_2(z)}$$

又由已知可得

$$F(z)=\frac{z}{z-1}$$

$$Y_f(z)=\frac{3z^2}{(z-1)^2}$$

可解系统函数 $$H(z)=\frac{Y_f(z)}{F(z)}=\frac{3z}{z-1}$$

即有 $$\frac{H_1(z)-H_3(z)}{1-H_1(z)H_2(z)}=\frac{3z}{z-1}$$

将 $H_2(z)=\mathscr{Z}[h_2(k)]=\dfrac{z}{z-1}$ 和 $H_3(z)=\dfrac{z}{z+1}$ 代入得

$$\frac{H_1(z)+\dfrac{z}{z+1}}{1-\dfrac{z}{z+1}H_1(z)}=\frac{3z}{z-1}$$

可以解得 $$H_1(z)=\frac{z}{z-\dfrac{1}{2}}$$

对上式取逆变得子系统 1 的单位序列响应

$$h_1(k)=\left(\frac{1}{2}\right)^k\varepsilon(k)$$

6.32 **知识点窍** $Y_f(z)=H(z)F(z)$。

逻辑推理 由系统框图可得系统函数 $H(z)$，则系统零状态响应的象函数 $Y_f(z)=F(z)H(z)$，代入具体数值可确定系数 a、b、c。

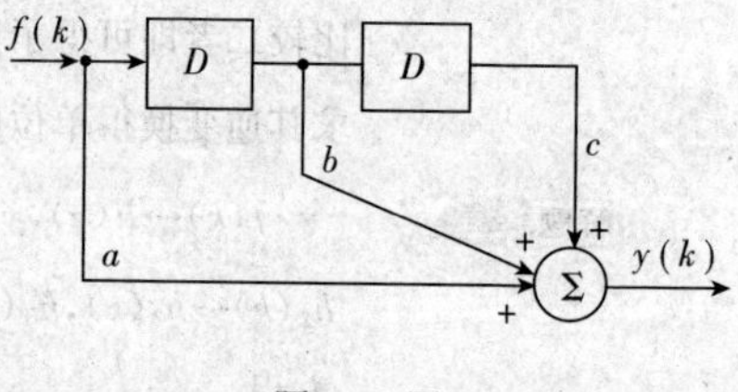

题 6.32 图

解题过程 该系统零状态下的 z 域框图如图解 6.32 所示。由加法器输出可列出方程

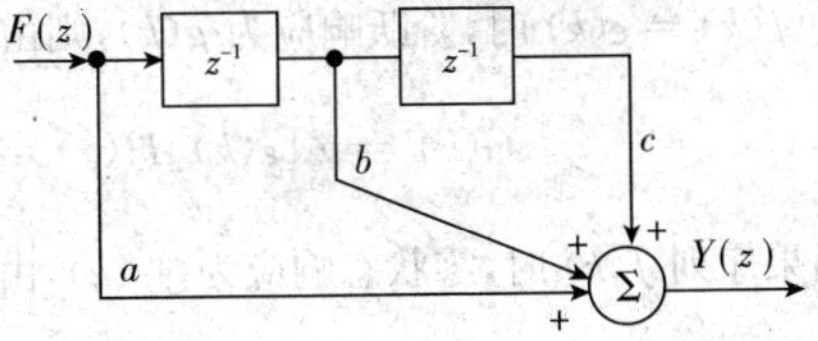

图解 6.32

$$Y_f(z)=aF(z)+bz^{-1}F(z)+cz^{-2}F(z)$$
$$=(a+bz^{-1}+cz^{-2})F(z)=H(z)F(z)$$

式中系统函数

$$H(z)=a+bz^{-1}+cz^{-2}$$

又由已知

$$F(z)=\mathscr{Z}[f(k)]=\frac{1}{4}+z^{-1}+\frac{1}{2}z^{-2}$$

则系统零状态响应的象函数

$$Y_f(z)=F(z)H(z)$$
$$=\frac{a}{4}+(a+\frac{b}{4})z^{-1}+(\frac{a}{2}+b+\frac{c}{4})z^{-2}+(\frac{b}{2}+c)z^{-3}+\frac{1}{2}z^{-4}$$

对上式取逆变换，得系统的零状态响应

$$y_f(k)=\frac{a}{4}\delta(k)+(a+\frac{b}{4})\delta(k-1)+(\frac{a}{2}+b+\frac{c}{4})\delta(k-2)$$
$$+(\frac{b}{2}+c)\delta(k-3)+\frac{1}{2}\delta(k-4)$$

则可得 $y_1(0)=\frac{a}{4}=1, y_f(1)=a+\frac{b}{4}=0, y_f(3)=\frac{b}{2}+c=0$

由以上三式可解得

$$a=4, b=-16, c=8$$

6.33 知识点窍 $Y_f(z)=H(z)F(z)$。若 $f(k)\longleftrightarrow F(z)$，则有 $\sum_{i=-\infty}^{k}f(i)\longleftrightarrow\frac{z}{z-1}F(z)$。

逻辑推理 由部分和性质可知 $Y_f(z)=\frac{z}{z-1}G(z)$，又有 $G(z)=H(z)\cdot F(z)=H(z)\cdot\frac{z}{z-1}$，则可得 $Y_f(z)=\frac{z}{z-1}\cdot\frac{z}{z-1}H(z)=F(z)H(z)$，对 $F(z)$ 取逆变换得输入 $f(k)$。

解题过程

令 $g(k)\longleftrightarrow G(z), f(k)\longleftrightarrow F(z), y_f(k)\longleftrightarrow Y_f(z)$，系统函数为 $H(z)$。

当输入为 $f(k)=\varepsilon(k)$ 时，阶跃响应为 $g(k)$，则由卷积定理得

$$G(z)=\mathscr{Z}[\varepsilon(k)]H(z)=\frac{z}{z-1}H(z)$$

当输入因果序列 $f(k)$ 时，零状态响应为 $y_f(k)$，由卷积定理和部分和性质可得

$$Y_f(z)=\frac{z}{z-1}G(z)$$

由以上两式可解得

$$Y_f(z)=\frac{z^2}{(z-1)^2}H(z)=F(z)H(z)$$

式中系统输入因果序列的象函数

$$F(z)=\frac{z^2}{(z-1)^2}=\frac{z}{(z-1)^2}+\frac{z}{z-1}$$

对上式取逆变换得输入为

$$f(k)=(k+1)\varepsilon(k)$$

6.34 **知识点窍** 部分和性质，即若 $f(k)\longleftrightarrow F(z)$，则有 $\sum\limits_{i=-\infty}^{\infty}f(i)\longleftrightarrow\frac{z}{z-1}F(z)$。

逻辑推理 利用 z 变换部分和性质对等式作 z 变换，可得关于 $F(z)$ 的代数方程，可解得 $F(z)$，对其求逆变换得序列 $f(k)$。

解题过程 令 $f(k)\longleftrightarrow F(z)$。由部分和性质可得

$$\sum_{i=\infty}^{k}f(k)\longleftrightarrow\frac{z}{z-1}F(z)$$

因 $f(k)$ 为因果序列，故有

$$\sum_{i=0}^{k}f(k)=\sum_{i=-\infty}^{k}f(k)\longleftrightarrow\frac{z}{z-1}F(z)$$

对已知等式作 z 变换，得

$$F(z)=\frac{z}{(z-1)^2}+\frac{z}{z-1}F(z)$$

可解得

$$F(z)=-\frac{z}{z-1}$$

取逆变换得因果序列

$$f(k)=-\varepsilon(k)$$

6.35 **知识点窍** z 变换部分和性质，即若 $f(k)\longleftrightarrow F(z)$，则有 $\sum\limits_{i=-\infty}^{k}f(k)\longleftrightarrow\frac{z}{z-1}F(z)$。卷积定理，即若 $f_1(k)\longleftrightarrow F_1(z)$，$f_2(k)\longleftrightarrow F_2(z)$，则有 $f_1(k)*f_2(k)\longleftrightarrow F_1(z)F_2(z)$。

逻辑推理 根据 z 变换的部分和性质和时域卷积定理，对已知方程作 z 变换，可得关于 $F(z)$ 的代数方程，解之并对 $F(z)$ 作 z 逆变换可得序列 $f(k)$。

解题过程 令 $f(k)\longleftrightarrow F(z)$。对于因果序列 $f(k)$ 有

$$\sum_{i=0}^{k-1}f(i)=\sum_{i=-\infty}^{k-1}f(i)=\sum_{i=-\infty}^{k}f(i)-f(k)$$

由部分和性质可得

$$\sum_{i=0}^{k}f(i)\longleftrightarrow\frac{z}{z-1}F(z)$$

又有

$$\mathscr{Z}[k\varepsilon(k)]=\frac{z}{(z-1)^2}$$

$$\mathscr{Z}\left[\left(-\frac{1}{2}\right)^k\varepsilon(k)\right]=\frac{z}{z+\frac{1}{2}}$$

则对已知等式作 z 变换，由卷积定理得

$$\frac{z}{z-1}F(z)-F(z)=\frac{z}{(z-1)^2}\cdot\frac{z}{z+\frac{1}{2}}$$

可解得

$$F(z)=\frac{z^2}{(z-1)(z+\frac{1}{2})}=\frac{\frac{2}{3}z}{z-1}+\frac{\frac{1}{3}z}{z+\frac{1}{2}}$$

对上式取逆变换得序列

$$f(k)=\left[\frac{2}{3}+\frac{1}{3}(-\frac{1}{2})^k\right]\varepsilon(k)$$

6.36 **知识点窍** $H(e^{j\theta})=|H(e^{j\theta})|e^{j\varphi(\theta)}=H(z)\Big|_{z=e^{j\theta}}$，$\alpha<|z|<\beta(\alpha<1,\beta>1)$

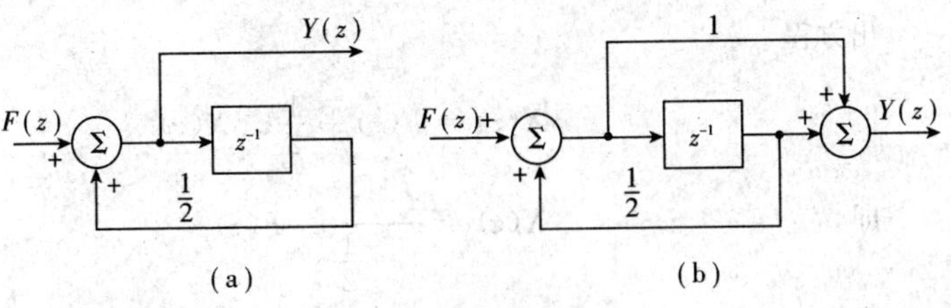

题 6.36 图

逻辑推理 由系统 z 域框图可得系统函数 $H(z)$，进而可得系统的频率响应。

解题过程 (1) 由加法器的输出可得

$$Y(z)=F(z)+\frac{1}{2}z^{-1}Y(z)$$

即
$$Y(z)=\frac{1}{1-\frac{1}{2}z^{-1}}F(z)=H(z)F(z)$$

式中系统函数

$$H(z)=\frac{1}{1-\frac{1}{2}z^{-1}}=\frac{z}{z-\frac{1}{2}},|z|>\frac{1}{2}$$

则系统的频率响应为

$$H(e^{j\theta})=H(z)\Big|_{z=e^{j\theta}}=\frac{e^{j\theta}}{e^{j\theta}-\frac{1}{2}}=\frac{\cos\theta+j\sin\theta}{\cos\theta-\frac{1}{2}+j\sin\theta}$$

幅频响应和相频响应分别为

$$|H(e^{j\theta})|=\left|\frac{\cos\theta+j\sin\theta}{\cos\theta-\frac{1}{2}+j\sin\theta}\right|=\frac{1}{\sqrt{\frac{5}{4}-\cos\theta}}$$

$$\varphi(\theta)=\theta-\arctan\left(\frac{\sin\theta}{\cos\theta-\frac{1}{2}}\right)$$

在 $-\pi\sim\pi$ 区间内，幅频响应和相频响应的图形分别为

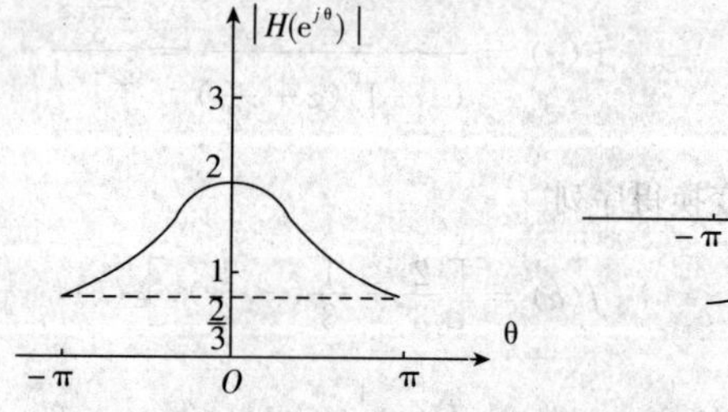

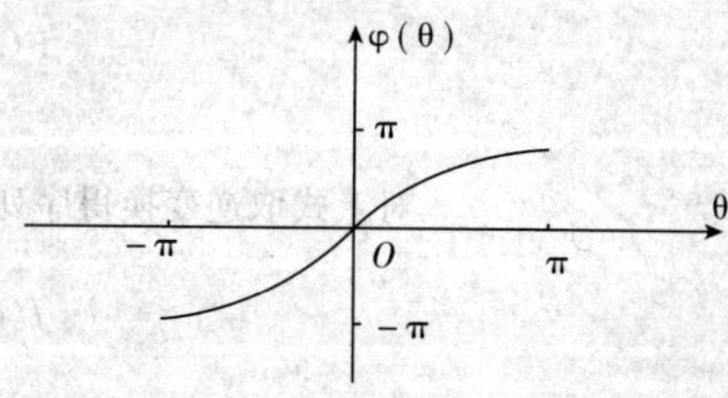

(2) 设延迟器的输入为 $X(z)$，则相应的输出为 $z^{-1}X(z)$。由左端加法器输出可列出方程

$$X(z)=F(z)+\frac{1}{2}z^{-1}X(z)$$

即
$$X(z)=\frac{1}{1-\frac{1}{2}z^{-1}}F(z)$$

由右端加法器输出可列出方程

$$Y(z)=X(z)+z^{-1}X(z)=(1+z^{-1})X(z)$$

从以上两式中消去中间变量，得

$$Y(z)=\frac{1+z^{-1}}{1-\frac{1}{2}z^{-1}}=\frac{z+1}{z-\frac{1}{2}}X(z)=H(z)X(z)$$

式中系统函数

$$H(z)=\frac{z+1}{z-\frac{1}{2}},\ |z|>\frac{1}{2}$$

则系统的频率响应为

$$H(e^{j\theta})=\frac{e^{j\theta}+1}{e^{j\theta}-\frac{1}{2}}=\frac{\cos\theta+1+j\sin\theta}{\cos\theta-\frac{1}{2}+j\sin\theta}$$

幅频响应和相频响应分别为

$$|H(e^{j\theta})|=\left|\frac{\cos\theta+1+j\sin\theta}{\cos\theta-\frac{1}{2}+j\sin\theta}\right|=\frac{4}{\sqrt{1+3\tan^2\left(\frac{\theta}{2}\right)}}$$

$$\varphi(\theta)=-\arctan\left[3\tan\left(\frac{\theta}{2}\right)\right]$$

在 $-\pi\sim\pi$ 区间内，幅频响应和相频响应的图形分别为

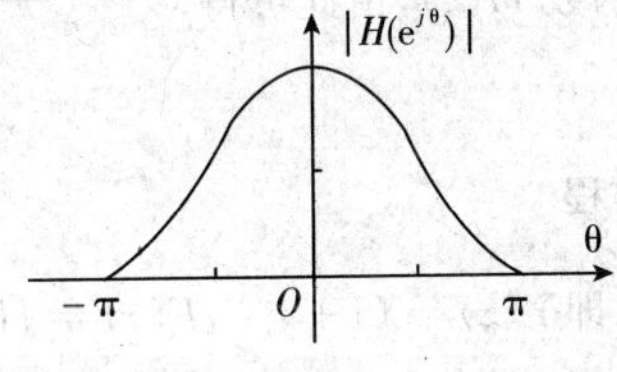

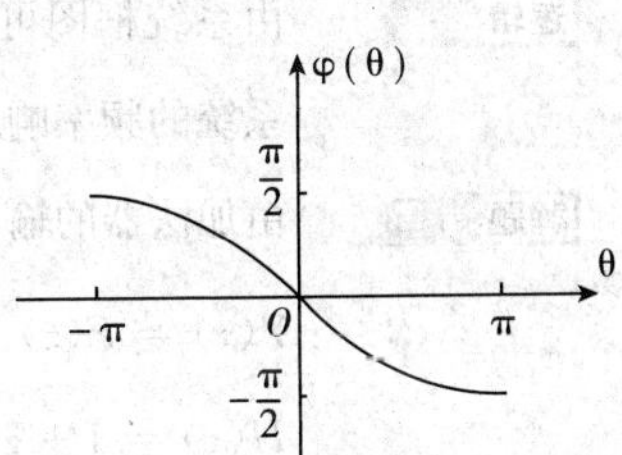

6.37 知识点窍 $H(e^{j\theta})=H(z)\Big|_{z=e^{j\theta}}$，卷积定理。

逻辑推理 求出已知数据处理系统的系统函数 $H(z)$，代入 $H(e^{j\theta})=H(z)\Big|_{z=e^{j\theta}}$ 可得系统的频率响应。

解题过程 由已知可得系统输入 $f(k)$ 后系统的输出为

$$y(k)=\frac{1}{4}\sum_{i=0}^{3}f(k-i)=\frac{1}{4}\sum_{i=0}^{3}\delta(k-i)*f(k)$$

对上式取 z 变换，由卷积定理可得

$$Y(z)=\frac{1}{4}(1+z^{-1}+z^{-2}+z^{-3})F(z)=\frac{z-z^{-3}}{4(z-1)}F(z)=H(z)F(z)$$

式中系统函数

$$H(z)=\frac{1}{4}\cdot\frac{z^{-3}}{z-1}$$

则系统的频率响应为

$$H(e^{j\theta})=H(z)\Big|_{z=e^{j\theta}}=\frac{1}{4}\frac{e^{j\theta}-e^{-j3\theta}}{e^{j\theta}-1}=\frac{1}{4}e^{-j\frac{3}{2}\theta}\frac{\sin 2\theta}{\sin\left(\frac{\theta}{2}\right)}$$

6.38 知识点窍 $H(e^{j\theta})=H(z)\Big|_{z=e^{j\theta}}$。

逻辑推理 由 $p_N(k)$ 的表达式可以求出其象函数亦即系统函数 $H(z)$，即可得到系统的频率响应。

解题过程 $p_N(z)=\mathscr{Z}[p_N(k)]=\mathscr{Z}[\varepsilon(k)-\varepsilon(k-N)]=\frac{z}{z-1}-\frac{z^{-N+1}}{z-1}=\frac{z}{z-1}(1-z^{-N})$

则系统的频率响应为(考虑到 $T_S=1$)

$$p_N(e^{j\theta})=p_N(z)\Big|_{z=e^{j\theta}}=\frac{e^{j\theta}}{e^{j\theta}-1}(1-e^{-jN\theta})=e^{-j\frac{N-1}{2}\theta}\frac{\sin(\frac{N}{2}\theta)}{\sin\left(\frac{\theta}{2}\right)}$$

6.39 知识点窍 $H(e^{j\theta})=H(z)\Big|_{z=e^{j\theta}}$。

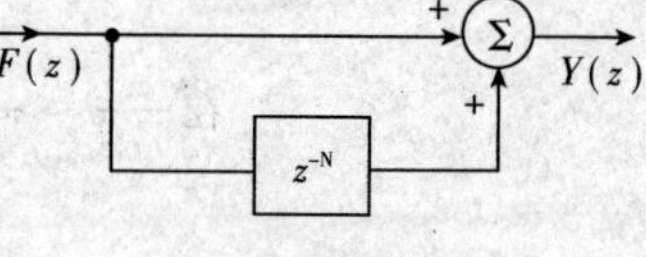

题 6.39 图

逻辑推理 由系统框图可得系统的函数 $H(z)$，由此可得系统的频率响应。

解题过程 由加法器的输出可列出方程

$Y(z)=F(z)+z^{-N}F(z)$，即 $Y(z)=(1+z^{-N})F(z)=H(z)F(z)$，式中系统函数 $H(z)=1+z^{-N}$，则系统的频率响应为

$$H(e^{j\theta})=H(z)\Big|_{z=e^{j\theta}}=1+e^{-jN\theta}=1+\cos(N\theta)-j\sin(N\theta)$$

系统的幅频响应和相频响应分别为

$$|H(e^{j\theta})|=|1+e^{-jN\theta}|=2[1+\cos(N\theta)]$$

$$\varphi(\theta)=-\arctan\left[\frac{\sin(N\theta)}{1+\cos(N\theta)}\right]=-\frac{N\theta}{2}$$

$$\theta=\omega T_s$$

当 $N=6$ 时，幅频响应和相频响应分别为

$$|H(e^{j\theta})|=2[1+\cos(6\theta)]$$

$$\varphi(\theta)=-3\theta,\theta=\omega T_s$$

其波形图分别为

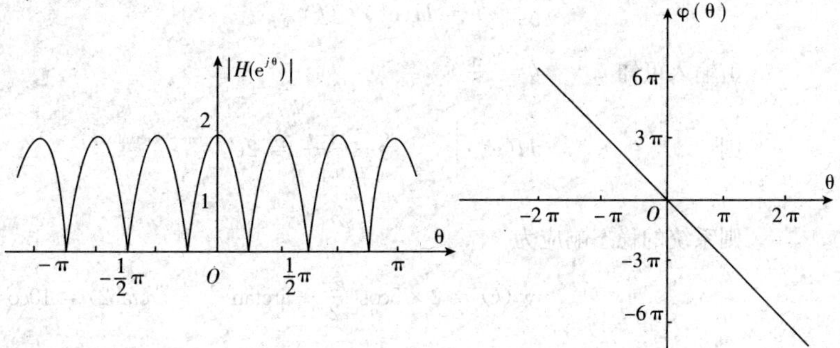

6.40 **知识点窍** $H(\mathrm{e}^{j\theta})=H(z)\Big|_{z=\mathrm{e}^{j\theta}}$。

系统的稳态响应 $y_{ss}(k)=H(\mathrm{e}^{j\theta})\,f(k)$。

逻辑推理 由系统框图可得系统函数 $H(z)$，进而可得系统的频率响应，由 $y_{ss}(k)=H(\mathrm{e}^{j\theta})$ $f(k)$ 可得系统的稳态响应 $y_{ss}(k)$。

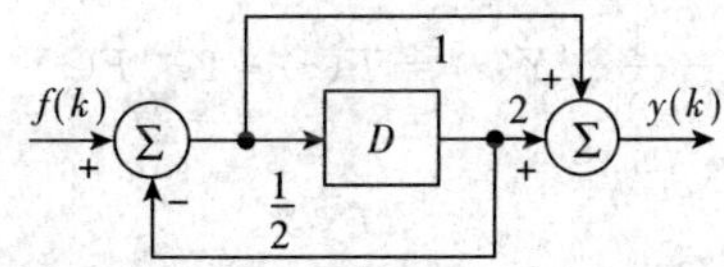

题 6.40 图

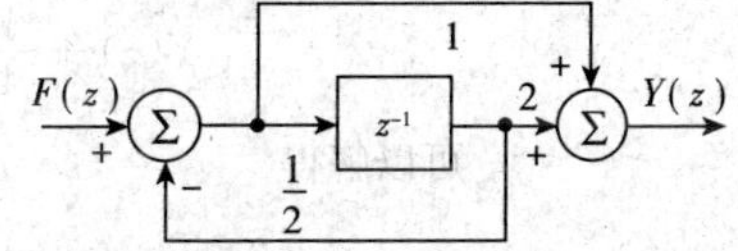

图解 6.40

解题过程 该系统零状态下的 z 域框图如图解6.40所示。令延迟器的输入为 $X(z)$，则其输出为 $z^{-1}X(z)$。由左端加法器可列出方程

$$X(z)=F(z)-\frac{1}{2}z^{-1}X(z)$$

即

$$X(z)=\frac{1}{1+\frac{1}{2}z^{-1}}F(z)$$

由右端加法器可列出方程

$$Y(z)=X(z)+2z^{-1}X(z)=(1+2z^{-1})X(z)$$

从以上两式中消去中间变量 $X(z)$，得

$$Y(z)=\frac{1+2z^{-1}}{1+\frac{1}{2}z^{-1}}F(z)=\frac{z+2}{z+\frac{1}{2}}F(z)=H(z)F(z)$$

式中系统函数

$$H(z)=\frac{z+2}{z+\frac{1}{2}}$$

则系统的频率响应为

$$H(\mathrm{e}^{j\theta})=H(z)\Big|_{z=\mathrm{e}^{j\theta}}=\frac{\mathrm{e}^{j\theta}+2}{\mathrm{e}^{j\theta}+\frac{1}{2}}$$

由 LTI 离散系统的性质可知系统的稳态响应为

$$y_{ss}(k)=H(e^{j\theta})\ f(k)$$

由输入可知 $\theta=\dfrac{\pi}{2}$

则 $H(e^{j\theta})\Big|_{\theta=\frac{\pi}{2}}=\dfrac{2+j}{\dfrac{1}{2}+j}=2e^{j(\arctan\frac{1}{2}-\arctan 2)}$

则系统的稳态响应为

$$y_{ss}(k)=2\times5\cos(\frac{k\pi}{2}+\arctan\frac{1}{2}-\arctan 2)=10\cos(\frac{k\pi}{2}-36.9°)$$

6.41 知识点窍 $H(e^{j\theta})=H(z)\Big|_{z=e^{j\theta}}$，$H(z)=\dfrac{Y_f(z)}{F(z)}$，$y_{ss}(k)=H(e^{j\theta})\ f(k)$。

逻辑推理 由差分方程可解得系统函数 $H(z)$，响应为 $H(e^{j\theta})=H(z)\Big|_{z=e^{j\theta}}$，由 $y_{ss}=H(e^{j\theta})$ $f(k)$ 可解得系统的稳态响应 $y_{ss}(k)$。

解题过程 考虑零状态响应，对差分方程两端作 z 变换，令 $y(k)\leftrightarrow y(z)$，$f(k)\leftrightarrow F(z)$，得

$$Y(z)+\frac{1}{4}z^{-1}Y(z)-\frac{1}{8}z^{-2}Y(z)=F(z)-2z^{-1}F(z)$$

可以解得

$$Y(z)=\frac{1-2z^{-1}}{1+\frac{1}{4}z^{-1}-\frac{1}{8}z^{-2}}F(z)=H(z)F(z)$$

式中系统函数

$$H(z)=\frac{1-2z^{-1}}{1+\frac{1}{4}z^{-1}-\frac{1}{8}z^{-2}}=\frac{z^2-2z}{z^2+\frac{1}{4}z-\frac{1}{8}}$$

则系统频率响应

$$H(e^{j\theta})=H(z)\Big|_{z=e^{j\theta}}=\frac{e^{j2\theta}-2e^{j\theta}}{e^{j2\theta}+\frac{1}{4}e^{j\theta}-\frac{1}{8}}$$

由 $\theta=\omega T_s=\dfrac{\pi}{6}$ 可得

$$H(e^{j\frac{\pi}{6}})=1.075e^{j127°}$$

则输入为 $f(k)=2\sin(k\omega T_s)=2\sin(\dfrac{k\pi}{6})$ 时系统的稳态响应为

$$y_{ss}(k)=H(e^{j\theta})\ f(k)=2.15\sin\left(\frac{k\pi}{6}+127°\right)$$

6.42 知识点窍 $Y(z)=Y_x(z)+Y_f(z)=\dfrac{M(z)}{A(z)}+\dfrac{B(z)}{A(z)}F(z)$

逻辑推理 由已知差分方程、初始条件及系统输入可得初始值 $y(-1)$、$y(-2)$，用 z 变换法求解即可。

解题过程　已知差分方程可化为

$$y(k-2)=\frac{1}{2}[f(k-1)-2f(k-2)+3y(k-1)-y(k)]$$

则可得

$$y(-1)=\frac{1}{2}[f(0)-2f(-1)+3y(0)-y(1)]=\frac{3}{2}$$

$$y(-2)=\frac{1}{2}[f(-1)-2f(-2)+3y(-1)-y(0)]=\frac{7}{4}$$

令 $y(k)\longleftrightarrow Y(z)$，$f(k)\longleftrightarrow F(z)$。对已知差分方程作 z 变换得

$Y(z)-3[z^{-1}Y(z)+y(-1)]+2[z^{-2}Y(z)+y(-2)+z^{-1}y(-1)]$

$=z^{-1}F(z)-2z^{-2}F(z)$

即$[1-3z^{-1}+2z^{-2}]Y(z)-[3y(-1)-2y(-2)-2z^{-1}y(-1)]$

$=(z^{-1}-2z^{-2})F(z)$

可以解得

$$Y(z)=Y_x(z)+Y_f(z)=\frac{3y(-1)-2y(-2)-2z^{-1}y(-1)}{1-3z^{-1}+2z^{-2}}+\frac{z^{-1}-2z^{2}}{1-3z^{-1}+2z^{-2}}F(z)$$

将初始值和 $F(z)=\mathscr{Z}[f(k)]=\dfrac{z}{z-1}$ 代入上式，得

$$Y_x(z)=\frac{z^2-3z}{(z-1)(z-2)}=\frac{2z}{z-1}-\frac{z}{z-2}$$

$$Y_f(z)=\frac{z-2}{z^2-3z+z}\cdot\frac{z}{z-1}=\frac{z}{(z-1)^2}$$

对以上两式取逆变换可得零输入响应和零状态响应分别为

$$y_{zi}(k)=(2-2^k)\varepsilon(k)$$

$$y_{zs}(k)=k\varepsilon(k)$$

6.43 知识点窍　单边 z 变换定义为 $F(z)=\sum\limits_{k=0}^{\infty}f(k)z^{-k}$。

卷积定理，即若　$f_1(k)\longleftrightarrow F_1(z)$

$f_2(k)\longleftrightarrow F_2(z)$

则有 $f_1(k)*f_2(k)\longleftrightarrow F_1(z)F_2(z)$

逻辑推理　利用 z 变换的定义和卷积定理求证。

解题过程　令 $f_1(k)\longleftrightarrow F_1(z)$，$f_2(k)\longleftrightarrow F_2(z)$，$y(k)\longleftrightarrow Y(z)$，即有

$$F_1(z)=\sum_{k=0}^{\infty}f_1(k)z^{-k}$$

$$F_2(z)=\sum_{k=0}^{\infty}f_2(k)z^{-k}$$

$$Y(z)=\sum_{k=0}^{\infty}y(k)z^{-k}$$

因 $y(k)=f_1(k)*f_2(k)$，根据卷积定理可得

$$Y(z)=F_1(z)F_2(z)$$

又由已知可得

$$S_1=F_1(1)=\sum_{k=0}^{\infty}f_1(k)$$

$$S_1=F_2(1)=\sum_{k=0}^{\infty}f_2(k)$$

$$S=Y(1)=\sum_{k=0}^{\infty}y(k)$$

则有 $$S=Y(1)=F_1(1)F_2(1)=S_1S_2$$

即

$$S=S_1S_2$$

证毕。

6.44 知识点窍　若

$$f(k)\longleftrightarrow F(z),\alpha<|z|<\beta$$

设有整数 $m,k+m>0$，则 $\dfrac{f(k)}{k+m}\longleftrightarrow z^m\int_z^{\infty}\dfrac{F(\eta)}{\eta^{m+1}}\mathrm{d}\eta,\alpha<|z|<\beta$

逻辑推理　应用 z 变换、z 域积分进行证明。

解题过程　设 $f(k)=(-1)^ka^{k+1}\varepsilon(k)$，则有

$$F(z)=\mathscr{Z}[f(k)]=\sum_{k=0}^{\infty}(-1)^ka^{k+1}\varepsilon(k)z^{-k}=\frac{az}{z+a},|z|>a$$

由 z 域积分性质可得

$$\mathscr{Z}[\frac{f(k)}{k+1}]=\sum_{k=0}^{\infty}(-1)^ka^{k+1}\cdot\frac{1}{k+1}\varepsilon(k)z^{-k}=z\int_z^{\infty}\frac{F(\eta)}{\eta^2}\mathrm{d}\eta=z\int_z^{\infty}\frac{a\eta}{\eta+a}\cdot\frac{1}{\eta^2}\mathrm{d}\eta$$

$$=z\ln(\frac{z+a}{z}),|z|>a$$

因 $0<a<1$，则 $z=1$ 在收敛域内，将 $z=1$ 代入上式可得

$$\sum_{k=0}^{\infty}(-1)^k\frac{a^{k+1}}{k+1}=\ln(1+a)$$

证毕。

6.45 知识点窍　$H(z)=\dfrac{Y(z)}{F(z)},H(\mathrm{e}^{j\theta})=H(z)\Big|_{z=\mathrm{e}^{j\theta}}$。

逻辑推理　根据已知可列写系统差分方程，由 z 变换法求解可得系统函数，进而可得系统的频率响应。

解题过程　(1) 根据已知可列出该数字微分器的差分方程

$$y(kT)=\frac{1}{T}\{f(kT)-f[(k-1)T]\}$$

令 $F(kT)\longleftrightarrow F(z)$，$y(kT)\longleftrightarrow Y(z)$，对上式作 z 变换，可得

$$Y(z)=\frac{1}{T}[F(z)-z^{-1}F(z)]$$

可以解得 $$Y(z)=\frac{1}{T}(1-z^{-1})F(z)=H(z)F(z)$$

式中系统函数 $$H(z)=\frac{1}{T}(1-z^{-1})$$

系统的频率响应 $H(e^{j\theta})=H(z)\Big|_{z=e^{j\theta}}=\frac{1}{T}(1-e^{-j\theta})=j\frac{2}{T}e^{-j\frac{\theta}{2}}\sin(\frac{\theta}{2})$，$\theta=\omega T$

(2) 根据已知可列出该数字积分器的差分方程

$$y(kT)-y[(k-1)T]=\frac{1}{2}T\{f(kT)+f[(k-1)T]\}$$

令 $f(kT)\longleftrightarrow F(z)$，$y(kT)\longleftrightarrow Y(z)$，对上式作 z 变换，可得

$$Y(z)-z^{-1}Y(z)=\frac{1}{2}T[F(z)+z^{-1}F(z)]$$

可以解得 $$Y(z)=\frac{T}{2}\cdot\frac{z+1}{z-1}F(z)=H(z)F(z)$$

式中系统函数 $$H(z)=\frac{T}{2}\frac{z+1}{z-1}$$

系统的频率响应

$$H(e^{j\theta})=H(z)\Big|_{z=e^{j\theta}}=\frac{T}{2}\frac{e^{j\theta}+1}{e^{j\theta}-1}=-j\frac{T}{2}\cot(\frac{\theta}{2}),\theta=\omega T$$

6.46 逻辑推理 由 $H(z)=\frac{Y(z)}{F(z)}$ 得 $H(z)$ 表达式后可得系统差分方程，再由极值点位置判断系统是否存在频率响应。

解题过程 $y(k)=2y_1(k)+y_1(k-1)$

$y_1(k)=f(k-1)-y_1(k-1)-0.24y_1(k-2)$

$Y(z)=Y_1(z)(2+z^{-1})\qquad Y_1(z)=\frac{z^{-1}}{1+z^{-1}+0.24z^{-2}}F(z)$

$\therefore Y(z)=\frac{(z+z^{-1})z^{-1}}{1+z^{-1}+0.24z^{-2}}$

即有 $y(k)+y(k-1)+0.24y(k-2)=2f(k-1)+f(k-2)$

(2) $H(z)=\frac{2z+1}{z^2+z+0.24}$，极点 $z_1=-0.24$，$z_2=-0.6$ 处于单位圆内

$\therefore$ 该系统存在频率响应。

(3) $H(z)=\frac{1+2z}{0.24+z+z^2}$

$H(e^{j\theta})|_{\theta=\frac{\pi}{2}}=\frac{1+2j}{0.24+j-1}=\frac{1+2j}{j-0.76}=1.78e^{-j63.8^\circ}$

$\therefore y_{ss}(k)=20\times 1.78\cos\left(\frac{\pi}{2}k+30.8°-63.8°\right)=35.6\cos\left(\frac{\pi}{2}k-33°\right)$

6.47 解题过程　$Y_1(z)=\dfrac{2z}{z-\frac{1}{4}}$　　$F_1(z)=1$

$\therefore Y_1(z)=Y_{zi}+Y_{zs}(z)=Y_{zi}(z)+H(z)F(z)$

其中 $Y_{zi}(z)$ 表示零输入响应，$Y_{zs}(z)$ 表示零状态响应。

同理　$F_2(z)=\dfrac{z}{z-\frac{1}{2}}$

$$Y_2(z)=Y_{zi}(Z)+F_2(z)H(z)=\frac{z}{z-\frac{1}{4}}+\frac{z}{z-\frac{1}{2}}$$

$$\therefore H(z)=\frac{Y_2(z)-Y_1(z)}{F_2(z)-1}=\frac{z}{2z-\frac{1}{2}}$$

$$H(e^{j\theta})=\frac{e^{j\theta}}{2e^{j\theta}-\frac{1}{2}}=\frac{2e^{j\theta}}{4e^{j\theta}-4}$$

幅频特性如题 6.47 图所示。

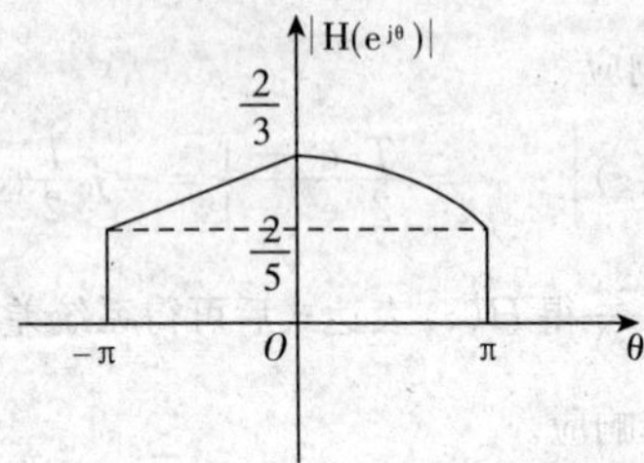

题 6.47 图

6.48 逻辑推理　$h(k)$、$f(k)$ 的 DTFT 可由 $H(e^{j\theta})=H(z)|_{Z=e^{j\theta}}$，$F(e^{j\theta})=F(z)|_{z=e^{j\theta}}$ 得出。

解题过程　(1)$H(z)=\dfrac{z}{z-\alpha}$　$\therefore h(k)$ 的 DTFT　　$H(e^{j\theta})=\dfrac{e^{j\theta}}{e^{j\theta}-\alpha}$

$F(z)=\dfrac{z}{z-\beta}$　　$\therefore f(k)$ 的 DTFT　$F(e^{j\theta})=\dfrac{e^{j\theta}}{e^{j\theta}-\beta}$

(2)$Y_{zs}(z)=F(z)H(z)=\dfrac{z^2}{(z-\alpha)(z-\beta)}$

若 $\alpha=\beta$，则 $Y_{zs}(z)=\dfrac{z^2}{(z-\alpha)^2}=\dfrac{\alpha z}{(z-\alpha)^2}+\dfrac{z}{z-\alpha}$

$\therefore y_{zs}(k)=(k\alpha^k+\alpha^k)\varepsilon(k)=(k+1)\alpha^k\varepsilon(k)$

若 $\alpha\neq\beta$，则 $Y_z(z)=\dfrac{\alpha}{\alpha\text{-}\beta}\cdot\dfrac{z}{z-\alpha}-\dfrac{\beta}{\alpha-\beta}\dfrac{z}{\beta z-\beta}$

$\therefore y_{zs}(k)=\left[\frac{\alpha}{\alpha-\beta}\cdot\alpha^k-\frac{\beta}{\alpha-\beta}\cdot\beta^k\right]\varepsilon(k)=\frac{\alpha^{k+1}-\beta^{k+1}}{\alpha-\beta}\varepsilon(k)=\frac{\alpha}{\alpha-\beta}\alpha^k\varepsilon(k)+\frac{\beta}{\beta-\alpha}\beta^k\varepsilon(k)$

6.49 逻辑推理 由收敛域与单位圆的位置关系判断是否存在频响。

解题过程 (1)$H(z)=-\frac{z}{z-3}$ 收敛域为 $|z|<3$

因为其收敛域包含单位圆,所以存在频响。

$H(e^{j\theta})=-\frac{e^{j\theta}}{e^{j\theta}-3}$, $|H(e^{j\theta})|=\frac{1}{\sqrt{10-6\cos\theta}}$ 是一低通滤波器。

(2) 该系统不可实现 $\lim\limits_{k\to-\infty}|h(k)|=+\infty$

$\therefore$ 该系统不稳定,因而不可实现。

6.50 逻辑推理 由 $H(z)=\frac{Y(z)}{F(z)}$ 得 $H(z)$ 表达式后列写差分方程。

解题过程 (1)$F(z)=\frac{z}{z-\frac{1}{2}}$ $\quad Y(z)=1+\frac{az}{z-\frac{1}{4}}$

$$H(z)=\frac{Y(z)}{F(z)}=\frac{z-\frac{1}{2}}{z}+\frac{a(z-\frac{1}{2})}{z-\frac{1}{4}}$$

$$H(z)=\frac{(1+a)z^2-\left(\frac{3}{4}+\frac{a}{2}\right)z+\frac{1}{8}}{z(z-\frac{1}{4})}$$

有差分方程为

$$y(k)-\frac{1}{4}y(k-1)=(1+a)f(k)-\left(\frac{3}{4}+\frac{a}{2}\right)f(k-1)+\frac{1}{8}f(k-2)$$

若 $f(k)=(-2)^k$ 及 $y(k)=0$ 代入得

$$(1+a)(-2)^2-\left(\frac{3}{4}+\frac{a}{2}\right)(-2)+\frac{1}{8}=0$$

得 $\quad a=-\frac{9}{8}$

(2) 差分方程表示为

$$y(k)-\frac{1}{4}y(k-1)=-\frac{1}{8}f(k)-\frac{3}{16}f(k-1)+\frac{1}{8}f(k-2)$$

将 $f(k)=1$ 代入得 $\quad y(k)-\frac{1}{4}y(k-1)=-\frac{3}{16}$

初始条件为 $y(k)=0 \quad k<0$

$\therefore$ 得到 $\quad y(k)=-\frac{3}{16}\left(1+\frac{1}{4^1}+\cdots+\frac{1}{4^K}\right)=\frac{1}{4^{k+2}}-\frac{1}{4}\approx-\frac{1}{4}$

第 7 章 系统函数

考试要求

熟练掌握利用系统函数的零极点求系统时域响应和频域响应的方法，掌握由系统函数零极点求系统的因果性、稳定性的分析方法；理解信号流图的概念，掌握利用信号流图进行系统分析和系统模拟的方法。

知识点归纳

1. 系统函数与系统特性

(1) 系统函数的零点与极点。

系统函数 $H(\cdot)$ 的极(零) 点有以下几种类型：一阶实极(零) 点，它位于 s 或 z 平面的实轴上；一阶共轭虚极(零) 点，它们位于虚轴上并且对称于实轴；一阶共轭复极(零) 点，它们对称于实轴，此外还有二阶和二阶以上的实、虚，复极(零) 点。

(2) 系统函数与时域响应。

对于连续系统可得如下结论：LTI 连续系统的自由响应、冲激响应的函数形式由 $H(s)$ 的极点确定。

$H(s)$ 在左半开平面的极点所对应的响应函数都是衰减的，当 $t\to\infty$ 时，响应函数趋近于零。极点全部在左半开平面的系统是稳定系统。

$H(s)$ 在虚轴上的一阶极点对应的响应函数的幅度不随时间变化。

$H(s)$ 在虚轴上的二阶及二阶以上的极点或右半开平面上的极点，其所对应的响应函数都随 t 的增大而增大，当 t 趋于无限时，它们都趋于无限大。这样的系统是不稳定的。

对于离散系统可以得到如下结论：

LTI 离散系统的自由响应、单位序列(样值) 响应等的序列形式由 $H(z)$ 的极点所确定。

$H(z)$ 在单位圆内的极点所对应的序列都是衰减的，当 k 趋于无限时，响应趋于零。极点全部在单位圆内的系统是稳定系统。

$H(z)$ 在单位圆上的一阶极点对应的响应序列后幅度不随 k 变化。

$H(z)$ 在单位圆上的二阶及二阶以上极点或在单位圆外的极点，其所对应的序列都随 k 的增大而增大，当 k 趋于无限时，它们都趋近于无限大。这样的系统是不稳定的。

(3) 系统函数与频域响应。

对于连续系统，系统的频率响应函数

$$H(j\omega) = H(s)\Big|_{s=j\omega} = \frac{b_m \prod_{j=1}^{m}(j\omega - \xi_j)}{\prod_{i=1}^{n}(j\omega - P_i)}$$

对于任意极点 P_i 和零点 ξ_j，令

$$j\omega - P_i = A_i e^{j\theta_i}$$

$$j\omega - \xi_j = B_j e^{j\theta_j}$$

则有 $H(j\omega) = |H(j\omega)| e^{j\varphi(\omega)} = \dfrac{b_m B_1 B_2 \cdots B_m}{A_1 A_2 \cdots A_n} e^{j[(\varphi_1+\varphi_2+\cdots+\varphi_m)-(\theta_1+\theta_2+\cdots+\theta_n)]}$

幅频响应和相频响应分别为

$$H(j\omega) = \frac{b_m B_1 B_2 \cdots B_m}{A_1 A_2 \cdots A_n}$$

$$\varphi(m) = (\varphi_1 + \varphi_2 + \cdots + \varphi_m) - (\theta_1 + \theta_2 + \cdots + \theta_n)$$

全通函数是极点位于左半开平面，零点位于右半开平面，且所有的零点与极点对于 $j\omega$ 轴为一一镜像对称的系统函数。最小相移函数是具有相同幅频特性的系统函数，零点位于左半开平面的系统函数，其相频特性 $\varphi(\omega)$ 最小。

对于离散系统，系统的频率响应函数

$$H(e^{j\theta}) = H(z)\Big|_{z=e^{j\theta}} = \frac{b_m \prod_{j=1}^{m}(e^{j\theta} - \xi_j)}{\prod_{i=1}^{n}(e^{j\theta} - P_i)}$$

式中 $\theta = \omega T_s$，ω 为角频率，T_s 为取样周期。令

$$e^{j\theta} - P_i = A_i e^{j\theta_i}$$

$$e^{j\theta} - \xi_j = B_j e^{j\theta_j}$$

则有 $H(e^{j\theta}) = |H(e^{j\theta})| e^{j\varphi(\theta)} = \dfrac{b_m B_1 \cdots B_m}{A_1 \cdots A_n} e^{j[(\varphi_1+\cdots+\varphi_m)-(\theta_1+\cdots+\theta_n)]}$

幅频响应和相频响应分别为

$$|H(e^{j\theta})| = \frac{b_m B_1 \cdots B_m}{A_1 \cdots A_n}$$

$$\varphi(\theta) = \sum_{j=1}^{m}\varphi_j - \sum_{i=1}^{n}\theta_i$$

2. 系统的稳定性

(1) 系统的因果性。

因果系统指的是,系统的零状态响应 $y_f(\cdot)$ 不出现于激励 $f(\cdot)$ 之前的系统。

连续因果系统的充要条件是:冲激响应

$$h(t) = 0, t < 0$$

或者,系统函数 $H(s)$ 的收敛域为

$$\mathrm{Re}[s] > \sigma_0$$

即其收敛域为收敛坐标 σ_0 以右的半平面,换言之,$H(s)$ 的极点都在收敛轴 $\mathrm{Re}[s] = \sigma_0$ 的左边。

离散因果的充分和必要条件是:单位序列响应

$$h(k) = 0, k < 0$$

或者,系统函数 $H(z)$ 的收敛域为

$$|z| > \rho_0$$

即其收敛域为半径等于 ρ_0 的圆外区域,换言之,$H(z)$ 的极点都在收敛圆 $|z| = \rho_0$ 内部。

(2) 系统的稳定性。

稳定系统

一个系统(连续的或离散的),如果对任意的有界输入,其零状态响应也是有界的,则称该系统是有界输入有界输出(*BOBI*)稳定的系统,简称为稳定系统。

连续系统是稳定系统的充分和必要条件是

$$\int_{-\infty}^{\infty} |h(t)| \, dt \leqslant M$$

式中 M 为正常数。

离散系统是稳定系统的充分和必要条件是

$$\sum_{k=-\infty}^{\infty} |h(k)| \leqslant M$$

式中 M 为正常数。

如果系统是因果的,稳定性的充要条件可简化为:

连续因果系统

$$\int_{0}^{\infty} |h(t)| \, dt \leqslant M$$

离散因果系统

$$\sum_{k=0}^{\infty} |h(k)| \leqslant M$$

(3) 连续系统的稳定性准则。

连续系统的稳定性准则也称为罗斯—霍尔维兹准则：多项式 $A(s)$ 是霍尔维兹多项式的充分和必要条件是罗斯阵列中第一列元素均大于零，即如果罗斯阵列的第一列元素均为不等于零的正值，那么 $A(s)=0$ 的根都在 s 平面的左半开平面。如果第一列元素的符号不完全相同，那么变号的次数就是右半平面根的数目。

(4) 离散系统的稳定性准则。

离散系统的稳定性准则也称为朱里准则。

对于二阶系统，特征多项式 $A(z)=a_1z^2+a_1z+a_0$，由朱里准则推出其根在单位圆内的条件是 $A(1)>0, A(-1)>0, a_2>|a_0|$。

3. 信号流图

信号流图是用有向的线图描述线性方程组变量间因果关系的一种图。

梅森公式表明信号流图中源点与汇点之间的传输函数为

$$H=\frac{1}{\Delta}\sum_i P_i \Delta i$$

式中

$$\Delta = 1 \quad \sum_j L_j + \sum_{m,n} L_m L_n - \sum_{p,q,r} L_p L_q L_r + \cdots$$

Δ 称为信号流图的特征行列式，其中

$\sum\limits_j L_j$ 是所有不同回路的增益之和。

$\sum\limits_{m,n} L_m L_n$ 是所有两两不接触回路的增益乘积之和。

$\sum\limits_{p,q,r} L_p L_q L_r$ 是所有 3 个互不接触回路的增益乘积之和。

4. 系统模拟

系统函数表征了系统的输入输出特性，而且它是有理分式，运算较为简便，因而系统模拟常通过系统函数进行。对于同一系统函数，可以有多种实现方案，常用的有直接形式、级联和并联形式。

课后习题全解

7.1 **知识点窍** 对于LTI系统，系统函数 $H(s)=\dfrac{b_m\prod\limits_{j=1}^{m}(s-\xi_j)}{\prod\limits_{i=1}^{n}(s-P_i)}$，式中 ξ_j、P_i 分别为系统的零点和极点。

逻辑推理 根据网络可以得出输入阻抗 $Z(s)$，将其化为分母、分子均为因式乘积的形式，可以得到 $Z(s)$ 的零点和极点。

解题过程 (1) 根据网络可以得输入阻抗 $Z(s)$ 为

$$Z(s)=1+(\frac{2}{3}s+\frac{2}{3})^{-1}+(2s+6)^{-1}=\frac{s^2+6s+8}{s^2+4s+3}=\frac{(s+2)(s+4)}{(s+1)(s+3)}$$

则零点和极点分别为

$$\xi_1=-2,\xi_2=-4$$

$$p_1=-1,p_2=-3$$

(2) 根据网络可以得输入阻抗 $Z(s)$ 为

$$Z(s)=1+\{\frac{1}{2}s+[\frac{4}{3}+(\frac{3}{2}s+3)^{-1}]^{-1}\}^{-1}=\frac{s^2+6s+8}{s^2+4s+3}=\frac{(s+2)(s+4)}{(s+1)(s+3)}$$

则零点和极点分别为

$$\xi_1=-2,\xi_2=-4$$

$$p_1=-1,p_2=-3$$

(3) 根据网络可得输入阻抗 $Z(s)$ 为

$$Z(s)=[s^{-1}+(2s+2)^{-1}+(\frac{2}{5}+\frac{6}{5})^{-1}]^{-1}=\frac{s^3+4s^2+3s}{4s^2+8s+3}=\frac{s(s+1)(s+3)}{(2s+1)(2s+3)}$$

则零点和极点分别为

$$\xi_1=0,\xi_2=-1,\xi_3=-3$$

$$p_1=-\frac{1}{2},p_2=-\frac{3}{2}$$

(4) 根据网络可以得输入阻抗 $Z(s)$ 为

$$Z(s)=[(s^{-1}+s)^{-1}+(s+3s^{-1})^{-1}]^{-1}=\left[\frac{2s^3+4s}{(s^2+1)(s^2+3)}\right]^{-1}$$

$$=\frac{(s^2+1)(s^2+3)}{2s^3+4s}$$

$$=\frac{(s^2+1)(s^2+3)}{2s(s^2+2)}$$

则零点和极点分别为

$$\xi_1=j,\xi_2=-j,\xi_3=j\sqrt{3},\xi_4=-j\sqrt{3}$$

$$p_1=0,p_2=j\sqrt{2},p_3=-j\sqrt{2}$$

7.2 知识点窍　$H(s)=\dfrac{Y(s)}{F(s)}=\dfrac{b_m\sum\limits_{j=1}^{m}(s-\xi_j)}{\prod\limits_{i=1}^{n}(s-p_i)}$。

逻辑推理　根据已知电路图可列出输入输出的关系式，从而可得系统函数 $H(s)$ 及其极点。

解题过程　(1) 由已知电路图可得

$$U_2(s)=U_1(s)\cdot\frac{\dfrac{(\frac{1}{2}s+1)\cdot\frac{1}{\frac{4}{3}s}}{\frac{1}{2}s+1+\frac{1}{\frac{4}{3}s}}}{\dfrac{3}{2}s+\dfrac{(\frac{1}{2}s+1)\cdot\frac{1}{\frac{4}{3}s}}{\frac{1}{2}s+1+\frac{1}{\frac{4}{3}s}}}\cdot\frac{1}{\frac{1}{2}s+1}=U_1(s)\cdot\frac{1}{s^3+2s^2+2s+1}$$

则有系统函数

$$H(s)=\frac{U_2(s)}{U_1(s)}=\frac{1}{s^3+2s^2+2s+1}=\frac{1}{(s+1)(s^2+s+1)}$$

极点为

$$p_1=-1,p_{2,3}=-\frac{1}{2}\pm j\frac{\sqrt{3}}{2}$$

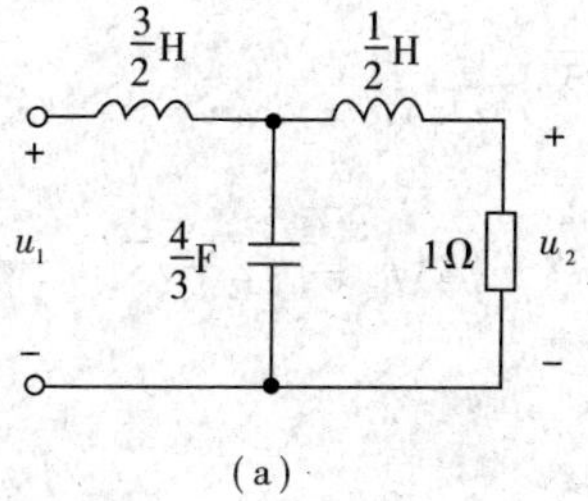

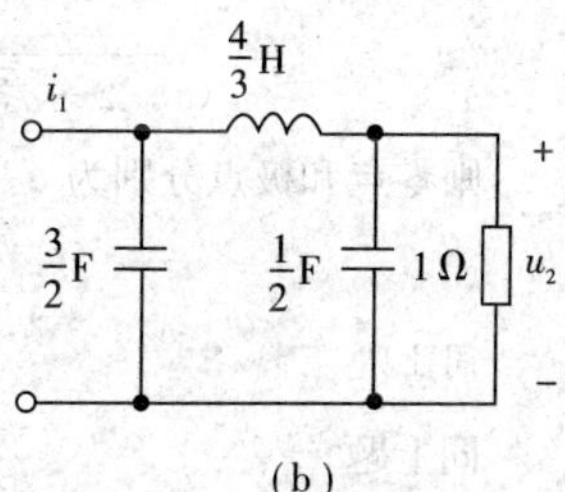

题7.2图

(2) 由已知电路图可得

$$U_2(s)=I_1(s)\cdot\left[\frac{3}{2}s+\left(\frac{4}{3}s+\frac{\frac{2}{s}\cdot 1}{\frac{2}{s}+1}\right)^{-1}\right]^{-1}\cdot\frac{\dfrac{\frac{2}{s}\cdot 1}{\frac{2}{s}+1}}{\dfrac{4}{3}s+\dfrac{\frac{2}{s}\cdot 1}{\frac{2}{s}+1}}$$

$$=I_1(s)\cdot\frac{1}{s^3+2s^2+2s+1}$$

则有系统函数

$$H(s)=\frac{U_2(s)}{I_1(s)}=\frac{1}{s^3+2s^2+2s+1}=\frac{1}{(s+1)(s^2+s+1)}$$ 极点为

$$p_1=-1,p_{2,3}=-\frac{1}{2}\pm j\frac{\sqrt{3}}{2}$$

7.3 知识点窍 同上题。

逻辑推理 同上题。

解题过程 由已知电路图可以解得

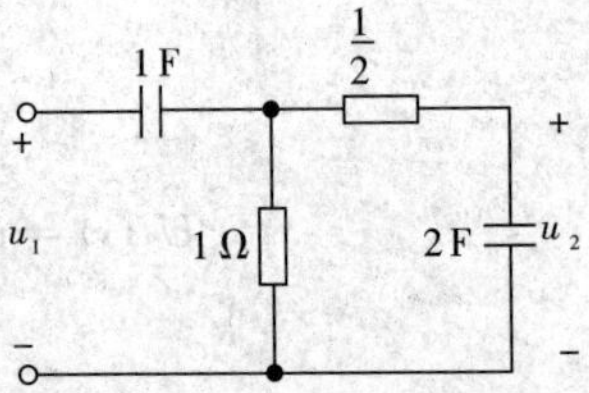

$$U_2(s) = U_1(s)\cdot\frac{\dfrac{\frac{1}{2}+\frac{1}{2s}}{1+\frac{1}{2}+\frac{1}{2s}}}{\dfrac{1}{s}+\dfrac{1\cdot\left(\frac{1}{2}+\frac{1}{2s}\right)}{1+\frac{1}{2}+\frac{1}{2s}}}\cdot\frac{\frac{1}{2s}}{\frac{1}{2}+\frac{1}{2s}} = U_1(s)\cdot\frac{s}{s^2+4s+1}$$

题 7.3 图

则有系统函数

$$H(s)=\frac{U_2(s)}{U_1(s)}=\frac{s}{s^2+4s+1}=\frac{s}{(s+2)^2-(\sqrt{3})^2}$$

$$=\frac{s}{(s+2+\sqrt{3})(s+2-\sqrt{3})}$$

则零点和极点分别为

$$\xi_1=0,p_1=-2-\sqrt{3},p_2=-2+\sqrt{3}$$

7.4 **知识点窍** 同上题。

逻辑推理 同上题。

解题过程 设输入端电流为 $I_1(s)$，由电路图可以解得

$$U_1(s)=I_1(s)\cdot\left[1+\frac{\frac{1}{s}\cdot(1+2s+\frac{1}{s})}{\frac{1}{s}+1+2s+\frac{1}{s}}\right]$$

$$U_2(s)=I_1(s)\left[1+\frac{\frac{1}{s}}{\frac{1}{s}+1+2s+\frac{1}{s}}\cdot\frac{1}{s}\right]$$

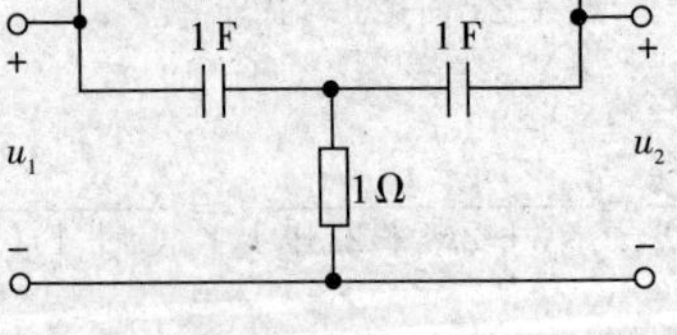

题 7.4 图

从以上两式中消去中间变量 $I_1(s)$，可得系统函数

$$H(s)=\frac{U_2(s)}{U_1(s)}=\frac{s^2+1}{s^2+s+1}=\frac{(s+j)(s-j)}{(s+\frac{1}{2}+j\frac{\sqrt{3}}{2})(s+\frac{1}{2}-j\frac{\sqrt{3}}{2})}$$

则零点和极点分别为

$$\xi_{1,2}=\pm j,p_{1,2}=-\frac{1}{2}\pm j\frac{\sqrt{3}}{2}$$

7.5 知识点窍 $H(z)=\dfrac{b_m\prod\limits_{j=1}^{m}(z-z_j)}{\prod\limits_{i=1}^{n}(z-p_i)}$，式中 ξ_j、p_i 分别为系统的零极点。

逻辑推理 将差分方程作 z 变换，可解系统函数 $H(z)$，进而可得系统零极点。

解题过程 (1) 考虑到零状态响应，对方程作 z 变换，令 $y(k)\longleftrightarrow Y(z)$，$f(k)\longleftrightarrow F(z)$，得

$$Y(z)+z^{-1}Y(z)-\frac{3}{4}z^{-2}Y(z)=2F(z)-z^{-1}F(z)$$

可以解得

$$Y(z)=\frac{2-z^{-1}}{1+z^{-1}-\frac{3}{4}z^{-2}}F(z)=H(z)F(z)$$

式中系统函数

$$H(z)=\frac{2-z^{-1}}{1+z^{-1}-\frac{3}{4}z^{-2}}=\frac{2z^2-z}{z^2+z-\frac{3}{4}}=\frac{z(2z-1)}{(z-\frac{1}{2})(z+\frac{3}{4})}$$

则系统的零点和极点分别为

$$\xi_1=0,\xi_2=\frac{1}{2},p_1=\frac{1}{2},p_2=-\frac{3}{2}$$

(2) 考虑到零状态响应，对方程作 z 变换，令 $f(k)\longleftrightarrow F(z)$，$y(k)\longleftrightarrow Y(z)$，得

$$Y(z)-z^{-1}Y(z)+\frac{1}{2}z^{-2}Y(z)=F(z)-z^{-2}F(z)$$

可以解得

$$Y(z)=\frac{1-z^{-2}}{1-z^{-1}+\frac{1}{2}z^{-2}}F(z)=H(z)F(z)$$

式中系统函数

$$H(z)=\frac{1-z^{-2}}{1-z^{-1}+\frac{1}{2}z^{-2}}=\frac{z^2-1}{z^2-z+\frac{1}{2}}=\frac{(z-1)(z+1)}{(z-\frac{1}{2})^2+(\frac{1}{2})^2}$$

则系统的零点和极点分别为

$$\xi_1=1,\xi_2=-1,p_{1,2}=\frac{1}{2}\pm j\frac{1}{2}$$

(3) 考虑到零状态响应，对方程作 z 变换，令 $f(k)\longleftrightarrow F(z)$，$y(k)\longleftrightarrow Y(z)$，得

$$Y(z)-\frac{1}{2}z^{-1}Y(z)+\frac{1}{8}z^{-2}Y(z)=\frac{1}{2}F(z)+z^{-1}F(z)$$

可以解得

$$Y(z)=\frac{\frac{1}{2}+z^{-1}}{1-\frac{1}{2}z^{-1}+\frac{1}{8}z^{-2}}F(z)=H(z)F(z)$$

式中系统函数

$$H(z)=\frac{\frac{1}{2}+z^{-1}}{1-\frac{1}{2}z^{-1}+\frac{1}{8}z^{-2}}=\frac{\frac{1}{2}z^2+z}{z^2-\frac{1}{2}z+\frac{1}{8}}=\frac{z(\frac{1}{2}z+1)}{(z-\frac{1}{4})^2+(\frac{1}{4})^2}$$

则系统的零点和极点分别为

$$\xi_1=0,\xi_2=-2,p_{1,2}=\frac{1}{4}\pm j\frac{1}{4}$$

(4) 考虑到零状态响应，对方程作 z 变换，令 $f(k)\longleftrightarrow F(z)$，$y(k)\longleftrightarrow Y(z)$，得

$$Y(z)-\frac{3}{4}z^{-1}Y(z)+\frac{1}{8}z^{-2}Y(z)=F(k)+\frac{1}{3}z^{-1}F(z)$$

可以解得

$$Y(z)=\frac{1+\frac{1}{3}z^{-1}}{1-\frac{3}{4}z^{-1}+\frac{1}{8}z^{-2}}F(z)=H(z)F(z)$$

式中系统函数

$$H(z)=\frac{1+\frac{1}{3}z^{-1}}{1-\frac{3}{4}z^{-1}+\frac{1}{8}z^{-2}}=\frac{z^2+\frac{1}{3}z}{z^2-\frac{3}{4}z+\frac{1}{8}}=\frac{z(z+\frac{1}{3})}{(z-\frac{1}{2})(z-\frac{1}{4})}$$

则系统的零点和极点分别为

$$\xi_1=0,\xi_2=-\frac{1}{3},p_1=\frac{1}{2},p_2=\frac{1}{4}$$

7.6 知识点窍 $H(s)=\dfrac{b_m\prod_{j=1}^{m}(z-\xi_j)}{\prod_{i=1}^{n}(z-p_i)}$，式中 ξ_j、p_i 为系统函数的零点、极点。$H(j\omega)=H(s)\Big|_{s=j\omega}$。

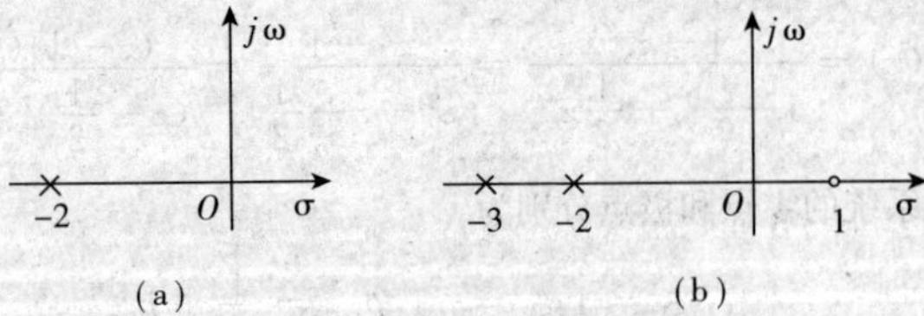

题 7.6 图

逻辑推理 根据已知系统的零点和极点可以写出含待定系数的系统函数，将已知特殊值代入可解出待定系数，从而得到系统函数和幅频响应。

解题过程 (1) 由图(a)可知 $p_1=-2$

于是可设系统函数 $H(s)=\dfrac{k}{s+2}$

又因 $H(0)=1$

所以 $k=2$

$$H(s)=\frac{2}{s+2}$$

则频率响应为 $H(j\omega)=H(s)\Big|_{s=j\omega}=\dfrac{2}{j\omega+2}$

幅频响应为 $|H(j\omega)|=\left|\dfrac{2}{j\omega+2}\right|=\dfrac{2}{\sqrt{\omega^2+2^2}}$

其图形为

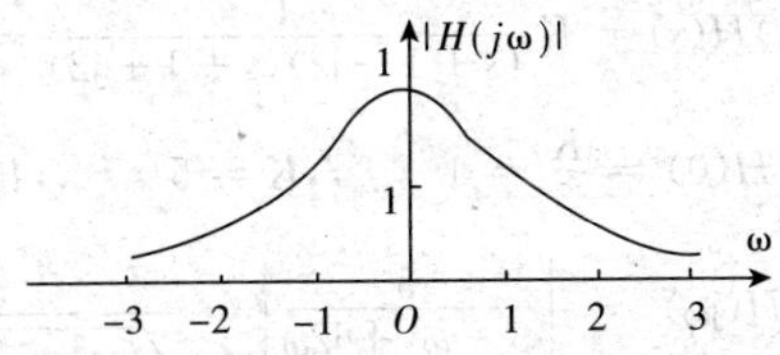

(2) 由图(b)可知 $p_1=-2, p_2=-3, \xi_1=1$

于是可设系统函数 $H(s)=\dfrac{k(s-1)}{(s+2)(s+3)}$

又因 $H(0)=1$

所以 $k=-6$

$$H(s)=\frac{-6(s-1)}{(s+2)(s+3)}$$

则频率响应为 $H(j\omega)=H(s)\Big|_{s=j\omega}=\dfrac{-6(j\omega-1)}{(j\omega+2)(j\omega+3)}$

幅频响应为 $|H(j\omega)|=\left|\dfrac{-6(j\omega-1)}{(j\omega+2)(j\omega+3)}\right|=\dfrac{6\sqrt{\omega^2+1}}{(\omega^2+2^2)(\omega^2+3^2)}$

其图形为

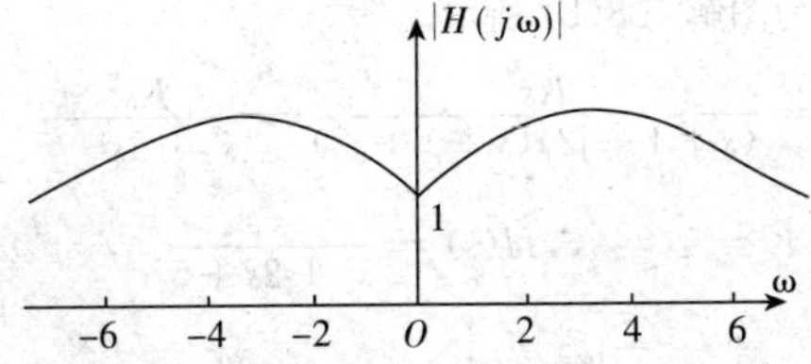

7.7 **逻辑推理** 根据已知系统的零点和极点可以写出待定系数的系统函数，将已知特殊值代入可

解出待定系数，从而可以得出系统函数和幅频响应。

解题过程 (1)

1) $H(s)=K\frac{s}{s+2}\quad \therefore H(\infty)=1\quad \therefore K=1\quad \therefore H(s)=\frac{s}{s+2}$

2) $H(\mathrm{j}\omega)=\frac{\mathrm{j}\omega}{\mathrm{j}\omega+2}$，$|H(\mathrm{j}\omega)|=\sqrt{\frac{\omega^2}{\omega^2+4}}=\frac{|\omega|}{\omega^2+4}=\frac{1}{\sqrt{1+\left(\frac{2}{\omega}\right)^2}}$

(2)

1) $H(s)=K\frac{s-2}{s+2}\quad \because H(\infty)=1\qquad \therefore k=1\quad \therefore H(s)=\frac{s-2}{s+2}$

2) $H(\mathrm{j}\omega)=\frac{\mathrm{j}\omega-2}{\mathrm{j}\omega+2}\quad |H(\mathrm{j}\omega)|=\frac{\sqrt{\omega^2+4}}{\sqrt{\omega^2+4}}=1$

7.8 **逻辑推理** 根据已知系统的零极点可写出待定系数的系统函数，将已知特殊值代入可解出待定系数，从而可得出系统函数和幅频响应。

解题过程 (1) $H(s)=K\frac{1}{(s+1-\mathrm{j}2)(s+1+\mathrm{j}2)}=\frac{k}{s^2+2s+5}$

$\because H(0)=\frac{K}{5}=1\qquad \therefore K=5\qquad \therefore H(s)=\frac{5}{s^2+2s+5}$

$|H(\mathrm{j}\omega)|=\left|\frac{5}{5-\omega^2+\mathrm{j}2\omega}\right|=\frac{5}{\sqrt{(w^2-5)^2+4\omega^2}}=\frac{5}{\sqrt{\omega^4-6\omega^2+25}}$

幅频特性为图解 7.8(a) 所示。

(2) $H(s)=K\frac{s}{(s+1-\mathrm{j}2)(s+1-\mathrm{j}2)}=\frac{Ks}{s^2+2s+5}$

$H(\mathrm{j}\sqrt{5})=\frac{K\mathrm{j}\sqrt{5}}{-5+2\mathrm{j}\sqrt{5}+5}=1\quad \therefore K=2$

$\therefore H(s)=\frac{2s}{s^2+2s+5}$

$|H(\mathrm{j}\omega)|=\left|\frac{2\mathrm{j}\omega}{-\omega^2+2\mathrm{j}\omega+5}\right|=\frac{|2\omega|}{\sqrt{(\omega^2-5)^2+4\omega^2}}$

$=\frac{1}{\sqrt{1+\frac{5}{4}\left(\frac{\omega}{\omega_0}-\frac{\omega_0}{\omega}\right)^2}}\omega_0=\sqrt{5}$

幅频特性为图解 7.8(b) 所示。

(3) $H(s)=\frac{Ks^2}{(s+1+\mathrm{j}2)(s+1+\mathrm{j}2)}=\frac{Ks^2}{s^2+2s+5}$

$H(\infty)=K=1\qquad \therefore H(s)=\frac{s^2}{s^2+2s+5}$

$|H(\mathrm{j}\omega)|=\left|\frac{-\omega^2}{5-\omega^2+2\mathrm{j}\omega}\right|=\frac{\omega^2}{\sqrt{(\omega^2-5)^2+4\omega^2}}=\frac{\omega^2}{\sqrt{\omega^4-6\omega^2+25}}$

幅频特性为图解 7.8(c) 所示。

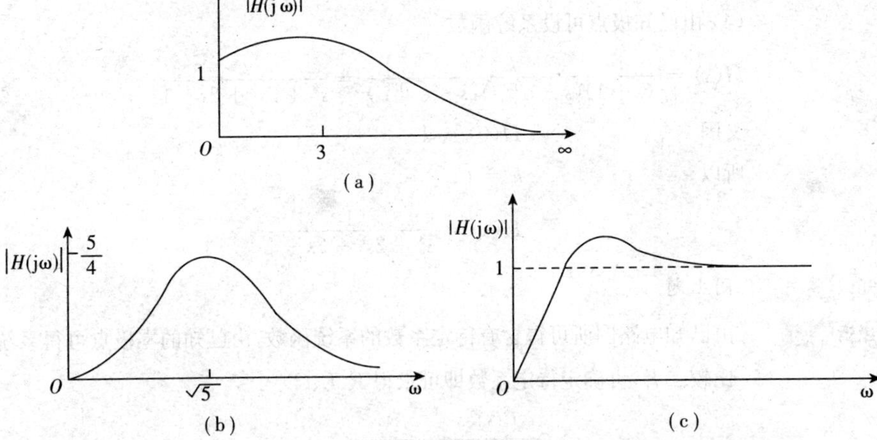

图解 7.8

7.9 知识点窍　同上题。

逻辑推理　同上题。

解题过程　(1) 由已知零极点可设系统函数为

$$H(s)=\frac{ks(s+2+j)(s+2-j)}{(s+3)(s+1+j3)(s+1-j3)}=\frac{ks(s^2+4s+5)}{s^3+5s^2+16s+30}$$

又因　　$H(-2)=-1$

所以　　$k=5$

$$H(s)=\frac{5s(s^2+4s+5)}{s^3+5s^2+16s+30}$$

(2) 由已知零极点可设系统函数为

$$H(s)=\frac{ks(s+j3)(s-j3)}{(s+j2)(s-j2)(s+j4)(s-j4)}=\frac{ks(s^2+9)}{s^4+20s^2+64}$$

又因　　$H(j)=j\frac{8}{15}$

所以　　$k=3$

$$H(s)=\frac{3s(s^2+9)}{s^4+20s^2+64}$$

(3) 由已知零极点可设系统函数为

$$H(s)=\frac{k(s-2+j)(s-2-j)}{(s+2+j)(s+2-j)}=\frac{k(s^2-4s+s)}{s^2+4s+5}$$

又因　　$H(0)=2$

所以

$$k=2$$

$$H(s)=\frac{2(s^2-4s+5)}{s^2+4s+5}$$

(4) 由已知极点可设系统函数

$$H(s)=\frac{k}{(s+1)(s-\mathrm{e}^{j120^\circ})(s-\mathrm{e}^{-j120^\circ})}=\frac{k}{s^3+2s^2+2s+1}$$

又因 $H(0)=1$

所以 $k=1$

$$H(s)=\frac{1}{s^3+2s^2+2s+1}$$

7.10 知识点窍　同上题。

逻辑推理　由已知电路图所可得含有待定系数的系统函数，由已知的零极点可得系统函数，比较二者，可确定待定系数即可求得 R、L、C。

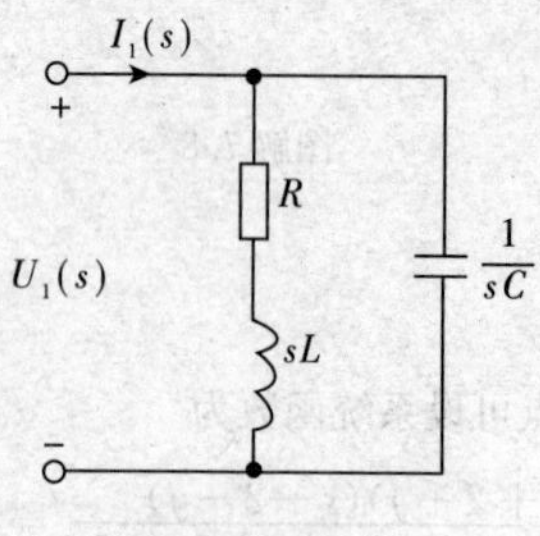

题 7.10 图

解题过程　由已知电路图可得输入阻抗函数

$$Z(s)=\frac{U_1(s)}{I_1(s)}=[(R+sL)^{-1}+sC]^{-1}=\frac{R+sL}{s^2LC+sRC+1}$$

又由已知输入阻抗函数的零极点，可设输入阻抗函数为

$$Z(s)=\frac{k(s+2)}{(s+1+j\sqrt{3})(s+1-j\sqrt{3})}=\frac{k(s+2)}{s^2+2s+4}$$

又因 $Z(0)=\dfrac{s+2}{s^2+2s+4}$

即有 $\dfrac{R+sL}{s^2LC+sRC+1}=\dfrac{s+2}{s^2+2s+4}=\dfrac{\frac{1}{4}s+\frac{1}{2}}{\frac{1}{4}s^2+\frac{1}{2}s+1}$

比较系数可得 $R=\dfrac{1}{2}\Omega,L=\dfrac{1}{4}\mathrm{H},C=1\mathrm{F}$

7.11 解题过程　本题从 s 域入手简单。

解题过程　$(R+sL)\left[\dfrac{U_2(s)}{R}+sCU_2(s)\right]+U_2(s)=U_1(s)$

将 $R=1$ 代入得　$[(1+sL)(1+sC)+1]U_1(s)=U_1(s)$

$$\therefore \qquad H(s)=\frac{U_2(s)}{U_1(s)}=\frac{1}{2+s(L+C)+s^2LC}$$

令 $$s^2LC+s(L+C)+2=K[(s+2+\mathrm{j}2)(s+2-\mathrm{j}2)]$$

得 $\begin{cases} k=LC \\ 4k=L+C \\ 8k=2 \end{cases}$ $\quad\therefore k=\dfrac{1}{4}\quad L=C=0.5$

$\therefore L=0.5H\quad C=0.5F$

7.12 **知识点窍** $H(\mathrm{e}^{j\theta})=H(z)\Big|_{z=\mathrm{e}^{j\theta}}=|H(\mathrm{e}^{j\theta})|\mathrm{e}^{j\varphi(\theta)}$。

逻辑推理 根据零极点分布图可以得到含有待定系数的系统函数。利用已知特殊值可以确定待定系数，即得系统函数 $H(z)$，进而可得系统频率响应。

解题过程 (1) 由已知零极点分布图，可设系统函数

$$H(z)=\frac{k}{z-0.5}$$

又因 $z=0$ 时 $H(0)=2$

所以 $\quad k=1,H(z)=\dfrac{1}{z-0.5}$

可得系统频率响应

$$H(\mathrm{e}^{j\theta})=H(z)\Big|_{z=\mathrm{e}^{j\theta}}=\frac{1}{\mathrm{e}^{j\theta}-0.5}=\frac{1}{\cos\theta-0.5+j\sin\theta},\theta=\omega T_s$$

幅频响应为 $H(\mathrm{e}^{j\theta})\;|=\left|\dfrac{1}{\cos\theta-0.5+j\sin\theta}\right|=\dfrac{2}{\sqrt{5-4\cos\theta}},\theta=\omega T_s$

其图形为

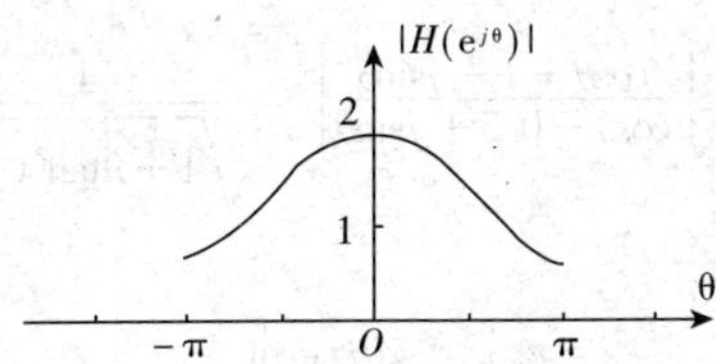

(2) 由已知零极点分布图，可设系统函数

$$H(z)=\frac{k(z+0.5)}{z-0.5}$$

又因 $z=0$ 时 $\quad H(0)=-2$

所以 $$k=2$$

$$H(z)=\frac{2(z+0.5)}{z-0.5}$$

可得系统频率响应

$$H(e^{j\theta}) = H(z)\Big|_{z=e^{j\theta}} = \frac{2(e^{j\theta}+0.5)}{e^{j\theta}-0.5} = \frac{2(\cos\theta+0.5+j\sin\theta)}{\cos\theta-0.5+j\sin\theta}, \theta=\omega T_s$$

幅频响应为 $|H(e^{j\theta})| = \left|\frac{2(\cos\theta+0.5+j\sin\theta)}{\cos\theta-0.5+j\sin\theta}\right| = 2\sqrt{\frac{5+4\cos\theta}{5-4\cos\theta}}, \theta=\omega T_s$

其图形为

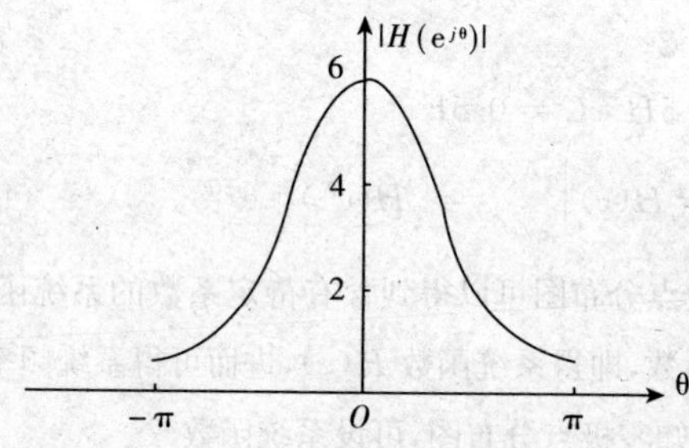

(3) 由已知零极点分布图，可设系统函数

$$H(z) = \frac{k(z+1)}{z-0.5}$$

又因 $z=0$ 时 $H(0)=-2$

所以 $k=1$

$$H(z) = \frac{z+1}{z-0.5}$$

可得系统的频率响应

$$H(e^{j\theta}) = H(z)\Big|_{z=e^{j\theta}} = \frac{e^{j\theta}+1}{e^{j\theta}-0.5} = \frac{\cos\theta+1+j\sin\theta}{\cos\theta-0.5+j\sin\theta}, \theta=\omega T_s$$

幅频响应为

$$|H(e^{j\theta})| = \left|\frac{\cos\theta+1+j\sin\theta}{\cos\theta-0.5+j\sin\theta}\right| = \frac{4}{\sqrt{1+9\tan^2(\frac{\theta}{2})}}, \theta=\omega T_s$$

其图形为

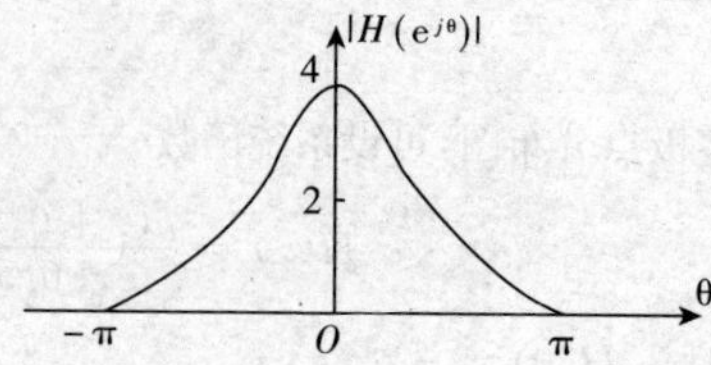

7.13 解题过程 (1)

1) 设 $H(z) = \frac{kz}{z-0.5}$ $H(\infty)=k=1$

$\therefore H(z) = \frac{z}{z-0.5}$

2) $|H(e^{j\theta})|=|H(z)|\Big|_{z=e^{j\theta}}=\left|\dfrac{e^{j\theta}}{e^{j\theta}-0.5}\right|=\dfrac{1}{\sqrt{\dfrac{5}{4}-\cos\theta}}=\dfrac{2}{\sqrt{5-4\cos\theta}}$,

$\theta=\omega T_s$

幅频响应曲线如图解 7.13(a) 所示。

(2)

1) $H(z)=\dfrac{k(k-1)(z+1)}{(z-j0.5)(z+j0.5)}=\dfrac{k(z^2-1)}{z^2+\dfrac{1}{4}}$

$H(\infty)=k=1\qquad\therefore H(z)=\dfrac{z^2-1}{z^2+\dfrac{1}{4}}$

2) $|H(e^{j\theta})|=\left|\dfrac{e^{j2\theta}-1}{e^{j2\theta}+\dfrac{1}{4}}\right|=\dfrac{\sqrt{2-2\cos2\theta}}{\sqrt{\dfrac{17}{16}+\dfrac{\cos2\theta}{2}}}=\dfrac{8|\sin|\theta}{\sqrt{17}+8\cos2\theta}=\dfrac{8}{\sqrt{9+25\cot^2\theta}}$,

$\theta=\omega T_s$

幅频响应曲线如图解 7.13(b) 所示。

(3)

1) $H(z)=\dfrac{k(z-2)}{z-0.5}\qquad H(\infty)=1\qquad\therefore k=1$

$\therefore H(z)=\dfrac{z-2}{z-0.5}$

2) $|H(e^{j\theta})|=\left|\dfrac{e^{j\theta}-2}{e^{j\theta}-0.5}\right|=\dfrac{\sqrt{5-4\cos\theta}}{\sqrt{\dfrac{5}{4}-\cos\theta}}=2,\theta=\omega T_s$

幅频响应曲线如图解 7.13(c) 所示。

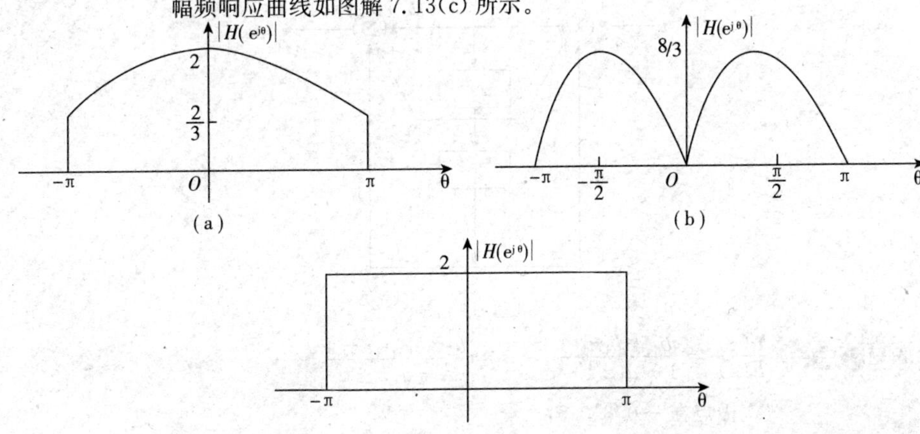

图解 7.13

7.14 知识点窍　$H(z)=\dfrac{Y(z)}{F(z)}$。

逻辑推理　由系统 z 域框图可得含有待定系数的系统函数 $H(z)$，可得由待定系数 a、b 表示的系统的零、极点，将已知零极点代入即可确定系数 a、b。

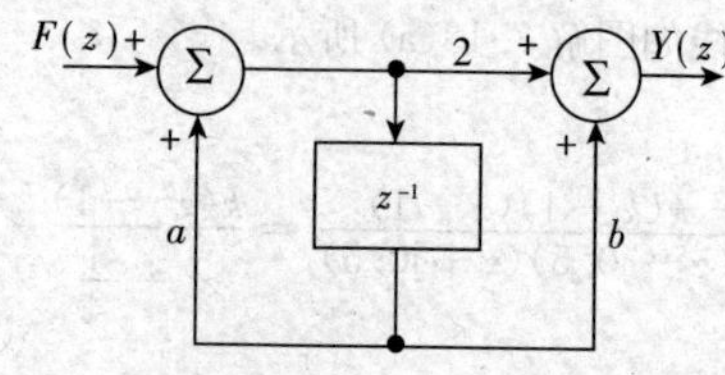

题 7.14 图

解题过程　设图中左端加法器的输出为 $X(z)$，可列出方程

$$X(z)=az^{-1}X(z)+F(z)$$
$$Y(z)=2X(z)+bz^{-1}X(z)$$

由上式可解得系统函数

$$H(z)=\frac{Y(z)}{F(z)}=\frac{2+bz^{-1}}{1-az^{-1}}=\frac{2z+b}{z-a}$$

零极点分别为

$$\xi_1=-\frac{b}{2}=2,p_1=a=-0.6$$

解得

$$a=-0.6,b=-4$$

7.15 逻辑推理　由离散系统框图可得 $H(z)=\dfrac{Y(z)}{F(z)}$ 表达式，然后由零、极点来求出 a_0、a_1、a_2 的值。

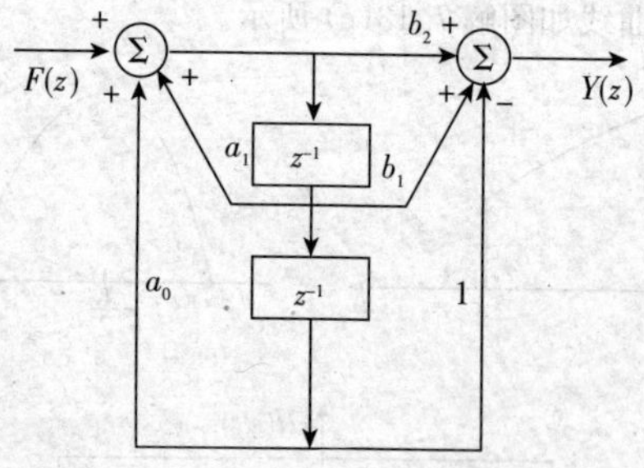

题 7.15 图

解题过程　$\dfrac{Y(z)}{F(z)}=\dfrac{b_2+b_1z^{-1}-z^{-2}}{1-a_1z^{-1}-a_0z^{-2}}=\dfrac{b_2z^2+b_1z-1}{z^2-a_1z-a_0}$

∵ 极点在 -0.8、0.5，

∴ $z^2-a_1z-a_0=(z+0.8)(z-0.5)\Rightarrow a_1=-0.3\quad a_0=0.4$

由零点可知 $b_2z^2+b_1z-1=k(z+1)(z-2)\Rightarrow\begin{cases}k=\dfrac{1}{2}\\ b_2=\dfrac{1}{2}\\ b_1=-\dfrac{1}{2}\end{cases}$

$\therefore a_0=0.4\quad a_1=-0.3\quad b_1=-\dfrac{1}{2}\quad b_2=\dfrac{1}{2}$

7.16 知识点窍 $|H(j\omega)|^2=H(j\omega)\cdot H^*(j\omega)$，$H(j\omega)=H(s)\Big|_{s=j\omega}$。

逻辑推理 系统函数 $H(s)$ 在虚轴上收敛，可得频率响应为 $H(j\omega)=H(s)\Big|_{s=j\omega}$，进一步利用 $|H(j\omega)|^2=H(j\omega)\cdot H^*(j\omega)$ 求证即可。

解题过程 已知连续系统函数 $H(s)$ 在虚轴上收敛，则系统的频率响应为

$$H(j\omega)=H(s)\Big|_{s=j\omega}$$

则有

$$H^*(j\omega)=H(-j\omega)=H(-s)\Big|_{s=j\omega}$$

可得幅度平方函数

$$|H(j\omega)|^2=H(j\omega)\cdot H^*(j\omega)=H(j\omega)\cdot H(-j\omega)=H(s)\cdot H(-s)\Big|_{s=j\omega}$$

即

$$|H(j\omega)|^2=H(s)\cdot H(-s)\Big|_{s=j\omega}$$

证毕。

7.17 知识点窍 $|H(e^{j\theta})|^2=H(e^{j\theta})\cdot H^*(e^{j\theta})$，$H(e^{j\theta})=H(z)\Big|_{z=e^{j\theta}}$。

逻辑推理 系统函数 $H(z)$ 在单位圆上收敛，可得频率响应为 $H(e^{j\theta})=H(z)\Big|_{z=e^{j\theta}}$，进一步利用 $|H(e^{j\theta})|^2=H(e^{j\theta})\cdot H^*(e^{j\theta})$ 求证即可。

解题过程 已知离散系统函数 $H(z)$ 在单位圆上收敛，则系统频率响应为

$$H(e^{j\theta})=H(z)\Big|_{z=e^{j\theta}}$$

则有

$$H^*(e^{j\theta})=H(e^{-j\theta})=H(z^{-1})\Big|_{z=e^{j\theta}}$$

可得幅度平方函数

$$\begin{aligned}|H(e^{j\theta})|^2&=H(e^{j\theta})\cdot H^*(e^{j\theta})=H(e^{j\theta})\cdot H(e^{-j\theta})\\&=H(z)H(z^{-1})\Big|_{z=e^{j\theta}}\end{aligned}$$

即

$$|H(e^{j\theta})|^2 = H(z)H(z^{-1})\Big|_{z=e^{j\theta}}$$

证毕。

7.18 知识点窍 判断系统是否稳定，只需判断系统函数 $H(s)$ 的极点是否都在左半开平面即可。

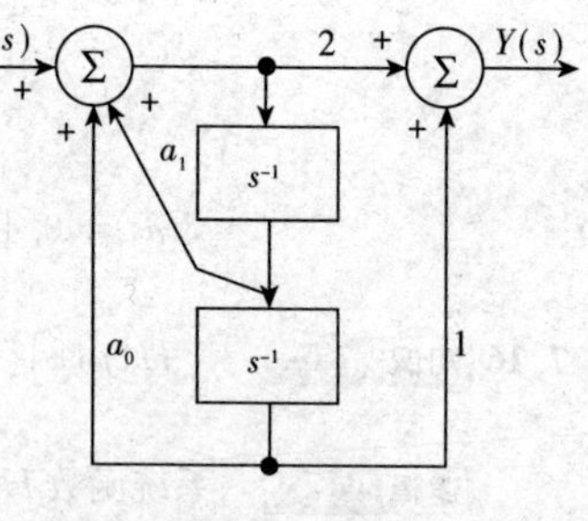

题 7.18 图

逻辑推理 由系统 s 域框图可求出含待定系数的系统函数 $H(s)$，将不同系数代入 $H(s)$ 求出极点，判断极点是否均在左半开平面即可。

解题过程 设左端加法器的输出为 $X(s)$，则可列出方程

$$X(s) = a_1 s^{-1}X(s) + a_0 s^{-2}X(s) + F(s)$$

$$Y(s) = 2X(s) + s^{-2}X(s)$$

由以上两式可解得系统函数为

$$H(s) = \frac{Y(s)}{F(s)} = \frac{2+s^{-2}}{1-a_1 s^{-1}-a_0 s^{-2}} = \frac{2s^2+1}{s^2-a_1 s-a_0}$$

$$A(s) = s^2 - a_1 s - a_0$$

(1) 当 $a_0 = 2, a_1 = 3$ 时 $\qquad A(s) = s^2 - 3s - 2 = 0$

极点为 $\qquad p_{1,2} = \dfrac{3 \pm \sqrt{17}}{2}$

则极点不全部在左半开平面，系统不稳定。

(2) 当 $a_0 = -2, a_1 = -3$ 时

$$A(s) = s^2 + 3s + 2 = 0$$

极点为 $\qquad p_1 = -1 < 0, p_2 = -2 < 0$

极点全部在左半开平面，系统稳定。

(3) 当 $a_0 = 2, a_1 = -3$ 时

$$A(s) = s^2 + 3s - 2 = 0$$

极点为 $\qquad p_1 = \dfrac{-3-\sqrt{17}}{2} < 0, p_2 = \dfrac{-3+\sqrt{17}}{2} > 0$

极点不全部在左半开平面，系统不稳定。

7.19 知识点窍 对于二阶离散系统，朱里准则指出 $A(z) = 0$ 所有根均在单位圆内的充要条件为 $A(1) > 0, A(-1) > 0, a_2 > |a_0|$

逻辑推理 由系统 z 域框图可以求得含待定系数的系统函数 $H(z)$，将不同系数代入 $H(z)$，利用二阶系统的朱里准则判断即可。

解题过程 设左端加法器的输出为 $X(z)$，则可列出方程

$$X(z) = a_1 z^{-1}X(z) + a_0 z^{-2}X(z) + F(z)$$

$$Y(z) = X(z) + 2z^{-1}X(z)$$

由以上两式可解得系统函数

$$H(z)=\frac{Y(z)}{X(z)}=\frac{1+2z^{-1}}{1-a_1z^{-1}-a_0z^{-2}}=\frac{z^2+2z}{z^2-a_1z-a_0}$$

$$A(z)=z^2-a_1z-a_0$$

(1) 当 $a_0=\frac{1}{2}, a_1=-1$ 时

$$A(z)=z^2+z-\frac{1}{2}$$

则有 $$A(1)=\frac{3}{2}>0$$

$$A(-1)=-\frac{1}{2}<0$$

即系统有极点在单位圆外，系统不稳定。

(2) 当 $a_0=\frac{1}{2}, a_1=1$ 时

$$A(z)=z^2-z-\frac{1}{2}$$

则有 $$A(1)=-\frac{1}{2}<0$$

即系统有极点在单位圆外，系统不稳定。

(3) 当 $a_0=-\frac{1}{2}, a_1=1$ 时

$$A(z)=z^2-z+\frac{1}{2}$$

则有

$$A(1)=\frac{1}{2}>0$$

$$A(-1)=\frac{5}{2}>0$$

特征多项式系数 $a_2=1>|a_0|=\frac{1}{2}$

即系统函数的所有极点均位于单位圆内，系统稳定。

7.20 知识点窍 $H(s)=\frac{Y(s)}{F(s)}$。

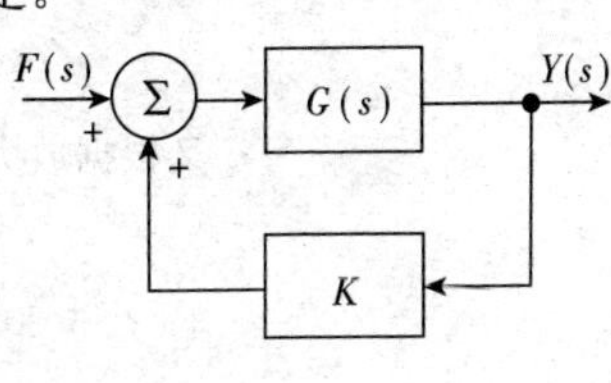

题 7.20 图

逻辑推理 根据系统 s 域框图可以求得系统函数 $H(s)$，由 $H(s)$ 的特征多项式 $A(s)=0$ 可解得系统函数的极点，使极点均在左半开平面可确定 K 值的范围。

解题过程 设加法器输出为 $X(s)$，可列出方程

$$X(s)=KY(s)+F(s)$$

输出信号

$$Y(s)=G(s)X(s)=KG(s)Y(s)+G(s)F(s)$$

可以解得反馈系统的系统函数

$$H(s)=\frac{Y(s)}{F(s)}=\frac{G(s)}{1-KG(s)}=\frac{s}{s^2+(4-K)s+4}$$

$H(s)$ 的极点

$$p_{1,2}=\frac{(K-4)\pm\sqrt{(K-4^2)-16}}{2}$$

为使极点均在左半开平面，有两种情况

(1) $\begin{cases}(K-4)^2-16>0\\K-4+\sqrt{(K-4)^2-16}<0\end{cases}$

解得 $K<0$

(2) $\begin{cases}(K-4)^2-16\leqslant 0\\K-4<0\end{cases}$

解得 $0\leqslant K<4$

综合以上结果可知，为使系统稳定，K 值应满足 $K<4$

7.21 知识点窍 KCL 和罗斯准则。

逻辑推理 根据 KCL 可求得低通滤波器的系统函数 $H(s)$，利用罗斯准则求解即可。

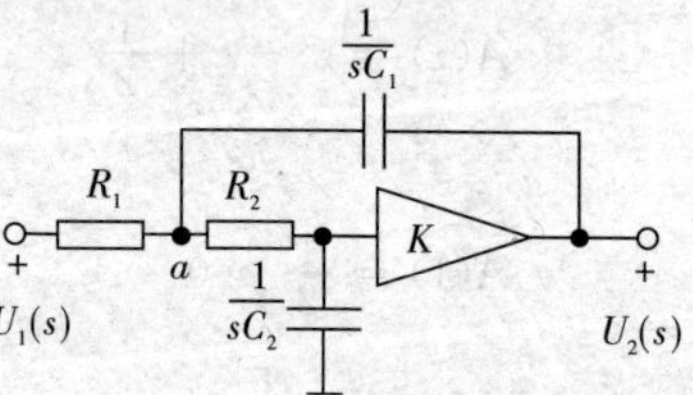

题 7.21 图

解题过程 对于图中的 a 节点，利用 KCL 可得

$$\frac{U_1(s)-U_a(s)}{R_1}=\frac{U_a(s)-U_2(s)}{\frac{1}{sC_1}}+\frac{U_a(s)}{R_2+\frac{1}{sC_2}} \quad ①$$

又根据放大器部分电路可知

$$U_2(s)=K\cdot U_a(s)\cdot\frac{\frac{1}{sC_2}}{R_2+\frac{1}{sC_2}} \quad ②$$

由 ② 式可得

$$U_a(s)=\frac{1}{K}(sR_2C_2+1)U_2(s)$$

代入到 ① 式，可得

$$\frac{1}{R_1}U_1(s)=\frac{1}{R_1K}(sR_2C_2+1)U_2(s)+\frac{sC_1}{K}(sR_2C_2+1)U_2(s)-sC_1U_2(s)$$

$$+\frac{sC_2}{sR_2C_2+1}\frac{1}{K}(sR_2C_2+1)U_2(s)$$

可以解得系统函数

$$H(s)=\frac{U_2(s)}{U_1(s)}=\frac{K}{s^2R_1R_2C_1C_2+[R_2C_2+R_1C_1(1-K)+R_1C_2]s+1}$$

将 $H(s)$ 的特征多项式 $A(s)$ 的系数排成罗斯阵列为

$$\begin{matrix} R_1R_2C_1C_2 & 1 \\ R_2C_2+R_1C_1(1-K)+R_1C_2 & 0 \\ 1 & \end{matrix}$$

如果系统是稳定的，则系统函数 $H(s)$ 的特征多项式应为霍尔维兹多项式。根据罗斯判据，以上阵列中第一列元素应为正值，即

$$R_2C_2+R_1C_1(1-K)+R_1C_2>0$$

解得

$$K<1+\frac{C_2}{C_1}+\frac{R_2C_2}{R_1C_1}$$

所以 $K<1+\dfrac{C_2}{C_1}+\dfrac{R_2C_2}{R_1C_1}$ 时，系统是稳定的。

7.22 知识点窍 朱里准则指出，二阶离散系统 $A(z)=0$ 的所有根都在单位圆内的充分和必要条件是 $A(1)>0, A(-1)>0, a_2>|a_0|$。

逻辑推理 直接利用朱里准则求解即可。

解题过程 由系统函数表达式可知特征多项式为

$$A(z)=2z^2-(k-1)z+1$$

按二阶系统朱里准则，有

$$A(1)=4-K>0$$

$$A(-1)=2+K>0$$

$$2>|1|$$

可以解得

$$-2<K<4$$

即为使系统稳定，K 应满足 $-2<K<4$

7.23 知识点窍 同上题。

逻辑推理 同上题。

解题过程 由系统函数表达式可知特征多项式为

$$A(z)=z^2+0.5z+(K+1)$$

按二阶系统朱里准则，有

$$A(1) = K + 2.5 > 0$$

$$A(-1) = K + 1.5 > 0$$

$$1 > |K + 1|$$

可以解得 $\quad -1.5 < K < 0$

即为使系统稳定，K 应满足

$$-1.5 < K < 0$$

7.24 **知识点窍** $H(s) = \mathscr{L}[h(t)] = \int_{-\infty}^{\infty} h(t) e^{-st} dt$，$g(t) = h(t) * \varepsilon(t)$。连续系统稳定，则有

$$\int_{-\infty}^{\infty} |h(t)| dt \leqslant M(M \text{为正常数})。$$

逻辑推理 $g(t) = h(t) * \varepsilon(t) = \int_{-\infty}^{t} h(t) dt$，又因系统稳定，即 $\int_{-\infty}^{\infty} |h(t)| dt \leqslant M$。可知 $g(\infty)$ 存在，利用 $H(s) = \mathscr{L}[h(t)]$ 求解即可。

解题过程 该连续系统稳定，则有

$$\int_{-\infty}^{\infty} |h(t)| dt \leqslant M(M \text{为正常数})$$

又有阶跃响应 $\quad g(t) = h(t) * \varepsilon(t) = \int_{-\infty}^{t} h(t) dt$

可知 $\quad g(\infty) = \lim_{t \to \infty} g(t) = \lim_{t \to \infty} \int_{-\infty}^{t} h(t) dt = \int_{-\infty}^{\infty} h(t) dt \leqslant \int_{-\infty}^{\infty} |h(t)| dt \leqslant M$

即 $g(\infty)$ 存在，又由 $H(s) = \mathscr{L}[h(t)] = \int_{-\infty}^{\infty} h(t) e^{-st} dt$，可得

$$g(\infty) = \int_{-\infty}^{\infty} h(t) dt = \int_{-\infty}^{\infty} h(t) e^{-st} dt \Big|_{s=0} = H(0)$$

即系统稳定时，有

$$g(\infty) = H(0)$$

证毕。

7.25 **知识点窍** $g(k) = h(k) * \varepsilon(k)$，$H(z) = \mathscr{Z}[h(k)] = \sum_{k=-\infty}^{\infty} h(k) z^{-k}$。离散系统稳定，则有 $\sum_{k=-\infty}^{\infty} |h(k)| \leqslant M$ （M 为正常数）。

逻辑推理 $g(k) = h(k) * \varepsilon(k) = \sum_{i=-\infty}^{k} h(i)$，又因系统稳定，即有 $\sum_{k=-\infty}^{\infty} |h(k)| \leqslant M$，可知 $g(\infty)$ 存在，利用 $H(z) = \mathscr{L}[h(k)]$ 求解即可。

解题过程 该离散系统稳定，则有

$$\sum_{k=-\infty}^{\infty} |h(k)| \leqslant M \quad (M \text{为正常数})$$

又有阶跃响应 $\quad g(k) = h(k) * \varepsilon(k) = \sum_{i=-\infty}^{k} h(i)$

可知 $g(\infty)=\lim\limits_{k\to\infty}g(k)=\lim\limits_{k\to\infty}\sum\limits_{i=-\infty}^{k}h(i)=\sum\limits_{k=-\infty}^{\infty}h(k)\leqslant\sum\limits_{k=-\infty}^{\infty}|h(k)|\leqslant M$

即 $g(\infty)$ 存在，又由 $H(z)=\mathscr{Z}[h(k)]=\sum\limits_{k=-\infty}^{\infty}h(k)z^{-k}$ 可得

$$g(\infty)=\sum_{k=-\infty}^{\infty}h(k)=\sum_{k=-\infty}^{\infty}h(k)z^{-k}\Big|_{z=1}=H(1)$$

即系统稳定时，有 $g(\infty)=H(1)$

证毕。

7.26 逻辑推理 本题注意因果系统和稳定系统 $h(k)$ 的差别，从 z 域分析，再作反 z 变换更为简单。

解题过程 (1) $Y(z)[1+1.5z^{-1}-z^{-2}]=F(z)z^{-1}$

$$H(z)=\frac{Y(z)}{F(z)}=\frac{z^{-1}}{1+1.5z^{-1}-z^{-2}}=\frac{z}{z^2+1.15z-1}$$

$$H(z)=-\frac{2}{5}\frac{z}{z+2}+\frac{2}{5}\frac{z}{z-0.5}$$

若系统为因果的，有 $h(k)=\frac{2}{5}[-(-2)^k+0.5^k]\varepsilon(k)$

(2) 若系统为稳定的，则有

$$h(k)=\frac{2}{5}(-2)^k\varepsilon(-k-1)+\frac{2}{5}(\frac{1}{2})^k\varepsilon(k)$$

若输入为 $f(k)=(-0.5)^k\varepsilon(k)$，则 $F(z)=\frac{z}{z+0.5}$

$$Y_{zs}(z)=\frac{z^2}{(z+2)(z-0.5)(z+0.5)}=-\frac{8}{15}\frac{z}{z+2}+\frac{1}{5}\frac{z}{z-0.5}+\frac{1}{3}\frac{z}{z+0.5}$$

由于系统是稳定的，所以有

$$y_{zs}(k)=\frac{8}{15}(-2)^k\varepsilon(-k-1)+\frac{1}{5}(\frac{1}{2})^k\varepsilon(k)+\frac{1}{3}(-\frac{1}{2})^k\varepsilon(k)$$

7.27 逻辑推理 直接使用梅林公式求解即可。

解题过程 $G=\frac{Y}{F}$

(1) 求环路 $L_1=1\times2\times2=4$

$L_2=2\times3\times\frac{1}{2}=3 \quad \Delta=1-(3+4)=-6$

1、2 求前向通路 $g_1=1\times2\times3\times2=12$

按梅森公式 $H=\frac{12}{-6}=-2$

(2) 回路有两种

$x_2\to x_4\to x_2$ 增益为 4

$x_4\to x_5\to x_4$ 增益为 3

$\Delta=1-(4+3)=-6$

前向通路有两条 $F \to x_1 \to x_3 \to Y$

$P_1 = 2 \qquad \Delta_1 = 1-(4+3) = -6$

$F \to x_1 \to x_2 \to x_3 \to Y$

$P_2 = 6 \qquad \Delta_2 = 1-(3) = -2$

$$\therefore \quad H = \frac{Y}{F} = \left(-\frac{1}{6}\right)[2\times(-6)+6\times(-2)] = 4$$

7.28 知识点窍 梅森公式。

逻辑推理 直接使用梅森公式求解即可。

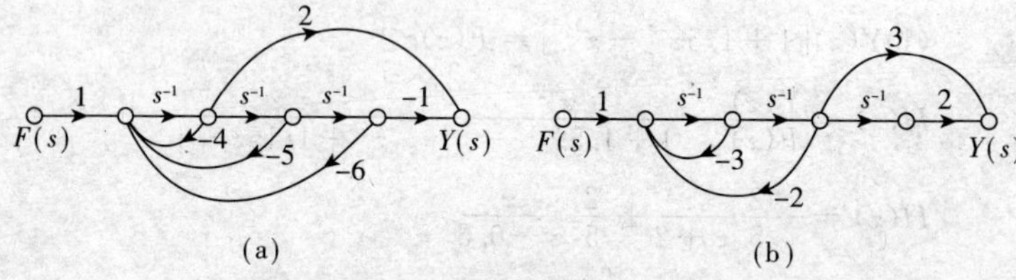

题 7.28 图

解题过程 (1) 图(a) 的流图中共有 3 个回路，各回路的增益分别为

$$L_1 = -4s^{-1}$$

$$L_2 = -5s^{-1}\cdot s^{-1} = -5s^{-2}$$

$$L_3 = -6s^{-1}\cdot s^{-1}\cdot s^{-1} = -6s^{-3}$$

它没有两个以上互不接触的回路，则其特征多项式为

$$\Delta = 1-(L_1+L_2+L_3) = 1+4s^{-1}+5s^{-2}+6s^{-3}$$

它有两条前向通路，其增益分别为

$$P_1 = 1\cdot s^{-1}\cdot 2 = 2s^{-1}$$

$$P_2 = 1\cdot s^{-1}\cdot s^{-1}\cdot s^{-1}\cdot(-1) = -s^{-3}$$

由于各回路都与此二通路接触，则其特征多项式的余因子分别为

$$\Delta_1 = 1 \qquad \Delta_2 = 1$$

由梅森公式，可得该连续系统的系统函数为

$$H(s) = \frac{Y(s)}{F(s)} = \frac{1}{\Delta}\sum_{i=1}^{2} P_i\Delta_i = \frac{2s^{-1}-s^{-3}}{1+4s^{-1}+5s^{-2}+6s^{-3}}$$

$$= \frac{2s^2-1}{s^3+4s^2+5s+6}$$

(2) 图(b) 的流图中共有两个回路，各回路的增益分别为

$$L_1 = -3s^{-1}$$

$$L_2 = -2\cdot s^{-1}\cdot s^{-1} = -2s^{-2}$$

它没有两个以上互不接触的回路，则其特征多项式为

$$\Delta = 1-(L_1+L_2) = 1+3s^{-1}+2s^{-2}$$

它有两条前向通路,其增益分别为

$$P_1 = 1 \cdot s^{-1} \cdot s^{-1} \cdot 3 = 3s^{-2}$$

$$P_2 = 1 \cdot s^{-1} \cdot s^{-1} \cdot s^{-1} \cdot 2 = 2s^{-3}$$

由于各回路都与此二通路接触,则其特征多项式的余因子分别为

$$\Delta_1 = 1 \qquad \Delta_2 = 1$$

由梅森公式,可得该系统的系统函数为

$$H(s) = \frac{Y(s)}{F(s)} = \frac{1}{\Delta}\sum_{i=1}^{2} P_i\Delta i = \frac{3s^{-2} + 2s^{-3}}{1 + 3s^{-1} + 2s^{-2}} = \frac{3s + 2}{s^3 + 3s^2 + 2s}$$

7.29 知识点窍　梅森公式。

逻辑推理　直接利用梅森公式求解即可。

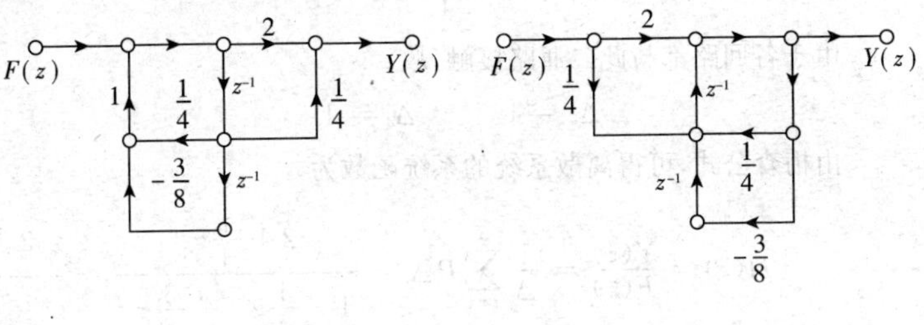

题 7.29 图

解题过程　(1) 图(a)的流图中共有两个回路,各回路的增益分别为

$$L_1 = 1 \times z^{-1} \times \frac{1}{4} \times 1 = \frac{1}{4}z^{-1}$$

$$L_2 = 1 \times z^{-1} \times z^{-1} \times (-\frac{3}{8}) \times 1 = -\frac{3}{8}z^{-2}$$

它没有两个以上互不接触的回路,则其特征多项式为

$$\Delta = 1 - (L_1 + L_2) = 1 - \frac{1}{4}z^{-1} + \frac{3}{8}z^{-2}$$

它有两条前向通路,其增益分别为

$$P_1 = 1 \times 1 \times 2 \times 1 = 2$$

$$P_2 = 1 \times 1 \times z^{-1} \times \frac{1}{4} = \frac{1}{4}z^{-1}$$

由于各回路都与此二通路接触,故

$$\Delta_1 = 1$$

$$\Delta_2 = 1$$

由梅森公式,可得离散系统的系统函数为

$$H(z) = \frac{Y(z)}{F(z)} = \frac{1}{\Delta}\sum_{i=1}^{2} P_i\Delta i = \frac{2 + \frac{1}{4}z^{-1}}{1 - \frac{1}{4}z^{-1} + \frac{3}{8}z^{-2}} = \frac{2z^2 + \frac{1}{4}z}{z^2 - \frac{1}{4}z + \frac{3}{8}}$$

(2) 图(b) 的流图中共有两个回路，各回路的增益分别为

$$L_1 = 1 \times 1 \times \frac{1}{4} \times z^{-1} = \frac{1}{4} z^{-1}$$

$$L_2 = 1 \times 1 \times (-\frac{3}{8}) \times z^{-1} \times z^{-1} = -\frac{3}{8} z^{-2}$$

它没有两个以上互不接触的回路，则其特征多项式为

$$\Delta = 1 - (L_1 + L_2) = 1 - \frac{1}{4} z^{-1} + \frac{3}{8} z^{-2}$$

它有两条前向通路，其增益分别为

$$P_1 = 1 \times 2 \times 1 \times 1 = 2$$

$$P_2 = 1 \times \frac{1}{4} \times z^{-1} \times 1 \times 1 = \frac{1}{4} z^{-1}$$

由于各回路都与此二通路接触，故

$$\Delta_1 = 1 \qquad \Delta_2 = 1$$

由梅森公式，可得离散系统的系统函数为

$$H(z) = \frac{Y(z)}{F(z)} = \frac{1}{\Delta} \sum_{i=1}^{2} P_i \Delta_i = \frac{2 + \frac{1}{4} z^{-1}}{1 - \frac{1}{4} z^{-1} + \frac{3}{8} z^{-2}} = \frac{2z^2 + \frac{1}{4} z}{z^2 - \frac{1}{4} z + \frac{3}{8}}$$

7.30 知识点窍 梅森公式。

逻辑推理 由 s 域系统框图可以求得系统的信号流图，应用梅森公式求解系统函数即可。

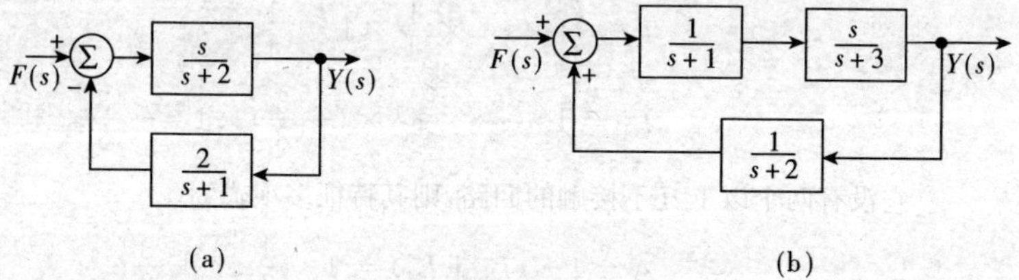

题 7.30 图

解题过程 (1) 由 s 域系统框图可得系统的信号流图如图解 7.30(a) 所示。流图中有一个回路，其增益为

$$L = \frac{s}{s+2} \cdot (-\frac{2}{s+1}) = -\frac{2s}{s^2 + 3s + 2}$$

它没有两个以上互不接触的回路，则特征多项式为

$$\Delta = 1 - L = \frac{s^2 + 5s + 2}{s^2 + 3s + 2}$$

它只有一条前向通路，且各回路均与它接触，故

$$P_1 = \frac{s}{s+2} \qquad \Delta_1 = 1$$

由梅森公式，可得系统函数为

$$H(s)=\frac{Y(s)}{F(s)}=\frac{1}{\Delta}P_1\Delta_1=\frac{s(s+1)}{s^2+5s+2}$$

(2) 由 s 域系统框图可得系统的信号流图如图解 7.30(b) 所示，流图中有一个回路，其增益为

$$L=\frac{1}{s+1}\cdot\frac{s}{s+3}\cdot\frac{1}{s+2}=\frac{s}{(s+1)(s+2)(s+3)}$$

它没有两个以上互不接触的回路，则特征多项式为

$$\Delta=1-L=\frac{s^3+6s^2+10s+6}{(s+1)(s+2)(s+3)}$$

它只有一条前向通路，且各回路均与它接触，故

$$P_1=\frac{s}{(s+1)(s+3)}\qquad \Delta_1=1$$

由梅森公式，可得系统函数为

$$H(s)=\frac{Y(s)}{F(s)}=\frac{1}{\Delta}P_1\Delta_1=\frac{s(s+2)}{s^3+6s^2+10s+6}$$

(a)　　(b)

图解 7.30

7.31 知识点窍 梅森公式。

逻辑推理 (1) 由系统的 z 域框图可得系统的信号流图如图解 7.31(a) 所示。

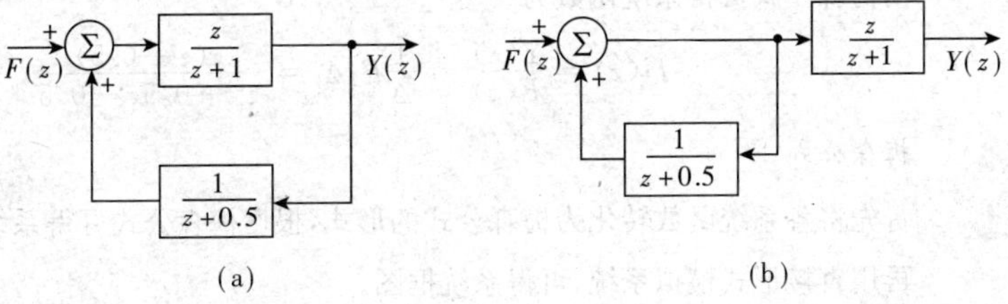

题 7.31 图

流图中只含有一个回路，其增益为

$$L=\frac{z}{(z+1)(z+0.5)}$$

故特征多项式为

$$\Delta=1-L=\frac{z^2+0.5z+0.5}{(z+1)(z+0.5)}$$

它只含有一个前向通路，且不与其他回路接触，则有

$$P_1 = \frac{z}{z+1} \qquad \Delta_1 = 1$$

由梅森公式可得系统函数为

$$H(z) = \frac{Y(z)}{F(z)} = \frac{1}{\Delta} P_1 \Delta_1 = \frac{z(z+0.5)}{z^2+0.5z+0.5}$$

(2) 由系统 z 域框图可得系统的信号流图如图解 7.31(b) 所示。

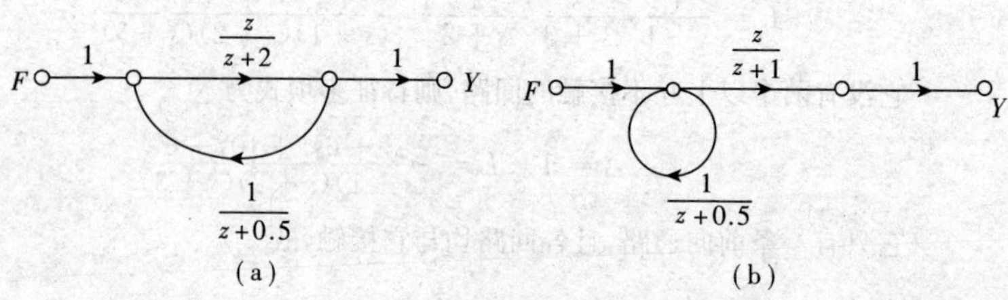

图解 7.31

流图中只含有一个回路,其增益为

$$L = \frac{1}{z+0.5}$$

故特征多项式为

$$\Delta = 1 - L = \frac{z-0.5}{z+0.5}$$

它只含有一个前向通路,且不与其他回路接触,则有

$$P_1 = \frac{z}{z+1}$$

$$\Delta_1 = 2$$

由梅森公式可得系统函数为

$$H(z) = \frac{Y(z)}{F(z)} = \frac{1}{\Delta} P_1 \Delta_1 = \frac{z(z+0.5)}{z^2+0.5z-0.5}$$

7.32 知识点窍 梅森公式。

逻辑推理 首先将各系统函数转化为梅森公式的形式,根据梅森公式可得系统的信号流图。再用直接形式模拟系统,可得系统框图。

解题过程 (1) $H(s) = \dfrac{s-1}{(s+1)(s+2)(s+3)} = \dfrac{s-1}{s^3+6s^2+11s+6} = \dfrac{s^{-2}-s^{-3}}{1-(-6s^{-1}-11s^{-2}-6s^{-3})}$

信号流图及其相应的方框图为

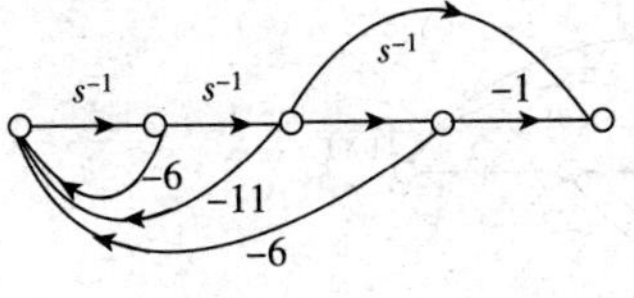

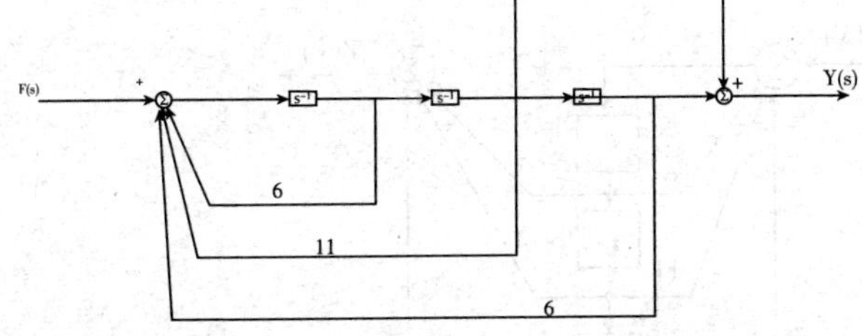

$$(2)H(s)=\frac{s^2+s+2}{(s+2)(s^2+2s+2)}=\frac{s^2+s+2}{s^3+4s^2+6s+4}$$

$$=\frac{s^{-1}+s^{-2}+2s^{-3}}{1-(-4s^{-1}-6s^{-2}-4s^{-3})}=\frac{s^{-1}+s^{-2}+2s^{-3}}{1+4s^{-1}+6s^{-2}+4s^{-3}}$$

信号流图及其相应的方框图为

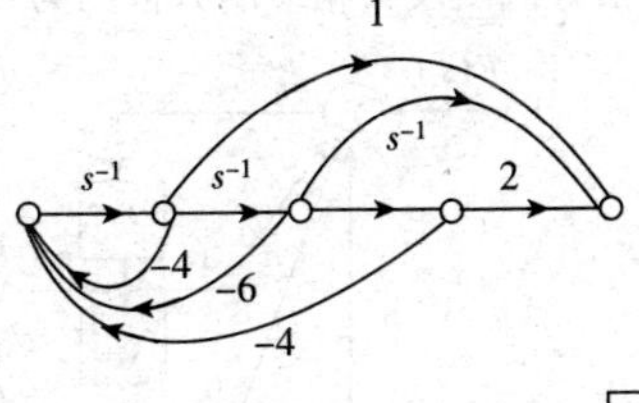

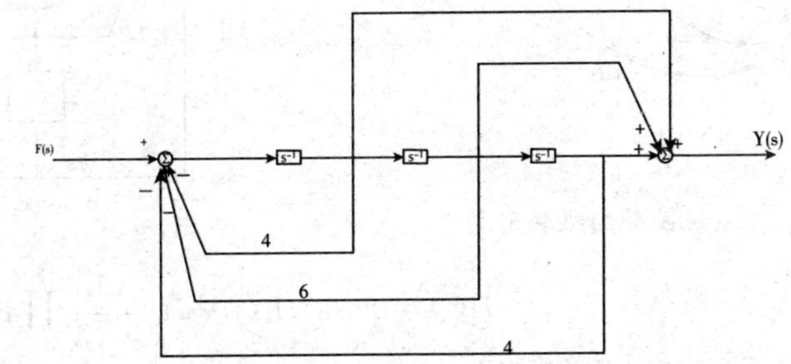

$$(3)H(s)=\frac{s^2+4s+5}{(s+1)(s+2)(s+3)}=\frac{s^2+4s+5}{s^3+6s^2+11s+6}$$

$$=\frac{s^{-1}+4s^{-2}+5s^{-3}}{1-(-6s^{-1}-11s^{-2}-6s^{-3})}$$

根据梅森公式,可画出上式的信号流图及其相应的方框图为

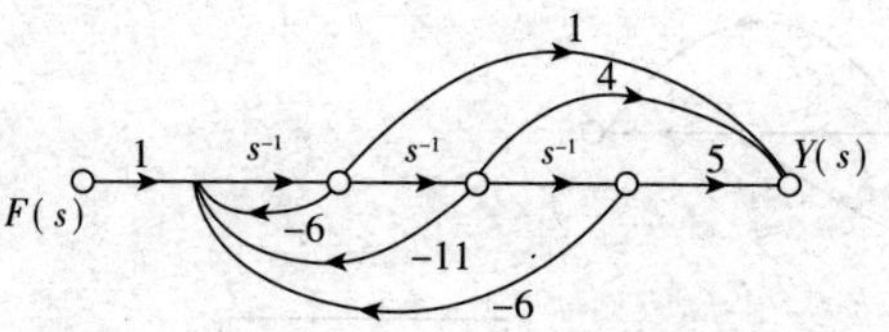

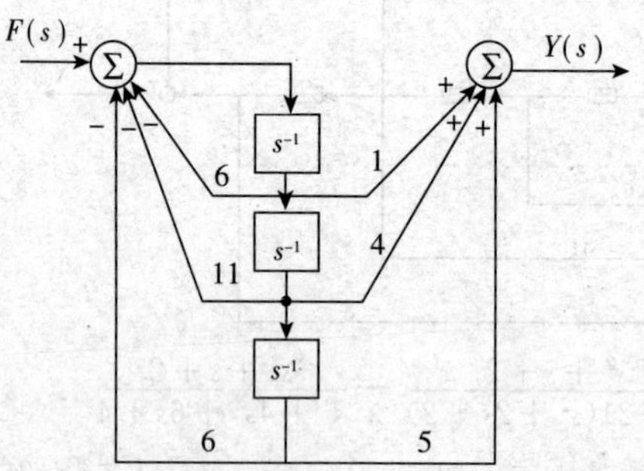

(4) $H(s)=\dfrac{(s+1)(s+3)}{(s+2)(s^2+2s+5)}=\dfrac{s^2+4s+3}{s^3+4s^2+9s+10}=\dfrac{s^{-1}+4s^{-2}+3s^{-3}}{1-(-4s^{-1}-9s^{-2}-10s^{-3})}$

根据梅森公式可画出上式的信号流图及其相应的方框图为

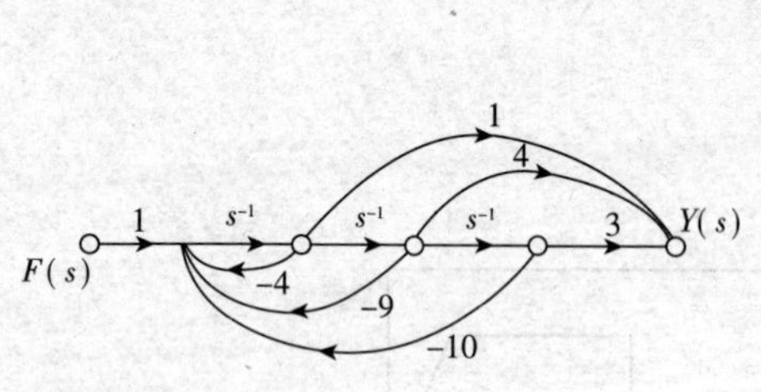

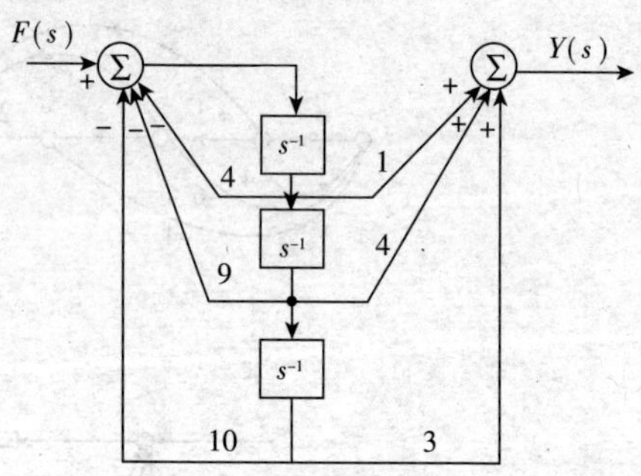

7.33 知识点窍 系统函数的级联形式

$$H(s)=H_1(s)H_2(s)\cdots H_l(s)=\prod_{i=1}^{l}H_i(s)$$

系统函数的并联形式

$$H(s)=H_1(s)+H_2(s)+\cdots+H_l(s)=\sum_{i=1}^{l}H_i(s)$$

逻辑推理 将系统函数分别化为级联形式和并联形式，分别求出两种形式的信号流图，进而可得级联形式和并联形式的方框图。

解题过程 (1)

1) 级联实现

$$H(s)=\frac{s^2+4s+5}{(s+1)(s+2)(s+3)}=\frac{s^2+4s+5}{s^2+3s+2}\cdot\frac{1}{s+3}=H_1(s)H_2(s)$$

式中

$$H_1(s)=\frac{s^2+4s+5}{s^2+3s+2}=\frac{1+4s^{-1}+5s^{-2}}{1+3s^{-1}+2s^{-2}}$$

$$H_2(s)=\frac{1}{s+3}=\frac{s^{-1}}{1+3s^{-1}}$$

上式中一阶节和二阶节的信号流图分别为

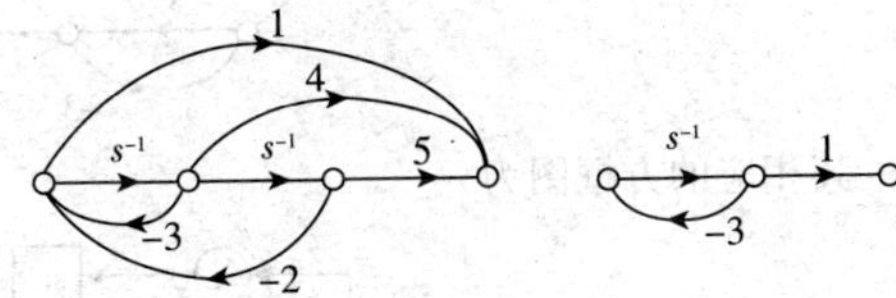

将二者级联后可得 $H(s)$ 的信号流图为

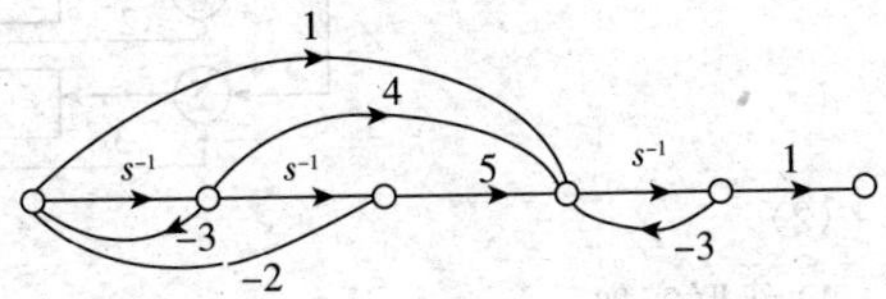

其相应的方框图为

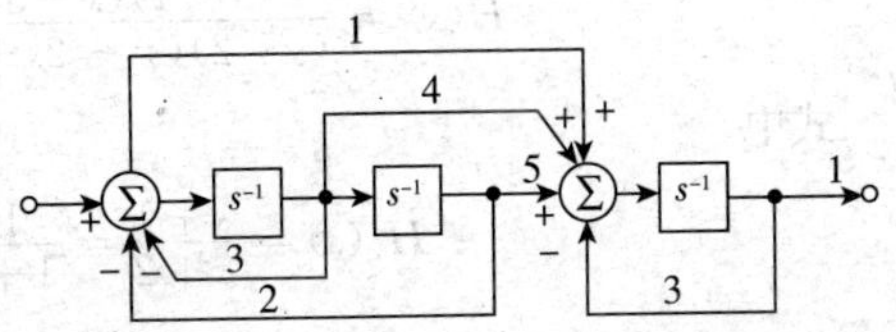

2) 并联实现

$$H(s)=\frac{s^2+4s+5}{(s+1)(s+2)(s+3)}=\frac{1}{s+1}+\frac{-1}{s+2}+\frac{1}{s+3}=H_1(s)+H_2(s)+H_3(s)$$

式中

$$H_1(s)=\frac{1}{s+1}=\frac{s^{-1}}{Hs^{-1}}$$

$$H_2(s)=\frac{-1}{s+2}=\frac{-s^{-1}}{2+2s^{-1}}$$

$$H_3(s)=\frac{1}{s+3}=\frac{s^{-1}}{1+3s^{-1}}$$

上式中一阶节的信号流图分别为

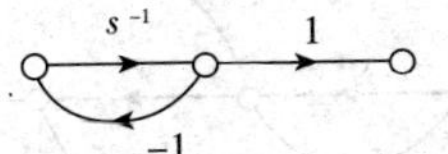

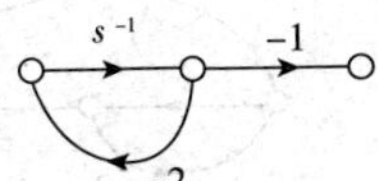

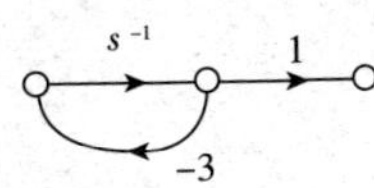

将三者并联后可得 $H(s)$ 的信号流图为

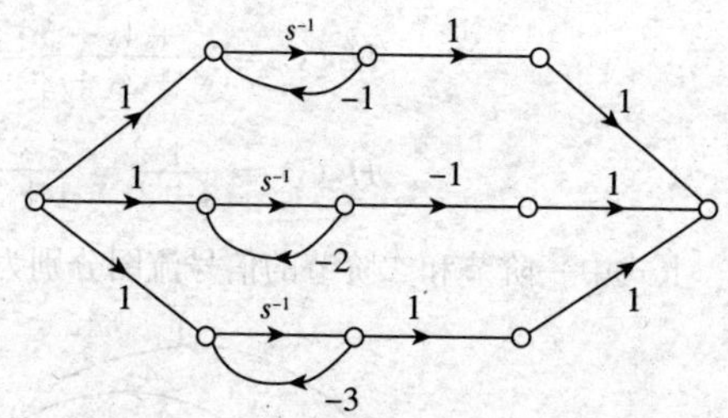

其相应的方框图为

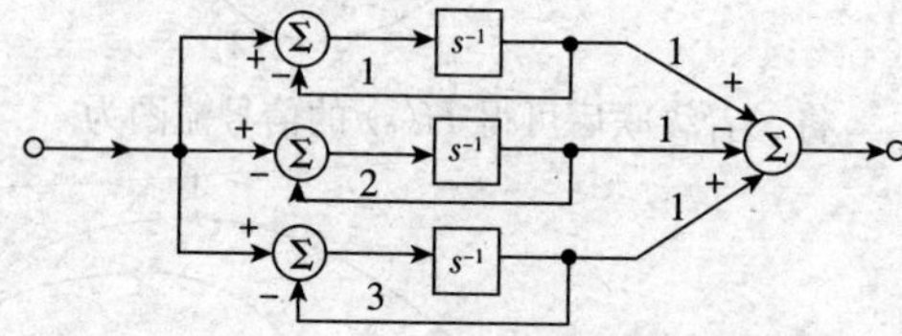

(2)

1) 级联实现

$$H(s)=\frac{(s+1)(s+3)}{(s+2)(s^2+2s+5)}=H_1(s)\cdot H_2(s)$$

式中

$$H_1(s)=\frac{s+1}{s+2}=\frac{1+s^{-1}}{1+2s-1}$$

$$H_2(s)=\frac{s+3}{s^2+2s+5}=\frac{s^{-1}+3s^{-2}}{1+2s^{-1}+5s^{-2}}$$

上式中一阶节和二阶节的信号流图分别为

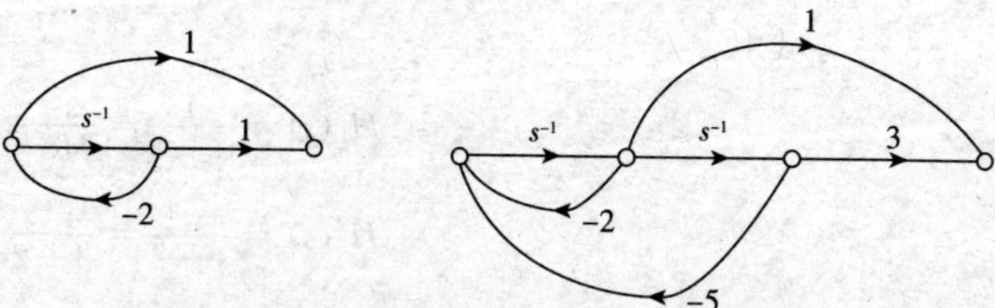

将二者级联后可得 $H(s)$ 的信号流图为

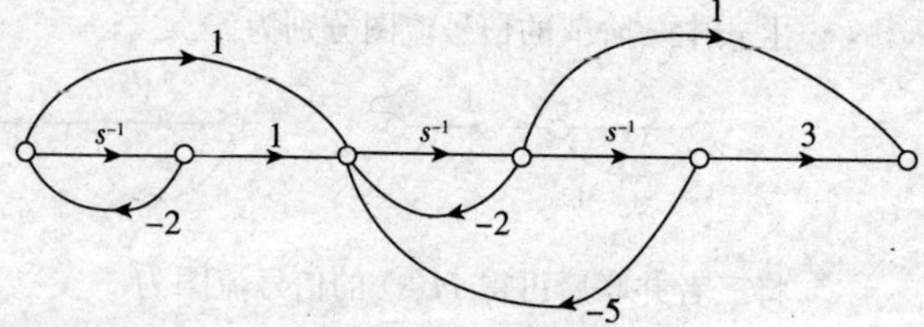

其相应的方框图为

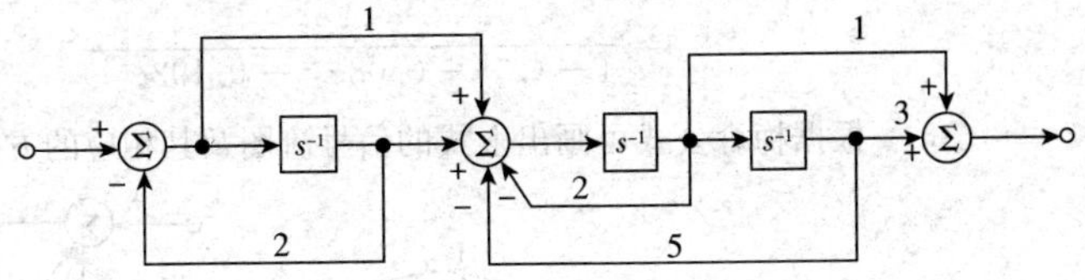

2) 并联实现

$$H(s)=\frac{(s+1)(s+3)}{(s+2)(s^2+2s+5)}=\frac{-\frac{1}{5}}{s+2}+\frac{\frac{1}{5}(6s^2+22s+20)}{s^2+2s+5}=H_1(s)+H_2(s)$$

式中

$$H_1(s)=\frac{-\frac{1}{5}}{s+2}=\frac{-\frac{1}{5}s^{-1}}{1+2s^{-1}}$$

$$H_2(s)=\frac{\frac{1}{5}(6s^2+22s+20)}{s^2+2s+5}=\frac{\frac{1}{5}(6+22s^{-1}+20s^{-2})}{1+2s^{-1}+5s^{-2}}$$

上式中一阶节和二阶节的信号流图分别为

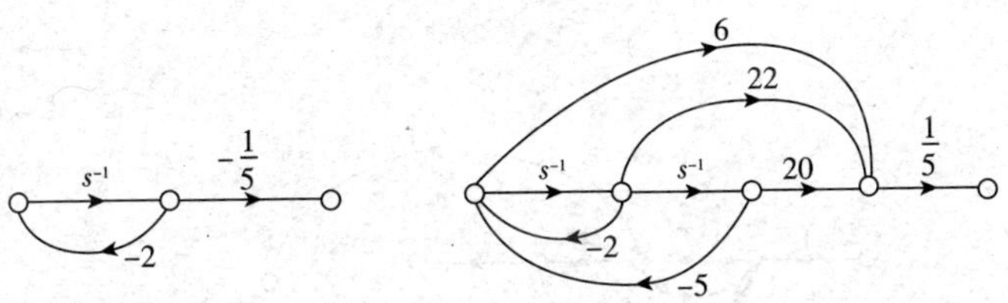

将二者并联后可得 $H(s)$ 的信号流图及其相应的方框图为

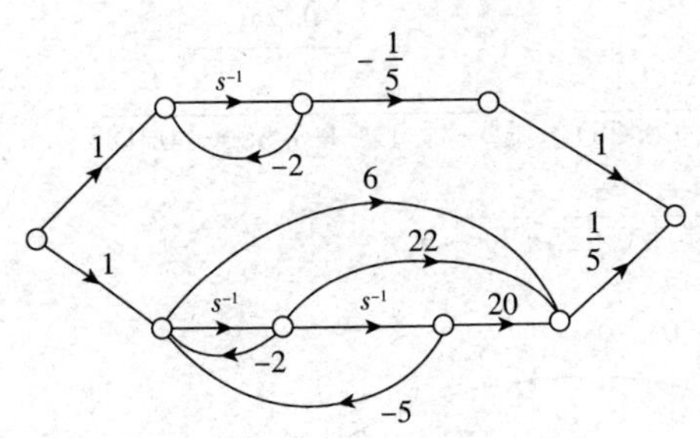

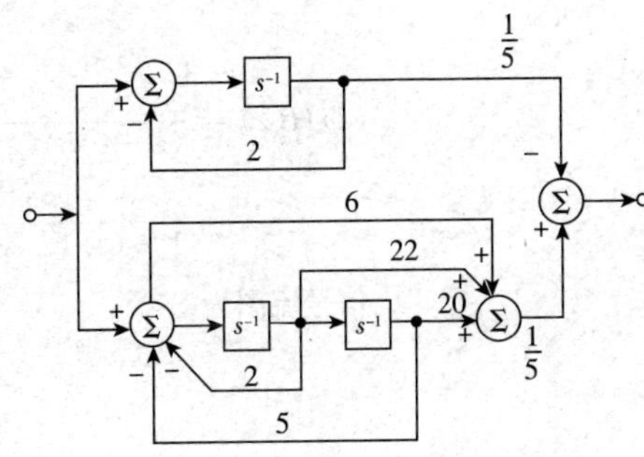

7.34 知识点窍　梅森公式。

逻辑推理　首先将系统函数化为梅森公式的形式，根据梅森公式可得信号流图，再用直接形式模拟系统，可得系统框图。

解题过程　(1)　$H(z)=\dfrac{z(z+2)}{(z-0.8)(z-0.6)(z+0.4)}=\dfrac{z^2+2z}{z^3-z^2-0.08z+0.192}$

$$=\frac{z^{-1}+2z^{-2}}{1-(z^{-1}+0.08z^{-2}-0.192z^{-3})}$$

根据梅森公式可画出上式的信号流图及其相应的方框图为

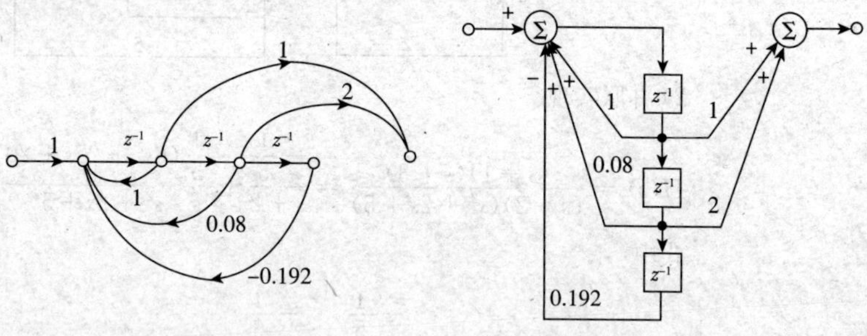

(2) $H(z)=\frac{z^2}{(z+0.5)^3}=\frac{z^2}{z^3+1.5z^2+0.75z+0.125}$

$$=\frac{z^{-1}}{1-(-1.5z^{-1}-0.75z^{-2}-0.125z^{-3})}$$

根据梅森公式可画出上式的信号流图及其相应的方框图为

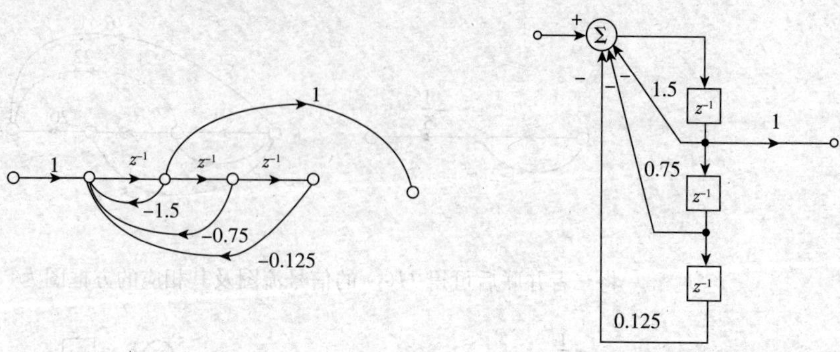

(3) $H(z)=\frac{z^3}{(z-0.5)(z^2-0.6z+0.25)}=\frac{z^3}{z^3-1.1z^2+0.55z-0.125}$

$$=\frac{1}{1-(1.1z^{-1}-0.55z^{-2}+0.125z^{-3})}$$

信号流图为

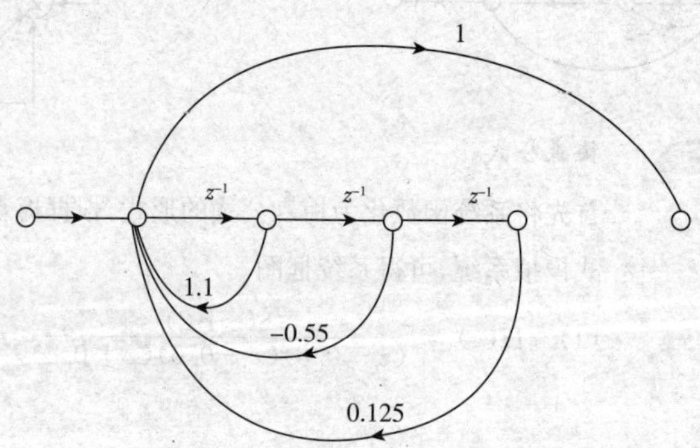

相应的方框图为

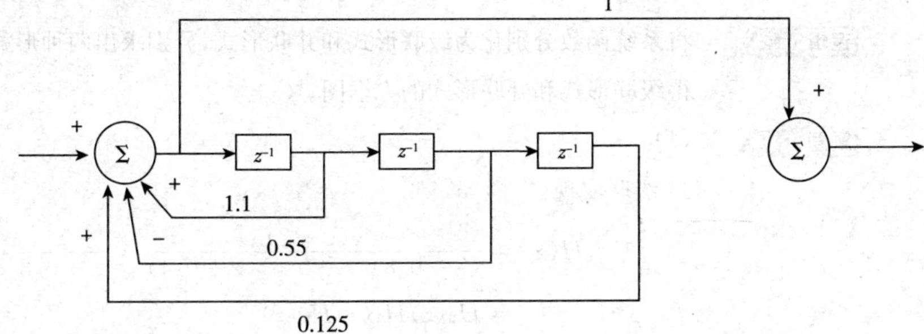

(4)$H(z)=\dfrac{(z-1)(z^2-z+1)}{(z-0.5)(z^2-0.6z+0.25)}=\dfrac{z^3-2z^2+2z-1}{z^3-1.1z^2+0.55z-0.125}$

$$=\frac{1-2z^{-1}+2z^{-2}-z^{-3}}{1-1.1z^{-1}+0.55z^{-2}-0.125z^{-3}}$$

信号流图为

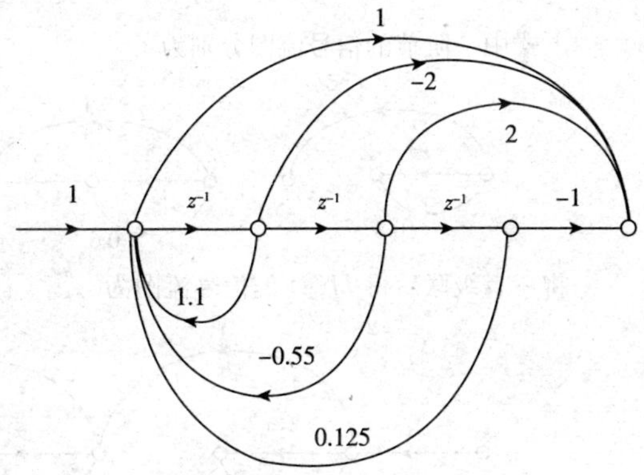

相应的方框为

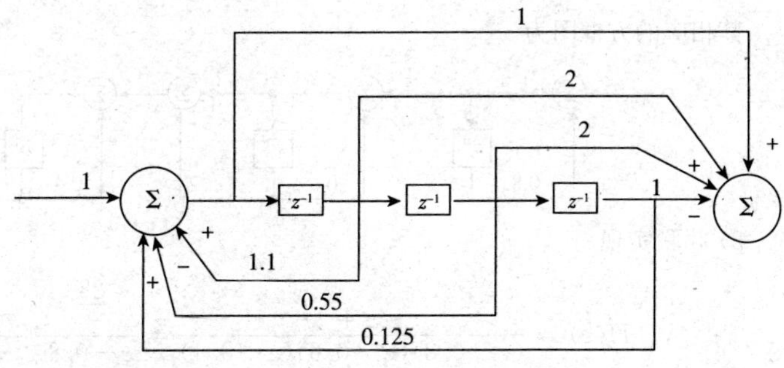

7.35 知识点窍 系统函数的级联形式

$$H(z)=H_1(z)H_2(z)\cdots H_l(z)=\prod_{i=1}^{l}H_i(z)$$

系统函数的并联形式

$$H(z)=H_1(z)+H_2(z)+\cdots+H_l(z)=\sum_{i=1}^{l}H_i(z)$$

逻辑推理 将系统函数分别化为级联形式和并联形式，分别求出两种形式的信号图，进而可得级联形式和并联形式的方框图。

解题过程 (1)

1) 级联实现

$$H(z)=\frac{z(z+2)}{(z-0.8)(z-0.6)(z+0.4)}=\frac{z}{z-0.8}\cdot\frac{z+2}{z-0.6}\cdot\frac{1}{z+0.4}$$
$$=H_1(z)H_2(z)H_3(z)$$

式中
$$H_1(z)=\frac{z}{z-0.8}=\frac{1}{1-0.8z^{-1}}$$
$$H_2(z)=\frac{z+2}{z-0.6}=\frac{1+2z^{-1}}{1-0.6z^{-1}}$$
$$H_3(z)=\frac{1}{z+0.4}=\frac{z^{-1}}{1+0.4z^{-1}}$$

上式中一阶节的信号流图分别为

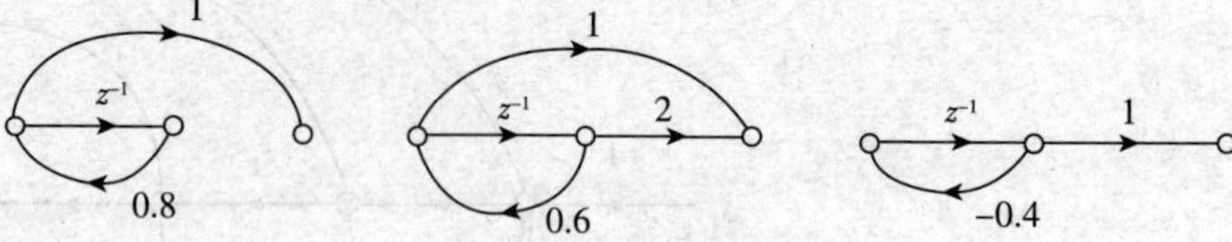

将三者级联后得 $H(z)$ 的信号流图为

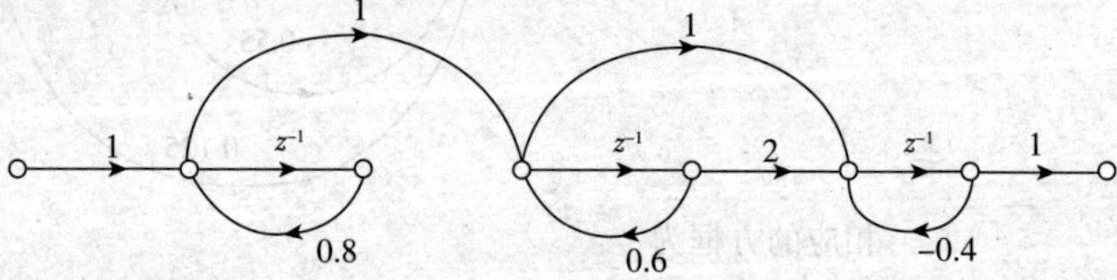

其相应的方框图为

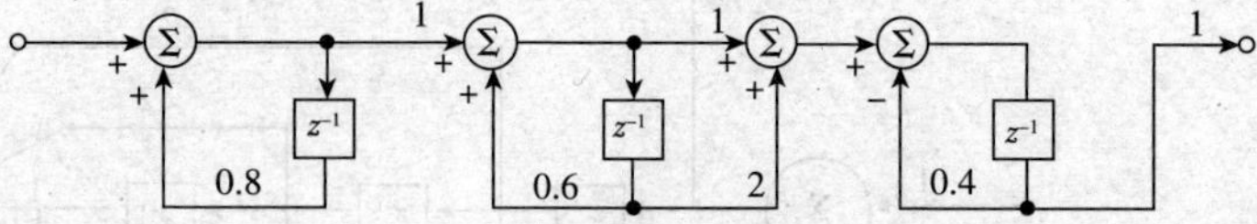

2) 并联实现

$$H(z)=\frac{z(z+2)}{(z-0.8)(z-0.6)(z+0.4)}=\frac{\frac{28}{3}}{z-0.8}+\frac{-7.8}{z-0.6}+\frac{-\frac{8}{15}}{z+0.4}$$
$$=H_1(z)+H_2(z)+H_3(z)$$

式中
$$H_1(z)=\frac{\frac{28}{3}}{z-0.8}=\frac{\frac{28}{3}z^{-1}}{1-0.8z^{-1}}$$

$$H_2(z)=\frac{-7.8}{z-0.6}=\frac{-7.8z^{-1}}{1-0.6z^{-1}}$$

$$H_3(z)=\frac{-\frac{8}{15}}{z+0.4}=\frac{-\frac{8}{15}z^{-1}}{1+0.4z^{-1}}$$

上式中一阶节的信号流图分别为

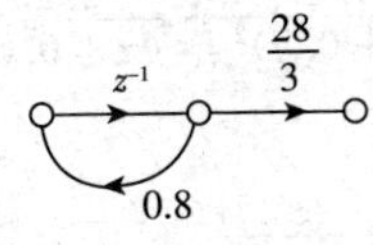

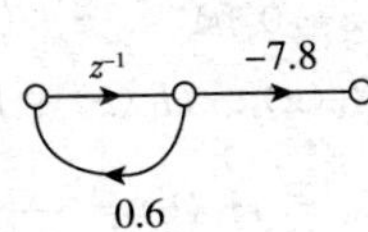

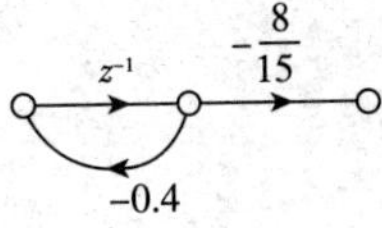

将以上三者并联后可得 $H(z)$ 的信号流图及其相应的方框图为

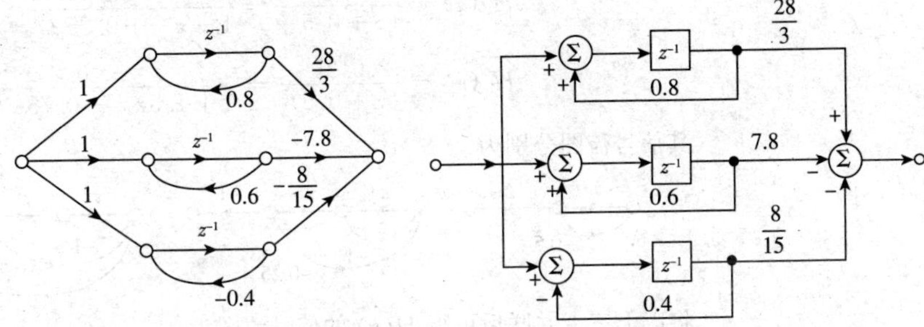

(2)

1) 级联实现

$$H(z)=\frac{z^2}{(z+0.5)}=\frac{1}{z+0.5}\cdot\frac{z}{z+0.5}\cdot\frac{z}{z+0.5}=H_1(z)H_2(z)$$

式中

$$H_1(z)=\frac{1}{z+0.5}=\frac{z^{-1}}{1+0.5z^{-1}}$$

$$H_2(z)=H_3(z)=\frac{z}{z+0.5}=\frac{1}{1+0.5z^{-1}}$$

式中一阶节的信号流图分别为

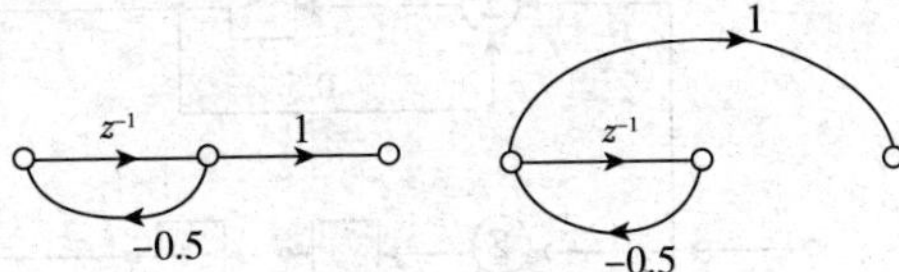

将以上三者级联后可得 $H(z)$ 的信号流图为

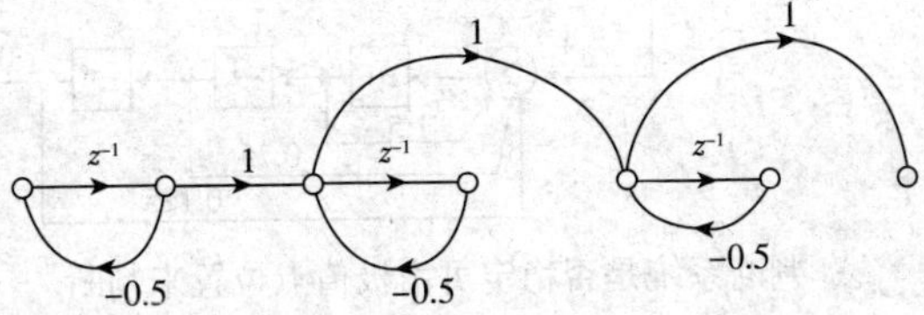

其相应的方框图为

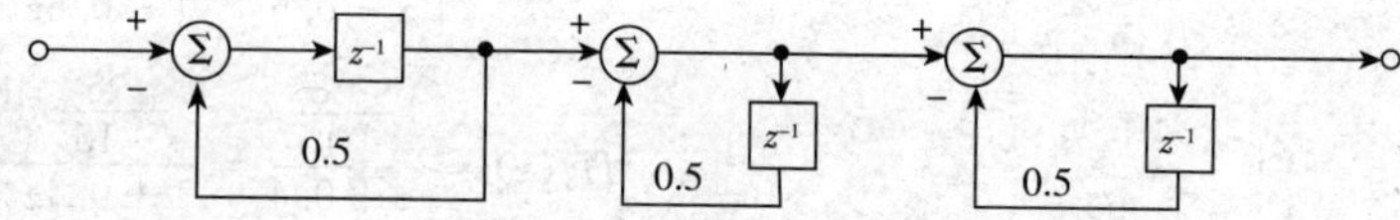

2) 并联实现

$$H(z)=\frac{z^2}{(z+0.5)^3}=\frac{2}{z+0.5}+\frac{-1}{(z+0.5)^2}+\frac{0.25}{(z+0.5)^3}$$

$$=H_1(z)+H_2(z)+H_3(z)$$

式中
$$H_1(z)=\frac{2}{z+0.5}=\frac{2z^{-1}}{1+0.5z^{-1}}$$

$$H_2(z)=\frac{-1}{(z+0.5)^2}=\frac{-z^{-2}}{1+z^{-1}+0.25z^{-2}}$$

$$H_3(z)=\frac{0.25}{(z+0.5)^3}=\frac{0.25z^{-3}}{1+1.5z^{-1}+0.75z^{-2}+0.125z^{-3}}$$

其信号流图分别为

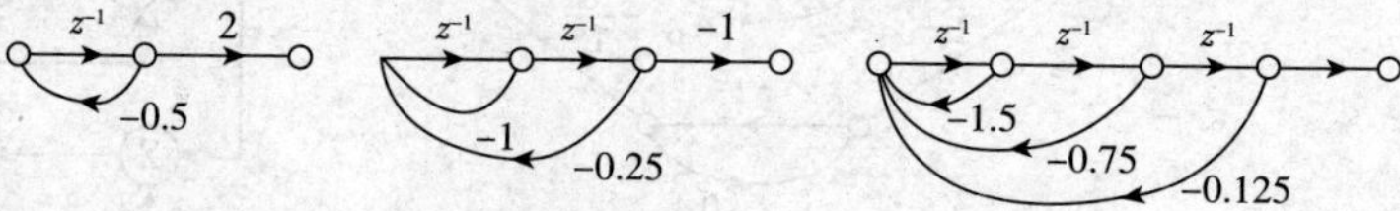

将以上三者并联后可得 $H(z)$ 的信号流图为

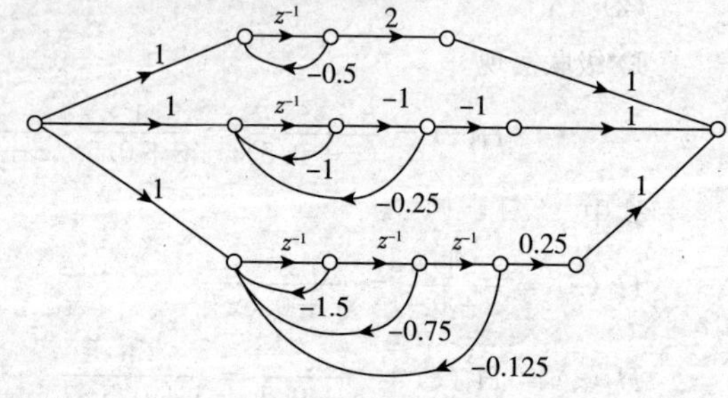

其相应的方框图为

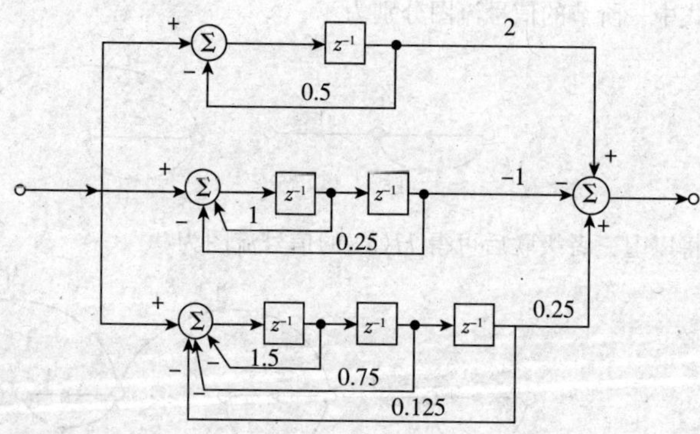

7.36 逻辑推理　判断系统是否稳定可由极值点位置来判断。

解题过程 (1)4个回路的增益分别为

$$L_1=-z^{-1},L_2=-2z^{-2},L_3=8z^{-2},L_4=-4$$

两组两不接触的回路为 $L_1L_4=4Z^{-1},L_2L_4=8Z^{-2}$

$\Delta=1-L_1-L_2-L_3-L_4+L_1L_4+L_2L_4=5+5z^{-1}+2z^{-2}$

$p_1=2z^{-2}\qquad \Delta_1=1\qquad p_2=2z^{-1}\qquad \Delta_2=1+4=5$

$\therefore\quad H(z)=\dfrac{Y(z)}{F(z)}=\dfrac{1}{\Delta}\sum_i p_i\Delta i=\dfrac{2z^{-2}+10z^{-1}}{5+5z^{-1}+2z^{-2}}=\dfrac{2+10z}{5z^2+5z+2}$

(2) 差分方程为 $5y(k)+5y(k-1)+2y(k-2)=2f(k-2)+10f(k-1)$

(3) 系统极值点为 $z_{1,2}=\dfrac{5\pm \mathrm{j}\sqrt{15}}{2}$,由于 z_1、z_2 均不在单位圆内,所以系统不是稳定的。

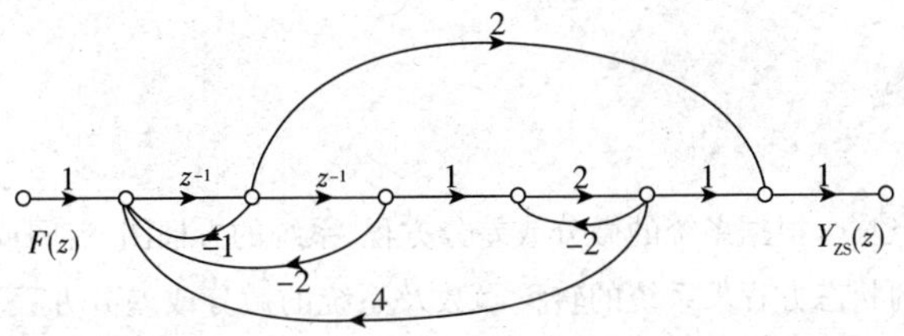

题 7.36 图

7.37 解题过程 本题考查罗斯判据,依据题干二、三阶的判据即可正确判定。

(1)$\alpha=-5<0$ 不成立

(2)$\alpha=22>0\qquad \beta=9>0$ 成立

(3)$\alpha=1>0\qquad \beta=25>0\qquad \gamma=11>0\qquad \alpha\beta>\gamma$ 成立

(4)$\alpha=18>0\qquad \beta=2>0\qquad \gamma=0$ 不成立

(5)$\alpha=-1<0\qquad \beta=-25<0$ 不成立

7.38 逻辑推理 按照题干中二阶多项式的朱里判据解答。

逻辑推理 (1) $|\alpha|=1.8<1+\beta=1.9\qquad |\beta|=0.9<1$ 成立

(2) $|\alpha|=0.5<1+\beta=1\qquad |\beta|=0<1$ 成立

(3) $|\alpha|=25>1+\beta=1$ 不成立

(4) $|\alpha|=2>1+\beta=0.5$ 不成立

第 8 章

系统的状态变量分析

考试要求

系统状态方程的建立，根据系统的微分或差分方程、系统的方框图、流图或电路图来建立系统的状态方程，利用系统的状态方程求系统的转移函数及系统的微分或差分方程。利用状态方程中的 A 矩阵求连续系统状态转移矩阵 $\varphi(t)=\mathrm{e}^{At}$，或利用 $\varphi(t)$ 求 A 矩阵。连续系统状态方程及输出方程的时域解法与变换域解法。利用状态方程中的 A 矩阵求离散系统状态转移矩阵 $\varphi(k)=\boldsymbol{A}^k$，或利用 $\varphi(k)$ 求 A 矩阵。离散系统状态方程及输出方程的时域解法与变换域解法。系统完全可控与完全可观测的充要条件。

知识点归纳

1. 状态方程

(1) 连续系统状态方程与输出方程

$$\begin{cases}\dot{x}(t)=\boldsymbol{A}x(t)+\boldsymbol{B}f(t)\\ y(t)=\boldsymbol{C}x(t)+\boldsymbol{D}f(t)\end{cases}$$

(2) 离散系统状态方程与输出方程

$$\begin{cases}x(k+1)=\boldsymbol{A}x(k)+\boldsymbol{B}f(k)\\ y(k)=\boldsymbol{C}x(k)+\boldsymbol{D}f(k)\end{cases}$$

(3) 由状态方程求出特征矩阵

连续系统转移函数 $\qquad H(s)=\boldsymbol{C}(s\boldsymbol{I}-\boldsymbol{A})^{-1}\boldsymbol{B}+\boldsymbol{D}$

特征矩阵即预解矩阵 $\qquad \Phi(s)=(s\boldsymbol{I}-\boldsymbol{A})^{-1}=\dfrac{\mathrm{adj}(s\boldsymbol{I}-\boldsymbol{A})}{\det(s\boldsymbol{I}-\boldsymbol{A})}$

离散系统转移函数 $H(z)=\boldsymbol{C}(z\boldsymbol{I}-\boldsymbol{A})^{-1}\boldsymbol{B}+\boldsymbol{D}$

特征矩阵即预解矩阵 $\Phi(z)=[z\boldsymbol{I}-\boldsymbol{A}]^{-1}z$

2. 连续系统状态方程的解

(1) 状态方程的时域解

$$x(t)=\varphi(t)x(0)+\varphi(t)\boldsymbol{B}*f(t)$$

$$y(t)=C\varphi(t)x(0)+[C\varphi(t)\boldsymbol{B}+\boldsymbol{D}\delta(t)]*f(t)$$

零输入解

$$y_x(t)=\boldsymbol{C}\varphi(t)x(0)$$

零状态解

$$y_f(t)=[C\varphi(t)\boldsymbol{B}+D\delta(t)]*f(t)$$

单位冲激响应

$$h(t)=\boldsymbol{C}\varphi(t)\boldsymbol{B}+\boldsymbol{D}\delta(t)$$

(2) 状态转移矩阵 $\varphi(t)$

$$\varphi(t)=\mathrm{e}^{At}=\boldsymbol{I}+\boldsymbol{A}t+\frac{1}{2!}\boldsymbol{A}^2t^2+\cdots+\frac{1}{k!}\boldsymbol{A}^kt^k+\cdots=\sum_{k=0}^{\infty}\frac{1}{k!}\boldsymbol{A}^kt^k$$

其拉氏变换

$$\Phi(s)=\mathscr{L}[f(t)]=(s\boldsymbol{I}-\boldsymbol{A})^{-1}$$

(3) $\varphi(t)=\mathrm{e}^{At}$ 的性质

$$\varphi(0)=I$$

$$\varphi(t-t_0)=\varphi(t-t_1)\varphi(t_1-t_0)$$

$$\varphi^{-1}(t-t_0)=\varphi(t_0-t)$$

$$\varphi^{-1}(t)=\varphi(-t)$$

$$[\varphi(t)]^n=\varphi(nt)$$

$$\varphi(t_1)\varphi(t_2)=\varphi(t_1+t_2)$$

$$\frac{\mathrm{d}}{\mathrm{d}t}\varphi(t)=\frac{\mathrm{d}}{\mathrm{d}t}\mathrm{e}^{At}=\boldsymbol{A}\mathrm{e}^{At}=\boldsymbol{A}\varphi(t)$$

(4) 状态方程的变换解

$$X(s)=\Phi(s)x(0)+\Phi(s)\boldsymbol{B}F(s)$$

$$Y(s)=\boldsymbol{C}\Phi(s)x(0)+[\boldsymbol{C}\Phi(s)\boldsymbol{B}+\boldsymbol{D}]F(s)$$

$$x(t)=\mathscr{L}^{-1}[\Phi(s)x(0)]+\mathscr{L}^{-1}[\Phi(s)\boldsymbol{B}F(s)]$$

$$y(t)=\boldsymbol{C}\mathscr{L}^{-1}[\Phi(s)x(0)]+\{\boldsymbol{C}\mathscr{L}^{-1}[\Phi(s)\boldsymbol{B}]+\boldsymbol{D}\delta(t)\}*f(t)$$

零输入解

$$y_x(t)=\boldsymbol{C}\mathscr{L}^{-1}[\Phi(s)x(0)]$$

零状态解

$$y_f(t)=\{\boldsymbol{C}\mathscr{L}^{-1}[\Phi(s)B]+\boldsymbol{D}\delta(t)\}*f(t)$$

转移函数

$$H(s)=\boldsymbol{C}\Phi(s)\boldsymbol{B}+\boldsymbol{D}=\boldsymbol{C}(s\boldsymbol{I}-\boldsymbol{A})^{-1}\boldsymbol{B}+\boldsymbol{D}$$

3. 离散系统状态方程的解

(1) 状态方程的时域解

$$\begin{cases}x(k)=\boldsymbol{A}^k x(0)+\sum_{i=0}^{k-1}\boldsymbol{A}^{k-1-i}Bf(i)\\ y(k)=\boldsymbol{CA}^k x(0)+\sum_{i=0}^{k}\boldsymbol{CA}^{k-1-i}Bf(i)+Df(k)\end{cases}$$

零输入解 $\quad y_x(k)=\boldsymbol{CA}^k x(0)$

零状态解 $\quad y_f(k)=\sum_{i=0}^{k}\boldsymbol{CA}^{k-1-i}Bf(i)+\boldsymbol{D}f(k)$

单位冲激响应 $\quad h(k)=\boldsymbol{CA}^{k-1}\boldsymbol{B}+\boldsymbol{D}\delta(k)$

(2) 离散系统状态转移矩阵 $\boldsymbol{A}^k$

$$\varphi(k)=\boldsymbol{A}^k=C_0\boldsymbol{I}+C_1A+C_2\boldsymbol{A}^2+\cdots C_{i-1}\boldsymbol{A}^{i-1},k\geqslant i$$

其 z 变换 $\quad \Phi(z)=\mathscr{Z}[\varphi(k)]=(z\boldsymbol{I}-\boldsymbol{A})^{-1}z=(I-z^{-1}A)^{-1}$

(3) $\varphi(k)=\boldsymbol{A}^k$ 的性质

$$\varphi(0)=I$$

$$\varphi(k-k_0)=\varphi(k-k_1)\varphi(k_1-k_0)$$

$$\varphi^{-1}(k-k_0)=\varphi(k_0-k)$$

(4) 状态方程的变换解

$$X(z)=\Phi(z)x(0)+z^{-1}\Phi(z)\boldsymbol{B}F(z)$$

$$Y(z)=\boldsymbol{C}\Phi(z)x(0)+[\boldsymbol{C}z^{-1}\Phi(z)\boldsymbol{B}+\boldsymbol{D}]F(z)$$

$$\boldsymbol{x}(k)=\mathscr{Z}^{-1}[\Phi(z)x(0)]+\mathscr{Z}^{-1}[z^{-1}\Phi(z)\boldsymbol{B}F(z)]$$

$$y(k)=\mathscr{Z}^{-1}[\boldsymbol{C}\Phi(z)x(0)]+\mathscr{Z}^{-1}\{[\boldsymbol{C}z^{-1}\Phi(z)\boldsymbol{B}+\boldsymbol{D}]F(z)\}$$

零输入解 $\quad y_x(t)=\mathscr{Z}^{-1}[\boldsymbol{C}\Phi(z)x(0)]$

零状态解 $\quad y_f(t)=\mathscr{Z}^{-1}[\boldsymbol{C}z^{-1}\Phi(z)\boldsymbol{B}+\boldsymbol{D}]$

转移函数 $\quad H(z)=\boldsymbol{C}z^{-1}\Phi(z)\boldsymbol{B}+\boldsymbol{D}=\boldsymbol{C}[z\boldsymbol{I}-\boldsymbol{A}]^{-1}\boldsymbol{B}+\boldsymbol{D}$

4. 系统的可控制性和可观测性

(1) 状态矢量的线性变换。

设新的状态变量为 $g(t)=\boldsymbol{P}^{-1}x(t)$，其中 $\boldsymbol{P}^{-1}$ 为线性变换矩阵，$x(t)$ 经过线性变换后新的状态方程与输出方程为

$$\dot{g}(t)=\boldsymbol{A}_g g(t)+B_g f(t)$$

$$y(t)=\boldsymbol{C}_g g(t)+\boldsymbol{D}_g f(t)$$

式中

$$\boldsymbol{A}_g=\boldsymbol{P}^{-1}\boldsymbol{AP},B_g=\boldsymbol{P}^{-1}B$$

$$C_g = CP, D_g = D$$

系统的转移函数设为 $H_g(s)$，此时

$$H_g(s) = C_g(sI - A_g)^{-1}B_g + D_g = H(s)$$

(2) 系统的可控制性。

当系统用状态方程描述时，如果存在一个输入矢量(控制矢量) $f(\cdot)$，在有限的时间内把系统的全部状态从初始状态 $x(0)$ 引向状态空间的原点(即零状态 $x(\cdot) = 0$)，那么就称系统是完全可控的，如果只有部分状态变量能做到这一点，则称系统不完全可控。

系统完全可控的充要条件

判则 1　B_g 矩阵中不包含零元素。

判则 2　$M(B \vdots AB \vdots AB^2 \vdots \cdots \vdots A^{k-1}B)$ 满秩。

(3) 系统的可观测性。

在系统用状态方程描述时，在给定输入(控制)后，若能在有限时间间隔内根据系统的输出唯一地确定出系统的所有初始状态，则系统是完全可观测的，若只能确定部分初始状态，则称系统不完全可观测。

系统完全可观测的充要条件：

判则 1　C_g 阵矩中不包含零元素。

判则 2　$N = \begin{pmatrix} C \\ \cdots \\ \cdots \\ \cdots \\ CA \\ \cdots \\ \cdots \\ \cdots \\ CA^2 \\ \cdots \\ \cdots \\ \cdots \\ \vdots \\ \cdots \\ \cdots \\ \cdots \\ CA^{k-1} \end{pmatrix}$ 满秩。

课后习题全解

8.1 逻辑推理　选电容电压和电感电流为状态变量，利用 KCL 和 KVL 直接列出状态方程。

解题过程　(1) 根据元件的伏安特性和 KCL、KVL 可以列写方程(参考图如图解 8.1 所示)

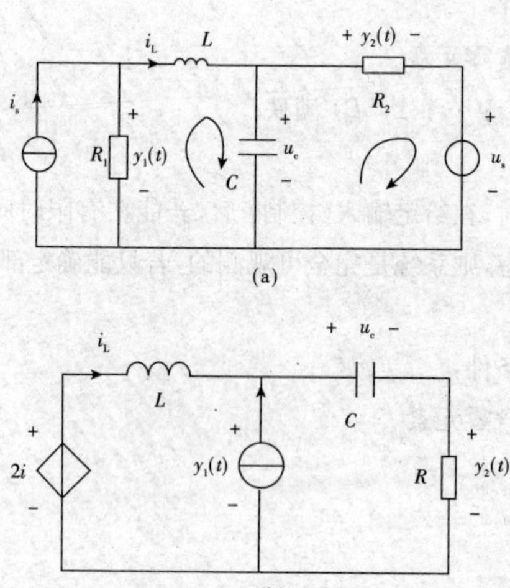

图解 8.1

$$L\frac{\mathrm{d}i_L(t)}{\mathrm{d}t}+U_c(t)-y_1(t)=0 \qquad ①$$

$$i_s=i_L+\frac{y_1(t)}{R_1} \qquad ②$$

$$i_L(t)=\frac{y_2(t)}{R_2}+C\frac{\mathrm{d}u_c(t)}{\mathrm{d}t} \qquad ③$$

$$U_c(t)-y_2(t)-U_s=0 \qquad ④$$

② 式代入 ① 式得：$\dfrac{\mathrm{d}i_L(t)}{\mathrm{d}t}=-\dfrac{R_1}{L}i_L(t)-\dfrac{1}{L}U_c(t)+\dfrac{R_1}{L}i_s$

④ 式代入 ③ 式得：$\dfrac{\mathrm{d}U_c(t)}{\mathrm{d}t}=-\dfrac{U_c(t)}{R_2C}+\dfrac{i_L(t)}{C}+\dfrac{U_s}{R_2C}$

若令$\begin{cases}U_c(t)=x_1\\ i_L(t)=x_2\end{cases}$，

则状态方程：$\begin{bmatrix}\dot{x}_1\\ \dot{x}_2\end{bmatrix}=\begin{bmatrix}-\dfrac{1}{R_2C} & \dfrac{1}{C}\\ -\dfrac{1}{L} & -\dfrac{R_1}{L}\end{bmatrix}\begin{bmatrix}x_1\\ x_2\end{bmatrix}+\begin{bmatrix}\dfrac{1}{R_2C} & 0\\ 0 & \dfrac{R_1}{L}\end{bmatrix}\begin{bmatrix}u_s\\ i_s\end{bmatrix}$

由 ②、④ 式得输出方程：$\begin{bmatrix} y_1 \\ y_2 \end{bmatrix} = \begin{bmatrix} 0 & -R_1 \\ 1 & 0 \end{bmatrix} \begin{bmatrix} x_1 \\ x_2 \end{bmatrix} + \begin{bmatrix} 0 & R_1 \\ -1 & 0 \end{bmatrix} \begin{bmatrix} u_s \\ i_s \end{bmatrix}$

(2) 根据元件的伏安特性和 KVL、KCL 列写方程

$$2i - L\frac{\mathrm{d}i_L}{\mathrm{d}t} - y_1(t) = 0 \quad ①$$

$$y_1(t) - u_c - y_2(t) = 0 \quad ②$$

$$i_L + i_s = i \quad ③$$

$$y_2(t) = iR \quad ④$$

$$i = c\frac{\mathrm{d}u_c}{\mathrm{d}t} \quad ⑤$$

整理得 $\frac{\mathrm{d}i_L}{\mathrm{d}t} = -\frac{1}{L}y_1(t) + 2i = -\frac{1}{L}(u_c + iR) + 2i/L = -\frac{1}{L}u_c + (2/L - \frac{R}{L})i$

$$\frac{\mathrm{d}i_L}{\mathrm{d}t} = -\frac{1}{L}u_c + (2/l - \frac{R}{L})(i_L + i_s)$$

$$\frac{\mathrm{d}u_c}{\mathrm{d}t} = -\frac{1}{c}i_L + \frac{1}{c}i_s$$

$$\therefore \begin{bmatrix} \frac{\mathrm{d}u_C}{\mathrm{d}t} \\ \frac{\mathrm{d}i_L}{\mathrm{d}t} \end{bmatrix} = \begin{bmatrix} 0 & \frac{1}{c} \\ -\frac{1}{L} & \frac{2-R}{L} \end{bmatrix} \begin{bmatrix} u_c \\ i_L \end{bmatrix} + \begin{bmatrix} \frac{1}{c} \\ \frac{2-R}{L} \end{bmatrix} is$$

令 $\begin{cases} u_c(t) = x_2 \\ i_L(t) = x_2 \end{cases}$ 得状态方程 $\begin{bmatrix} \dot{x}_1 \\ \dot{x}_2 \end{bmatrix} = \begin{bmatrix} 0 & \frac{1}{c} \\ -\frac{1}{L} & \frac{2-R}{L} \end{bmatrix} \begin{bmatrix} x_1 \\ x_2 \end{bmatrix} + \begin{bmatrix} \frac{1}{c} \\ \frac{2-R}{L} \end{bmatrix} \cdot is$

由 ②、④ 式得输出方程：$\begin{bmatrix} y_1 \\ y_2 \end{bmatrix} = \begin{bmatrix} 1 & R \\ 0 & R \end{bmatrix} \begin{bmatrix} x_1 \\ x_2 \end{bmatrix} + \begin{bmatrix} R \\ R \end{bmatrix} \cdot is$

8.2 **逻辑推理** 由已知微分方程可得系统的信号流图，进而可得系统的状态方程和输出方程。

解题过程 直接利用教材第 369 页例 8.2－3 的结果，依次代入

$a_2 = 5, a_1 = 1, a_0 = 2, b_2 = 1, b_1 = 1, b_0 = 2$

可列写出状态方程

$$\begin{bmatrix} \dot{x}_1 \\ \dot{x}_2 \\ \dot{x}_3 \end{bmatrix} = \begin{bmatrix} 0 & 1 & 0 \\ 0 & 0 & 1 \\ -2 & -1 & -5 \end{bmatrix} \begin{bmatrix} x_1 \\ x_2 \\ x_3 \end{bmatrix} + \begin{bmatrix} 0 \\ 0 \\ 1 \end{bmatrix} [f]$$

输出方程

$$y = (2 \quad 1 \quad 0) \begin{bmatrix} x_1 \\ x_2 \\ x_3 \end{bmatrix}$$

8.3 逻辑推理　根据已知微分方程组可画出系统的信号流图，进而可得系统的状态方程和输出方程。

解题过程　(1) 设 $x_1 = y_1, x_2 = y_2, x_3 = y_1', x_4 = y_2'$

第一个微分方程可化成

$$\begin{bmatrix}\dot{x}_1\\ \dot{x}_3\end{bmatrix}=\begin{bmatrix}0 & 1\\ -2 & -3\end{bmatrix}\begin{bmatrix}x_1\\ x_3\end{bmatrix}+\begin{bmatrix}0 & 0\\ 1 & 1\end{bmatrix}\begin{bmatrix}f_1\\ f_2\end{bmatrix} \qquad ①$$

第二个微分方程可化成

$$\begin{bmatrix}\dot{x}_2\\ \dot{x}_4\end{bmatrix}=\begin{bmatrix}0 & 1\\ -1 & -4\end{bmatrix}\begin{bmatrix}x_2\\ x_4\end{bmatrix}+\begin{bmatrix}0 & 0\\ 1 & -3\end{bmatrix}\begin{bmatrix}f_1\\ f_2\end{bmatrix} \qquad ②$$

将①、②式综合到一起便得最后的状态方程

$$\begin{bmatrix}\dot{x}_1\\ \dot{x}_2\\ \dot{x}_3\\ \dot{x}_4\end{bmatrix}=\begin{bmatrix}0 & 0 & 1 & 0\\ 0 & 0 & 0 & 1\\ -2 & 0 & -3 & 0\\ 0 & -1 & 0 & -4\end{bmatrix}\begin{bmatrix}x_1\\ x_2\\ x_3\\ x_4\end{bmatrix}+\begin{bmatrix}0 & 0\\ 0 & 0\\ 1 & 1\\ 1 & -3\end{bmatrix}\begin{bmatrix}f_1\\ f_2\end{bmatrix}$$

显然输出方程为 $\begin{bmatrix}y_1\\ y_2\end{bmatrix}=\begin{bmatrix}1 & 0 & 0 & 0\\ 0 & 1 & 0 & 0\end{bmatrix}\begin{bmatrix}x_1\\ x_2\\ x_3\\ x_4\end{bmatrix}$

(2) 设 $x_1 = y_1, x_2 = y_2, x_3 = y_2'$

两个方程可化成 $\begin{cases}\dot{x}_1 + x_2 = f_1\\ \dot{x}_3 + \dot{x}_1 + x_3 + x_1 = f_2\end{cases}$

$$\therefore \begin{cases}\dot{x}_1 = -x_2 + f_1\\ \dot{x}_2 = x_3\\ \dot{x}_3 = -x_3 + x_2 - x_1 - f_1 + f_2\end{cases}$$

写成矩阵形式得状态方程：$\begin{bmatrix}\dot{x}_1\\ \dot{x}_2\\ \dot{x}_3\end{bmatrix}=\begin{bmatrix}0 & -1 & 0\\ 0 & 0 & 1\\ -1 & 1 & -1\end{bmatrix}\begin{bmatrix}x_1\\ x_2\\ x_3\end{bmatrix}+\begin{bmatrix}1 & 0\\ 0 & 0\\ -1 & 1\end{bmatrix}\begin{bmatrix}f_1\\ f_2\end{bmatrix}$

输出方程 $\begin{bmatrix}y_1\\ y_2\end{bmatrix}=\begin{bmatrix}1 & 0 & 0\\ 0 & 1 & 0\end{bmatrix}\begin{bmatrix}x_1\\ x_2\\ x_3\end{bmatrix}$

8.4 逻辑推理　根据系统框图利用积分器性质可直接解答。

解题过程 令 f_1、f_2、x_1、x_2、x_3、y_1、y_2 的拉氏变换分别为 $F_1(s)$、$F_2(s)$、$X_1(s)$、$X_2(s)$、$X_3(s)$、$Y_1(s)$、$Y_2(s)$。

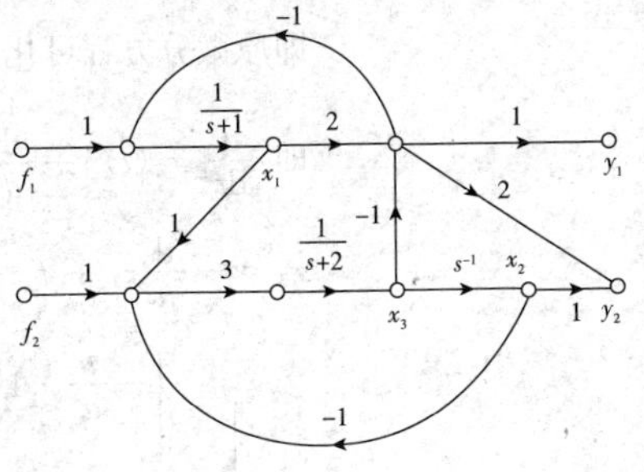

题 8.4 图

在节点 x_1 处得：

$F_1(s)-[2X_1(s)-X_3(s)]=X_1(s)(s+1)$

$F_1(s)-3X_1(s)+X_3(s)=sX_1(s)$

取逆变换得时域上为 $f_1-3x_1+x_3=\dot{x}_1$ ①

同理在 x_2、x_3 节点处分别得 $\dot{x}_2=x_3$ ②

$\dot{x}_3=3x_1-3x_2-2x_3+3f_2$ ③

输出 y_1、y_2 分别为 $y_1=2x_1-x_3$ ④

$y_2=2y_1+x_2=4x_1+x_2-2x_3$ ⑤

由 ①～③ 式列状态方程：

$$\begin{bmatrix}\dot{x}_1\\ \dot{x}_2\\ \dot{x}_3\end{bmatrix}=\begin{bmatrix}-3 & 0 & 1\\ 0 & 0 & 1\\ 3 & -3 & -2\end{bmatrix}\begin{bmatrix}x_1\\ x_2\\ x_3\end{bmatrix}+\begin{bmatrix}1 & 0\\ 0 & 0\\ 0 & 3\end{bmatrix}\begin{bmatrix}f_1\\ f_2\end{bmatrix}$$

由 ④、⑤ 式列写输出方程：$\begin{bmatrix}y_1\\ y_2\end{bmatrix}=\begin{bmatrix}2 & 0 & -1\\ 4 & 1 & -2\end{bmatrix}\begin{bmatrix}x_1\\ x_2\\ x_3\end{bmatrix}$

8.5 逻辑推理 由系统的微分方程即可得出系统的状态方程和输出方程，用变量代换法求解。

解题过程 (1) 由已知变量代换整理得

$$\begin{cases}x_1(t)=ay(t)\\ x_2(t)=a\dfrac{\mathrm{d}y(t)}{\mathrm{d}t}+by(t)=\dfrac{\mathrm{d}x_1(t)}{\mathrm{d}t}+\dfrac{b}{a}x_1(t)\\ x_3(t)=a\dfrac{\mathrm{d}^2y(t)}{\mathrm{d}t^2}+b\dfrac{\mathrm{d}y(t)}{\mathrm{d}t}+cy(t)=\dfrac{\mathrm{d}}{\mathrm{d}t}\left[a\dfrac{\mathrm{d}y(t)}{\mathrm{d}t}+by(t)\right]+cy(t)\\ \qquad =\dfrac{\mathrm{d}}{\mathrm{d}t}[x_2(t)]+\dfrac{c}{a}x_1(t)\end{cases}$$

$$\text{即}\begin{cases}y=\dfrac{1}{a}x_1 & ①\\ \dot{x}_1=-\dfrac{b}{a}x_1+x_2 & ②\\ \dot{x}_2=-\dfrac{c}{a}x_1+x_3 & ③\end{cases}$$

即原微分方程可化简得$\frac{\mathrm{d}}{\mathrm{d}t}\left[a\frac{\mathrm{d}^2y(t)}{\mathrm{d}t^2}+b\frac{\mathrm{d}y(t)}{\mathrm{d}t}+cy(t)\right]+dy(t)=f(t)$

即：$\frac{\mathrm{d}}{\mathrm{d}t}[x_3(t)]+\frac{d}{a}x_1(t)=f(t)$

$$\dot{x}_3=-\frac{d}{a}x_1+f \quad ④$$

$$\begin{bmatrix}\dot{x}_1\\ \dot{x}_2\\ \dot{x}_3\end{bmatrix}=\begin{bmatrix}-\frac{b}{a} & 1 & 0\\ -\frac{c}{a} & 0 & 1\\ -\frac{d}{a} & 0 & 0\end{bmatrix}\begin{bmatrix}x_1\\ x_2\\ x_3\end{bmatrix}+\begin{bmatrix}0\\ 0\\ 1\end{bmatrix}f$$

由 ① 得输出方程：$y(t)=\frac{1}{a}x_1$

(2) 由 ① ～ ④ 式中可得$\begin{cases}\dot{x}_1=-by+x_2\\ \dot{x}_2=-cy+x_3\\ \dot{x}_3=-dy+f\\ y=\frac{1}{a}x_1\end{cases}$

据此可以画出模拟框图如题 8.5 图所示。

8.6 逻辑推理 由系统的组成框图即可直接得出系统的状态方程。

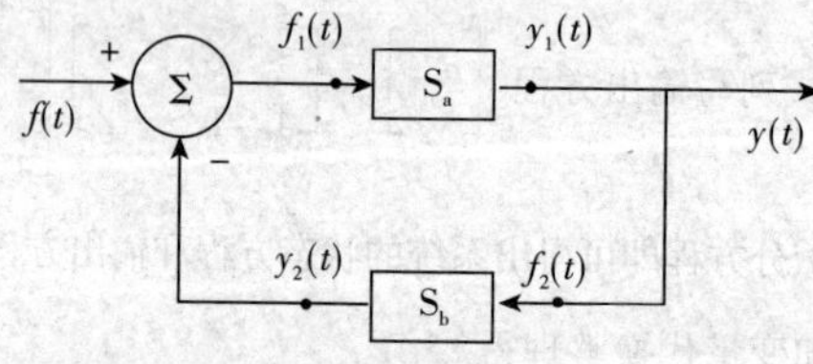

题 8.6 图

解题过程 (1) 由系统框图可知

$f_1(t)=f(t)-y_2(t)=f(t)+x_{b2}$

$f_2(t)=y(t)=y_1(t)=x_{a1}-x_{a2}$

对于子系统 S_a：$\begin{bmatrix}\dot{x}_{a1}\\ \dot{x}_{a2}\end{bmatrix}=\begin{bmatrix}1 & -2\\ 2 & 1\end{bmatrix}\begin{bmatrix}x_{a1}\\ x_{a2}\end{bmatrix}+\begin{bmatrix}1\\ 0\end{bmatrix}(f(t)+x_{b2})$

对于子系统 S_b：$\begin{bmatrix}\dot{x}_{b1}\\ \dot{x}_{b2}\end{bmatrix}=\begin{bmatrix}2 & -1\\ -2 & 1\end{bmatrix}\begin{bmatrix}x_{b1}\\ x_{b2}\end{bmatrix}+\begin{bmatrix}2\\ 0\end{bmatrix}(x_{a1}-x_{a2})$

综合到一起写成矩阵方程形式得复合系统的状态方程

$$\begin{bmatrix}\dot{x}_{a1}\\\dot{x}_{a2}\\\dot{x}_{b1}\\\dot{x}_{b2}\end{bmatrix}=\begin{bmatrix}1&-2&0&1\\2&1&0&0\\2&-2&2&-1\\0&0&-2&1\end{bmatrix}\begin{bmatrix}x_{a1}\\x_{a2}\\x_{b1}\\x_{b2}\end{bmatrix}+\begin{bmatrix}1\\0\\0\\0\end{bmatrix}f(t)$$

以及输出方程的矩阵形式 $y=[1,-1,0,0]\begin{bmatrix}x_{a1}\\x_{a2}\\x_{b1}\\x_{b2}\end{bmatrix}$

(2) 信号流图为图解 8.6 所示。由系统框图得

$$[F(s)-Y(s)S_b]S_a=Y(s)$$

$$F(s)-Y(s)S_b=\frac{1}{S_a}Y(s)$$

$$F(s)=(S_b+\frac{1}{S_a})Y(s)$$

$$\therefore H(s)=\frac{Y(s)}{F(s)}=\frac{1}{S_b+\frac{1}{S_a}}=\frac{S_a}{1+S_aS_b}$$

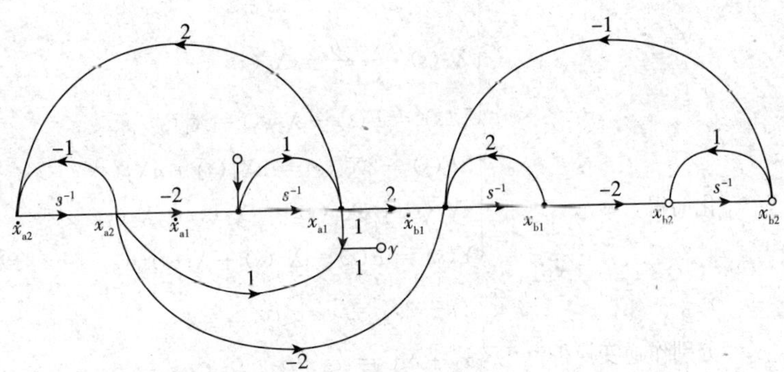

图解 8.6

对子系统 S_a 的状态方程求拉氏变换得

$$\begin{cases}sX_{a1}(s)=X_{a1}(s)-2X_{a2}(s)+F_1(s)\\sX_{a2}(s)=X_{a1}(s)-2X_{a2}(s)\end{cases}\Rightarrow\begin{cases}X_{a1}(s)=\dfrac{F_1(s)(s-1)}{(s-1)^2+4}\\X_{a2}(s)=\dfrac{2F_1(s)}{(s-1)^2+4}\end{cases}$$

$$\therefore Y_1(s)=X_{a1}(s)-X_{a2}(s)=\frac{F_1(s)(s-3)}{(s-1)^2+4}$$

$$\therefore S_a(s)=\frac{Y_1(s)}{F_1(s)}=\frac{s-3}{(s-1)^2+4}$$

同理求得子系统 S_b 的系统函数：$S_b(s)=\dfrac{4}{(s-3)}$

$$\therefore H(S)=\frac{S_a}{1+S_aS_b}=\frac{\dfrac{s-3}{(s-1)^2+4}}{1+\dfrac{s-3}{(s-1)^2+4}\cdot\dfrac{4}{s(s-3)}}$$

$$=\frac{s(s-3)}{[(s-1)^2+4]s+4}=\frac{s^2-3s}{s^3-2s^2+5s+4}$$

8.7 逻辑推理 由系统框图较易得出状态方程和输出方程，系统稳定与否取决于极值点的位置。

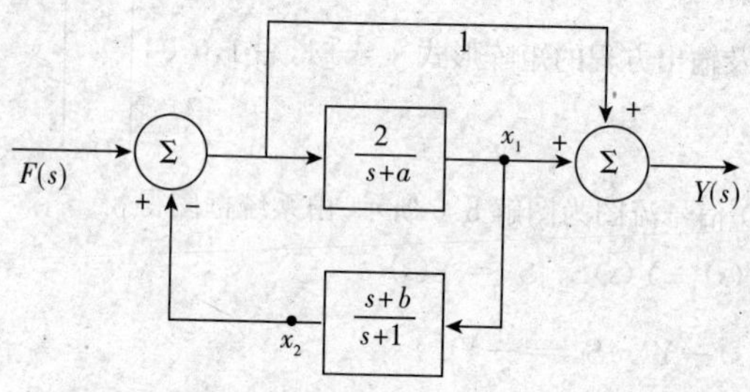

题 8.7 图

解题过程 (1) 令 $x_1(t)$ 和 $x_2(t)$ 的拉氏变换分别为 $X_1(s)$、$X_2(s)$，由系统框图可得

$$\begin{cases}[F(s)-X_2(s)]\cdot\dfrac{2}{s+a}=X_1(s) & ①\\ X_1(s)\cdot\dfrac{s+b}{s+1}=X_2(s) & ②\\ Y(s)=F(s)-X_2(s)+X_1(s) & ③\end{cases}$$

化简得
$$\begin{cases}2F(s)-2X_2(s)=sX_1(s)+aX_1(s) & ④\\ sX_1(s)+bX_1(s)=sX_2(s)+X_2(s) & ⑤\\ Y(s)=F(s)-X_2(s)+X_1(s)(6) & ⑥\end{cases}$$

分别作逆变换得
$$\begin{cases}2f-2x_2=\dot{x}_1+ax_1\\ \dot{x}_1+bx_1=\dot{x}_2+x_2\\ y=f+x_1-x_2\end{cases}$$

进而写出状态方程 $\begin{bmatrix}\dot{x}_1\\ \dot{x}_2\end{bmatrix}=\begin{bmatrix}-a & -2\\ b-a & -3\end{bmatrix}\begin{bmatrix}x_1\\ x_2\end{bmatrix}+\begin{bmatrix}2\\ 2\end{bmatrix}[f]$

输出方程 $y(t)=[1\quad -1]\begin{bmatrix}x_1\\ x_2\end{bmatrix}+f$

(2) 将(1) 中的 ① 式代入 ② 式中得

$$X_2(s)=\frac{2(s+b)F(s)}{2(s+b)+(s+a)(s+1)} \qquad ⑦$$

⑦ 式代入 ② 式中得 $X_1(s)=\dfrac{2(s+1)F(s)}{2(s+b)+(s+a)(s+1)}$ ⑧

⑦、⑧ 式代入 ③ 式中得 $H(s)\ \dfrac{Y(s)}{F(s)}=\dfrac{(s+1)(s+a+2)}{s^2(3+a)s+2b+a}$

根据稳定准则，要使该系统稳定，常数 a、b 应满足

$$\begin{cases}-(3+a)<0\\2b+a>0\end{cases}\qquad\therefore\begin{cases}a>-3\\b>-\dfrac{a}{2}\end{cases}$$

8.8 逻辑推理　由信号流图可直接得出系统的状态方程和输出方程。

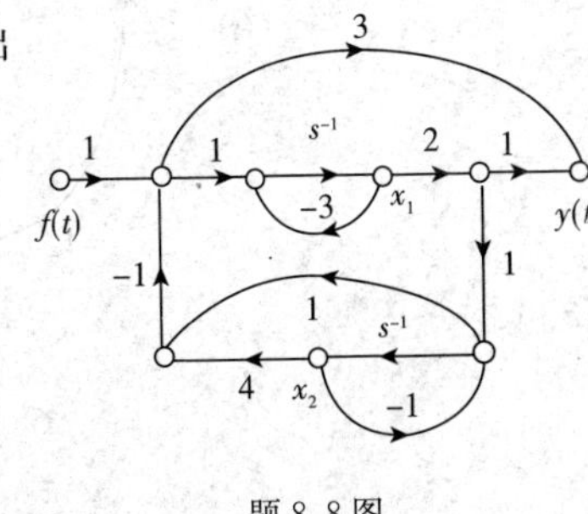

题 8.8 图

解题过程　由信号流图得

$$\dot{x}_2=2x_1-x_2$$

$$\begin{aligned}\dot{x}_1&=-3x_1-(4x_2+\dot{x}_2)+f\\&=-3x_1-4x_2-2x_1+x_2+f\\&=-5x_1-3x_2+f\end{aligned}$$

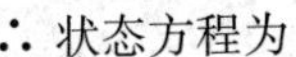

∴ 状态方程为

$$\begin{bmatrix}\dot{x}_1\\\dot{x}_2\end{bmatrix}=\begin{bmatrix}-5&-3\\2&-1\end{bmatrix}\begin{bmatrix}x_1\\x_2\end{bmatrix}+\begin{bmatrix}1\\0\end{bmatrix}[f]$$

同理由于 $y=2x_1+3(f-4x_2-\dot{x}_2)=2x_1+3(f-4x_2-2x_1+x_2)=-4x_1-9x_2+3f$

所以 $[y]=[-4\quad -9]\begin{bmatrix}x_1\\x_2\end{bmatrix}+[3][f]$

8.9 逻辑推理　由系统函数可直接画出系统的信号流图。

解题过程　由系统函数可以直接画出两种信号流图。

第一种：如图解 8.9(a) 所示。

第二种：如图解 8.9(b) 所示。

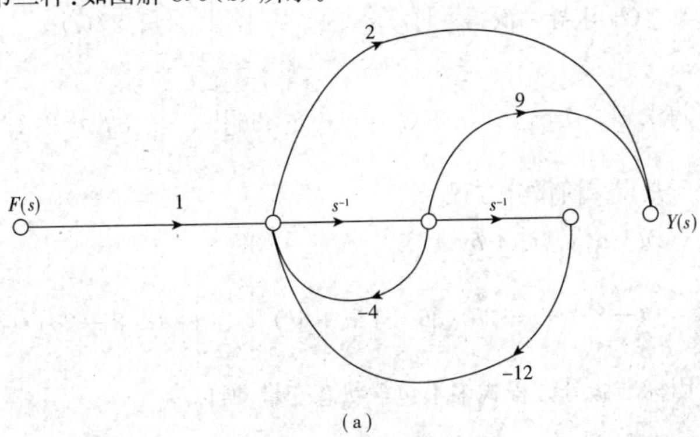

(a)

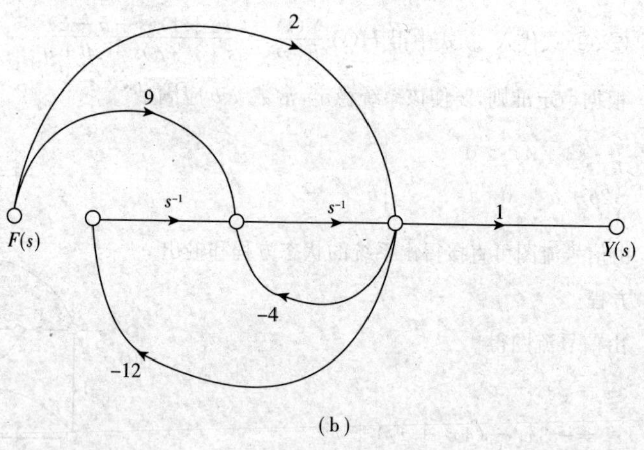

(b)

图解 8.9

由教材第 369 页例 8.2—3 方法得

状态方程：$\begin{bmatrix}\dot{x}_1\\ \dot{x}_2\end{bmatrix}=\begin{bmatrix}0 & 1\\ -12 & -4\end{bmatrix}\begin{bmatrix}x_1\\ x_2\end{bmatrix}+\begin{bmatrix}0\\ 1\end{bmatrix}[f]$，

输出方程$[y]=[-24\quad 1]\begin{bmatrix}x_1\\ x_2\end{bmatrix}+2f$。

8.10 逻辑推理　先得到系统的状态方程和输出方程，再得到二阶微分方程，对比系数得到结果。

解题过程　系统的状态方程和输出方程$\begin{bmatrix}\dot{x}_1\\ \dot{x}_2\end{bmatrix}=\begin{bmatrix}-2 & 0\\ 0 & -3\end{bmatrix}\begin{bmatrix}x_1\\ x_2\end{bmatrix}+\begin{bmatrix}1\\ 1\end{bmatrix}f(t)$

$$y(t)=[-2\quad 4]\begin{bmatrix}x_1\\ x_2\end{bmatrix}+2f(t)$$

对 $y(t)$ 求导一次得　$\dot{y}(t)=[4\quad -12]\begin{bmatrix}x_1\\ x_2\end{bmatrix}+2f(t)$

再求导一次　$\ddot{y}(t)=[-8\quad 36]\begin{bmatrix}x_1\\ x_2\end{bmatrix}-8f(t)+2\dot{f}(t)$

于是得二阶微分方程

$\ddot{y}(t)+a(\dot{y})(t)+by(t)$

$$=[(-8+4a-2b)(36-12a+4b)]\begin{bmatrix}x_1\\ x_2\end{bmatrix}+(-8+2a)f(t)+2\dot{f}(t)$$

因标准微分方程式中不包含状态变量，所以令

$$\begin{cases}-8+4a-2b=0\\ 36-12a+4b=0\end{cases}\Rightarrow\begin{cases}a=5\\ b=6\end{cases}$$

于是 $y''(t)+5y'(t)+6y(t)=2f'(t)+2f(t)$

$$\therefore y'(0\_)=[-2\quad 4]\begin{bmatrix}x_1(0\_)\\x_2(0\_)\end{bmatrix}=0$$

$\because f(t)$ 为因果信号

$\therefore f(0\_)=0$

$$\therefore y'(0\_)=[4\quad -12]\begin{bmatrix}x_1(0\_)\\x_2(0\_)\end{bmatrix}+2f(0\_)=-4$$

8.11 逻辑推理 由状态方程求得微分方程，即可画出信号流图。

解题过程

$$\begin{cases}\dot{x}_1=-4x_1+x_2+f\\ \dot{x}_2=-3x_1+f\end{cases}$$

分别作拉氏变换得

$$\begin{cases}sX_1(s)=-4X(s)+X_2(s)+F(s) & ①\\ sX_2(s)=-3X_1(s)+F(s) & ②\end{cases}$$

由 ① 式得：$(s+4)X_1(s)=X_2(s)+F(s)$

$$X_2(s)=(s+4)X_1(s)-F(s) \quad ③$$

③ 式代入 ② 式得

$$s(s+4)X_1(s)-sF(s)=-3X_1(s)+F(s)$$

$$(s^2+4s+3)X_1(s)=(s+1)F(s)$$

$$X_1(s)=\frac{s+1}{s^2+4s+3}F(s) \quad ④$$

$$\therefore Y(s)=X_1(s)=\frac{s+1}{s^2+4s+3}F(s) \quad ⑤$$

$$H(s)=\frac{Y(s)}{F(s)}=\frac{s+1}{s^2+4s+3} \quad ⑥$$

由 ⑤ 式得，微分方程：

$$y''(t)+4y'(t)+3y(t)=f'(t)+f(t)$$

可由系统函数直接画出信号流图如图解 8.11 所示。

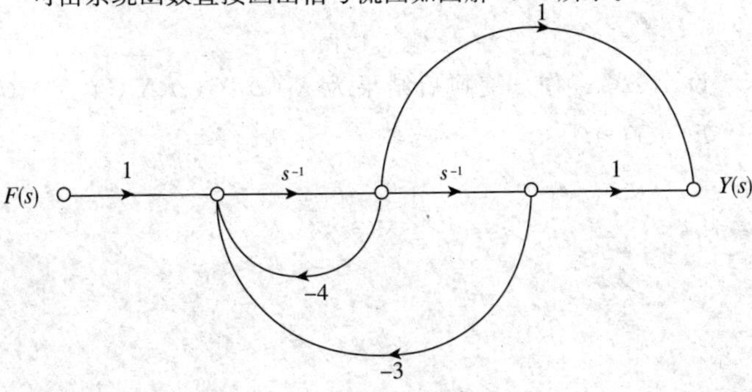

图解 8.11

8.12 逻辑推理　本题考查以信号流图计算状态方程和输出方程。

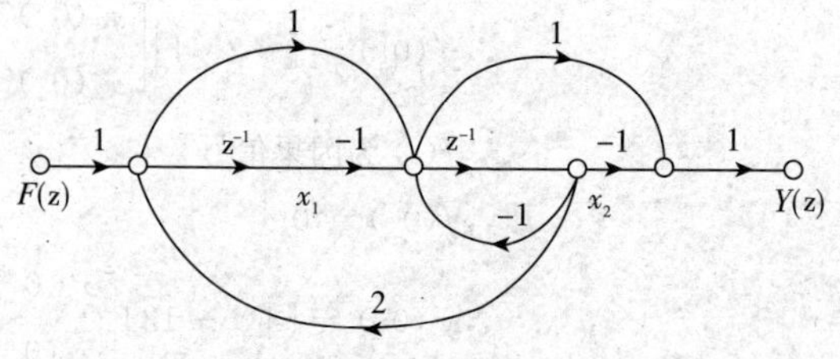

题 8.12 图

解题过程　由信号流图得

$$x_1(k+1)=2x_2(k)+f(k)$$

$$x_2(k+1)=-x_1(k)+x_1(k+1)-x_2(k)=-x_1(k)+2x_2(k)+f(k)-x_2(k)$$
$$=-x_1(k)+x_2(k)+f(k)$$

$$y(k)=x_2(k+1)-x_2(k)=-x_1(k)+f(k)$$

∴ 以 $x_1(k)$、$x_2(k)$ 为状态变量的状态方程和输出方程为

$$\begin{bmatrix}x_1(k+1)\\x_2(k+1)\end{bmatrix}=\begin{bmatrix}0&2\\-1&1\end{bmatrix}\begin{bmatrix}x_1(k)\\x_2(k)\end{bmatrix}+\begin{bmatrix}1\\1\end{bmatrix}f(k)$$

$$y(k)=[-1,0]\begin{bmatrix}x_1(k)\\x_2(k)\end{bmatrix}+f(k)=-x_1(k)+f(k)$$

8.13 逻辑推理　本题仍然考查由信号流图计算状态方程和输出方程。

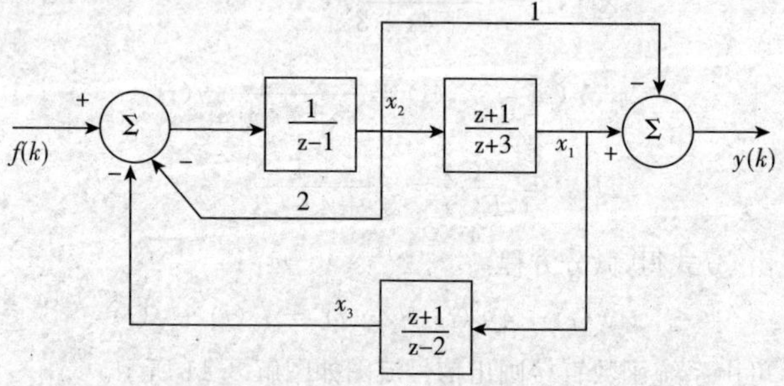

题 8.13 图

解题过程　设 x_1、x_2、x_3 作 z 变换后结果为 $X_1(z)$、$X_2(z)$、$X_3(z)$，$f(k)y(k)$ 作 z 变换后为 $F(z)$、$Y(z)$。

由信号流图
$$\begin{cases} X_1(z)=X_2(z)\cdot\dfrac{z+1}{z+3} \\ X_3(z)=X_1(z)\cdot\dfrac{z+1}{z-2} \\ X_2(z)=[F(z)-2X_2(z)-X_3(z)]\cdot\dfrac{1}{z-1} \\ Y(z)=X_1(z)-X_2(z) \end{cases}$$

整理得
$$\begin{cases} zX_1(z)+3X_1(z)=zX_2(z)+X_2(z) \\ zX_3(z)-2X_3(z)=zX_1(z)+X_1(z) \\ zX_2(z)-X_2(z)=F(z)-2X_2(z)-X_3(z) \\ Y(z)=X_1(z)-X_2(z) \end{cases}$$

作逆变换后得
$$\begin{cases} x_1(k+1)+3x_1(k)=x_2(k+1)+x_2(k) \\ x_3(k+1)-2x_3(k)=x_1(k+1)+x_1(k) \\ x_2(k+1)-x_2(k)=f(k)-2x_2(k)-x_3(k) \\ y(k)=x_1(k)-x_2(k) \end{cases}$$

整理后得矩阵形式的状态方程和输出方程

$$\begin{bmatrix} x_1(k+1) \\ x_2(k+1) \\ x_3(k+1) \end{bmatrix}=\begin{bmatrix} -3 & 0 & -1 \\ 0 & -1 & -1 \\ -2 & 0 & 1 \end{bmatrix}\begin{bmatrix} x_1(k) \\ x_2(k) \\ x_3(k) \end{bmatrix}+\begin{bmatrix} 1 \\ 1 \\ 1 \end{bmatrix}f(k)$$

$$y(k)=x_1(k)-x_2(k)=(1\quad -1\quad 0)\begin{bmatrix} x_1(k) \\ x_2(k) \\ x_3(k) \end{bmatrix}$$

8.14 逻辑推理 本题可以先写出系统函数，画出信号流图，再写出状态方程和输出方程。

解题过程 (1) 根据差分方程可直接写出该系统的系统函数：

$$H(z)=\frac{z^{-1}+2z^{-2}}{1+4z^{-1}+3z^{-2}}$$

由 $H(z)$ 画出其信号流图如图解 8.14 所示。

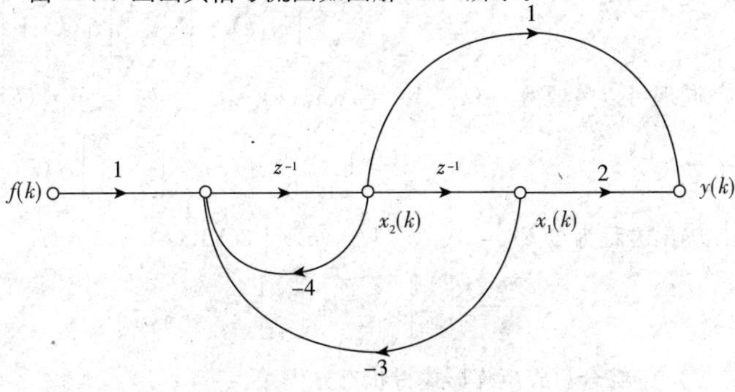

图解 8.14

选延迟单元的输出端为状态变量 $x_1(k)$、$x_2(k)$，可列出状态方程

$$\begin{cases} x_1(k+1) = x_2(k) \\ x_2(k+1) = -3x_1(k) - 4x_2(k) + f(k) \end{cases}$$

输出方程 $y(k) = 2x_1(k) + x_2(k)$

写成矩阵的形式为 $\begin{bmatrix} x_1(k+1) \\ x_2(k+1) \end{bmatrix} = \begin{bmatrix} 0 & 1 \\ -3 & -4 \end{bmatrix}\begin{bmatrix} x_1(k) \\ x_2(k) \end{bmatrix} + \begin{bmatrix} 0 \\ 1 \end{bmatrix} f(k)$

$$y(k) = [2 \quad 1]\begin{bmatrix} x_1(k) \\ x_2(k) \end{bmatrix}$$

(2)$k=0$ 时，$y(0) = 2x_1(0) + x_2(0) = 0$

$k=1$ 时，$y(1) = 2x_1(1) + x_2(1) = 2x_1(0) + [-3x_1(0) - 4x_2(0) + f(0)]$

$$= -3x_1(0) - 2x_2(0) + f(0) = -3x_1(0) - 2x_2(0) = 1$$

联立方程解得　$x_1(0) = 1$

$x_2(0) = -2$

8.15 逻辑推理　本题考查由系统框图计算状态方程和输出方程。

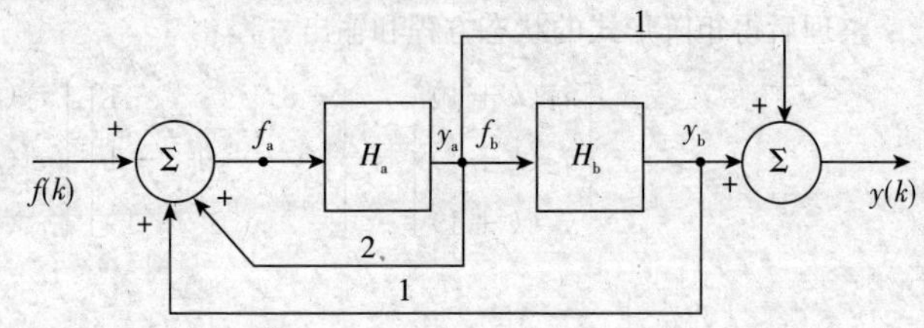

题 8.15 图

解题过程　由系统框图可以写出

$$f_a = f(k) + y_b(k) + 2y_a(k) = f(k) + C_b x_b(k) + 2C_a x_a(k)$$

$$\begin{aligned} \therefore x_a(k+1) &= A_a x_a(k) + B_a f_a(k) \\ &= A_a x_a(k) + B_a f(k) + B_a C_b x_b(k) + 2B_a C_a x_a(k) \\ &= (A_a + 2B_a C_a) x_a(k) + B_a C_a x_b(K) + B_a f(k) \\ &= \begin{bmatrix} 3 & -1 \\ 0 & 2 \end{bmatrix} x_a(k) + \begin{bmatrix} 0 & 1 \\ 0 & 0 \end{bmatrix} x_b(k) + \begin{bmatrix} 1 \\ 0 \end{bmatrix} f(k) \end{aligned} \quad ①$$

同理可以整理得 $x_b(k+1) = A_b x_b(k) + B_b y_a(k) = A_b x_b(k) + B_b C_a x_a(k)$

$$= \begin{bmatrix} 0 & 0 \\ 1 & 0 \end{bmatrix} x_a(k) + \begin{bmatrix} 1 & 0 \\ 1 & 2 \end{bmatrix} x_b(k) \quad ②$$

输出方程为 $y(k) = 3y_a(k) + y_b(k) = 3C_a x_a(k) + C_b x_b(k)$

$$= 3\begin{bmatrix} 1 \\ 0 \end{bmatrix} x_a(k) + \begin{bmatrix} 0 \\ 1 \end{bmatrix} x_b(k) \quad ③$$

①、② 综合写成矩阵形式得状态方程

$$x(k+1)=\begin{bmatrix}x_a(k+1)\\x_b(k+1)\end{bmatrix}=\begin{bmatrix}3&-1&0&1\\0&2&0&0\\0&0&1&0\\1&0&1&2\end{bmatrix}\begin{bmatrix}x_a(k)\\x_b(k)\end{bmatrix}+\begin{bmatrix}1\\0\\0\\0\end{bmatrix}f(k)$$

由 ③ 整理得输出方程矩阵形式

$$y(k)=[3\quad 0\quad 0\quad 1]\begin{bmatrix}x_a(k)\\x_b(k)\end{bmatrix}$$

8.16 **逻辑推理** 本题首先画出信号流图，然后利用梅森公式计算系统函数。

解题过程 该系统是单输入单输出的二阶离散系统。

设 $x(k+1)=\begin{bmatrix}x_1(k+1)\\x_2(k+1)\end{bmatrix}$，则 $x(k)=\begin{bmatrix}x_1(k)\\x_2(k)\end{bmatrix}$

据此建立状态变量的基本节点如下，并利用状态方程和输出方程得到图解 8.16(a)。

加经美化：如图解 8.16(b) 所示。

信号流图共有 4 个回路：

$x_1(k+1)\to x_1(k)\to x_1(k+1): L_1=-2z^{-1}$

$x_2(k+1)\to x_2(k)\to x_2(k+1): L_2=z^{-1}$

$x_1(k+1)\to x_1(k)\to x_2(k+1)\to x_2(k)\to x_1(k+1): L_3=-6z^{-2}$

两两互不接触的回路乘积为：$L_1\cdot L_2=-2z^{-2}$

$\therefore \triangle=1\quad(-2z^{-1}+z^{-1}-6z^{-2})+(-2z^{-2})=1+z^{-1}+4z^{-2}$

利用梅森公式：$H(z)=\dfrac{1}{\triangle}[4z^{-2}+3z^{-1}(1-z^{-1})]=\dfrac{z^{\ 2}+3z^{-1}}{1+z^{-1}+4z^{-2}}=\dfrac{1+3z}{4+z+z^2}$

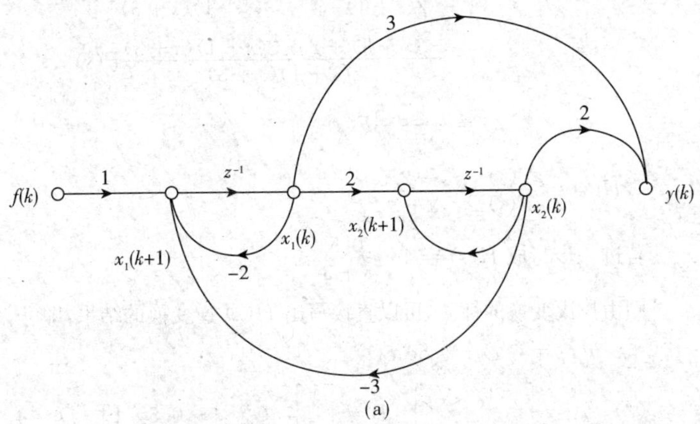

(a)

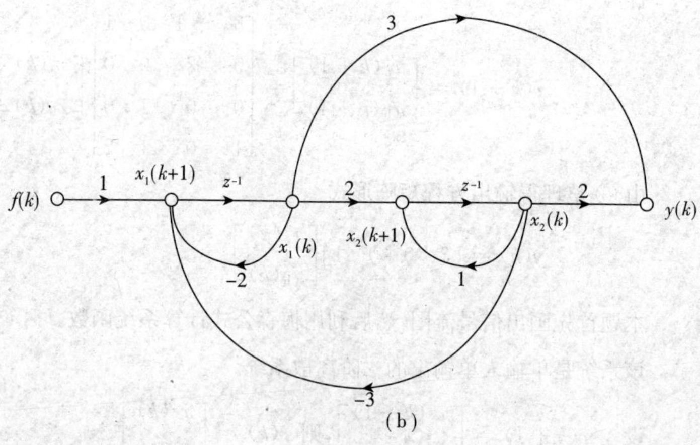

(b)

图解 8.16

8.17 逻辑推理 由系统的状态方程和输出方程即可得到系统函数表达式。

解题过程 (1) 设 $x_1(t)$、$x_2(t)$、$f(t)$、$y(t)$ 的拉氏变换分别为 $X_1(s)$、$X_2(s)$、$F(s)$、$Y(s)$。

由系统的状态方程和输出方程得

$$\begin{cases} sX_1(s)=-X_1(s)+F(s) & ① \\ sX_2(s)=X_1(s)-3X_2(s) & ② \\ Y(s)=-0.5X_1(s)+X_2(s)+F(s) & ③ \end{cases}$$

由 ①、② 得：
$$\begin{cases} X_1(s)=\dfrac{1}{s+1}F(s) & ④ \\ X_2(s)=\dfrac{1}{s+3}X_1(s)=\dfrac{1}{(s+1)(s+3)}F(s) & ⑤ \end{cases}$$

代入 ③ 得：
$$\begin{aligned} Y(s)&=-\frac{1}{2(s+1)}F(s)+\frac{1}{(s+1)(s+3)}F(s)+F(s) \\ &=\frac{-(s+3)+2+2(s+1)(s+3)}{2(s+1)(s+3)}F(s) \\ &=\frac{s+2.5}{s+3}F(s) \qquad ⑥ \end{aligned}$$

$$\therefore H(s)=\frac{Y(s)}{F(s)}=\frac{s+2.5}{s+3}$$

若进一步写成 $H(s)=1-\dfrac{0.5}{s+3}$

则由拉氏变换的性质，可以直接写出 $H(s)$ 逆变换的结果，即

$$h(t)=\delta(t)-0.5e^{3t}\varepsilon(t)$$

(2) $A=\begin{bmatrix}-1 & 0\\ 1 & -3\end{bmatrix}$ $B=\begin{bmatrix}1\\0\end{bmatrix}$ $C=[-0.5 \quad 1]$ $D=1$

$$(sI-A)=s\begin{bmatrix}1 & 0\\ 0 & 1\end{bmatrix}-\begin{bmatrix}-1 & 0\\ 1 & -3\end{bmatrix}=\begin{bmatrix}s+1 & 0\\ -1 & s+3\end{bmatrix}$$

∴ 预解矩阵

$$\Phi(s)=(SI-A)^{-1}=\frac{1}{(s+1)(s+3)}\begin{bmatrix}s+3 & 0\\ -1 & s+1\end{bmatrix}=\begin{bmatrix}\frac{1}{s+1} & 0\\ \frac{1}{(s+1)(s+3)} & \frac{1}{s+3}\end{bmatrix}$$

$$\therefore X(s)=\begin{bmatrix}X_1(s)\\ X_2(s)\end{bmatrix}=\Phi(s)x(0\_)+\Phi(s)BF(s)$$

$$=\begin{bmatrix}\frac{1}{s+1} & 0\\ \frac{1}{(s+1)(s+3)} & \frac{1}{s+3}\end{bmatrix}\left[\begin{bmatrix}1\\ 2\end{bmatrix}+\begin{bmatrix}\frac{1}{s}\\ 0\end{bmatrix}\right]$$

$$=\begin{bmatrix}\frac{1}{s+1} & 0\\ \frac{1}{(s+1)(s+3)} & \frac{1}{s+3}\end{bmatrix}\begin{bmatrix}\frac{s+1}{s}\\ 2\end{bmatrix}=\begin{bmatrix}\frac{1}{s+1}\\ \frac{2s+1}{s(s+3)}\end{bmatrix}=\begin{bmatrix}\frac{1}{s}\\ \frac{\frac{1}{3}}{s}+\frac{\frac{5}{3}}{s+3}\end{bmatrix}$$

再作拉氏反变换得 $\begin{bmatrix}x_1(t)\\ x_2(t)\end{bmatrix}=\begin{bmatrix}1\\ \frac{1}{3}(1+5e^{-3t})\end{bmatrix}\varepsilon(t)$

(3) 根据(2) 小题求解结果:直接代入输出方程便可求得系统的输出

$$y(t)=[-0.5\quad 1]\begin{bmatrix}1\\ \frac{1}{3}(1+5\mathrm{e}^{-3t})\end{bmatrix}\varepsilon(t)+\varepsilon(t)=\frac{5}{6}(1+2\mathrm{e}^{-3t})\varepsilon(t)$$

8.18 **逻辑推理** 由系统的状态方程和输出方程即可求得系统函数和 $H(s)$ 表达式。

解题过程 (1) 由已知的状态方程

令 $A=\begin{bmatrix}-4 & 1\\ -3 & 0\end{bmatrix}$ $B=\begin{bmatrix}1\\ 1\end{bmatrix}$ $C=[1,0]$ $D=0$

$$\Phi(s)=(sI-A)^{-1}=\begin{bmatrix}s+4 & -1\\ 3 & s\end{bmatrix}^{-1}=\frac{1}{(s+1)(s+3)}\begin{bmatrix}s & 1\\ -3 & s+4\end{bmatrix}$$

$$H(s)=c\Phi(s)B+D=[1,0]\cdot\frac{1}{(s+1)(s+3)}\begin{bmatrix}s & 1\\ -3 & s+4\end{bmatrix}\cdot\begin{bmatrix}1\\ 1\end{bmatrix}$$

$$=\frac{1}{(s+1)(s+3)}[s\quad 1]\begin{bmatrix}1\\ 1\end{bmatrix}=\frac{s+1}{s^2+4s+3}$$

由此可写出微分方程

$y''(t)+4y'(t)+3y(t)=f'(t)+f(t)$

(2) $y(t)=\mathscr{L}^{-1}[c\Phi(s)x(0\_)]+\mathscr{L}^{-1}\{[c\Phi(s)B+D]F(s)\}$

$$=\mathscr{L}^{-1}\left[\frac{sx_1(0\_)}{(s+1)(s+3)}+\frac{x_2(0\_)}{(s+1)(s+3)}\right]+\mathscr{L}^{-1}\left[\frac{1}{s+3}\cdot\frac{1}{s}\right]$$

其中$\frac{s}{(s+1)(s+3)}=-\frac{1}{2}\left(\frac{1}{s+1}-\frac{3}{s+3}\right)\xrightarrow{\mathscr{L}^{-1}}-\frac{1}{2}(\mathrm{e}^{-t}-3\mathrm{e}^{-3t})\varepsilon(t)$

$$\frac{1}{(s+1)(s+3)}=\frac{1}{2}\left(\frac{1}{s+1}-\frac{3}{s+3}\right)\xrightarrow{\mathscr{L}^{-1}}\frac{1}{2}(\mathrm{e}^{-t}-3\mathrm{e}^{-3t})\varepsilon(t)$$

$$\frac{1}{s(s+3)}=\frac{1}{3}\left(\frac{1}{s}-\frac{1}{s+3}\right)\xrightarrow{\mathscr{L}^{-1}}\frac{1}{3}(1-\mathrm{e}^{-3t})\varepsilon(t)$$

又$\because y(t)=\left(\frac{1}{3}+\frac{1}{2}\mathrm{e}^{-t}-\frac{5}{6}\mathrm{e}^{-3t}\right)\varepsilon(t)$

$$\therefore\begin{cases}-\frac{1}{2}x_1(0\_)+\frac{1}{2}x_2(0\_)=\frac{1}{2}\\ \frac{3}{2}x_1(0\_)-\frac{1}{2}x_2(0\_)-\frac{1}{3}=-\frac{5}{6}\end{cases}\quad 解得\begin{cases}x_1(0\_)=0\\ x_2(0\_)=1\end{cases}$$

8.19 **逻辑推理** 由状态方程和输出方程即可求得系统函数表达式。

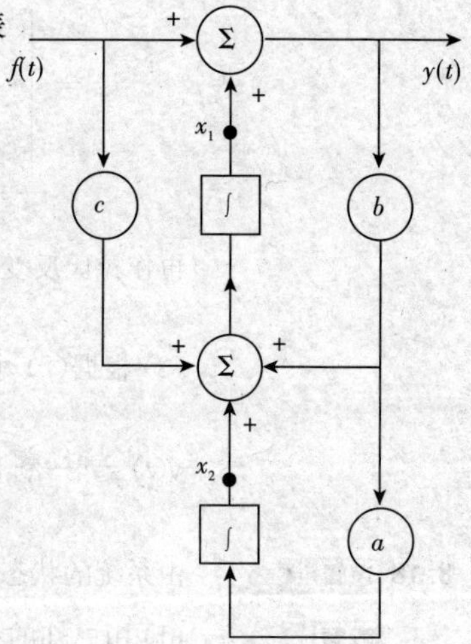

解题过程 (1) 由图可列状态方程和输出方程

$$\dot{x}_1(t)=x_2+cf(t)+by(t)$$
$$=x_2(t)+cf(t)+b[x_1(t)+f(t)]$$
$$=bx_1(t)+x_2(t)+(b+c)f(t)$$

$$\dot{x}_2(t)=aby(t)=abx_1(t)+abf(t)$$

$$y(t)=x_1(t)+f(t)$$

写成矩阵形式

$$\begin{bmatrix}\dot{x}_1\\ \dot{x}_2\end{bmatrix}=\begin{bmatrix}b & 1\\ ab & 0\end{bmatrix}\begin{bmatrix}x_1\\ x_2\end{bmatrix}+\begin{bmatrix}b+c\\ ab\end{bmatrix}[f]$$

$$y=(1,0)\begin{bmatrix}x_1\\ x_2\end{bmatrix}+f$$

题 8.19 图

(2) 计算 $\Phi(s)=(sI-A)^{-1}=\frac{1}{s^2-bs-ab}\begin{bmatrix}s & 1\\ ab & s-b\end{bmatrix}$

$$\therefore X(s)=\Phi(s)x(0\_)+\Phi(s)BF(s)$$
$$=\Phi(s)\begin{bmatrix}x_1(0\_)\\ x_2(0\_)\end{bmatrix}+\Phi(s)\begin{bmatrix}b+c\\ ab\end{bmatrix}\frac{1}{s}$$
$$=\frac{1}{s(s^2-bs-ab)}\begin{bmatrix}s^2x_1(0\_)+[b+c+x_2(0\_)]s+ab\\ s^2x_2(0\_)+[abx_1(0\_)+ab-bx_2(0\_)]s+abc\end{bmatrix}$$

由已知条件$\begin{bmatrix}x_1\\ x_2\end{bmatrix}=\begin{bmatrix}4\mathrm{e}^{-t}-2\mathrm{e}^{-2t}-1\\ 8\mathrm{e}^{-t}-2\mathrm{e}^{-2t}-4\end{bmatrix}\varepsilon(t)$ ①

取拉氏变换得：$X(s)=\frac{1}{s(s^2+3s+2)}\begin{bmatrix}s^2+3s-2\\ 2s^2+2s-8\end{bmatrix}$ ②

由 ①、② 两式对应系数相等，可知 $\begin{cases} x_1(0\_)=1 \\ x_2(0\_)=2 \end{cases}$ $\begin{cases} a=\dfrac{2}{3} \\ b=-3 \\ c=4 \end{cases}$

(3) $H(s)=C\Phi(s)B+D=[1\quad 0]\Phi(s)\begin{bmatrix} -3+4 \\ \dfrac{2}{3}\times(-3) \end{bmatrix}+1=\dfrac{s-2}{s^2+3s+2}+1$

$$=\frac{-3}{s+1}+\frac{4}{s+2}+1$$

取逆变换得 $h(t)=\delta(t)+(4e^{-2t}-3e^{-t})\varepsilon(t)$

8.20 逻辑推理 因果系统稳定的充要条件是特征根都在 s 平面的左半平面。

解题过程 令 $\det(s\boldsymbol{I}-\boldsymbol{A})=\begin{bmatrix} s-4 & -3 \\ 3 & s-4 \end{bmatrix}=(s-4)^2+9=s^2-8s+25=0$

特征根为 $s=4\pm 3j$

由于系统的特征根并不在 s 的左半平面，所以系统不稳定。

8.21 逻辑推理 由系统矩阵可得特征方程，进而求解出状态转移矩阵。

解题过程 (1)$\boldsymbol{A}$ 是二阶矩阵，由凯莱－哈密顿定理，$e^{\boldsymbol{A}t}$ 可表示成 A 的一次多项式。

$e^{\boldsymbol{A}t}=\alpha_0 I+\alpha_1\boldsymbol{A}$

A 的特征方程：

$$\det(\lambda I-\boldsymbol{A})=\det\begin{bmatrix} \lambda-1 & -2 \\ 0 & \lambda+1 \end{bmatrix}=\lambda^2-1+0=\lambda^2-1=0$$

特征根为 $\lambda_1=1\quad \lambda_2=-1$

于是 $\begin{cases} \alpha_0+\alpha_1=e^t \\ \alpha_0-\alpha_1=e^{-t} \end{cases}$ 解得 $\begin{cases} a_0=\dfrac{e^t+e^{-t}}{2} \\ a_1=\dfrac{e^t-e^{-t}}{2} \end{cases}$

$$\therefore e^{\boldsymbol{A}t}=\frac{e^t+e^{-t}}{2}\begin{bmatrix} 1 & 0 \\ 0 & 1 \end{bmatrix}+\frac{e^t-e^{-t}}{2}\begin{bmatrix} 1 & 2 \\ 0 & -1 \end{bmatrix}=\begin{bmatrix} e^t & e^t-e^{-t} \\ 0 & e^{-t} \end{bmatrix}$$

(2) 由(1) 同理可知 $e^{\boldsymbol{A}t}=\alpha_0 I+\alpha_1\boldsymbol{A}+\alpha_2 A^2$

由特征方程 $\det(\lambda\boldsymbol{I}-\boldsymbol{A})=0$ 求特征根为 $\lambda_1=0,\lambda_2=-1,\lambda_3=1$

列写方程组 $\begin{cases} \alpha_0+a_1\lambda_1+\alpha_2\lambda_1^2=e^{\lambda_1 t}=1 \\ \alpha_0+a_1\lambda_2+\alpha_2\lambda_2^2=e^{\lambda_2 t}=e^{-t} \\ \alpha_0+a_1\lambda_3+\alpha_2\lambda_3^2=e^{\lambda_3 t}=e^{+t} \end{cases}$ 解得 $\begin{cases} \alpha_0=-1 \\ \alpha_1=\dfrac{e^{+t}-e^{-t}}{2} \\ \alpha_2=\dfrac{e^t+e^{-t}-2}{2} \end{cases}$

$$于是\ e^{\boldsymbol{A}t}=\boldsymbol{I}+\frac{e^t-e^{-t}}{2}\begin{bmatrix} 0 & 1 & 0 \\ 0 & 0 & 1 \\ 0 & 1 & 0 \end{bmatrix}+\frac{e^t+e^{-t}-2}{2}\begin{bmatrix} 0 & 0 & 1 \\ 0 & 1 & 0 \\ 0 & 0 & 1 \end{bmatrix}$$

$$=\begin{bmatrix}1 & \frac{e^t-e^{-t}}{2} & \frac{e^t+e^{-t}-2}{2}\\ 0 & \frac{e^t+e^{-t}}{2} & \frac{e^t-e^{-t}}{2}\\ 0 & \frac{e^t-e^{-t}}{2} & \frac{e^t+e^{-t}}{2}\end{bmatrix}$$

8.22 解题过程 设状态转移矩阵$\varphi(t)=\begin{bmatrix}\varphi_{11}(t) & \varphi_{12}(t)\\ \varphi_{21}(t) & \varphi_{22}(t)\end{bmatrix}$

零输入解为 $x(t)=\varphi(t)x(0)$

$\therefore\begin{bmatrix}e^{-t}\\ -e^{-t}\end{bmatrix}=\varphi(t)\begin{bmatrix}1\\ -1\end{bmatrix}\quad\begin{bmatrix}e^{t}\\ 0\end{bmatrix}=\varphi(t)\begin{bmatrix}1\\ 0\end{bmatrix}$

由此解得 $\varphi(t)=\begin{bmatrix}e^t & e^t-e^{-t}\\ 0 & e^{-t}\end{bmatrix}$，$\boldsymbol{A}=\left.\frac{d\varphi(t)}{dt}\right|_{t=0}=\begin{bmatrix}1 & 2\\ 0 & -1\end{bmatrix}$

8.23 逻辑推理 本题可由矩阵指数函数性质求得 $\boldsymbol{A}$，代入状态方程求 $\boldsymbol{B}$，将零状态解代入输出方程求 C 和 D。

解题过程 利用矩阵指数函数 e^{At} 的性质可得

$$\boldsymbol{A}=\left.\frac{d\varphi(t)}{dt}\right|_{t=0}=\left.\begin{bmatrix}-2e^{-t}+2e^{-2t} & 2e^{-t}-4e^{-2t}\\ -e^{-t}+2e^{-2t} & e^{-t}-4e^{-t}\end{bmatrix}\right|_{t=0}=\begin{bmatrix}0 & -2\\ 1 & -3\end{bmatrix}$$

$f(t)=\delta(t)$ 时，将已求的 A 代入状态方程中去

$$\begin{bmatrix}-12e^{-t}+24e^{-2t}\\ -6e^{-t}+24e^{-2t}\end{bmatrix}\varepsilon(t)+\begin{bmatrix}x_1\\ x_2\end{bmatrix}\delta(t)=\boldsymbol{A}\begin{bmatrix}x_1\\ x_2\end{bmatrix}+\boldsymbol{B}\delta(t)$$

化简得 $\begin{bmatrix}x_1\\ x_2\end{bmatrix}\delta(t)=\boldsymbol{B}\delta(t)\quad\therefore\boldsymbol{B}\left.\begin{bmatrix}x_1\\ x_2\end{bmatrix}\right|_{t=0}=\begin{bmatrix}0\\ -6\end{bmatrix}$

将 $\begin{bmatrix}x_1\\ x_2\end{bmatrix}$ 的零状态解代入输出方程：$(f(t)=\delta(t))$

$$y(t)=\boldsymbol{C}\begin{bmatrix}12e^{-t}-12e^{-2t}\\ 6e^{-t}-12e^{-2t}\end{bmatrix}\varepsilon(t)+\boldsymbol{D}\delta(t)=\delta(t)+(6e^{-t}-12e^{-2t})\varepsilon(t)$$

由对应系数相等求得 $\boldsymbol{C}=[0\quad 1]\quad\boldsymbol{D}=[1]$

8.24 逻辑推理 在求第(2)问时将关系式代入动态方程求解即可。

解题过程 (1) 按照教材第 378 页例 8.4－1 的步骤，可以解出

状态方程的解 $x(t)=\begin{bmatrix}12e^{-2t}-9e^{-3t}\\ -6e^{-2t}+9e^{-3t}\end{bmatrix}\varepsilon(t)$

输入：$y(t)=\delta(t)+6e^{-2t}\varepsilon(t)$

(2) $\begin{bmatrix}x_1\\ x_2\end{bmatrix}=\begin{bmatrix}1 & 1\\ 1 & 2\end{bmatrix}^{-1}\begin{bmatrix}g_1\\ g_2\end{bmatrix}=\begin{bmatrix}2 & -1\\ -1 & 1\end{bmatrix}\begin{bmatrix}g_1\\ g_2\end{bmatrix}$代入原状态方程得

$$\begin{bmatrix}2 & -1\\-1 & 1\end{bmatrix}\begin{bmatrix}\dot{g}_1\\\dot{g}_2\end{bmatrix}=\begin{bmatrix}-1 & 2\\-1 & -4\end{bmatrix}\begin{bmatrix}2 & -1\\-1 & 1\end{bmatrix}\begin{bmatrix}g_1\\g_2\end{bmatrix}+\begin{bmatrix}0\\1\end{bmatrix}f$$

$$\therefore \begin{bmatrix}\dot{g}_1\\\dot{g}_2\end{bmatrix}=\begin{bmatrix}2 & -1\\-1 & 1\end{bmatrix}^{-1}\begin{bmatrix}-1 & 2\\-1 & -4\end{bmatrix}\begin{bmatrix}2 & -1\\-1 & 1\end{bmatrix}\begin{bmatrix}g_1\\g_2\end{bmatrix}+\begin{bmatrix}2 & -1\\-1 & 1\end{bmatrix}^{-1}\begin{bmatrix}0\\1\end{bmatrix}f$$

即$\begin{bmatrix}\dot{g}_1\\\dot{g}_2\end{bmatrix}=\begin{bmatrix}-2 & 0\\0 & -3\end{bmatrix}\begin{bmatrix}g_1\\g_2\end{bmatrix}+\begin{bmatrix}1\\2\end{bmatrix}f$

$$\begin{bmatrix}g_1(0\_)\\g_2(0\_)\end{bmatrix}=\begin{bmatrix}1 & 1\\1 & 2\end{bmatrix}\begin{bmatrix}3\\2\end{bmatrix}=\begin{bmatrix}5\\7\end{bmatrix}$$

(3) 代入(1) 的结果，以 g_1、g_2 为状态变量方程的解为$\begin{bmatrix}g_1(t)\\g_2(t)\end{bmatrix}=\begin{bmatrix}1 & 1\\1 & 2\end{bmatrix}\begin{bmatrix}x_1\\x_2\end{bmatrix}=$ $\begin{bmatrix}6e^{-2t}\\9e^{-3t}\end{bmatrix}\varepsilon(t)$，系统未变，$y(t)$ 不变，仍为 $\delta(t)+6e^{-2t}\varepsilon(t)$。

8.25 逻辑推理　将 $\boldsymbol{A}$ 表示为 $\boldsymbol{A}^k=\alpha_0 I+\alpha_1\boldsymbol{A}$，求出特征值，代入关系式到方程组求解。

解题过程　$\boldsymbol{A}$ 为二阶方阵，$\boldsymbol{A}^k$ 可以表示成 $\boldsymbol{A}$ 的一次多项式，如下：

$$\boldsymbol{A}^k=\alpha_0 I+\alpha_1\boldsymbol{A}$$

由 $\boldsymbol{A}$ 特征方程 $\det(\lambda\boldsymbol{I}-\boldsymbol{A})=\begin{vmatrix}\lambda-0.5 & 0\\-0.5 & \lambda-0.5\end{vmatrix}=(\lambda-0.5)^2=0$

得二重特征根 $\lambda=0.5$

有$\begin{cases}\alpha_0+\alpha_1\lambda=\lambda^k\\ \dfrac{d}{d\lambda}(\alpha_0+\alpha_1\lambda)=\dfrac{d}{d\lambda}(\lambda^k)\end{cases}$　所以$\begin{cases}\alpha_0=(1-k)0.5^k\\ \alpha_1=k0.5^{k-1}\end{cases}$

$$\boldsymbol{A}^k=I(1-k)(0.5)^k+k(0.5)^{k-1}\begin{bmatrix}0.5 & 0\\0.5 & 0.5\end{bmatrix}=\begin{bmatrix}0.5^k & 0\\k(0.5)^k & 0.5^k\end{bmatrix}(k\geqslant 0)$$

8.26 逻辑推理　由状态方程和输出方程可得状态转移矩阵的特征根。

解题过程　(1)$\boldsymbol{A}^k$ 可表示如下：$\boldsymbol{A}^k=\alpha_0\boldsymbol{I}+\alpha_1\boldsymbol{A}$

由 $\det(\lambda\boldsymbol{I}-\boldsymbol{A})=0$ 得$(\lambda+1)(\lambda+2)=0$

$\therefore\boldsymbol{A}$ 的特征根为$\lambda_1=-1$　$\lambda_2=-2$

有$\begin{cases}\alpha_0+\alpha_1\lambda_1=(-1)^k\\ \alpha_0+\alpha_1\lambda_2=(-2)^k\end{cases}$　得$\begin{cases}\alpha_0=2(-1)^k-(-2)^k\\ \alpha_1=(-1)^k-(-2)^k\end{cases}$

$$\therefore\boldsymbol{A}^k=\alpha_0\boldsymbol{I}+\alpha_1\boldsymbol{A}=\begin{bmatrix}2(-1)^k-(-2)^k & (-1)^k-(-2)^k\\-2(-1)^k+2(-2)^k & -(-1)^k+2(-2)^k\end{bmatrix}\varepsilon(k)$$

(2)$x(k)=\varphi(k)x(0)\varepsilon(k)+[\varphi(k-1)B\varepsilon(k-1)]*f(k)$

$$= \varphi(k)\begin{bmatrix}0\\0\end{bmatrix}\varepsilon(k)+\left[\varphi(k-1)\begin{bmatrix}0\\1\end{bmatrix}\varepsilon(k-1)\right]*f(k)$$

$$= \begin{bmatrix}[(-1)^{k-1}-(-2)^{k-1}]\varepsilon(k-1)\\ [(-1)^{k}-(-2)^{k}]\varepsilon(k)\end{bmatrix}, \text{其中 } \varphi(k)=\boldsymbol{A}^k$$

$$y(k)=[-2 \quad -3]x(k)+f(k)$$

$$=-2[(-1)^{k-1}-(-2)^{k-1}]\varepsilon(k-1)-3[(-1)^k-(-2)^k]\varepsilon(k)+\delta(k)$$

$$=-2[(-1)^{k-1}-(-2)^{k-1}]\varepsilon(k)-\delta(k)$$

$$-3[(-1)^k-(-2)^k]\varepsilon(k)+\delta(k)$$

$$=2(-1)^k\varepsilon(k)-(-2)^k\varepsilon(t)-\delta(k)-3(-1)^k\varepsilon(t)+3(-2)^k\varepsilon(t)+\delta(k)$$

$$=-(-1)^k\varepsilon(k)+2(-2)^k\varepsilon(t)+\delta(k)-\delta(k)$$

$$=[(-1)^{k+1}-(-2)^{k+1}]\varepsilon(k)$$

8.27 逻辑推理　本题从 z 域入手，再反 z 变换即可。

解题过程　(1) 计算 $z\boldsymbol{I}-\boldsymbol{A}=z\begin{bmatrix}1&0\\0&1\end{bmatrix}-\begin{bmatrix}0&1\\-6&5\end{bmatrix}=\begin{bmatrix}z&-1\\6&z-5\end{bmatrix}$

$$\Phi(z)=z(z\boldsymbol{I}-\boldsymbol{A})^{-1}=\frac{z}{(z-2)(z-3)}\begin{bmatrix}z-5&1\\-6&z\end{bmatrix}$$

$$\therefore X(z)=\Phi(z)x(0)+z^{-1}\Phi(z)BF(z)=\Phi(z)[x(0)+z^{-1}BF(z)]$$

$$x(n)=\mathscr{L}[\Phi(z)x(0)]+\mathscr{L}[\Phi(z)z^{1}BF(z)]=\begin{bmatrix}+(2)^n\\2^{n+1}\end{bmatrix}+\begin{bmatrix}\frac{1}{2}-2^n+\frac{1}{2}(3)^n\\ \frac{1}{2}-2^{n+1}+\frac{1}{2}(3)^n\end{bmatrix}$$

$$=\begin{bmatrix}\frac{1}{2}[1+(3)^k]\\ \frac{1}{2}[1+(3)^{k+1}]\end{bmatrix}\varepsilon(k)\begin{bmatrix}y_1(k)\\y_2(k)\end{bmatrix}=\begin{bmatrix}1+2(3)^k\\ \frac{1}{2}[1-(3)^k]\end{bmatrix}\varepsilon(k)$$

$$(2)\ H(z)=\boldsymbol{C}z^{-1}\Phi(z)\boldsymbol{B}+\boldsymbol{D}=\begin{bmatrix}1&1\\2&-1\end{bmatrix}\cdot\frac{1}{(z-2)(z-3)}\begin{bmatrix}z-5&1\\-6&z\end{bmatrix}\begin{bmatrix}0\\1\end{bmatrix}+0$$

$$=\begin{bmatrix}\frac{4}{z-3}-\frac{3}{z-2}\\ -\frac{1}{z-3}\end{bmatrix}$$

求逆 z 变换得

$$h(k)=\begin{bmatrix}4\cdot3^{k-1}-3\cdot2^{k-1}\\ -3^{k-1}\end{bmatrix}\varepsilon(k-1)$$

8.28 逻辑推理　如果系统矩阵 **A** 的特征根在 z 平面的单位圆内，则可以判断因果系统是稳定的。

解题过程　由特征方程 $\det(z\boldsymbol{I}-\boldsymbol{A})\begin{vmatrix}z-1&-b\\-2&z-0.5\end{vmatrix}=z^2-1.5z+0.5-2b=0$

计算特征根　$z_1=\dfrac{1.5+\sqrt{\Delta}}{2}$

$$z_2=\frac{1.5-\sqrt{\Delta}}{2}$$

其中 $\Delta=8b+0.25$

当 $\Delta\geqslant 0$ 时，$\begin{cases}|z_1|<1\\|z_2|<1\end{cases}$ 说明特征根在单位圆内，求得 $-\frac{1}{32}\leqslant b<0$

当 $\Delta<0$ 时，$\left(\frac{3}{4}\right)^2-\frac{|\Delta|}{4}<1$ 说明特征根在单位圆内，求得 $-\frac{1}{4}<b<-\frac{1}{32}$

综上所述，当 $-\frac{1}{4}<b<0$ 时，系统是稳定的。

8.29 解题过程 (1) 令 $\boldsymbol{A}=\begin{bmatrix}0&1\\a&b\end{bmatrix}$ $\boldsymbol{B}=\begin{bmatrix}1\\0\end{bmatrix}$ $\boldsymbol{C}=[3,1]$ $x(0)=\begin{bmatrix}x_1(0)\\x_2(0)\end{bmatrix}$

对已知零输入响应求 z 变换：

$$Y_{zi}(z)=\frac{z}{z+1}+\frac{3z}{z-3}=\frac{4z^2}{z^2-2z-3} \quad ①$$

另外，由状态方程还能将 $Y_{zi}(z)$ 表示如下：

$$\Phi(z)=(z\boldsymbol{I}-\boldsymbol{A})^{-1}z=\frac{z}{z^2-bz-a}\begin{bmatrix}z-b&1\\a&z\end{bmatrix}$$

$$Y_{zi}(z)=[3,1]\Phi(z)x(0)=\frac{[3x_1(0)+x_2(0)]z^2+[(a-3b)x_1(0)+3x_2(0)]z}{z^2-bz-a} \quad ②$$

①、② 两式对应项系数相等，求得 $\begin{cases}a=3\\b=2\end{cases}$ $\begin{cases}x_1(0)=1\\x_2(0)=1\end{cases}$

(2) 根据(1) 问中的结果，$\Phi(z)=\frac{z}{(z-3)(z+1)}\begin{bmatrix}z-2&1\\3&z\end{bmatrix}$

$$\Phi(z)x(0)=\frac{z}{z^2-2z-3}\begin{bmatrix}z-2&1\\3&z\end{bmatrix}\begin{bmatrix}1\\1\end{bmatrix}=\begin{bmatrix}\frac{z(z-1)}{z^2-2z-3}\\\frac{z(z+1)}{z^2-2z-3}\end{bmatrix}$$

求逆 z 变换得 $x_{zi}(k)=\begin{bmatrix}0.5(-1)^k+0.5(3)^k\\-0.5(-1)^k+1.5(3)^k\end{bmatrix}\varepsilon(k)$

8.30 解题过程 (1) 写出矩阵 $\boldsymbol{A}$ 特征方程 $\det(s\boldsymbol{I}-\boldsymbol{A})=\begin{bmatrix}s&-1\\2&s+3\end{bmatrix}=(s+2)(s+1)=0$

得特征根 $x_1=-1,s_2=-2$

设对应特征向量分别为 α_1、α_2

求得 $\boldsymbol{\alpha}_1=\begin{bmatrix}1\\1\end{bmatrix}$ $\boldsymbol{\alpha}_2=\begin{bmatrix}1\\-2\end{bmatrix}$(特征向量有很多，在此仅仅给出这一组)

∴ 新的状态变量可写为 $v=\begin{bmatrix}1&1\\-1&-2\end{bmatrix}x$

(2) 这时新的输出方程为

$$\begin{bmatrix} y_1 \\ y_2 \end{bmatrix} = \begin{bmatrix} 1 & 1 \\ -2 & +2 \end{bmatrix}\begin{bmatrix} 1 & 1 \\ -1 & -2 \end{bmatrix} v = \begin{bmatrix} 0 & -1 \\ -4 & -6 \end{bmatrix} v$$

8.31 逻辑推理 系统可观测的充要条件是系统可观测性矩阵 $\boldsymbol{M}_0 = \begin{bmatrix} C \\ CA \end{bmatrix}$ 满秩,系统的可控性直接由 $\boldsymbol{M}_0$ 是否满秩来判断即可。

解题过程 (1)$\boldsymbol{AB} = \begin{bmatrix} 1 & 1 \\ 2 & -1 \end{bmatrix}\begin{bmatrix} 0 \\ 1 \end{bmatrix} = \begin{bmatrix} 1 \\ -1 \end{bmatrix}$　　$\boldsymbol{M}_0 = [B \quad \boldsymbol{AB}] = \begin{bmatrix} 0 & 1 \\ 1 & -1 \end{bmatrix}$

$\because \text{rank}(\boldsymbol{M}_0) = 2$ 是满秩的,所以系统可控制。

$\boldsymbol{CA} = [1 \quad 0\begin{bmatrix} 1 & 1 \\ 2 & -1 \end{bmatrix}] = [1,1]$　　$\boldsymbol{M}_0 = \begin{bmatrix} \boldsymbol{C} \\ \boldsymbol{CA} \end{bmatrix} = \begin{bmatrix} 1 & 0 \\ 1 & 1 \end{bmatrix}$

$\because \text{rank}(\boldsymbol{M}_0) = 2$,所以系统可观测。

(2) 同理　$\boldsymbol{M}_0 = \begin{bmatrix} 2 & 4 \\ 0 & 4 \end{bmatrix}$,$\text{rank}(\boldsymbol{M}_0) = 2$　$\therefore$ 系统可控制

$\boldsymbol{M}_0 = \begin{bmatrix} 1 & -2 \\ -2 & 4 \end{bmatrix}$,$\text{rank}(\boldsymbol{M}_0) = 1 < 2$　$\therefore$ 系统不可观测

(3)$\text{rank}(\boldsymbol{M}_0) = \text{rank}\begin{bmatrix} 0 & 0 \\ 1 & 2 \end{bmatrix} = 1 < 2$　　$\text{rank}(\boldsymbol{M}_0) = \text{rank}\begin{bmatrix} 0 & 1 \\ -1 & 2 \end{bmatrix} = 2$

$\therefore$ 系统不可控制,但可观测

8.32 逻辑推理 系统可观测的充要条件是系统可观测矩阵 $\boldsymbol{M}_0 = \begin{bmatrix} \boldsymbol{C} \\ \boldsymbol{CA} \end{bmatrix}$ 满秩。

解题过程 (1)$\boldsymbol{C} = [0 \quad 1]$　$\boldsymbol{CA} = [0 \quad 1]\begin{bmatrix} 0 & 1 \\ 2 & -1 \end{bmatrix} = [2 \quad -1]$

$\therefore \text{rank}\begin{bmatrix} \boldsymbol{C} \\ \boldsymbol{CA} \end{bmatrix} = 2$

$\therefore$ 系统可观测

(2) 由题给定条件可知

$$\begin{cases} y(1) = [0 \quad 1]\begin{bmatrix} x_1(1) \\ x_2(1) \end{bmatrix} = x_2(1) = 1 & ① \\ y(2) = x_2(2) = 6 & ② \end{cases}$$

由状态方程可得 $\begin{bmatrix} x_1(1) \\ x_2(1) \end{bmatrix} = \begin{bmatrix} 0 & 1 \\ 2 & -1 \end{bmatrix}\begin{bmatrix} x_1(0) \\ x_2(0) \end{bmatrix} + \begin{bmatrix} 0 \\ 1 \end{bmatrix} f(0)$　③

$$\begin{bmatrix} x_1(2) \\ x_2(2) \end{bmatrix} = \begin{bmatrix} 0 & 1 \\ 2 & -1 \end{bmatrix}\begin{bmatrix} x_1(0) \\ x_2(0) \end{bmatrix} + \begin{bmatrix} 0 \\ 1 \end{bmatrix} f(1) \quad ④$$

将 ①、② 式代入 ③、④ 式并展开后得　$\begin{cases} x_1(0) = 2 \\ x_2(0) = x_1(1) = 3 \end{cases}$